"十三五"国家重点出版物
出版规划项目

中国 *砂梨* 遗传资源

Pyrus prifolia Genetic Resource in China

胡红菊 等◎著

长江出版传媒 湖北科学技术出版社

图书在版编目(CIP)数据

中国砂梨遗传资源 / 胡红菊等著.—武汉：湖北科学技术
出版社，2020.10
　　ISBN 978-7-5352-8552-2

　　Ⅰ.①中… Ⅱ.①胡… Ⅲ.①梨—种质资源—中国
Ⅳ.①S661.2

　　中国版本图书馆CIP数据核字（2020）第106228号
　　审图号：GS（2020）4311号

中国砂梨遗传资源
ZHONGGUO SHALI YICHUAN ZIYUAN

策　　划：邱新友　王贤芳　罗晨薇	责任校对：陈横宇
责任编辑：王贤芳	封面设计：胡　博

出版发行：湖北科学技术出版社	电话：027－87679468
地　　址：武汉市雄楚大街 268 号	邮编：430070
（湖北出版文化城 B 座 13－14 层）	
网　　址：http://www.hbstp.com.cn	

印　　刷：湖北恒泰印务有限公司	邮编：430223

889 ×1194　　1/16	45 印张　　5 插页	1200 千字
2020 年 10 月第 1 版	2020 年 10 月第 1 次印刷	
	定价：380.00 元	

《中国砂梨遗传资源》编委会

顾　　问：刘　旭

主　　编：胡红菊

副 主 编：张靖国　范　净

编　　委：胡红菊　张靖国　范　净　陈启亮　杨晓平

王国平　洪　霓　徐宏汉　周　绂　姜正旺

田　瑞　王友平　王晴芳　葛双桃　马华轩

唐家礼　肖春桥　易立生

编写单位：湖北省农业科学院果树茶叶研究所

华中农业大学

中国科学院武汉植物园

序一

　　砂梨是重要果树之一，原产于中国，且分布有丰富的种质资源。湖北省农业科学院果树茶叶研究所从事砂梨种质资源收集、保存、鉴定、评价、创新与利用研究近 40 年，建立了国家果树种质武昌砂梨圃，开展种质资源系统深入的研究，积累了大量珍贵的数据资料。《中国砂梨遗传资源》一书正是该所几代研究人员对砂梨种质资源长期辛勤研究的结晶。该书图文并茂、深入浅出地向读者介绍了我国砂梨资源的分布及其遗传多样性，基本厘清了我国砂梨遗传多样性本底，筛选出了一批优异种质，建立了数百个砂梨品种的标准图谱。该书内容丰富、数据翔实，资源研究的广度和深度兼有，具有重要学术价值，必将对我国果树遗传资源的科研、教学和产业发展起到重要的参考和促进作用。

中国工程院院士

植物种质资源学家

2020 年 7 月 15 日

序二

　　梨是世界主要水果之一，是我国仅次于苹果、柑橘的第三大水果，在我国水果产业中有着举足轻重的地位。砂梨是原产于我国的主要梨栽培种，我国有悠久的栽培历史和丰富的遗传资源。湖北省农业科学院果树茶叶研究所自 20 世纪 50 年代开始了梨的育种研究，1974 年培育出'金水 1 号'砂梨新品种；1981 年，筹建国家砂梨种质资源圃，作为国家迁地种植保存果树品种资源的机构之一，负责砂梨资源的收集、保存等工作。历经几十年，通过几代人的努力，如今，已收集和种植保存砂梨等梨属资源 1 162 份，为湖北省乃至全国的梨育种和梨产业发展提供了重要的支撑和保障。新一代砂梨资源圃负责人胡红菊研究员组织相关专家，将过去有关砂梨的研究成果整理成书，很有价值。该书从资源到品种，从分子标记到各基因型描述，较全面地介绍了砂梨的遗传多样性。该书的出版对促进梨科学研究和产业发展均具有重要的意义，特作序。

邓秀新

华中农业大学教授

中国工程院院士

2020 年 7 月 10 日

前　言

砂梨（*Pyrus pyrifolia* Nakai）是蔷薇科（Rosaceae）梨属（*Pyrus* L.）多年生落叶果树，原产于中国，种质资源极为丰富。砂梨种质资源是我国梨育种和产业发展的重要保障。

湖北省位于长江中游，是砂梨的起源演化中心之一。湖北省农业科学院果树茶叶研究所始建于 1950 年，其前身为"中南农业科学研究所园艺系"，自建所以来一直以砂梨为主要研究树种，开展资源收集、品种选育等工作，并于 1974 年育成新中国成立后我国第一个砂梨品种'金水 1 号'。自 1981 年开始筹建国家果树种质武昌砂梨圃以来，砂梨资源研究队伍逐渐稳定，研究工作逐步加强。

本书编写团队长期从事砂梨遗传资源研究，负责国家果树种质武昌砂梨圃的工作，开展了砂梨种质资源考察、收集、保存、鉴定、评价、创新和共享利用等工作，近 40 年来积累了大量的原始数据和图片资料，其中绝大多数未公开发表。把这些数量庞大而重要的原始资料进行归纳、整理和凝练，以图文并茂的形式展示给读者是本书编写的初衷。

编写工作于 2017 年正式启动。针对原有图片资料存在性状不完整、图片清晰度不够高、拍摄标准不统一等问题，从 2017 年 3 月开始对保存的砂梨种质资源进行花、叶、果等性状的图片采集。2017 年 8 月，《中国砂梨遗传资源》入选"十三五"国家重点出版物出版规划项目。经过两年的图片补充采集和相关数据资料的补充完善，于 2018 年底形成初稿，之后我们对全稿进行不断修改、完善，于 2019 年 12 月提交书稿。

全书共分七章。第一章概况，概述了砂梨的起源演化及分布、栽培历史及文化和研究进展。第二章砂梨遗传多样性图谱，以图片形式展示了砂梨的枝、芽、叶、花、果实、染色体等不同特征的遗传多样性。第三章砂梨遗传多样性分析，对砂梨种质资源从枝、芽、叶、花、果实、物候期、抗病虫等性状进行鉴定，并评价了不同地区砂梨地方品种遗传多样性。

第四章中国砂梨育成品种，介绍了新中国成立以来砂梨的育种概况、育成品种及其遗传背景，并分析了遗传资源创制与品种选育趋势。第五章砂梨核心种质分子身份证，从砂梨 17 条染色体上各筛选出 1 个多态性 SSR 位点（共 17 个）建立了砂梨的分子指纹图谱和分子身份证体系，并完成了 97 份砂梨核心种质的分子身份证编码。第六章砂梨黑斑病研究，包括梨黑斑病研究进展、砂梨黑斑病病原菌的种类鉴定及其生物学特性研究、砂梨种质资源对黑斑病的抗性评价及抗性基因挖掘。第七章砂梨品种图谱，规范化描述了国家果树种质武昌砂梨圃 600 个品种资源的基本信息、植物学特征、果实性状、结果习性、物候期等，同时以标准图像形式展示了其果实、花等性状的不同特征。

本书的主要研究工作，先后得到国家科技攻关农作物种质资源收集、保存、评价和利用课题，农业农村部物种品种资源保护项目，国家科技基础条件平台专项及国家梨产业技术体系等项目的资助。本书在编写过程中得到诸多专家学者的帮助，在此一并表示衷心的感谢！

由于作者的业务水平和收集的资料有限，疏漏之处在所难免，敬请读者指正！

本书编委会

2020 年 2 月

中国砂梨遗传

新疆维吾尔自治区

甘肃省

青海省

西藏自治区

四川

云南省

图　例

资源数量	图标数目
0~10	🌢
11~20	🌢🌢
21~30	🌢🌢🌢
31~40	🌢🌢🌢🌢
41~50	🌢🌢🌢🌢🌢
51~60	🌢🌢🌢🌢🌢🌢
61~70	🌢🌢🌢🌢🌢🌢🌢
71~80	🌢🌢🌢🌢🌢🌢🌢🌢
>80	🌢🌢🌢🌢🌢🌢🌢🌢🌢

未定

├─┼─┼─┤ 国界

────── 省、自治区、
直辖市界

─·─·─·─ 特别行政区界

注：数据源自第二次全国农作物种质资源普查，按县市资源分布数量标注。

1:16 000 000

审图号：GS（2020）4311号

源分布图

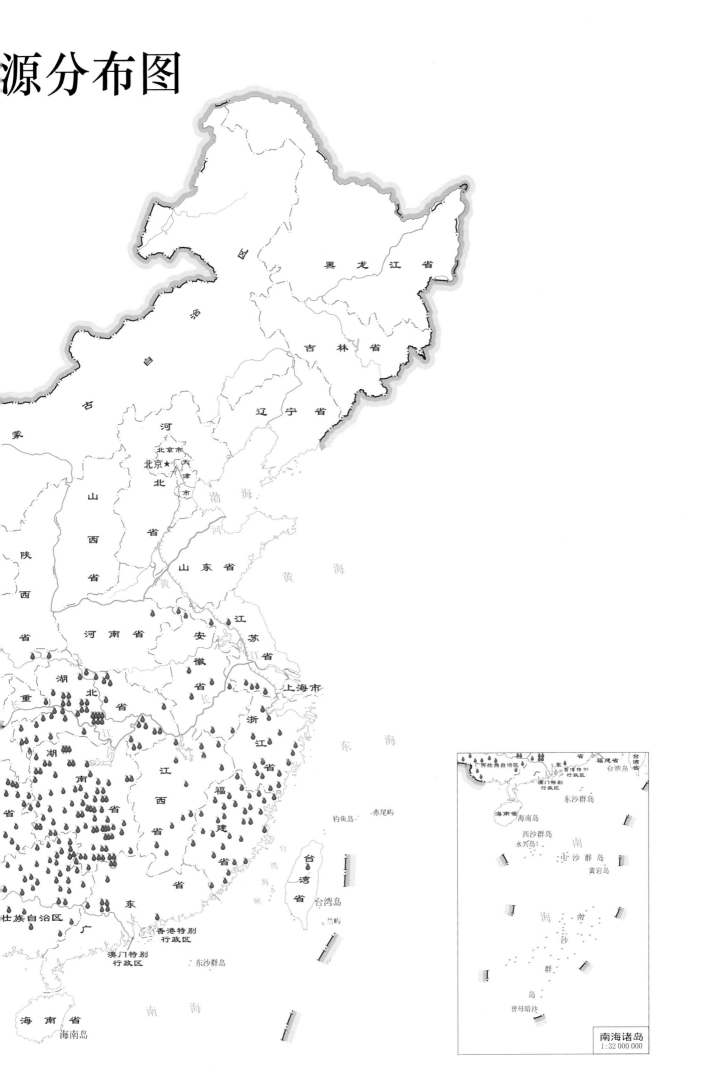

黑龙江省

吉林省

辽宁省

内蒙古自治区

河北省

北京市
北京 ★ 天津市

河

山西省

陕西省

重庆

湖北省

湖南省

江西省

广东省

壮族自治区

广

澳门特别行政区

海南省
海南岛

河南省

安徽省

江苏省

上海市

浙江省

福建省

台湾省
台湾岛

兰屿

香港特别行政区

渤海

黄河

黄海

东海

台湾海峡

钓鱼岛

赤尾屿

东沙群岛

南海

南海诸岛

广西壮族自治区

海南省
海南岛

西沙群岛
永兴岛

东沙群岛

福建省

台湾省
台湾岛

中沙群岛
黄岩岛

南

海

沙

群

岛

曾母暗沙

南海诸岛
1:32 000 000

国家果树种质武昌砂梨圃（湖北　武汉）

砂梨生产示范园（湖北　潜江）

砂梨 3+1 树形栽培模式（湖北枣阳）

砂梨圆柱形栽培模式（湖北枝江）

目 录

第七章　砂梨品种图谱 ································· 95

第一章　概　况

　　砂梨，亦写为"沙梨"，如 1963 年王宇霖、蒲富慎编著的《中国果树志第三卷·梨》写作"砂梨"，而 1979 年俞德浚《中国果树分类学》写作"沙梨"。当代学者的论文论著中两种写法都有。

　　中国是梨第一生产大国，栽培面积与产量均约占世界梨总量的 2/3。砂梨（*Pyrus pyrifolia* Nakai）是我国梨属植物中地理分布最广、资源最为丰富的栽培种，其栽培面积占我国梨栽培总面积的一半以上，占有重要地位。同时，中国是砂梨的起源中心和遗传多样性中心，境内砂梨资源极为丰富。丰富的遗传资源是我国梨产业可持续发展的重要保障。

第一节　砂梨的起源演化及分布

一、砂梨的起源演化

梨属植物的演化如图 1-1 所示。

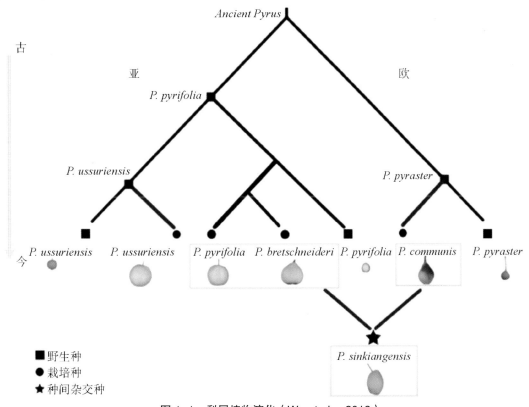

图 1-1　梨属植物演化（Wu et al., 2018）

1

传统上梨属植物划归在蔷薇科苹果亚科下，而在基于分子系统发育研究更新后的蔷薇科分类系统中，梨属植物被划分在桃亚科 Amygdaloideae 苹果族 Maleae 苹果亚族 Malinae 下。梨属植物横跨欧亚大陆，一般认为梨的原种（stock species）起源于第三纪早期（距今 6 500 万年~距今 5 500 万年）的我国西部或西南部的山区，分别向东和向西传播，于距今 660 万年~距今 330 万年逐渐演化形成东方梨和西方梨。这两大类梨属植物独立进化，有明显可以区分的形态特征（Wu et al.，2018）。

东方梨主要分布丁中国、朝鲜半岛和日本等东亚地区，主栽系统有中国砂梨系统、白梨系统、日本梨系统、秋子梨系统和新疆梨系统。中国砂梨系统和日本梨系统一般被认为属于中国、日本、朝鲜半岛的共同栽培种 P. pyrifolia。砂梨、白梨和日本梨品种的共同特点是果实大、肉质脆、不需要后熟。基于白梨和砂梨关系的最新研究显示，白梨作为砂梨的一个生态型或品种群归于 Pyrus pyrifolia White Pear Group 名下，中国砂梨系统和日本梨系统分别被命名为 Pyrus pyrifolia Sand Pear Group 和 Pyrus pyrifolia Japanese Pear Group（滕元文，2017）。

最早系统地对中国梨属植物进行描述和分类的是美国学者 Rehder，在研究了由 Wilson 等人从中国采集的标本和种植在阿诺德（Arnold）植物园的中国梨后于 1915 年发表了题为 "Synopsis of the Chinese species of Pyrus" 的论文，描述了原产于中国的 12 个种，其中 P. serotine 即为砂梨。陈嵘于 1937 年出版的《中国树木分类学》中描述了包括 P. serotine 在内的梨属 9 个种，随后俞德浚在此基础上进行完善补充，形成了现在被中国植物分类学家认可的、原产于中国的梨属植物 13 个种。

砂梨的起源在学术界已达成共识，即起源于长江流域及其以南地区野生的砂梨。这在湖北荆门等地收集到的一些野生砂梨资源基于核基因组和叶绿体基因组的分子系统学研究得以初步证实（Yue et al.，2018；张靖国等，2016），但目前收集到的野生砂梨资源数量还较少，以后应重点收集，以获得更为精确的砂梨起源演化信息。

日本梨起源于中国南方沿海砂梨，因此通常认为与中国砂梨属于同一种质范畴，1926 年日本学者中井猛之助将日本梨栽培品种定名为 Pyrus pyrifolia (Burm) Nakai，所以目前国际上砂梨的种名写为 Pyrus pyrifolia。虽然日本梨品种和中国砂梨品种的祖先种都是 P. pyrifolia，习惯上还是将它们作为 2 个系统对待，对应的英语分别为 Japanese pear（或 Nashi）和 Chinese sand pear（滕元文，2017）。

二、砂梨的地理分布

砂梨的适应性强、分布广。从北纬 43°左右的吉林延边寒冷地区，到北纬 22°左右的广东南部热带地区，都有砂梨的分布。但其中绝大多数分布在长江流域及其以南各省，较集中于南岭山脉两侧的湘粤桂边境，湘赣边界的罗霄山区，赣浙闽边界的武夷山，湘西的武陵山和雪峰山，两广边境的云开大山等山区的低山、丘陵地带以及云贵高原，鄂渝陕的大巴山，四川大雪山东部，湘赣的江南丘陵等地。从海拔 50 m 的平原河谷到海拔 2 620 m 的云贵高原，都有砂梨的分布，较为集中的有广西南宁、柳州、玉林及百色地区，贵州威宁，江西上饶、婺源，湖南郴州、湘西、怀化，四川大渡河流域、苍溪以及川西南地区，云南呈贡县区、昭通、丽江，湖北恩施、宜昌、荆门、咸宁、罗田，福建北部，浙江中南部，安徽南部等地（徐宏汉等，1988）。图 1-2 展示了砂梨资源的不同生境，图 1-3 展示了砂梨资源在我国不同省份的分布数量。

丽江甜中古梨（1984.7　云南丽江）　　泸定王皮梨（1986.9　四川汉源）　　丽江马占梨（1986.7　云南丽江）

丽江大中古梨（1986.7　云南丽江）　　泸定秤砣梨（1986.9　四川泸定）　　荆门硬头白梨（2003.8　湖北荆门）

长阳香树梨（2007.7　湖北长阳）　　花垣青皮甜梨（2015.9　湖南吉首）　　果果梨（2003.9　湖北荆门）

图1-2　砂梨资源的不同生境（田间地头、房前屋后、深山老林、河滩塘埂等）

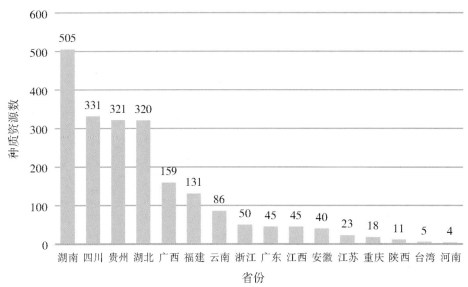

图1-3　砂梨资源在不同省份的分布数量（据第二次全国农作物种质资源普查）

第二节　砂梨的栽培历史及文化

一、砂梨的栽培历史

东方梨的栽培历史可追溯到3 300年前，商业化栽培历史超过2 000年。

1972年在湖南长沙马王堆汉墓中，发掘出了距今2 100年前的梨核及一些关于梨的竹简史料。此外，《山海经》中记载："洞庭之山……其木多柤、梨、橘、櫾。"《湖北荆州土地志》中也有"江陵有名梨"的记载。这些证据表明，早在西汉时期长江流域已经开始栽培梨。

魏晋之际，梨树栽培有了较大发展。北魏贾思勰的《齐民要术》中记载了中原地区的梨品种，并系统总结了梨树的嫁接和贮藏技术。唐宋时期，梨栽培兴盛并向境外传播。砂梨在日本持统天皇时代（686—697）由中国南方沿海地区传入，日本才开始砂梨栽培，但直到明治时期（1868—1912）选育出长十郎、二十世纪等品种后才开始大面积规模化发展（魏闻东，1992）。

我国在长达2 000多年的梨栽培历史过程中逐渐形成了很多的优良地方品种，如广东阳山'洞冠梨'、广西'灌阳雪梨'、福建'政和大雪梨'、四川'苍溪雪梨'、贵州'威宁大黄梨'、云南呈贡'宝珠梨'、浙江乐清'蒲瓜梨'、义乌'三花'等，至今这些品种在当地仍有一定的栽培面积，成为当地的一张特色名片。

新中国成立后，特别是改革开放以来，随着'早酥''黄花''翠冠''黄冠''中梨1号''玉露香'等为代表的梨优良品种的育成和'丰水''圆黄''黄金''秋月'等日韩品种的陆续引进，全国梨的栽培面积和产量增长迅速。《中国统计年鉴》数据显示，从1949年到2018年，中国梨树栽培面积由12.1万 hm²增加到95.2万 hm²，产量由35.2万吨增加到1 607.8万吨，中国梨年产总量占世界的比例由改革开放前的14.3%增加到现在的67.8%。其中，我国长江流域及以南地区14个省（市）的砂梨主产区，自20世纪90年代以来，随着农村经济结构的调整和'黄花''黄金''圆黄''翠冠''翠玉'等新品种的推广，砂梨产业发展迅猛。

二、梨文化

东汉时孔融（153—208）即有"孔融让梨"的故事流传至今，说明当时梨已成为馈赠果品。汉代秣陵地方（今南京地区）有个叫哀仲的人，他家种的梨个头大，味道极美，又脆又甜，当时人称"哀家梨"，闻名远近。"哀梨煮食"这句成语出自《世说新语》，"桓南郡每见人不快，辄嗔云：'君得哀家梨，当不复煮食否！'"原文下注为："言愚人不别味，得好梨煮食也。"用来讥讽蠢人不识好歹、糟蹋好东西，好比得了"哀家梨"，不懂得享用，却把它蒸来吃。

关于梨或梨花的诗词也是不胜枚举，据不完全统计，关于梨的诗词有970多首。如唐代李白《送别》中有"梨花千树雪，杨叶万条烟"，白居易《长恨歌》中有"玉容寂寞泪阑干，梨花一枝春带雨"、《江岸梨花》中有"梨花有思缘和叶，一树江头恼杀君。最似娇闺少年妇，白妆素袖碧纱裙"，丘为《左掖梨花》中有"冷艳全欺雪，余香乍入衣。春风且莫定，吹向玉阶飞"。宋代苏轼《东栏梨花》中有"梨花淡白柳深青，柳絮飞时花满城。惆怅东栏一株雪，人生看得几清明"，晏殊写有"梨花院落溶溶月，柳絮池塘淡淡风"。明朝唐寅《一剪梅》中有"雨打梨花深闭门，忘了青春，误了青春"。清朝赵董声写有"千树梨花千树雪，一溪杨柳一溪烟"……

由于梨本身的食用性和药用性，在封建时代，达官贵人和普通百姓对梨的需求、栽培、选育等都是非常重视的。唐朝宰相魏征为治疗母亲的哮喘病研制出了梨糖膏。宋代梅尧臣在诗中赞曰："名果出西周，霜前竞以收。老嫌冰熨齿，渴爱蜜过喉。色向瑶盘发，甘应蚁酒投。仙桃无此比，不畏小儿偷"，生动地写出了梨的特点。

砂梨这个名称在历史上出现得比较晚，宋代《陈氏香谱卷》卷3记述"庐陵香"制法时，配料有"沙梨"；元代《延祐四明志》中记载有"四明山心梨洲，溪生沙梨"；明代《香乘》《事物绀珠·果部》也都提到"沙梨"（罗桂环，2014）。

三、地方名特优品种

1. '苍溪雪梨'

'苍溪雪梨'（图1-4），四川省苍溪县特产，中国地理标志保护产品。'苍溪雪梨'原系该县天观乡一位姓施的农民从九龙山的砂梨群落中发现的一个独特品种，经世代栽培、繁殖，性状稳定，育成良种，被命名为'施家梨'，又名'苍溪雪梨''苍溪梨'。唐代元和时(806—820)已有此梨栽培，迄今有1 200多年的栽培历史。'苍溪雪梨'鲜果质优、个头大，平均单果约重445 g，大者可达1 900 g，可溶性固形物含量在11%以上。

2. '威宁大黄梨'

'威宁大黄梨'（图1-5），原产于贵州威宁，在威宁及云南昭通地区栽培较多，故又名'昭通梨'，迄今已有280多年的栽培历史，是国内砂梨系统中鲜食与加工兼用的著名品种。其主要优点是树势强健，丰产，果实大、风味浓、耐贮运等。原产地果实成熟期为9月中旬。当地人还喜欢用'威宁大黄梨'制梨膏、晒梨丝。

图1-4 '苍溪雪梨'

图1-5 '威宁大黄梨'

3. '洞冠梨'

'洞冠梨'（图1-6），原产于广东省清远市阳山县黎埠镇洞冠村。据《阳山县志》记载，'洞冠梨'的栽培始于汉代，至今有近1 800年的栽培历史，为历代地方贡品。果实极大，平均单果重751 g，最大单果重超过2 000 g。果梗短、果心小，果肉不易褐化。1986年洞冠梨被评为广东省优质水果品种。

4. '灌阳雪梨'

'灌阳雪梨'（图1-7），原产于广西灌阳，为广西优良品种。《灌阳县志》(康熙四十七年版)物产栏中称"梨有雪梨、清水梨、青皮梨、早禾梨数种，以雪梨为最上"，迄今栽培历史超过300年。当地果实成熟期8月中下旬，果实椭圆形，果皮褐色，平均单果重160 g，味酸甜，适应性广。

图1-6 '洞冠梨'

图1-7 '灌阳雪梨'

5. '蒲瓜梨'

'蒲瓜梨'（图1-8），原产于浙江省乐清市大荆镇，为浙江省地方良种。平均单果重537 g，最大可达1 500 g，果实倒卵形，形状如蒲瓜，故称'蒲瓜梨'。果皮绿色，果梗端有果锈。果肉细、肉质疏松、汁液多、味酸甜。

6. '云和雪梨'

'云和雪梨'（图1-9），原产浙江云和，是浙江省传统名果，中国地理标志保护产品。据《云和县志》记载，云和县雪梨栽培历史最早可追溯到明景泰年间，至今已有540余年栽培历史。果实圆形，果皮绿色，平均单果重380 g，肉质细、脆、汁液多、味淡甜。

图 1-8 '蒲瓜梨'

图 1-9 '云和雪梨'

7. '宝珠梨'

'宝珠梨'（图 1-10），原产云南呈贡，中国地理标志保护产品。大理国（937—1254）时，有高僧宝珠和尚到昆明讲经，从大理带来雪梨树苗，经过与呈贡优良梨品种嫁接，成为名果。老百姓为了纪念宝珠和尚，就以他的名字取名为'宝珠梨'，至今已有 900 多年的栽培历史。平均单果重 191 g，果实近圆形，果皮绿色，果梗粗短、半肉质，果肉细脆、汁液多，味酸甜。

8. '火把梨'

'火把梨'（图 1-11），分布于云南雄楚、弥渡、大理及四川会理等地。平均单果重 143 g，果实倒卵形，果皮黄绿色，阳面着红色。肉质中粗、脆，味淡甜。以其为亲本已经育成'红香酥''美人酥'等一系列红皮砂梨品种，是红皮梨育种的重要亲本。

图 1-10 '宝珠梨'

（云南省农科院园艺所舒群供图）

图 1-11 '火把梨'

第三节 砂梨的研究进展

一、收集保存

种质资源收集和保存是评价和利用的基础。中国作为砂梨的发源地和遗传多样性中心，遗传资源极为丰富。由于梨属植物具有自交不亲和性、种间无生殖隔离的特点，使得梨属内种间存在广泛的自然杂交。在长达 2 000 多年的栽培历史中，从南到北、不同生态环境下产生了丰富的变异类型。据不完全统计，我国有砂梨遗传资源 1 600 份以上。

但随着人类活动的影响，砂梨种质资源日益减少。为充分收集、保存和有效利用我国的砂梨种质资源，1979 年在湖北武汉开始筹建国家砂梨资源圃，并开始从全国各地收集保存砂梨种质资源，1986年通过农业部验收，1987 年农业部批准挂牌"国家果树种质武昌砂梨圃"。经过 2003 年和 2014 年两次改扩建，资源圃保存能力有了较大提升。目前国家砂梨圃占地面积 7.6 hm²，圃内建有田间实验用房与库房（300 ㎡）、防鸟网（6 400 ㎡）、抗虫评价网室（400 ㎡）、隔离检疫网室（1 920 ㎡）、护坡、围墙、排灌等基础设施，安装有信息化数据管理系统、环境监测系统、生理生态检测系统、病虫测报及预警系统等设备，保障种质资源的安全保存。至 2019 年 12 月底，国家果树种质武昌砂梨圃保存了来自中国 23 个省市及日本、韩国、美国、意大利的梨种质资源 1 162 份，分属 *P. betulaefolia*、*P. calleryana*、*P. pyrifolia*、*P. bretschneideri*、*P. ussuriensis*、*P. communis* 及其杂种，其中砂梨及其杂种 1 021 份，是目前世界上最大的砂梨基因库。此外，国家果树种质兴城梨、苹果圃保存砂梨种质资源 210 份，国家果树种质公主岭寒地果树圃保存砂梨种质资源 11 份，国家果树种质新疆名特果树及砧木圃保存砂梨种质资源 26 份，国家果树种质云南特有果树及砧木圃保存砂梨种质资源 20 份。

美国、日本等国也非常重视梨资源的收集保存。美国农业部国家无性系种质资源圃迄今保存来自全世界 55 个国家的梨属种质 2 300 份以上，涵盖梨属 36 个种，但主要以西洋梨（*P. communis*）为主，砂梨仅有 184 份。日本国家农业生物资源基因库保存了以砂梨为主的梨资源 380 份，多为日本、中国和韩国的栽培品种和野生类型。

二、鉴定评价

胡红菊等（2002—2019）对国家果树种质武昌砂梨圃保存的 1 162 份种质资源进行了较为全面系统的鉴定评价，迄今完成农艺性状鉴定 955 份、果实经济性状鉴定 726 份、抗病性鉴定 333 份、贮藏性鉴定 35 份、石细胞含量测定 853 份、多酚含量测定 160 份，筛选出优异资源 154 份，其中大果资源 27份、外观好资源 11 份、高糖资源 15 份、红皮资源 14 份、高抗黑斑病资源 31 份、石细胞含量极少的资源 8 份、多酚含量高的资源 7 份、矮化资源 3 份、短枝型资源 12 份、果实具自疏能力资源 3 份、综合性状优良资源 23 份。

徐宏汉等（1990）、张靖国等（2016）先后采用切片法和流式细胞术对国家果树种质武昌砂梨圃中收集保存的 637 份砂梨资源进行染色体倍性鉴定，发掘出三倍体（$2n=3x$）种质 5 份，其中'巴东桐子梨''利川香水梨''建始早谷梨'等 3 份自然三倍体集中分布于鄂西恩施的秦巴山区和武陵山区接合部，推测该区域可能为砂梨的起源演化中心之一。

胡红菊等（2008）利用超薄平板微型聚丙烯酰胺凝胶的等电聚焦电泳技术，对 286 份砂梨资源进行了等位酶遗传变异分析，在 8 个酶系中共检测到 19 个清晰位点和 82 个等位基因，19 个位点均为多态位点，位点最大等位基因数为 6，体现出梨丰富的遗传种质多样性。不同的居群具有特有等位基因；通过 82 个等位基因可以将 286 份材料完全区分开，表明等位酶基因型指纹可用作梨品种区分与鉴定的依据。

Jiang 等（2009）利用 14 个 SSR 分子标记分析了来自中国 10 个不同地区的 233 份砂梨地方品种的遗传多样性，发现西南地区砂梨的遗传多样性最为丰富，并鉴定到 20 个特异等位基因。

范净等（2016）对 455 份砂梨种质资源的花粉量及花粉萌发率进行检测和分析，发现砂梨不同种质资源的花粉量和花粉萌发率有较大差异，单个花药花粉量变幅为 0 ~ 41 875 粒，花粉萌发率变幅为

0.00%~96.11%，砂梨花粉特性的平均变异系数为66.37，平均遗传多样性指数为1.95。不同省（区）地方品种的平均变异系数变幅为53.51～95.90，以广西壮族自治区较高，福建省最低。

张靖国等（2016）利用 trnL intron、trnL-trnF、trnS-psbC 和 accD-psaI 等4个叶绿体 DNA 片段对来自湖北省的88份梨属种质资源进行系统进化和遗传多样性分析。4个 cpDNA 片段共检测到变异位点11个，其中单一突变位点6个，插入/缺失（Indel）位点5个。供试梨种质的核苷酸多样性和单倍型多样性分别为0.00112和0.769；Tajima's D 检验值在 P > 0.10 水平上均不显著，表明所检测的4个区域以及合并后的片段均遵循中性进化模型；4个序列合并共检测到叶绿体单倍型10个，其中湖北兴山县的梨种质中检测到的单倍型最多，较为原始的稀有单倍型 Hap8 和 Hap9 均位于湖北荆门地区，推测该地区可能为砂梨的起源中心或多样性中心之一。

张靖国等（2017）以涵盖早、中、晚不同成熟期的28个砂梨品种为研究对象，通过测定成熟果实采后常温贮藏过程中乙烯释放量和硬度的变化，判断其呼吸跃变类型。结果显示，多数早熟砂梨品种成熟后乙烯释放量较高，并且于采后常温贮藏的第10～15 d 迅速上升抵达峰值，表现为呼吸跃变型；而多数中晚熟品种，乙烯释放量较低且采后释放量增加极为缓慢，显示为非呼吸跃变型特征。初步筛选出12份较耐贮藏的资源，其中早熟品种3份，中晚熟品种9份，为砂梨耐贮藏品种选育及相关分子机理研究提供研究试材。随后，张靖国等（2018）建立了一套基于 PPACS 1、PPACS 2 基因分型的 CAPS 分子标记体系，可用于砂梨品种的贮藏性鉴定和耐贮藏砂梨育种的早期辅助选择。

三、基因挖掘

（一）砂梨抗病相关基因

黑星病（Venturia nashicola）、黑斑病（Alternaria alternata）是生产中砂梨的两种主要病害。Terakami 等（2006）利用 SSR、AFLP 和 RAPD 等标记技术将日本梨品种'Kinchaku'中所含的抗黑星病 Vnk 基因定位在梨遗传图谱中 LG1 中部，并鉴定出多个与黑星病抗性基因紧密连锁的分子标记。Yang 等（2015）在对砂梨种质资源进行黑斑病抗性鉴定的基础上，以砂梨高抗黑斑病品种'金晶'和高感黑斑病品种'红粉'为试材，利用双末端 RNA-seq 技术筛选出与抗黑斑病相关的5 213个差异表达基因，其中28个与抗黑斑病相关的基因；与 PHI 抗病基因数据库的比对，4个基因（Pbr039001、Pbr001627、Pbr025080 和 Pbr023112）确定为砂梨抗梨黑斑病的候选基因。Terakami 等（2016）将黑斑病感病基因 Aki 定位于日本梨品种'Kinchaku'LG11 的上部。

（二）砂梨皮色形成相关基因

果皮色泽是最先吸引人们注意的果实性状，是果实品质和商品性的重要组成部分。砂梨的主要皮色有绿皮、褐皮和红皮，目前研究学者主要研究热点集中在砂梨红皮梨基因资源的挖掘上。

Feng 等（2010）以红色砂梨品种'满天红'的芽变品种'奥冠红'为材料克隆得到了转录因子 PyMYB10，并利用拟南芥瞬时表达系统对其调控花色苷积累的功能进行了验证。张东等（2011）从'美人酥'果皮中克隆了 PAL、CHS、CHI、F3H、DFR、ANS 和 UFGT 等7个与红色砂梨花色苷合成相关的结构基因及其家族成员，并通过 qPCR 技术检测了它们的表达情况。Zhang 等（2013）研究了花青素合成相关基因 PpCHS、PpF3H、PpANS、PpUFGT、PyMYB10 和 PpbHLH 在砂梨品种'满天红'的基因表达量分析。Yang 等（2015）对红色砂梨品种'弥渡火把梨'发育过程中花青素合成相关基因 CHS、CHI、F3H、DFR、ANS、UFGT 等基因表达量进行分析，发现在梨果发育前期这些花青素合成相关基因表达量较低，生长到 85 d 时到达高峰期。Ma 等（2018）克隆了 21 个与花青素合成相关的 *PpTIFY* 基因，鉴定了 11 个 *PpJAZ* 基因，通过基因序列比对发现 *PpTIFY* 基因家族的序列相似度比较低。

Yao（2017）利用梨的 SNP 和 SSR 标记构建的高密度遗传连锁图谱（'八月红' × '砀山酥梨'，102 株 F1）在连锁群 LG5 上定位控制红色性状的主效 QTL，筛选出调控色泽形成的重要基因 R2R3-MYB 转录因子 *PyMYB114*，结合转录组分析和基因功能验证，发现 ERF/AP2 转录因子 *PyERF3* 与 *PyMYB114* 共表达，它们与辅助因子 *PybHLH3* 形成调控复合体结合到花青苷代谢通路基因的启动子区域，激活下游基因的表达，促进花青苷的生物合成，这也是首次发现 ERF 转录因子参与果实色泽的调控。Xue（2017）对 '满天红' 和 '红香酥' 的杂交后代群体的 28 个红皮和 27 个绿皮构建基因池，将红色性状基因定位于 LG5 底部，3 个 SNP 标记 ZFRI 130-16、In2130-12 和 In2130-16 与其连锁。Xue（2018）研究认为 '红早酥' 具有与 '红巴梨' 相似的遗传特性，杂交后代有一半为红色性状，其红色由显性单基因控制。通过遗传群体，将 '红早酥' 的红色性状定位于 LG4 底部 368 kb 处，并开发了 3 个连锁标记 In1579-1、In1579-3、In1400-1。Kumar 等（2019）通过 GWAS 研究了 '红巴梨' 和 '火把梨' 的红皮遗传机理，'红巴梨' 的红色性状位于 LG4，而 '火把梨' '八月红' 等片红性状位于 LG5 底部，*MYB114* 与其关联。LG5 可能是东西方梨红皮基因的另一分布区域。LG4 上的 SNP(S578_25116) 可作为红皮连锁标记用于辅助选择。

梨果果皮绿色是由于果皮的表皮细胞积累叶绿素形成的，而褐色是由于角质层和表皮细胞破损后果皮木栓层积累造成的，果皮木栓化是从果皮气孔破裂形成果点开始，从而使梨果实避免遭受冷害、冻害、病虫害等不良环境的影响。Wang 等（2016）利用转录组测序技术对砂梨品种 '新高' 及其芽变品种 '大果水晶' 进行分析，筛选出 559 个绿皮和褐皮差异表达基因，这些基因主要为角质层和蜡质合成、木质素合成和 ABC 转运等相关基因。

（三）砂梨糖酸合成相关基因

糖分是果实的重要组成成分，其种类、含量直接影响着果实的营养价值、风味口感等品质性状。梨果实发育早中期将输入的光合产物通过韧皮部运输进入果实，并转化为淀粉积累，至果实发育后期转化为糖。梨果实中的可溶性糖主要由果糖、葡萄糖、蔗糖和山梨醇组成。在各类与风味品质有关的糖中，果糖甜度最大，其次为蔗糖，最后为葡萄糖。目前梨研究主要集中于不同品种的糖的特性与种类方面。霍月青等（2009）通过对 70 个砂梨品种的研究发现，砂梨果实中可溶性糖主要是果糖、葡萄糖、蔗糖。果糖在砂梨品种资源中占有优势，平均约占总糖含量的 68.58%，果糖的含量变异小；葡萄糖的含量与比率较稳定，大致占总糖的 10% ~ 30%；蔗糖的含量变化范围较大，占总糖含量的 0.46% ~ 50.14%，变异最大。吕佳红等（2018）利用转录组数据和实时荧光定量 PCR 技术分析低蔗糖型 '砀山酥梨' 和高蔗糖型 '翠冠' 果实发育过程中 SUS 和 SPS 家族基因的表达模式进行研究，发现梨中包含 17 个 SUS 基因（*PbrSUS1 ~ PbrSUS17*）和 8 个 SPS 基因（*PbrSPS1 ~ PbrSPS8*）不均匀地分布在 10 条染色体上。*PbrSPS3*、*PbrSPS4*、*PbrSPS8*、*PbrSUS2* 和 *PbrSUS15* 是调控梨果实蔗糖合成积累的重要基因。

有机酸是砂梨果实内在品质重要的组成部分，酸含量多少是梨果实品质的最重要指标。霍月青等（2009）对 70 份砂梨种质资源研究，发现砂梨果实存在苹果酸型和柠檬酸型两类品种；选育品种基本上是苹果酸型的，柠檬酸型的基本是地方品种；柠檬酸在苹果酸开始下降时上升。李雪梅（2008）对 6 个酸含量不同的砂梨品种在生长过程中的苹果酸、柠檬酸含量和有机酸代谢相关酶活性测定，分析代谢相关酶与两种酸的关系，探讨了酶对砂梨有机酸的影响以及不同品种有机酸差异的原因。Lu 等（2011）研究分析了砂梨中 5 个有机酸代谢相关酶 CS、ACO、NADP-IDH、NAD-MDH 和 NADP-ME 的活性，并对相应的编码基因进行了表达模式分析，结果表明这 5 个有机酸代谢相关酶在基因转录、酶活变化及柠檬酸积累之间没有严格的对应关系。

（四）砂梨石细胞合成相关基因

果实石细胞含量是影响梨品质的因素之一，它不仅影响梨的鲜食品质，还影响加工品质。王洪宝等（2018）以 4 个栽培种的 88 个梨品种资源为试材，利用冷冻分离法对成熟期的不同梨果实中的石细胞含量进行测定。结果表明，88 个梨品种的果肉石细胞含量平均值为 2.27 g /kg，其变化范围为 0.32 ~ 10.24 g /kg，变异系数为 76%；筛选出'六月酥''丰水'等 5 个石细胞含量低的品种和'红香酥'等 4 个石细胞含量高的品种。Lu 等（2011b）从砂梨果实中克隆分析了一个木质素代谢途径中的关键酶——肉桂酰辅酶 A 还原酶 PpCCR。Xue 等（2019a）发现 *PbrMYB169* 基因在梨果实发育过程中与一系列木质素合成酶基因共表达、与果实石细胞形成的趋势相一致；并且在不同梨品种中，*PbrMYB169* 基因的表达水平与石细胞含量高低呈显著正相关。Xue 等（2019b）研究显示 miR397a 通过抑制木质素生物合成关键酶漆酶 LAC 的表达来调控梨果石细胞的木质化。

（五）花粉育性及梨自交不亲和基因

梨是由单一位点的 S 等位基因控制的典型配子体自交不亲和性植物，其雌蕊花柱内的 S 基因产物为具有核酸酶（RNase）活性的糖蛋白 S 核酸酶（S-RNase），特异地控制花粉和雌蕊的识别过程，生产中须合理配置授粉树或采用人工授粉等辅助措施才能保证坐果。因此鉴定梨 S 基因型不仅可以为梨栽培授粉品种的选择提供科学依据，也为梨品种的遗传改良奠定了基础。梨自交不亲和性基因的研究始于 20 世纪 50 年代，最早由日本学者 Terami 采用传统的田间杂交授粉方法鉴定了 10 个日本梨的 S 基因型。随着生物学技术的发展，蛋白质电泳分析、花粉管生长检测、PCR-RFLP 技术、DNA 测序及序列分析、cDNA 克隆及序列分析方法和基因芯片杂交等技术均用于梨品种自交不亲和基因资源的研究，采用这些技术从东方梨中已获得 59 个 *S-RNase* 等位基因。其中，江南等（2015，2017）基于基因芯片技术明晰了 93 份砂梨品种的 S 基因型并发掘鉴定出 35 个新 S 基因。

第二章　砂梨遗传多样性图谱

砂梨栽培历史悠久、分布范围极广，我国除海南省外其他30个省（市）均有栽培。不同的地理环境和气候特点造就了种类繁多、性状特征各异的砂梨资源。本章以图谱形式展示了砂梨枝、芽、叶、花、果和染色体等不同性状特征的遗传多样性，对砂梨分类、科学研究及科普教育具有重要意义。

第一节　枝、芽、叶特征

一、枝干

（一）树姿

树姿指成龄梨树的自然分枝习性。

1. 遗传多样性

砂梨树姿类型包括抱合、直立、半开张和开张（图2-1）。

抱合　　　　　　　直立　　　　　　　半开张　　　　　　　开张

图2-1　树姿

2. 特异种质

（1）抱合的砂梨资源：'细皮梨''高雄''青松'。

（2）开张的砂梨资源：'晚秀''今村秋''三花'。

（二）主干树皮特征

主干树皮特征指成龄梨树主干树皮光滑与裂纹情况，砂梨主干树皮特征包括光滑、纵列和片状剥落（图2-2）。

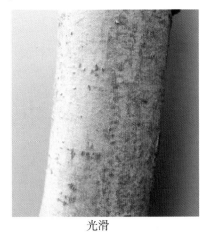

| 光滑 | 纵列 | 片状剥落 |

图2-2 主干树皮特征

（三）一年生枝颜色

一年生枝颜色指梨树休眠期一年生枝向阳面的主色，砂梨一年生枝颜色包括绿黄、灰褐、黄褐、红褐、褐和黑褐（图2-3）。

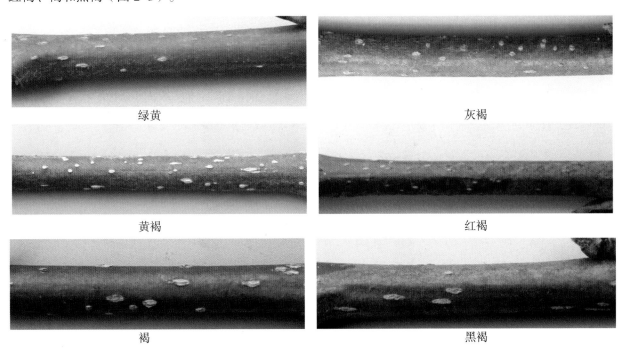

绿黄	灰褐
黄褐	红褐
褐	黑褐

图2-3 一年生枝颜色

（四）一年生枝皮孔数量

一年生枝皮孔数量指梨树一年生枝单位面积皮孔数量多少，砂梨一年生枝皮孔数量分为4级：无或极少（皮孔数/cm² < 1.0个）、少（1.0个≤皮孔数/cm² < 3.0个）、中（3.0个≤皮孔数/cm² < 5.0个）和多（皮孔数/cm² ≥ 5.0个）（图2-4）。

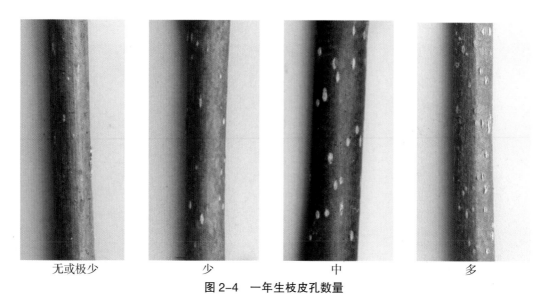

| 无或极少 | 少 | 中 | 多 |

图2-4　一年生枝皮孔数量

（五）节间长度

节间长度指梨树一年生枝相邻两个节之间的距离。

1. 遗传多样性

砂梨一年生枝节间长度分为5级：极短（节间长度＜3 cm）、短（3 cm≤节间长度＜3.5 cm）、中（3.5 cm≤节间长度＜4.4 cm）、长（4.4 cm≤节间长度＜5.9 cm）和极长（节间长度≥5.9 cm）（图2-5）。

| 极短 | 短 | 中 | 长 | 极长 |

图2-5　节间长度

2. 特异种质

（1）节间极短的砂梨资源：'威宁磨盘梨''威宁滑皮梨''泸定王皮梨'。

（2）节间极长的砂梨资源：'利川香水''罗田冷水梨''索美梨'。

二、芽、叶

（一）叶芽姿态

叶芽姿态指叶芽在一年生枝上的着生状态，砂梨叶芽姿态包括贴生、直生、斜生和离生（图2-6）。

  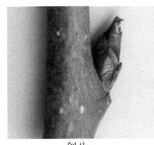 

| 贴生 | 直生 | 斜生 | 离生 |

图2-6 叶芽姿态

（二）幼叶颜色

幼叶颜色指叶芽萌动后展开的幼嫩叶片颜色，砂梨幼叶颜色包括淡绿、绿黄、淡红、红、褐红、暗红，其中淡红和绿黄较多（图2-7）。

| 淡绿 | 绿黄 | 淡红 | 红 | 褐红 | 暗红 |

图2-7 幼叶颜色

（三）叶片形状

叶片形状指成熟叶片形态特征，砂梨叶片形状包括圆形、卵圆形、椭圆形和披针形（图2-8）。

| 圆形 | 卵圆形 | 椭圆形 | 披针形 |

图2-8 叶片形状

（四）叶片长度

叶片长度指砂梨成熟叶片叶尖到叶基之间的距离。

1. 遗传多样性

砂梨叶片长度分为3级：短（叶片长度＜8 cm）、中（8 cm≤叶片长度＜12 cm）和长（叶片长度≥12 cm）（图2-9）。

短　　　　　　　　　中　　　　　　　　　长

图2-9　叶片长度

2. 特异种质

（1）叶片短的砂梨资源：'兴山红皮梨''塘岸柿饼梨''冬棠梗子'。

（2）叶片长的砂梨资源：'江湾细皮梨''丽江面梨''横县蜜梨'。

（五）叶片宽度

叶片宽度指砂梨成熟叶片最宽部位的宽度。

1. 遗传多样性

砂梨叶片宽度为分为3级：窄（叶片宽度＜5 cm）、中（5 cm≤叶片宽度＜7 cm）和宽（叶片宽度≥7 cm）（图2-10）。

窄　　　　　　　　　中　　　　　　　　　宽

图2-10　叶片宽度

2. 特异种质

（1）叶片窄的砂梨资源：'软雪梨''44-5-15'。

（2）叶片宽的砂梨资源：'木瓜梨''青结梨'。

（六）叶尖形状

叶尖形状指成熟叶片顶端的形态特征，砂梨叶尖形状包括渐尖、急尖和长尾尖（图2-11）。

| 渐尖 | 急尖 | 长尾尖 |

图2-11 叶尖形状

（七）叶基形状

叶基形状指成熟叶片邻近叶柄一端叶基的形态特征，砂梨叶基形状包括狭楔形、楔形、宽楔形、圆形、心形、截形（图2-12）。

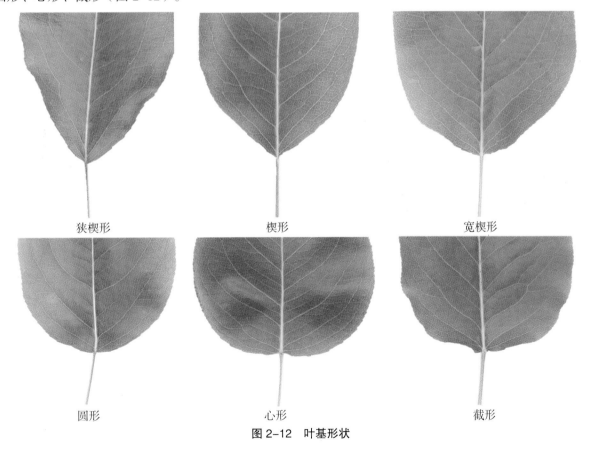

| 狭楔形 | 楔形 | 宽楔形 |

| 圆形 | 心形 | 截形 |

图2-12 叶基形状

（八）叶缘形状

叶缘形状指成熟叶片边缘的形态特征，砂梨叶缘形状包括全缘、圆钝锯齿、锐锯齿（图2-13）。

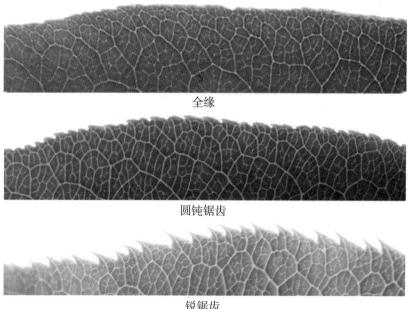

全缘

圆钝锯齿

锐锯齿

图2-13 叶缘形状

（九）叶面伸展状态

叶面伸展状态指成熟叶片的叶面伸展特征，砂梨叶面伸展状态包括平展、抱合、反卷和波浪（图 2-14）。

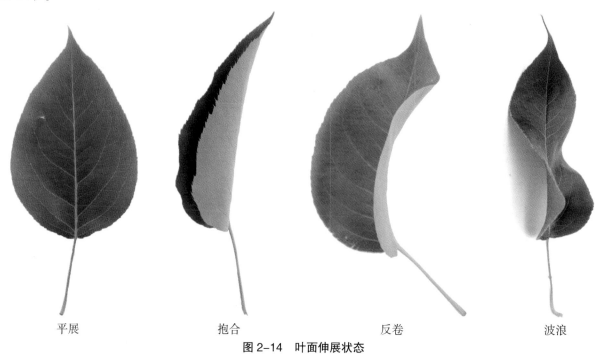

平展　　　　　　　　抱合　　　　　　　　反卷　　　　　　　　波浪

图2-14 叶面伸展状态

（十）叶柄长度

叶柄长度指成熟叶片叶柄基部到其顶端的距离。

1.遗传多样性

砂梨叶柄长度分为3级：短（叶柄长度＜3 cm）、中（3 cm ≤叶柄长度＜6 cm）和长（叶柄长度 ≥6 cm）（图2-15）。

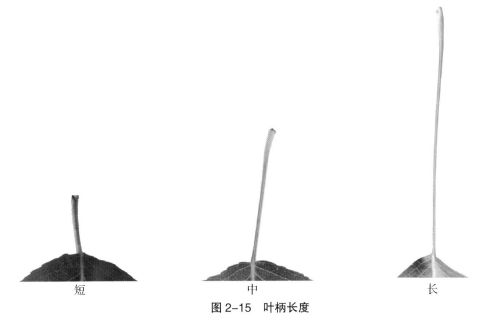

| 短 | 中 | 长 |

图 2-15 叶柄长度

2.特异种质

（1）叶柄短的砂梨资源：'茶庵4号''北流蜜梨'。

（2）叶柄长的砂梨资源：'横县蜜梨''丽江马尿梨'。

第二节 花 特 征

一、花外观特征

（一）花蕾颜色

花蕾颜色指蕾期花瓣颜色，砂梨花蕾颜色包括白、浅粉红和粉红（图2-16）。

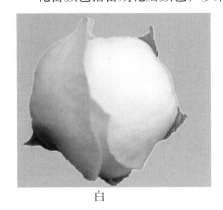

| 白 | 浅粉红 | 粉红 |

图 2-16 花蕾颜色

（二）花瓣形状

花瓣形状指完全开放花朵的花瓣形态特征，砂梨花瓣形状包括圆形、卵圆形、椭圆形和心形（图2-17）。

| 圆形 | 卵圆形 | 椭圆形 | 心形 |

图 2-17 花瓣形状

（三）花瓣相对位置

花瓣位置指花瓣边缘之间相互着生状态，砂梨花瓣相对位置包括分离、邻接、重叠和无序（图 2-18）。

| 分离 | 邻接 | 重叠 | 无序 |

图 2-18 花瓣相对位置

（四）花瓣数

1. 遗传多样性

花瓣数指每朵花的花瓣数量，砂梨花瓣数多为 5 枚，也有花瓣为 6 ~ 18 枚的特异资源（图 2-19）。

| 花瓣 5 枚 | 花瓣 8 枚 | 花瓣 11 枚 | 花瓣 18 枚 |

图 2-19 花瓣数多样性

2. 特异种质

花瓣数多、具观赏性的砂梨资源：'明江''海东梨'。

（五）花瓣颜色

花瓣颜色指完全开放花朵花瓣颜色，砂梨花瓣颜色多为白，少数资源花瓣边缘有淡粉红、粉红和红（图 2-20）。

| 白 | 淡粉红 | 粉红 | 红 |

图 2-20　花瓣颜色

（六）花冠大小

花冠大小以完全盛开花的花冠直径分级评价。

1. 遗传多样性

砂梨花冠大小分为5级：极小（花冠直径＜2.5 cm）、小（2.5 cm≤花冠直径＜3 cm）、中（3 cm≤花冠直径＜4 cm）、大（4 cm≤花冠直径＜4.5 cm）和极大（花冠直径≥4.5 cm）（图2-21）。

图 2-21　花冠大小

2. 特异种质

（1）花冠极小的砂梨资源：'建始迟咸丰''糯稻'。

（2）花冠极大的砂梨资源：'26-4-2''威宁白皮九月梨'。

（七）花药颜色

花药颜色指成熟花药表面颜色，砂梨花药颜色包括白、淡粉、淡紫红、淡紫、粉红、红、紫红、深紫红和紫（图2-22）。

白	淡粉	淡紫红
淡紫	粉红	红
紫红	深紫红	紫

图 2-22　花药颜色

（八）柱头位置

柱头位置指柱头与花药的相对位置，砂梨柱头位置包括低于花药、与花药等高和高于花药（图 2-23）。

低于花药　　　　　　　　与花药等高　　　　　　　　高于花药

图 2-23　柱头位置

二、花粉特征

（一）花粉形态

通过扫描电镜观察花粉粒极面形态、花粉粒侧面形态和花粉壁表面纹饰的砂梨花粉形态特征。

1. 花粉粒极面形态

花粉粒极面形态指从花粉顶部或底部观察的形态特征，砂梨花粉粒极面观直径范围为 22~34 μm，极面形态包括三角形、近圆形和方形（图 2-24）。

  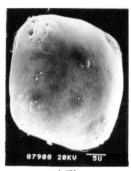

　　　三角形　　　　　　　　近圆形　　　　　　　　方形

图 2-24　花粉粒极面形态

2. 花粉粒侧面形态

花粉粒侧面形态指从花粉侧面观察的形态特征，砂梨花粉粒侧面形态包括圆形、椭圆形和长圆形（图 2-25）。

 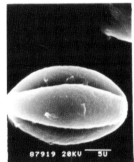 

　　　圆形　　　　　　　　椭圆形　　　　　　　　长圆形

图 2-25　花粉粒侧面形态

3. 花粉壁表面纹饰

花粉壁表面纹饰指花粉外壁呈现的纹路特征，砂梨花粉粒表面纹饰主要以条状纹为主，还有云片状纹和网状纹（图 2-26）。

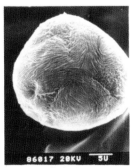 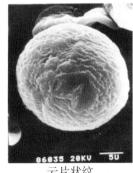 

　　　条状纹　　　　　　　　云片状纹　　　　　　　　网状纹

图 2-26　花粉壁表面纹饰

（二）花粉萌发特性

花粉萌发特性指显微镜下观察花粉在蔗糖培养基上20℃暗培养3h时的萌发及花粉管生长情况，以花粉萌发率分级评价。

1. 遗传多样性

砂梨花粉萌发特性分为4级：无（不萌发）、萌发率低（萌发率＜20%）、萌发率中（20%≤萌发率＜80%）和萌发率高（萌发率≥80%）（图2-27）。

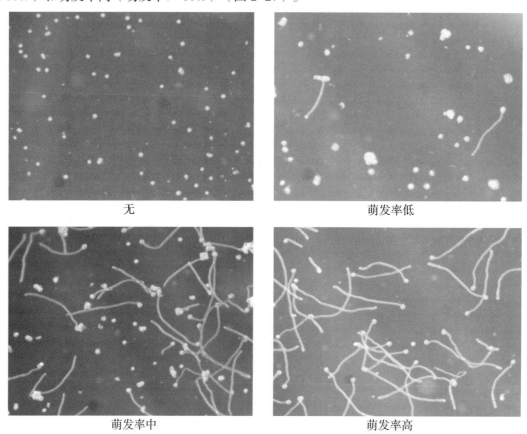

无　　　　　　　　　　　　　萌发率低

萌发率中　　　　　　　　　　萌发率高

图2-27　花粉萌发特性

2. 特异种质

（1）花粉不萌发的砂梨资源：'爱宕''长阳大香梨'。

（2）花粉萌发率高的砂梨资源：'桂花梨''崇化大梨'。

第三节　果实特征

一、果实感官特征

（一）果实形状

果实形状指成熟果实所具有的外部形态特征，砂梨果实形状包括扁圆形、圆形、长圆形、卵圆形、倒卵形、圆锥形、圆柱形、纺锤形和葫芦形（图2-28）。

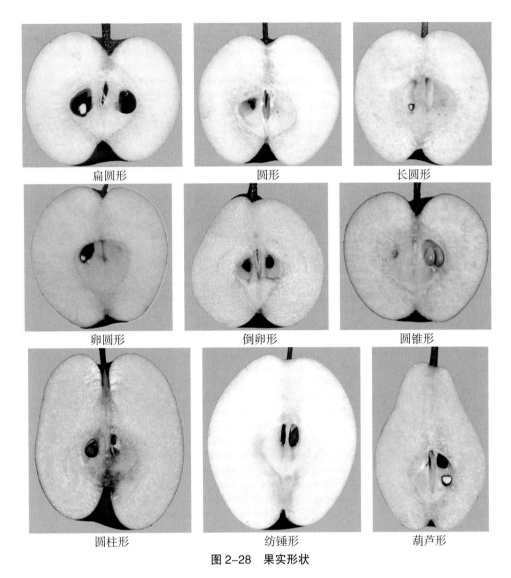

扁圆形　　　　　　　　圆形　　　　　　　　长圆形

卵圆形　　　　　　　　倒卵形　　　　　　　圆锥形

圆柱形　　　　　　　　纺锤形　　　　　　　葫芦形

图 2-28　果实形状

（二）果实大小

果实大小以成熟果实平均单果重（AW）分级评价。

1. 遗传多样性

砂梨果实大小分为 5 级：极小（AW < 50 g）、小（50 g ≤ AW < 150 g）、中（150 g ≤ AW < 250 g）、大（250 g ≤ AW < 400 g）和极大（AW ≥ 400 g）（图 2-29）。

极小　　　　　小　　　　　　中　　　　　　大　　　　　　　极大

图 2-29　果实大小

2. 特异种质

（1）果实极小的砂梨资源：'麻棠梗子''甜棠梗子'。

（2）果实极大的砂梨资源：'汉源半斤梨''洞冠梨'。

（三）果实底色

果实底色指果实达到食用成熟度时果皮底色，砂梨果皮底色包括黄、黄绿、绿、黄褐、褐和赤褐（图2-30）。

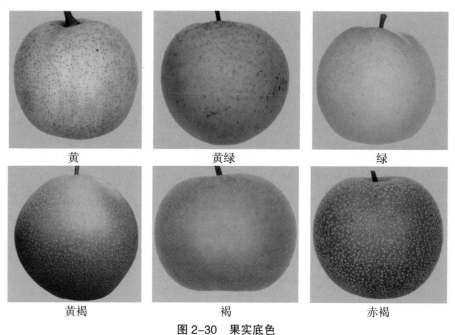

图 2-30 果实底色

（四）果面盖色

果实盖色指果实达到食用成熟度时，果皮上覆盖的色泽，砂梨果面盖色包括橘红、暗红和鲜红（图 2-31）。

图 2-31 果面盖色

（五）果锈数量

果锈数量指成熟果实表面果锈的多少，砂梨果锈数量分为4级：无或很少（果锈面积与果实面积比值 < 1/16）、少（1/16 ≤果锈面积与果实面积的比值 < 1/8）、中（1/8 ≤果锈面积与果实面积的比值 < 1/4）和多（果锈面积与果实面积的比值 ≥ 1/4）（图2-32）。

| 无或很少 | 少 | 中 | 多 |

图 2-32　果锈数量

（六）果锈位置

果锈位置指成熟果实的表面果锈相对位置，砂梨果锈位置包括萼端、梗端和全果（图 2-33）。

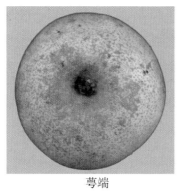 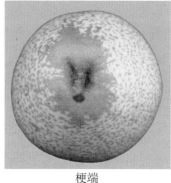 

| 萼端 | 梗端 | 全果 |

图 2-33　果锈位置

（七）果点明显程度

果点明显程度指成熟果实表面果点大小及密度特点，砂梨果点明显程度包括明显（果点大而凸出，较密）、中等（果点中等大，密度中等）和不明显（果点较小或无，密度小，不凸出）（图 2-34）。

| 明显 | 中等 | 不明显 |

图 2-34　果点明显程度

（八）果面光滑度

果面光滑度指成熟果实目测和手触光滑与粗糙感，砂梨果面光滑度包括粗糙、中等和平滑（图 2-35）。

粗糙　　　　　　　　　　中等　　　　　　　　　　平滑

图 2-35　果面光滑度

（九）果梗长度

果梗长度指成熟果实果梗从基部到顶部的距离。

1. 遗传多样性

砂梨果梗长度分为 3 级：短（果梗长度 < 3 cm）、中（3 cm ≤ 果梗长度 < 5 cm）和长（果梗长度 ≥ 5 cm）（图 2-36）。

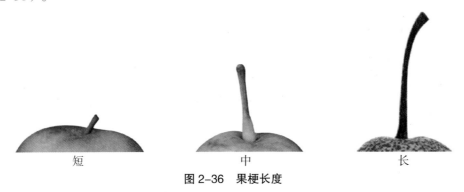

短　　　　　　　　　　中　　　　　　　　　　长

图 2-36　果梗长度

2. 特异种质

（1）果梗短的砂梨资源：'秋光''早生新水'。

（2）果梗长的砂梨资源：'威宁早白梨''兴山 36 号'。

（十一）果梗粗度

果梗粗度指砂梨成熟果实果梗中部粗度。

1. 遗传多样性

砂梨果梗粗度分为 3 级：细（果梗粗度 < 2.5 mm）、中（2.5 mm ≤ 果梗粗度 < 4.5 mm）和粗（果梗粗度 ≥ 4.5 mm）（图 2-37）。

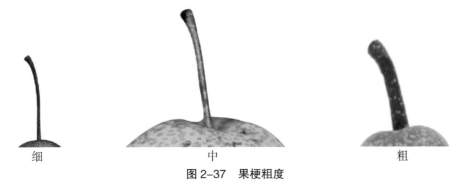

细　　　　　　　　　　中　　　　　　　　　　粗

图 2-37　果梗粗度

2. 特异种质

（1）果梗细的砂梨资源：'麻棠梗子''甜棠梗子'。

（2）果梗粗的砂梨资源：'大理大黄梨''大恩梨'。

（十一）果梗基部膨大

果梗基部膨大指成熟果实果梗基部是否膨大，砂梨果梗基部膨大包括有和无两类（图2-38）。

有　　　　　　　　　　　　无

图2-38　果梗基部膨大

（十二）棱沟

棱沟指成熟果实表面棱沟有无，砂梨棱沟包括有和无两类（图2-39）。

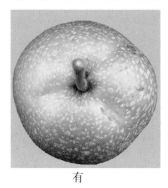

有　　　　　　　　　　　　无

图2-39　果实表面棱沟

（十三）萼片状态

萼片状态指成熟果实萼片存在状况，砂梨萼片状态包括脱落、残存和宿存（图2-40）。

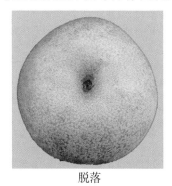

脱落　　　　　　　　残存　　　　　　　　宿存

图2-40　果实萼片状态

（十四）萼洼状态

萼洼状态指成熟果实萼洼形态，砂梨萼洼状态包括平滑、皱状、肋状和隆起（图2-41）。

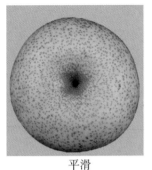
平滑

皱状

肋状

隆起

图 2-41　果实萼洼状态

（十五）果实心室数

　　果实心室数指正常果实心室数目，砂梨大部分种质资源果实心室数量为5，还有3、4、6、7、8心室（图 2-42）。

3心室　　　　　　　　4心室　　　　　　　　5心室

6心室　　　　　　　　7心室　　　　　　　　8心室

图 2-42　果实心室数

（十六）果心位置

　　果心位置指正常果实果心位置，砂梨果心位置包括近梗端、中位和近萼端（图 2-43）。

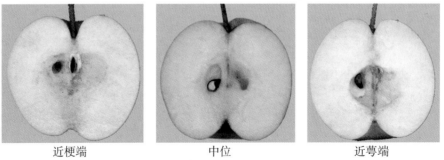

近梗端　　　　　　　　中位　　　　　　　　近萼端

图 2-43　果心位置

（十七）果心大小

果心大小指成熟果实横切面果心直径与果实直径的比值，砂梨果心大小分为3级：小（果心直径与果实直径比值＜1/3）、中（1/3≤果心直径与果实直径比值＜1/2）和大（果心直径与果实直径比值≥1/2）（图2-44）。

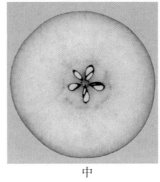

小　　　　　　　　　中　　　　　　　　　大

图2-44　果心大小

（十八）石细胞

石细胞指果实达到食用成熟度时果肉组织中木质素在初生细胞壁上沉积并次生加厚而形成的厚壁组织细胞。

1. 遗传多样性

砂梨果实中石细胞颗粒经间苯三酚—盐酸染色呈现红色，砂梨石细胞多少分为5级：极少、少、中、多和极多（图2-45）。

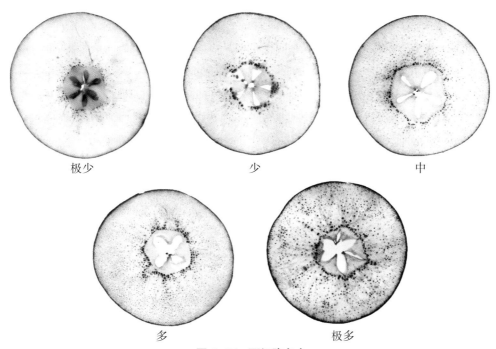

极少　　　　　　　　少　　　　　　　　中

多　　　　　　　　极多

图2-45　石细胞多少

2. 特异种质

（1）石细胞极少的砂梨资源：‘翠冠’‘新一’。

（2）石细胞极多的砂梨资源：‘兴山柴梨’‘大理冬梨’。

（十九）种子形状

种子形状指发育正常的成熟种子形状，砂梨种子形状包括圆形、卵圆形、椭圆形和狭椭圆形（图2-46）。

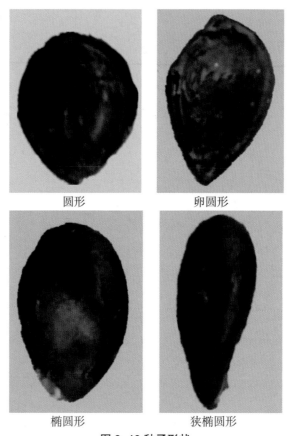

圆形　　　　　　　　　卵圆形

椭圆形　　　　　　　狭椭圆形

图2-46 种子形状

第四节　染色体特征

一、染色体倍数

砂梨种质大多数是二倍体，染色体 $2n = 2x = 34$，极少数呈三倍体，染色体 $2n = 3x = 51$（图2-47）。

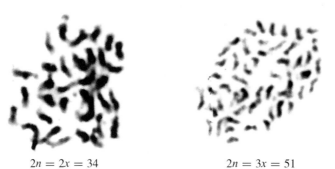

$2n = 2x = 34$　　　　　　　$2n = 3x = 51$

图2-47　染色体倍数

二、地方品种染色体特征

大多数砂梨地方品种为二倍体，典型地方品种染色特征如图2-48。

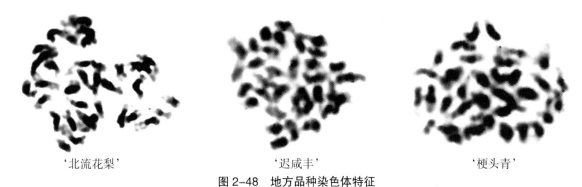

'北流花梨'　　　　　　　　'迟咸丰'　　　　　　　　'梗头青'

图2-48　地方品种染色体特征

三、选育品种染色体特征

砂梨选育品种多为二倍体，典型选育品种染色特征如图2-49。

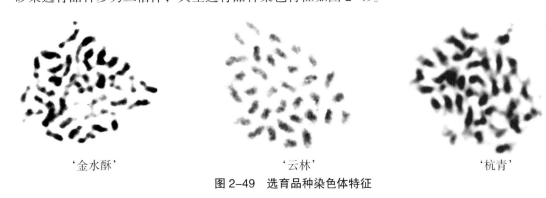

'金水酥'　　　　　　　　'云林'　　　　　　　　'杭青'

图2-49　选育品种染色体特征

四、日本品种染色体特征

日本砂梨品种多为二倍体，典型日本品种染色体特征如图2-50。

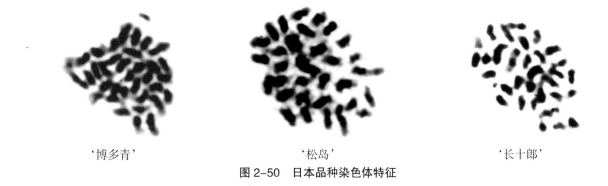

'博多青'　　　　　　　　'松岛'　　　　　　　　'长十郎'

图2-50　日本品种染色体特征

第三章　砂梨遗传多样性分析

砂梨种质资源的枝、芽、叶、花、果实、物候期、抗病虫等性状存在丰富的遗传多样性。本章基于 30 多年来积累的相关鉴定数据对砂梨的遗传多样性进行较为详尽的分析和评价，为砂梨资源的广泛收集、有效保存及高效利用提供重要参考。

第一节　枝、芽、叶、花性状

一、枝

（一）一年生枝长度

砂梨一年生枝长度平均值为 70.90 cm，变异系数 23.58%，遗传多样性 Shannon 信息指数 (H')2.077（图 3-1，该图数据处理通过 spss20 软件计算，N 代表样品数，后同）。

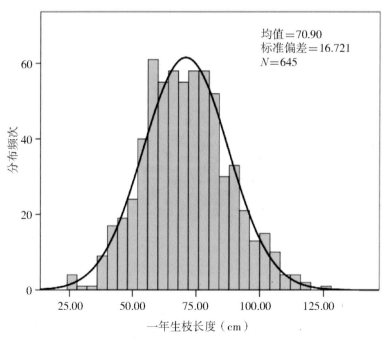

均值＝70.90
标准偏差＝16.721
N＝645

一年生枝长度（cm）

图 3-1　一年生枝长度多样性分布

（二）节间长度

砂梨一年生枝节间长度平均值为 4.23 cm，变异系数 13.64%，遗传多样性 Shannon 信息指数（H'）2.067（图 3-2）。

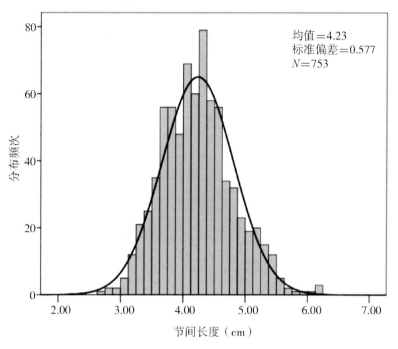

图 3-2　节间长度多样性分布

（三）成枝力

成枝力指梨一年生发育枝短截后抽生 15 cm 以上长枝的能力。砂梨成枝力平均值为 2.02 条，变异系数 35.98%，遗传多样性 Shannon 信息指数 (H')1.964（图 3-3）。

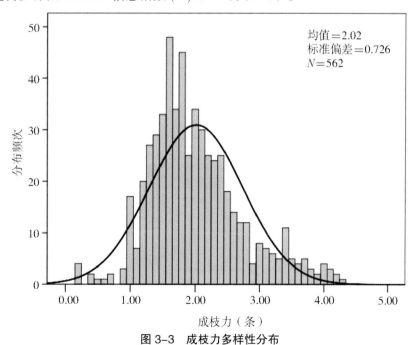

图 3-3　成枝力多样性分布

二、芽、叶

（一）花芽长度

砂梨花芽长度平均值为 8.79 mm，变异系数 13.29%，遗传多样性 Shannon 信息指数 (H')2.070（图 3-4）。

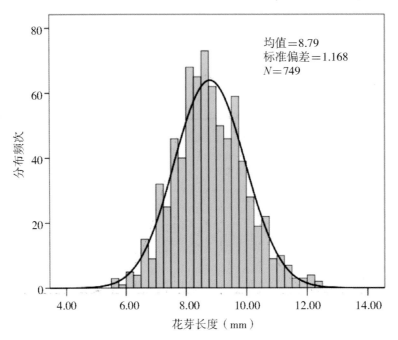

图 3-4 花芽长度多样性分布

（二）幼叶颜色

砂梨幼叶颜色有淡绿、绿黄、淡红、红、褐红、暗红六个类型，分别赋值 1、2、3、4、5、6，其变异系数为 40.41%，遗传多样性 Shannon 信息指数 (H')1.545（图 3-5）。

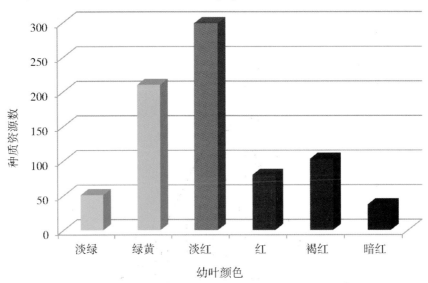

图 3-5 幼叶颜色多样性分布

（三）叶片长度

砂梨叶片长度平均值为 10.47 cm，变异系数 13.08%，遗传多样性 Shannon 信息指数 (H')2.079（图 3-6）。

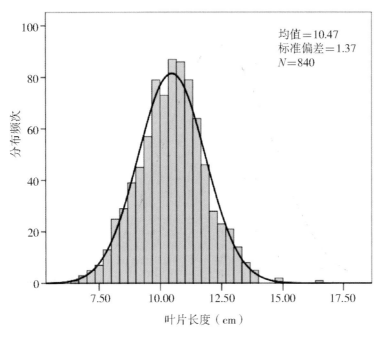

图 3-6 叶片长度多样性分布

（四）叶片宽度

砂梨叶片宽度平均值为 6.43 cm，变异系数 13.37%，遗传多样性 Shannon 信息指数 (H')2.227（图 3-7）。

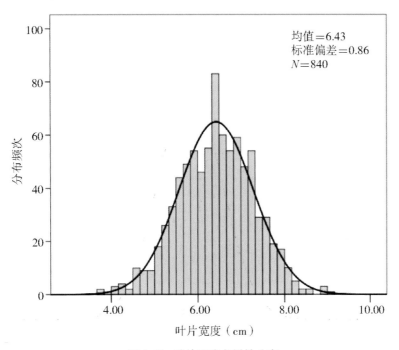

图 3-7 叶片宽度多样性分布

（五）叶柄长度

砂梨叶柄长度平均值为 4.58 cm，变异系数 25.72%，遗传多样性 Shannon 信息指数 (H')2.060（图 3-8）。

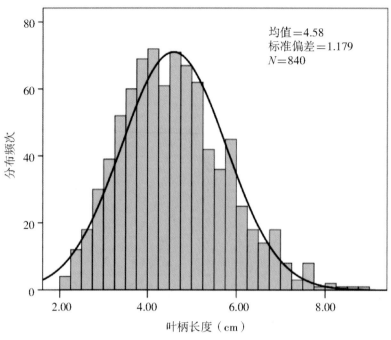

图3-8　叶柄长度多样性分布

三、花

（一）花冠直径

砂梨花冠直径平均值为 3.52 cm，变异系数 14.86%，遗传多样性 Shannon 信息指数 (H')2.074（图 3-9 ）。

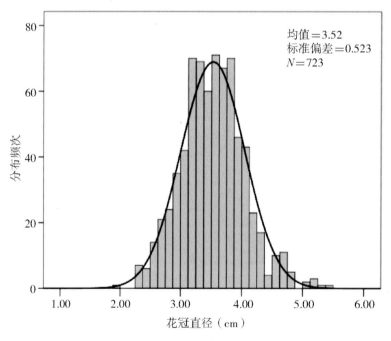

图3-9　花冠直径多样性分布

（二）花瓣数

砂梨花瓣数平均值为 5.37 枚，变异系数 14.78%，遗传多样性 Shannon 信息指数 (H')1.159（图 3-10 ）。

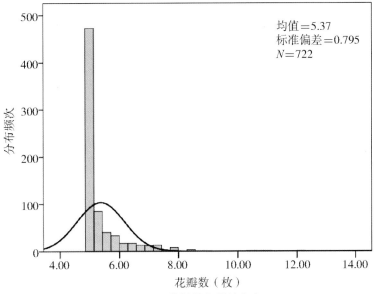

图 3-10　花瓣数多样性分布

（三）雄蕊数目

砂梨花的雄蕊数平均值为 21.73 枚，变异系数 14.11%，遗传多样性 Shannon 信息指数 (H')1.935（图 3-11）。

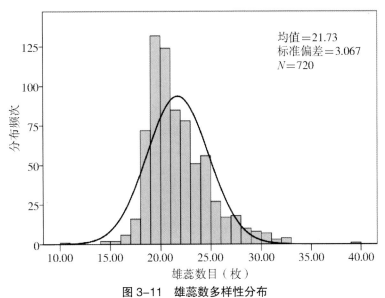

图 3-11　雄蕊数多样性分布

（四）花粉量

砂梨花粉量平均值为 8 547 粒 / 花药，变异系数 63.59%，遗传多样性 Shannon 信息指数 (H')1.896（图 3-12）。

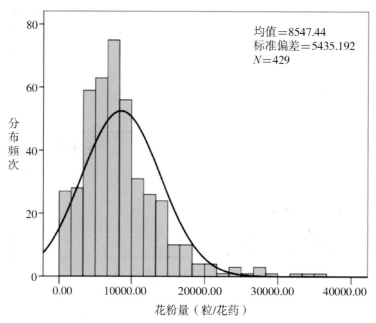

图 3-12　花粉量多样性分布

（五）花粉萌发率

砂梨花粉萌发率平均值为 55.44%，变异系数 51.75%，遗传多样性 Shannon 信息指数 (H')1.924（图 3-13）。

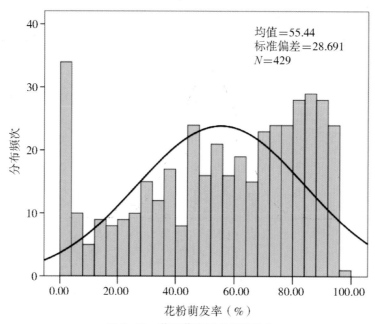

图 3-13　花粉萌发率多样性分布

第二节 果实性状

一、果实外观

（一）果实形状

砂梨果实形状有扁圆形、圆形、长圆形、卵圆形、倒卵形、圆锥形、圆柱形、纺锤形和葫芦形九个类型，分别赋值1、2、3、4、5、6、7、8和9，其变异系数为63.26%，遗传多样性Shannon信息指数(H')1.583（图3-14）。

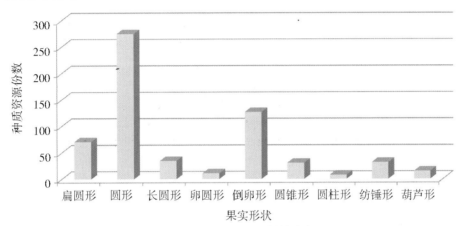

图3-14 果实形状多样性分布

（二）果实纵径

砂梨果实纵径平均值为7.04 cm，变异系数19.40%，遗传多样性Shannon信息指数(H')2.044（图3-15）。

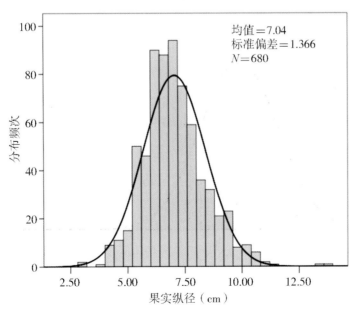

图3-15 果实纵径多样性分布

（三）果实横径

砂梨果实横径平均值为 7.20 cm，变异系数 15.00%，遗传多样性 Shannon 信息指数 (*H'*)2.047（图 3–16）。

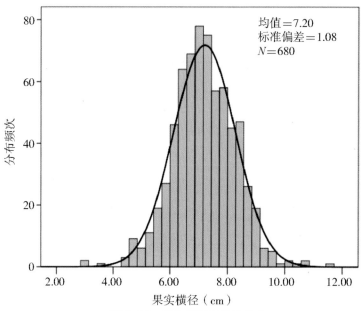

图 3–16　果实横径多样性分布

（四）单果重

砂梨单果重平均值为 220.87 g，变异系数 45.41%，遗传多样性 Shannon 信息指数 (*H'*)1.970（图 3–17）。

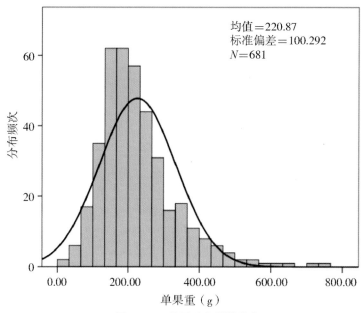

图 3–17　单果重多样性分布

（五）果梗长度

砂梨果梗长度平均值为 3.77 cm，变异系数 24.14%，遗传多样性 Shannon 信息指数 (*H'*)2.067（图 3–18）。

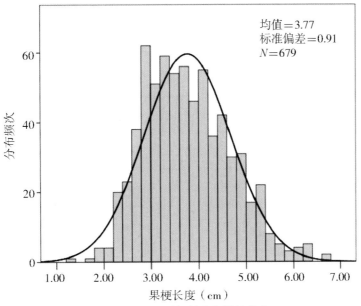

图 3-18　果梗长度多样性分布

（六）果梗粗度

砂梨果梗粗度平均值为 3.11 mm，变异系数 18.20%，遗传多样性 Shannon 信息指数 (H')1.984（图 3-19）。

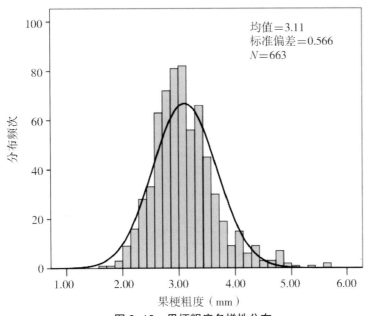

图 3-19　果梗粗度多样性分布

二、果实内在品质

（一）果肉硬度

砂梨果肉硬度平均值为 10.13 kg/cm^2，变异系数 27.66%，遗传多样性 Shannon 信息指数 (H')2.017（图 3-20）。

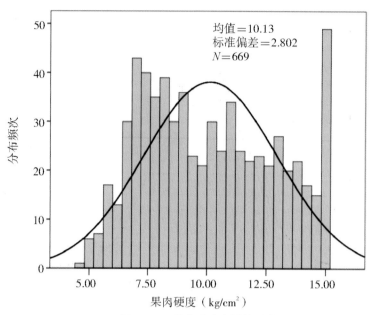

图 3-20　果肉硬度多样性分布

（二）果肉质地

砂梨果肉质地有极粗、粗、中粗、中细、细和极细六个类型，分别赋值 1、2、3、4、5 和 6，其变异系数为 35.93%，遗传多样性 Shannon 信息指数 (H')1.480（图 3-21）。

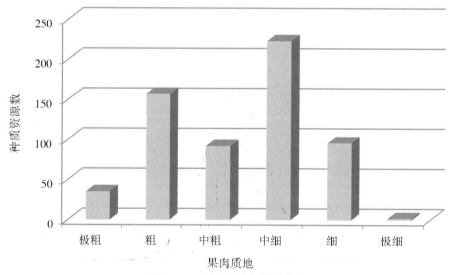

图 3-21　果肉质地多样性分布

（三）果肉类型

砂梨果肉类型有沙面、疏松、脆、紧密脆和紧密五个类型，分别赋值 1、2、3、4 和 5，其变异系数为 27.29%，遗传多样性 Shannon 信息指数 (H')1.022（图 3-22）。

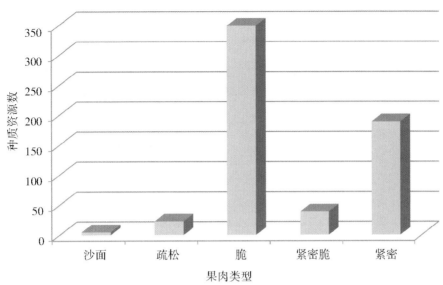

图 3-22 果肉类型多样性分布

（四）石细胞含量

砂梨果肉石细胞含量平均值为 0.83 g/100 g FW（鲜重），变异系数 71.33%，遗传多样性 Shannon 信息指数 (*H'*)1.825（图 3-23）。

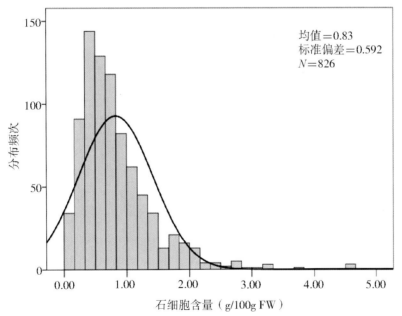

图 3-23 石细胞含量多样性分布

（五）汁液

砂梨果实汁液有极少、少、中、多和极多五个类型，分别赋值 1、2、3、4 和 5，其变异系数为 25.44%，遗传多样性 Shannon 信息指数 (*H'*)1.135（图 3-24）。

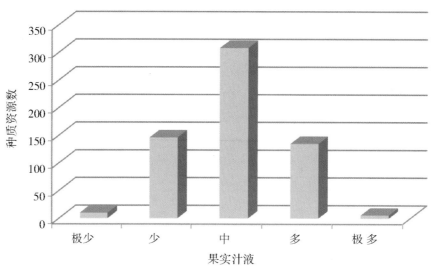

图 3-24　果实汁液多样性分布

（五）风味

砂梨果实风味有甘甜、甜、淡甜、酸甜、酸甜适度、甜酸、微酸和酸八个类型，分别赋值 1、2、3、4、5、6、7 和 8，其变异系数 42.15%，遗传多样性 Shannon 信息指数 (H')1.712（图 3-25）。

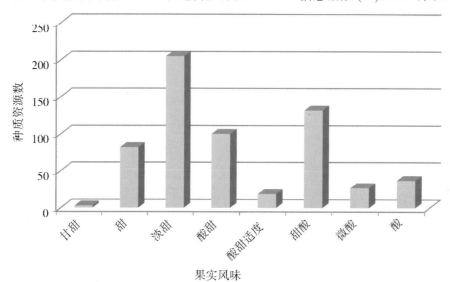

图 3-25　果实风味多样性分布

（七）可溶性固形物含量

砂梨果实可溶性固形物含量平均值为 10.42%，变异系数 10.78%，遗传多样性 Shannon 信息指数 (H')2.051（图 3-26）。

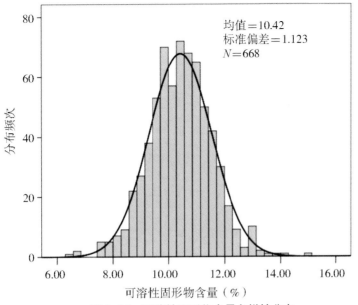

图 3-26　可溶性固形物含量多样性分布

（八）可溶性糖含量

砂梨果实可溶性糖含量平均值为 5.76%，变异系数 16.93%，遗传多样性 Shannon 信息指数 (H')2.049（图 3-27）。

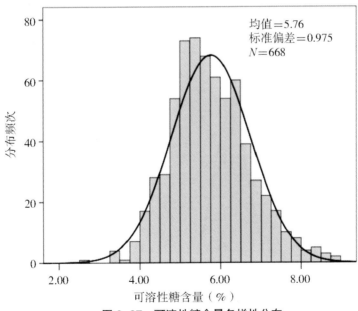

图 3-27　可溶性糖含量多样性分布

（九）可滴定酸含量

砂梨果实可滴定酸含量平均值为 0.25%，变异系数 55.20%，遗传多样性 Shannon 信息指数 (H')1.761（图 3-28）。

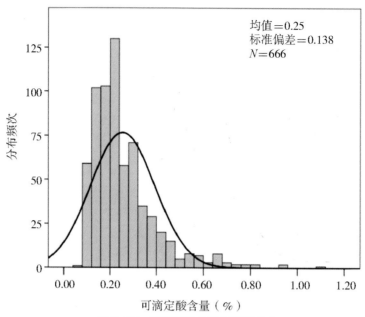

图 3-28　可滴定酸含量多样性分布

（十）维生素 C 含量

砂梨果实维生素 C 含量半均值为 1.75 mg/100 g，变异系数 21.66%，遗传多样性 Shannon 信息指数 (H')1.776（图 3-29）。

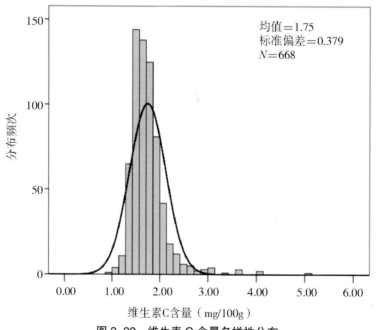

图 3-29　维生素 C 含量多样性分布

三、结果习性

（一）早果性

早果性指梨树从一年生成苗定植到开始结果的年龄。砂梨始果年龄平均值为 3.96 年，变异系数 34.44%，遗传多样性 Shannon 信息指数 (H') 1.517（图 3-30）。

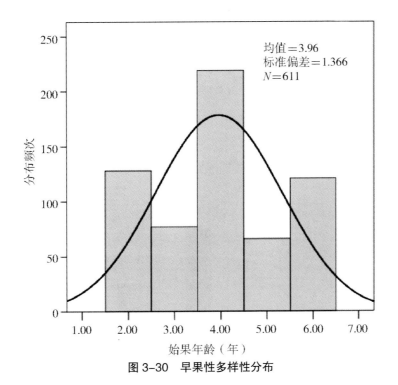

图 3-30　早果性多样性分布

（二）自花结实率

砂梨自花结实率平均值为 3.13%，变异系数 207.41%，遗传多样性 Shannon 信息指数 (H') 0.832（图 3-31）。

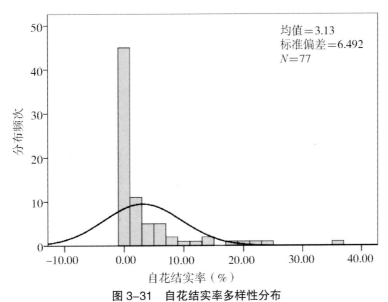

图 3-31　自花结实率多样性分布

<h1 style="text-align:center">第三节　物 候 期</h1>

一、营养生长

（一）叶芽萌动期

2014—2016 年武汉地区砂梨叶芽萌动期从 2 月下旬持续到 3 月下旬（图 3-32），3 年平均变异系数 19.69%，平均遗传多样性 Shannon 信息指数 (H')0.678。

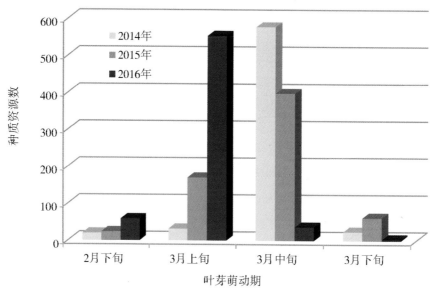

图 3-32　叶芽萌动期多样性分布

（二）落叶期

2014—2016 年武汉地区砂梨落叶期从 9 月持续到 12 月（图 3-33），3 年平均变异系数 36.43%，平均遗传多样性 Shannon 信息指数 (H')1.195。

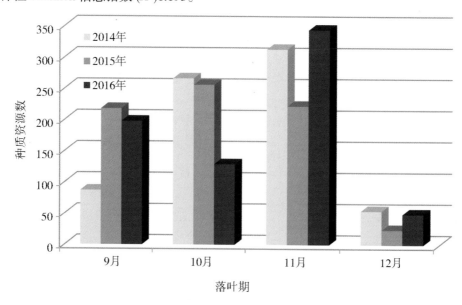

图 3-33　落叶期多样性分布

（三）营养生长天数

2014—2016 年武汉地区砂梨营养生长天数平均值为 237 d，变异系数 21.66%，遗传多样性 Shannon 信息指数 (H')1.776（图 3-34）。

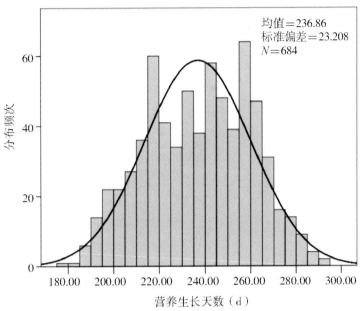

图 3-34　营养生长多样性分布

二、生殖生长

（一）花芽萌动期

2014—2016 年武汉地区砂梨花芽萌动期从 2 月上旬持续到 3 月中旬（图 3-35），3 年平均变异系数 16.12%，平均遗传多样性 Shannon 信息指数 (H')0.912。

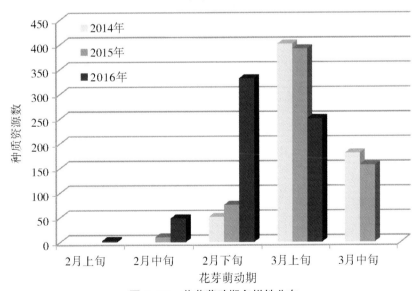

图 3-35　花芽萌动期多样性分布

（二）初花期

2014—2016 年武汉地区砂梨初花期从 3 月上旬持续到 4 月上旬（图 3-36），3 年平均变异系数 30.56%，平均遗传多样性 Shannon 信息指数 (H')0.665。

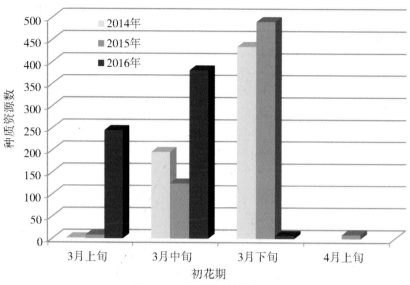

图 3-36　初花期多样性分布

（三）盛花期

2014—2016 年武汉地区砂梨盛花期从 3 月上旬持续到 4 月上旬（图 3-37），3 年平均变异系数 18.99%，平均遗传多样性 Shannon 信息指数 (H')0.606。

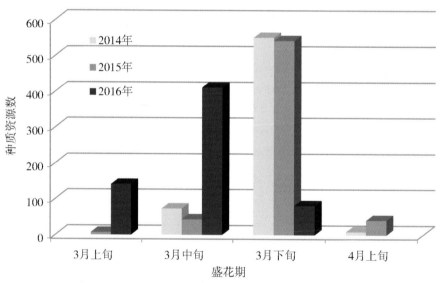

图 3-37　盛花期多样性分布

（四）终花期

2014—2016 年武汉地区砂梨终花期从 3 月上旬持续到 4 月上旬（图 3-38），3 年平均变异系数 12.73%，平均遗传多样性 Shannon 信息指数 (H')0.552。

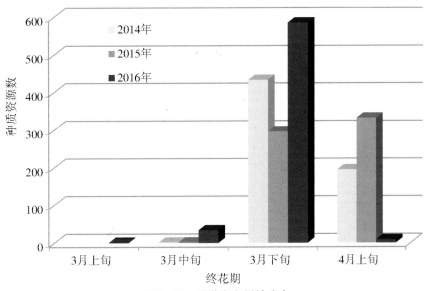

图 3-38　终花期多样性分布

（五）果实成熟期

2014—2016 年武汉地区砂梨果实成熟期从 7 月持续到 10 月（图 3-39），3 年平均变异系数 29.97%，平均遗传多样性 Shannon 信息指数 (H')1.132。

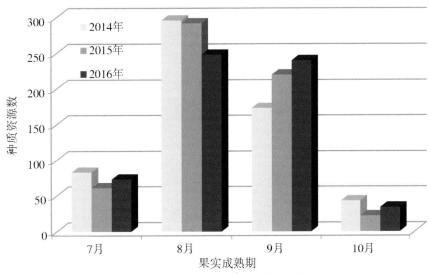

图 3-39　果实成熟期多样性分布

（六）果实发育期

2014—2016 年武汉地区砂梨果实发育期平均为 159 d，变异系数 13.20%，遗传多样性 Shannon 信息指数 (H')2.076（图 3-40）。

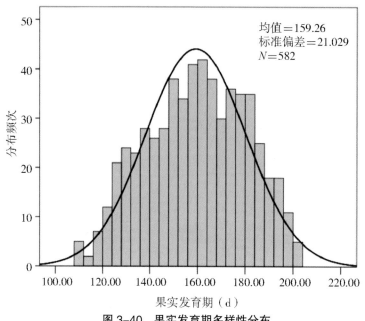

均值＝159.26
标准偏差＝21.029
N＝582

果实发育期（d）

图 3-40　果实发育期多样性分布

第四节　抗病虫性

一、梨黑斑病抗性

梨黑斑病人工接种病情指数平均值为 34.43，变异系数 43.81%，遗传多样性 Shannon 信息指数 (H')1.776（图 3-41）。

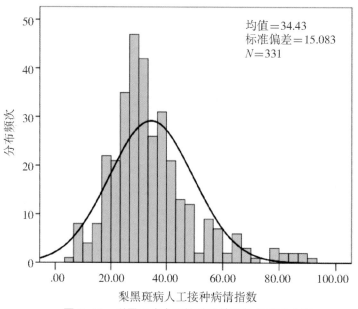

均值＝34.43
标准偏差＝15.083
N＝331

梨黑斑病人工接种病情指数

图 3-41　梨黑斑病人工接种病情指数多样性分布

二、梨瘿蚊抗性

田间调查梨瘿蚊枝梢危害率平均值为 42.38%，变异系数 49.83%，遗传多样性 Shannon 信息指数 (*H′*)2.038（图 3-42）。

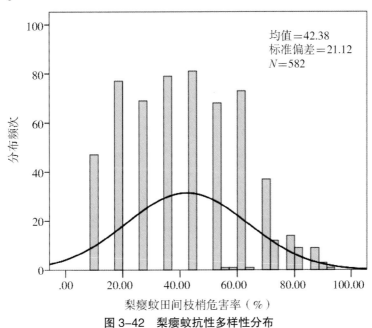

图 3-42　梨瘿蚊抗性多样性分布

第五节　不同地区砂梨地方品种遗传多样性

砂梨遗传多样性是梨遗传改良的基础，其研究对梨种质资源的搜集、保存、评价和利用均有十分重要的意义。对国家果树种质武昌砂梨圃保存的来自 14 个省（市）的砂梨地方品种遗传多样性进行综合评价，为砂梨种质资源的深度挖掘和高效利用奠定了基础。

一、不同地区地方品种不同性状遗传多样性

采用 Excel 表格对安徽、福建、广东等 14 个省（市）416 份砂梨地方品种 16 个性状的数据进行整理，计算不同省份砂梨地方品种各性状的遗传多样性指数（表 3-1），将各性状的数据划分为 10 个等级，1 级 $< \bar{x} -2\sigma$，10 级 $\geq \bar{x} + 2\sigma$，中间每级相差 0.5σ，$\bar{x}$ 为平均值，σ 为标准差。遗传多样性以 Shannon-Wiener 指数（*H′*）估算，即 $H′= -\sum P_i \ln(P_i)$，*H′* 代表不同省份地方品种不同性状的遗传多样性指数，*i* 代表某一性状的不同等级，P_i 指该性状所在省份的第 *i* 个等级种质资源份数占该省（市）总份数的百分比。

二、不同地区地方品种遗传多样性综合评价

（一）数据标准化处理

采用 Z-Score 标准化法对安徽、福建、广东等 14 个省（市）416 份砂梨地方品种 16 个性状遗传多样性指数进行处理。转化公式为：$x*=（x- \bar{x}）/\sigma$。其中 $x*$ 为不同省份地方品种各性状多样性指数标

表3-1 不同地区地方品种16个性状遗传多样性指数

序号	地区	叶片长度	叶片宽度	叶柄长度	花芽长度	节间长度	单果重	纵径	横径	果梗长度	果梗粗度	果肉硬度	可溶性固形物含量	可溶性糖含量	可滴定酸含量	维生素C含量	石细胞含量
1	安徽	1.33	1.61	0.22	1.33	1.33	0.95	0.95	0.95	0.95	0.95	1.33	1.33	1.33	0.50	0.95	0.95
2	福建	1.89	1.94	0.81	1.85	1.60	1.79	1.72	1.87	1.87	1.68	1.73	1.89	1.86	1.67	1.51	1.29
3	广东	1.22	1.73	0.47	1.47	1.63	1.20	1.51	1.45	1.39	1.61	1.30	1.57	1.51	1.63	1.28	0.66
4	广西	1.98	1.82	1.45	2.06	1.83	1.65	1.88	1.71	1.90	1.61	1.60	1.87	1.92	1.84	1.70	1.27
5	贵州	1.73	1.66	0.89	1.55	1.76	1.66	1.77	1.74	1.98	1.83	1.72	2.00	1.84	1.75	1.83	1.72
6	湖北	2.05	1.94	2.04	1.91	2.02	1.88	2.05	2.00	2.04	2.04	1.92	1.92	2.03	1.76	1.82	1.79
7	湖南	1.78	1.67	0.73	1.92	1.55	1.80	2.09	1.77	1.71	1.54	1.61	1.85	1.77	1.75	1.53	1.70
8	江苏	1.04	1.04	0.17	1.39	1.39	1.39	1.39	1.39	0.56	1.39	1.39	1.04	1.39	1.04	0.69	0.56
9	江西	1.74	1.91	0.64	1.55	1.66	1.65	1.52	1.59	1.37	1.71	1.84	1.74	1.74	1.42	1.19	0.62
10	四川	2.07	2.01	1.73	2.13	1.93	1.82	2.03	2.10	1.92	1.99	1.77	1.98	2.03	1.38	1.80	1.82
11	台湾	1.04	1.04	0.17	0.69	0.69	0.69	1.04	0.69	0.56	1.04	1.04	1.04	1.39	1.04	1.04	1.04
12	云南	2.01	1.99	1.21	1.91	1.96	1.61	1.62	1.80	1.92	1.73	1.79	2.06	1.90	1.80	1.90	1.58
13	浙江	1.68	1.88	0.66	1.82	1.94	1.52	1.69	1.72	1.72	1.81	1.48	1.71	1.87	1.19	1.50	1.19
14	重庆	1.49	1.32	0.33	1.73	1.73	1.73	1.56	1.49	1.67	1.67	1.56	1.21	1.49	1.21	1.32	1.04

准化后的数据，x 为不同省份地方品种各性状多样性指数，$\bar{x}$ 为不同省份地方品种各性状多样性指数的均值，σ 为不同省份地方品种各性状多样性指数的标准差。

（二）遗传多样性指数主成分提取及方差解析

对 14 个省（市）416 份砂梨地方品种 16 个性状的遗传多样性指数标准化处理后进行主成分分析（表 3-2），前 3 个主成分累计贡献率为 89.206%，即这 3 个主成分所含的信息占总体信息的 89.206%，符合分析要求。第一主成分包含了可溶性糖含量、果实横径、叶片长度、果梗长度、可溶性固形物含量、维生素 C 含量、果实纵径、花芽长度、果梗粗度、单果重、果肉硬度、节间长度、叶柄长度、叶片宽度、可滴定酸含量、石细胞含量等 16 个性状遗传多样性指数，决定第二主成分的是石细胞含量的遗传多样性指数，决定第三主成分的是叶片宽度的遗传多样性指数。3 个主成分对应权重依次为：78.584/89.206=88.09%；6.229/89.206=6.98%；4.393/89.206=4.92%。

表 3-2 主成分载荷、特征值、贡献率和累计贡献率

项目	第一主成分	第二主成分	第三主成分
叶片长度	0.950	0.112	−0.170
叶片宽度	0.825	0.034	−0.508
叶柄长度	0.868	0.222	−0.021
花芽长度	0.894	−0.246	−0.063
节间长度	0.872	−0.323	−0.170
单果重	0.882	−0.358	0.198
果实纵径	0.902	−0.069	0.344
果实横径	0.953	−0.227	0.084
果梗长度	0.948	0.058	−0.028
果梗粗度	0.887	−0.243	0.138
果肉硬度	0.881	−0.210	−0.093
可溶性固形物含量	0.920	0.202	−0.183
可溶性糖含量	0.955	0.136	−0.030
可滴定酸含量	0.769	0.118	0.355
维生素 C 含量	0.907	0.352	0.023
石细胞含量	0.736	0.530	0.172
特征值	12.574	0.997	0.703
贡献率（%）	78.584	6.229	4.393
累计贡献率（%）	78.584	84.813	89.206

（三）遗传多样性指数综合评价函数

根据各主成分得分系数矩阵（表 3-3）得到各主成分得分函数：$F_1 = 0.076 X_1 + 0.066 X_2 + \cdots + 0.059 X_{16}$；$F_2 = 0.112 X_1 + 0.034 X_2 + \cdots + 0.532 X_{16}$；$F_3 = -0.242 X_1 - 0.722 X_2 + \cdots + 0.244 X_{16}$。再根据各主成分得分和其对应权重，建立遗传多样性指数综合评价函数公式：$F = 0.881 F_1 + 0.070 F_2 + 0.049 F_3$。

表 3-3　主成分得分系数矩阵

性状	主成分1	主成分2	主成分3
叶片长度	0.076	0.112	−0.242
叶片宽度	0.066	0.034	−0.722
叶柄长度	0.069	0.223	−0.030
花芽长度	0.071	−0.247	−0.090
节间长度	0.069	−0.324	−0.241
单果重	0.070	−0.359	0.282
果实纵径	0.072	−0.070	0.490
果实横径	0.076	−0.228	0.119
果梗长度	0.075	0.058	−0.039
果梗粗度	0.071	−0.244	0.196
果肉硬度	0.070	−0.210	−0.132
可溶性固形物含量	0.073	0.202	−0.260
可溶性糖含量	0.076	0.137	−0.042
可滴定酸含量	0.061	0.119	0.504
维生素C含量	0.072	0.353	0.033
石细胞含量	0.059	0.532	0.244

（四）不同地区地方品种遗传多样性综合评价

根据遗传多样性指数综合评价函数公式计算14个省（市）砂梨地方品种遗传多样性指数综合得分（表3-4）。遗传多样性指数综合得分从高到低依次为：湖北、四川、云南、广西、贵州、湖南、福建、浙江、江西、重庆、广东、江苏、安徽、台湾，表明湖北、四川、云南遗传多样性较为丰富。

表 3-4　各主成分得分、综合得分及其排序

地区	F_1	F_1排序	F_2	F_2排序	F_3	F_3排序	综合得分	综合排序
湖北	1.259	1	0.325	6	0.461	6	1.155	1
四川	1.148	2	0.200	8	−0.346	9	1.009	2
云南	0.824	3	0.644	3	−0.485	11	0.748	3
广西	0.667	4	0.293	7	0.050	8	0.611	4
贵州	0.563	5	0.900	2	0.848	2	0.601	5
湖南	0.434	7	0.430	4	0.800	3	0.451	6
福建	0.512	6	−0.104	9	−0.640	12	0.413	7
浙江	0.225	8	−0.551	11	−0.402	10	0.140	8
江西	−0.010	9	−1.238	12	−1.150	13	−0.152	9
重庆	−0.342	10	−1.283	13	0.773	4	−0.354	10
广东	−0.536	11	−0.452	10	0.370	7	−0.486	11
江苏	−1.321	12	−1.673	14	1.050	1	−1.229	12
安徽	−1.432	13	0.389	5	−1.986	14	−1.331	13
台湾	−1.992	14	2.121	1	0.657	5	−1.574	14

第四章　中国砂梨育成品种

我国梨品种选育历史悠久，尤其新中国成立以来，砂梨品种选育工作进展很快。兴城园艺试验场（现中国农业科学院果树研究所）于1951年率先开展了梨杂交育种工作。随后，浙江农业大学（1956）、湖北省农业科学院果树茶叶研究所（1958）等科研机构也开始有计划地进行了杂交育种。在广大科技工作者的共同努力下，经过60多年，取得了可喜的成就。据不完全统计，新中国成立70年来，我国有53个单位（含共同培育单位）参加了砂梨新品种选育工作，综合查询有关文献，截至2019年底，我国共计育成的砂梨品种（系）及具有砂梨血缘的品种（系）112个，为中国梨产业的发展提供了良好支撑。本章拟对中国砂梨育成品种遗传多样性背景进行分析，为我国进一步提高育种水平，尤其为有效扩展砂梨育种遗传背景提供依据。

第一节　育种概况

一、育种方法

我国砂梨新品种选育方法主要采用杂交育种、芽变选种、实生选种及野生群体选种（图4-1）。其中杂交育种为主要育种方法，育成品种94个，占选育品种数的83.93%；芽变选种和实生选种育成的品种分别为10个和4个，分别占8.93%和3.57%。

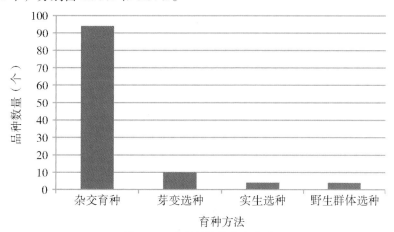

图4-1　砂梨新品种选育方法

二、主要育种单位

砂梨品种主要育种单位有湖北省农业科学院果树茶叶研究所［育成砂梨品种（系）14个］、中国农业科学院郑州果树研究所［育成砂梨品种（系）12个］、浙江农业大学［育成砂梨品种（系）

12个〕、浙江省农业科学院园艺研究所〔育成砂梨品种（系）8个〕、华中农业大学〔育成砂梨品种（系）8个〕、河北省农林科学院石家庄果树研究所〔育种砂梨品种（系）8个〕、云南省农业科学院园艺作物研究所〔育成砂梨品种（系）6个〕、中国农业科学院果树研究所〔育成砂梨品种（系）5个〕，其他育种单位还有南京农业大学、湖南省安江农业学校、江苏省农业科学院园艺研究所、陕西省果树研究所、上海市农业科学院、中南林业科技大学等。

三、地理来源分布

育成的砂梨品种（系）及具有砂梨血缘的品种（系）主要集中分布在我国的湖北、浙江、河南、云南、河北、江苏、辽宁等省，共88个品种（系），占砂梨育成品种（系）总数（112个）的78.57%，其中湖北省最多（23个）（图4-2）。

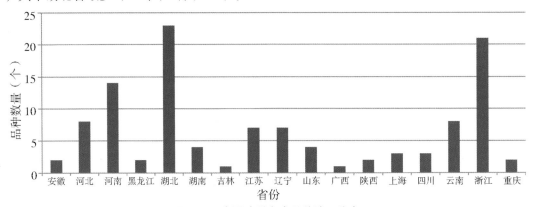

图4-2　我国砂梨育成品种地理分布

四、选育周期

根据采用的育种方法计算选育周期，杂交育种选育周期为杂交授粉至通过审定、鉴定或命名的时间；芽变选种、实生选种以及从地方品种或种群中选种的选育周期为发现芽变单系或优良单株到通过审定或鉴定的时间。统计发现，除'彩红云''盘古香''青云''安农1号'的选育周期无法确定外，其他108个品种的平均选育周期为18.1年，选育周期为4～10年的品种15个，占比13.89%；选育周期11～20年的品种62个，占比57.41%；选育周期21～30年的品种25个，占比23.15%；选育周期30年以上的品种6个，占比5.56%（图4-3）。其中选育周期最短的为'金秋梨'，由'新高'芽变育成，选育周期为4年，选育周期最长的为'玉绿'，选育周期为46年。

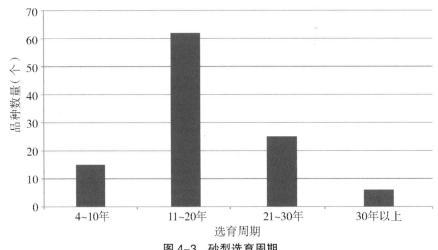

图4-3　砂梨选育周期

五、果实大小分布

参考相关标准，对育成的112个砂梨品种（系）及具有砂梨血缘的品种（系）平均单果重进行分级，大果型品种（200.1～300.0 g）所占比例最高，大果型品种共计60个，占比53.57%；小果型品种（100.0 g以下）5个，占比4.46%；中果型品种（100.1～200.0 g）23个，占比20.54%；特大果型品种（大于300.1 g）24个，占比21.43%；112个品种的平均单果重为253.2 g（图4-4）。

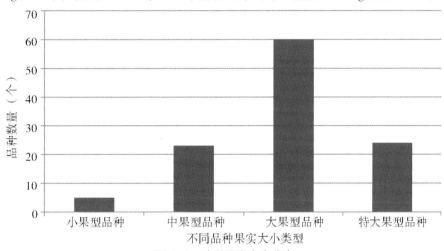

图4-4　砂梨果实大小分布

六、可溶性固形物分布

参考相关标准，对育成的112个砂梨品种（系）及具有砂梨血缘的品种（系）可溶性固形物含量进行分级，可溶性固形物含量极高（15.00%以上）的品种3个，占比2.68%；可溶性固形物含量高（13.10%～15.00%）的品种25个，占比22.32%；可溶性固形物含量中等（11.10%～13.00%）的品种69个，占比61.61%；可溶性固形物含量低（9.00%～11.00%）的品种15个，占比13.39%（图4-5）。'金珠沙梨'可溶性固形物含量最高（17.60%），'大果黄花'可溶性固形物含量最低（9.50%）。

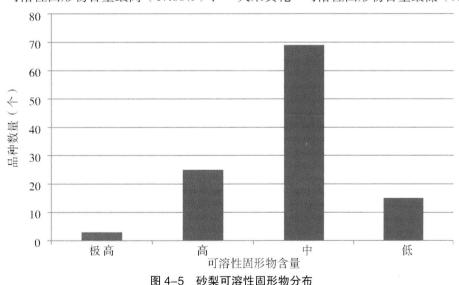

图4-5　砂梨可溶性固形物分布

七、成熟期分布

112个品种中，6月成熟品种6个，占比5.36%；7月成熟品种34个，占比30.36%；8月成熟品种

51个，占比45.54%；9月成熟品种20个，占比17.86%；10月成熟品种1个，占比0.89%（图4-6）。

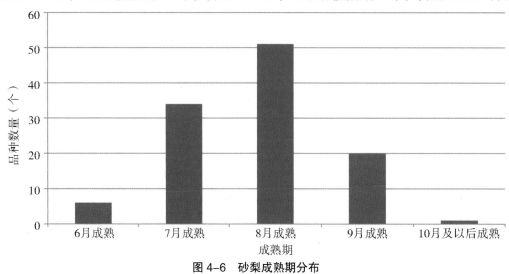

图4-6 砂梨成熟期分布

第二节　育成品种遗传背景分析

中国砂梨及具有砂梨血缘的育成品种（系）主要亲本及其直接或间接育成的品种（系）见表4-1。

表4-1　中国砂梨及具有砂梨血缘的育成品种（系）主要亲本及其培育的品种（系）

亲本	培育出的品种（系）	
二十世纪	直接：早香2号、早香1号、青云、早白	
	间接：彩云红、云绿、珍珠梨、青魁、华梨2号、金丰、云岭早香、金晶、金恬、脆绿、金蜜、苏翠1号、冀翠、冀硕、冀酥、山农脆、红酥脆、美人酥、秋月、宁霞、奥冠红、蜜露、七月酥、早酥蜜、徽香、初夏绿、翠玉、苏翠2号、湘菊、湘生、华丰、夏露、丰香、清香、西子绿、新杭、新雅、早红玉、早绿、早美酥、早酥蜜、中梨1号、早生新水、翠冠、满天红、早白蜜、珍珠红、红脆、黄冠、雪峰、雪芳、雪青、雪英、玛瑙梨、冀玉、中梨4号、华金、华酥、早香脆、玉冠、早冠、桂梨1号、宁酥蜜、岱酥、沪晶梨67号	
新世纪	直接：脆绿、丰香、清香、西子绿、新杭、新雅、早红玉、早绿、早美酥、早酥蜜、中梨1号、黄冠、雪峰、雪芳、雪青、雪英、玛瑙	
	间接：翠冠、丹霞红、苏翠1号、翠玉、初夏绿、苏翠2号、夏露、桂梨1号	
幸水	直接：红酥脆、美人酥、翠冠、满天红、七月酥、早白蜜、珍珠红、红脆	
	间接：彩云红、初夏绿、翠玉、苏翠2号、苏翠1号、早酥蜜、奥冠红、宁霞、沪晶梨67号	
八云	直接：云绿、青云、珍珠梨、华酥	
	间接：青魁、西子绿、冀玉、沪晶梨67号	
二宫白	直接：中翠、早翠、夏至、静秋、金蜜、华梨2号、霞玉、早香蜜、安农1号、翠雪	
	间接：金昱	
丰水	直接：金丰、云岭早香、金晶、宁霞、华丰	
	间接：玉冠、宁酥蜜	
火把梨	直接：红脆、珍珠红、早白蜜、红酥脆、美人酥、满天红	
	间接：彩云红、宁霞、奥冠红	
早酥	直接：早美酥、中梨1号、七月酥、华金、华酥、金酥、玛瑙梨、早金酥、早香脆	
	间接：丹霞红、中梨4号、早酥蜜、苏翠1号	
雪花	直接：桂冠、黄冠、雪芳、雪峰、雪青、雪英、冀蜜、冀玉、早魁	
	间接：冀翠、冀硕、冀酥	

'二十世纪'是日本传统的优良主栽砂梨品种，具有果个大、外观美、品质优等优良特性，在日本、中国、韩国被广泛用作育种亲本，培育出众多品种。从112个砂梨及具有砂梨血缘的育成品种（系）亲本分析，我国利用'二十世纪'及其后代育成的品种（系）69个，占61.62%，'二十世纪'及其后代是砂梨杂交育种利用最多的种质资源。

'新世纪'是日本冈山县农业试验场园艺部石川祯治氏以'二十世纪'为母本、'长十郎'为父本培育的品种。鉴于'新世纪'优良的特性，被我国梨育种工作者广泛作为育种材料，并培育出一批优良的早熟、中熟品种(系)，弥补了我国缺乏早熟、中熟梨品种的不足，在生产上得到推广利用。我国以'新世纪'为亲本之一培育的品种有'脆绿''丰香''清香''西子绿''新杭''新雅''早红玉''早绿''早美酥''早酥蜜''中梨1号''黄冠''雪峰''雪芳''雪青''雪英''玛瑙'。以'新世纪'及其后代为亲本间接培育出的品种有'翠冠''丹霞红''苏翠1号''翠玉''初夏绿''苏翠2号''夏露''桂梨1号'。

'幸水'由'菊水'和'早生幸藏'杂交育成，果实中大，肉质细腻，松脆，汁液多，石细胞少，品质优，在日本广为栽培。我国应用幸水为亲本直接育成的品种有'红酥脆''美人酥''翠冠''满天红''七月酥''早白蜜''珍珠红''红脆'。以'幸水'及其后代为亲本间接培育出的品种有'彩云红''初夏绿''翠玉''苏翠2号''苏翠1号''早酥蜜''奥冠红''宁霞''沪晶梨67号'。

'八云'由'赤穗'和'二十世纪'杂交育成，我国应用'八云'为亲本直接育成的品种有'云绿''青云''珍珠梨''华酥'。以'八云'及其后代为亲本间接培育出的品种有'青魁''西子绿''冀玉''沪晶67号'。

'二宫白'，由'鸭梨'和'真鍮'杂交育成，应用'二宫白'为亲本直接育成的品种有'中翠''早翠''夏至''静秋''金蜜''华梨2号''霞玉''早香蜜''安农1号''翠雪'。以'二宫白'及其后代为亲本间接培育出的品种有'金昱'。

'丰水'是日本"三水"（'丰水''幸水''新水'）梨中综合性状最好的一个品种。树势较强，成花容易，结果早，丰产，稳产，有一定自花结实能力。应用'丰水'梨为亲本直接育成的品种有'金丰''云岭早香''金晶''宁霞''华丰'。以'丰水'及其后代为亲本间接育成的品种有'玉冠''宁酥蜜'。

'火把梨'是云南著名的红皮砂梨，也是优良的育种亲本。应用'火把梨'为亲本直接育成的品种有'红脆''珍珠红''早白蜜''红酥脆''美人酥''满天红'。以'火把梨'及其后代为亲本间接育成的品种有'彩云红''宁霞''奥冠红'。

'早酥'是由中国农业科学院果树研究所以'苹果梨'为母本、'身不知'为父本，通过有性杂交手段创制的早熟、早果、优质、适应性极强的优异梨种质。应用'早酥'为亲本直接育成的品种'早美酥''中梨1号''七月酥''华金''华酥''金酥''玛瑙''早金酥''早香脆'。以'早酥'及其后代为亲本间接育成的品种有'丹霞红''中梨4号''早酥蜜''苏翠1号'。

'雪花'是我国著名的地方品种。应用'雪花'为亲本直接育成的含砂梨血缘的品种有'桂冠''黄冠''雪芳''雪峰''雪青''雪英''冀蜜''冀玉''早魁'。以'雪花'及其后代为亲本间接育成的品种有'冀翠''冀硕''冀酥'。

第三节　遗传资源创制与品种选育趋势

一、遗传资源创制方法

1. 引种

早在 20 世纪 30 年代，浙江大学的吴耕民教授从日本引进了一些日本砂梨品种到杭州，如'二十世纪''长十郎''八云''菊水''晚三吉'等（柴明良等，2003）；改革开放之后，我国加快了砂梨引种的步伐，先后从日本、韩国等国引进大量的砂梨种质资源。据不完全统计，迄今为止，我国从日、韩等国引进砂梨种质资源 100 余份，其中一些材料经过试验示范，现已用于生产，产生了较大经济效益。而且我国大部分育成砂梨品种亲本也是来源于日本砂梨，引种是丰富我国砂梨遗传资源类型最简单高效的途径。

2. 芽变选种

我国砂梨芽变选种始于 20 世纪 70 年代后期，相继选出了多个不同类型的优良芽变品种（系），如'奥冠红'为'满天红'红色芽变；'慈溪新世花''龙花''大果黄花'品种均为'黄花'梨大果芽变；'华高'为'新高'梨芽变；'徽香'为'清香'梨芽变；'桂梨 1 号'为'翠冠'梨芽变。上述品种已在生产中栽培利用，有些已发挥较大的作用，有些用作研究材料。

3. 实生选种

实生选种也取得了一定成就。如中国农业科学院果树研究所从'二十世纪'实生中选育出'早白'梨；上海市农业科学院园艺所从'新水'实生后代中选育了成熟早、品质优的品种'早生新水'；湖南省安江农业学校从'二宫白'实生中选育出'安农 1 号'；湖北省农业科学院果树茶叶研究所从'丰水'实生中选育出高抗梨黑斑病品种'金晶'等。据不完全统计，我国通过实生选种共选出砂梨新品种（系）4 个，在梨产业中发挥了积极的作用。

4. 杂交育种

杂交育种是创造植物新种质类型和新品种的重要途径。通过杂交育种可以获得具有高产、抗病虫害、抗逆境等特性的杂交种。杂交育种 60 多年来，我国科研院所和大专院校约有 22 个单位从事砂梨杂交育种工作，现已选育出 94 个各具特色的砂梨新品种（系）。其中产业贡献率最高（栽培面积在 20 000 hm² 以上）的品种有'黄花''翠冠''黄冠''中梨 1 号'等 4 个（王文辉等，2019），为我国梨产业做出了巨大贡献。我国砂梨种质资源丰富，蕴藏着丰富优良特性的品种资源，因此，通过杂交也可以获得满足不同育种目标的优良品种，这是我国梨品种选育的主要手段。

5. 诱变育种

目前果树上主要采用物理诱变的方法，即利用 ^{60}Co-γ 射线对休眠枝条、种子或花粉进行照射处理，从变异类型中选择新的优良品系。如内蒙古园艺所李志英等利用 ^{60}Co-γ 射线照射'苹果梨''朝鲜洋梨''早酥''锦丰'的休眠枝和生长枝，经嫁接筛选，从'朝鲜洋梨'的辐照材料中选出了'朝辐 1 号'等优良新品系；山西省农业生物技术研究中心采用 ^{60}Co-γ 射线照射发芽过程中的'巴梨'种子选育出新品种'晋巴'等。上述品种各具特色，具有一定的利用价值。

6. 砧木育种

我国科技工作者从 20 世纪 70 年代末期开始进行梨矮化砧木的选育工作，取得了一定的成绩。如中国农业科学院果树研究所 1980 年选育出矮化砧木中矮系列，通过嫁接鉴定、比较试验，证明上述矮化砧作中间砧能使栽培品种树体矮化、早果丰产。矮化砧本身具有抗枝干腐烂病、轮纹病等特性，与栽培品种嫁接亲和性好。山西省农业科学院果树研究所 1980 年利用梨属种或品种（系）间有性杂交的方法选育出矮化、嫁接亲和性好、易繁殖、抗逆性强的 K 系矮化砧木，一直在栽培试验中。

7. 航天育种

航天育种也称空间诱变育种，是指利用返回式卫星和高空气球将农作物种子或其他材料搭载到距地球 20~40 km 的高空，在强辐射、微重力、高真空、超洁净等太空诱变因子的作用下，使其发生遗传性状变异，利用有益变异选育出农作物新品种的育种新技术（杨护等，2005）。它是航天技术、生物技术和农业遗传育种技术相结合的产物。和常规育种相比，航天育种的最大优势在于能在较短的时间内培育出高产、优质或高抗性的新品种，或创造罕见的基因资源，而且不存在基因工程育种中的生物安全问题，这样就能改变多年来植物(尤其是果树植物)育种进展缓慢的艰难局面，尽快培育出生产实践中需要的一些新品种(系)，缩短育种周期。

8. 分子辅助育种

分子辅助育种主要用于分子标记与连锁图谱构建、全基因组测序与组装（王文辉等，2019）。随着分子生物学技术和基因测序技术的不断发展，中国梨科技工作者开发了与梨果实主要性状紧密连锁的分子标记。宋伟等（2010）通过筛选得到了与果实形状紧密连锁的 SSR 标记（CH02b10 和 CH02f06），两对引物均可区分梨果实的圆形和非圆形，判断准确率分别达到 91.67% 和 96.67%。张树军等（2010）以'鸭梨'×'雪青'F1 代群体为试材，开发出与抗黑星病基因遗传距离分别为 5.2 cm 和 8.3 cm 的分子标记。宋伟等（2010）以'黄金'与'砀山酥梨'的 F1 代群体为试材进行研究，获得了与梨果实褐皮性状相连锁的 SSR 标记，该团队还获得了与梨果实形状和矮化基因相关的分子标记，采用简化基因组测序技术（RADseq）开发 SNPs、SSRs 标记，并建立了梨的高密度连锁图谱。薛华柏等利用'满天红'×'红香酥'杂交组合双亲及 339 个杂种单株进行研究，开发出了与东方梨红皮 / 绿皮性状遗传距离为 2.5 cm 的紧密连锁的 InDel 标记，利用该标记对群体中尚未结果单株的果实皮色进行了预测，获得了理想的效果 (Wu et al.，2014)。2012 年由南京农业大学张绍铃课题组牵头，利用'砀山酥梨'为材料完成了世界上首个梨基因组的测序与组装。组装梨基因组 512.0 Mb，占梨基因组全长的 97.1%，通过高密度遗传连锁图谱将序列定位到了 17 条染色体上，共注释到 42 812 个蛋白编码基因；以'八月红'×'砀山酥梨'杂交 F1 群体构建了高密度 SNP（单核苷酸多态性）遗传连锁图谱，发现了 2 005 个 SNP 标记位点并将它们定位在了 17 条染色体上，鉴定出了 396 个抗病相关的基因（Xue et al.，2017），为开发更多与梨农艺性状紧密连锁的分子标记提供了有力的支撑。

二、品种选育趋势及展望

1. 加强对核心种质的挖掘与评价

世界各国都非常注重果树种质资源的收集、保存和评价，尤其注重对核心种质的挖掘与评价。我国梨种质资源十分丰富，加强对抗梨黑斑病、抗梨褐斑病、需冷量、糖酸含量、石细胞、萼片脱宿等遗传性状的评价乃当务之急。通过评价对原产于我国的核心种质能有更清楚、更深入和更全面的了解，有利于育种亲本的选择，发挥我国梨种质资源极其丰富的潜在优势。

2. 地方品种挖掘选优仍将是品种创新的特色

砂梨原产于我国，种质资源丰富，栽培利用历史悠久，因此地方品种或民间品种资源的挖掘和选优潜力大，尤其是我国的西南山区和华中山区，不仅是红皮、早熟、短低温和抗病等优良性状的基因库，更是品种直接选优的品种资源库。

3. 创新育种技术，提高育种效率

常规杂交育种在今后相当长的时间内仍是应用最为广泛、最有效的方法之一。为了更好地提高育种效率，杂交育种尽量采用种间远缘杂交，培养出具有亚洲梨肉质，西洋梨或秋子梨风味的脆肉型新品种。应重视芽变选种，并通过现代生物育种技术来弥补传统育种的不足，大力开展分子标记辅助育种和转基因研究，利用分子生物学及生物工程技术等手段研究基因的功能、解析重要农艺性状，为培育高产、优质和抗病的新品种奠定坚实基础。

4. 整合育种资源、加强分工协作

我国从事梨育种的单位很多，但重复性的研究也较多。要在整合现有育种资源的基础上，针对具体育种目标开展合作研究。在国家梨产业技术体系的支撑下，在全国梨育种协作组的统筹规划下，确定育种目标、制订育种计划、设计技术路线，明确预期结果，积极开展新品种的联合区试工作，实现资源和信息的共享，努力培育出综合性状优良新品种，支撑我国梨产业稳定、持续、高效地发展。

5. 调整育种目标、突出研究重点

砂梨品种选育目标应从单纯的高产、优质转为以优质为基础的抗病（虫）、抗逆性强的品种上来。梨的抗逆性和适应性育种是砂梨育种的首要目标，砂梨抗性育种应把抗梨黑斑病作为今后的育种重点；选育自花结实、短枝矮化型品种亦是未来育种的重点目标之一，以满足现代果园机械化、轻简化需求。

红皮梨选育是当今世界育种的热点，加强以红皮梨为主要育种目标的研究乃当务之急。应充分挖掘利用我国特有的亚洲红皮梨资源，培育外观鲜艳、品质优良、抗逆性强的新品种，以应对国际水果贸易日益激烈竞争的局面。

早熟、低需冷量品种的选育是我国砂梨品种选育的主攻方向。目前全国梨果市场基本饱和，因此全国梨面积不宜再扩大。但在我国梨品种资源中，中、晚熟梨资源较为丰富，占90%以上，多集中在长江以北，存在着地区性和季节性的过剩，而早熟品种资源相对匮乏，极早熟品种资源更显稀有珍贵。近年来早熟梨市场一直被看好，因此选育发展早熟梨品种是提高我国梨果业效益的主要途径之一。现可利用的早熟梨品种有'六月雪''七月酥''青花''早黄''早脆''珍珠梨'等。当前我国早熟梨栽培主要集中在南方，而南方地区由于冬季气温较高，不能满足大多数梨品种的需冷量的要求，尤其是目前培育的优质梨品种大多是高需冷量的栽培品种，因而直接引种和推广受到限制。若要在这些地区发展优质早熟梨的栽培，就要选用低需冷量的，而目前可直接利用的品种在我国还不多，只有'青花''赤花'等少数品种。因此，选育具有低需冷量的早熟优良品种成为我国南方梨区品种选育的主攻方向。

提高梨果耐贮性是我国砂梨品种创新的追求目标。目前，国内梨生产上热衷推广的砂梨多是从日本和韩国直接引入的，由于国外梨产后直接进入冷链（冷处理、冷贮、冷运、冷销）系统，所以在育种时并不十分注重于梨果的耐贮性状，而我国由于贮、运、销技术水平限制，直接大面积引种推广存在着贮运损失巨大的隐患。因此，我们应培育适合我国国情的耐贮优质梨新品种。

第五章　砂梨核心种质分子身份证

随着不同资源保存单位之间种质资源的频繁交流，造成同名异物或同物异名现象非常普遍，为种质资源的评价和利用带来极大不便。传统的形态学特征鉴定方法可能受环境影响而发生改变，不仅需具备较强的专业基础知识，而且耗时费力。DNA 分子标记技术由于不受环境条件的影响，可从分子水平上对品种的遗传特异性进行快速、准确的鉴定，因此，我们建立了砂梨种质资源的分子身份证构建体系，并完成了中国砂梨核心种质的分子身份证编码。

第一节　分子指纹图谱

SSR 标记因具有多态性高、重复性好、共显性遗传和易于检测等优点，已被国际植物品种权保护联盟（UPOV）指定用于品种指纹图谱构建或分子身份证等研究。然而，一个普遍存在的问题是，不同的资源保存单位所保存的相同种质，常常由于彼此研究所使用的鉴定体系或引物组合不同而难以相互比较，这使得其资源圃中存在的同物异名、同名异物等问题种质难以得到鉴定和发现，这将给种质资源的利用带来一定风险。因此，建立一套标准的 SSR 引物组合和鉴定方法将有助于解决这一难题。

一、SSR 位点筛选

为了使构建的分子身份证能够尽量全面地反映梨全基因组所有染色体的遗传信息，从分布于梨 17 条染色体连锁群的 60 个 SSR 位点中筛选出 17 个多态性高的 SSR 位点（表 5-1）作为标准 SSR 位点，用于分子指纹图谱和身份证的建立。

二、PCR 扩增及产物检测

PCR 反应体系包括 $10 \times$ PCR buffer（含 Mg^{2+}） 5μl、*Taq* 酶（2U/μl） 1μl、dNTPs (10 mmol/L) 1μl、上下游引物（10 mmol/L）各 1μl、DNA 模板（50 ng/μl） 1μl，加 ddH_2O 至 50μl。PCR 反应在 Gene Amp PCR System 9 600 (Perkin Elmer, USA) 上进行。PCR 反应程序为：94℃ 5min；94℃ 30s，48~56℃ 30s，72℃ 1min，共 35 个循环；72℃ 10min。

扩增产物经过 ABI3730X Genetic Analyzer (Applied Biosystems, USA) 分离，采用 ROX500 作为分子量分析内标，通过 GeneMapperv4.0 软件分析得到不同样品扩增片段的长度（图 5-1）。

表 5-1　用于砂梨指纹图谱构建的 SSR 标准引物

连锁群 LG	引物 Marker	片段大小 SizeRange	等位基因数量 No. of alleles	PIC
LG1	NH013a	194~210	15	0.872
LG2	BGT23b	181~201	11	0.660
LG3	CH03g12	169~190	15	0.834
LG4	NH011a	155~183	22	0.834
LG5	CH04g09	139~160	16	0.794
LG6	CH03d12	85~99	8	0.670
LG7	CH04e05	162~211	26	0.870
LG8	CH01h10	62~115	15	0.807
LG9	CH05c07	112~136	16	0.786
LG10	NH017a	87~111	13	0.825
LG11	CH03d02	170~203	26	0.926
LG12	CH01f02	156~180	13	0.848
LG13	NH009b	139~152	11	0.818
LG14	NH004a	62~108	16	0.841
LG15	CH02d11	98~130	18	0.854
LG16	NH007b	120~150	15	0.826
LG17	NH015a	100~138	20	0.820

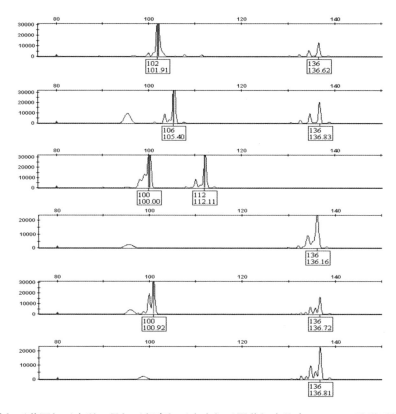

图 5-1　'雪花'　'黄冠'　'中梨 1 号'　'新高'　'丰水'　'圆黄' 在位点 NH015a 扩增到的等位基因特征
（从上到下）

三、砂梨核心种质的分子指纹图谱（表5-2）

表5-2　基于17个标准SSR引物的砂梨核心种质SSR指纹图谱

核心种质名称	NH013a	BCT23b	CH03g12	NH011a	CH04g09	CH03d12	CH04e05	CH01h10	CH05-07	NH017a	CH03d02	CH01f02	NH009b	NH004a	CH02d11	NH007b	NH015a
29-6-19	204 204	191 193	170 182	157 181	136 142	97 97	183 203	92 114	116 134	93 99	179 185	162 166	139 145	90 90	106 126	148 148	100 114
哀家梨	199 207	199 199	178 182	163 171	138 146	93 87	183 193	93 101	132 132	97 99	177 185	160 174	143 143	92 104	100 116	128 148	102 136
爱甜	203 203	191 199	170 178	171 181	138 146	97 85	191 211	93 103	132 132	89 109	177 203	174 176	144 144	90 104	116 116	148 148	100 136
奥萨二十世纪	199 199	191 191	170 180	171 179	136 142	93 93	203 209	104 114	116 116	93 99	185 193	162 174	141 149	92 96	115 116	148 148	100 100
八月雪	203 203	199 199	170 184	179 181	138 146	93 93	199 209	92 114	132 132	91 93	181 191	162 170	139 141	100 106	104 116	134 136	112 136
巴东平头梨	199 205	191 191	170 172	171 171	138 138	93 93	183 209	103 103	132 132	89 97	181 187	162 166	139 149	100 100	100 104	140 136	106 108
白面梨	200 204	189 189	178 186	181 181	138 144	91 91	187 209	93 105	132 132	97 101	191 203	168 174	143 143	92 92	100 116	132 132	106 106
白玉	199 203	191 191	176 182	179 181	138 140	93 93	194 194	104 104	132 132	95 99	200 200	170 176	139 141	102 102	100 138	148 148	106 106
宝珠	199 203	191 191	170 182	157 181	138 142	91 91	190 194	104 114	132 134	111 91	181 181	172 174	140 140	106 106	100 148	148 148	100 106
苍溪雪梨	200 200	191 191	178 178	157 157	138 142	93 91	205 209	103 103	122 134	91 103	191 201	162 166	139 139	92 92	104 116	120 120	104 136
大恩梨	200 200	199 199	178 184	171 181	142 144	93 91	195 209	104 104	132 132	91 91	194 194	156 162	142 142	90 104	116 116	148 148	106 116
大理酸梨	198 206	189 193	170 186	165 157	138 138	99 97	189 193	104 114	132 124	103 103	183 183	160 172	139 139	93 101	116 116	120 120	130 132
大叶雪梨	200 200	191 191	172 180	177 181	136 138	85 85	191 209	94 114	116 116	89 93	191 203	162 170	145 145	90 104	126 134	134 148	106 116
砀山酥梨	200 200	191 191	183 183	157 157	138 138	91 91	193 209	92 114	128 134	94 94	191 191	160 166	139 149	90 100	116 136	126 136	106 136
洞冠梨	203 205	191 191	178 182	179 177	138 140	93 93	193 209	92 104	132 132	95 99	192 200	170 176	140 140	90 92	112 148	148 148	106 110
朵朵花	198 202	191 191	170 176	179 179	138 146	93 91	195 195	93 93	134 134	91 101	187 187	166 176	141 141	90 90	104 138	148 148	106 116
福安大雪梨	199 199	193 199	178 182	181 179	138 146	91 91	193 209	93 103	118 122	91 95	179 181	162 170	139 139	92 106	104 136	136 138	106 118
富源黄	199 205	199 199	180 186	157 177	142 144	85 85	204 208	93 105	124 132	91 111	181 181	164 172	141 141	92 106	106 128	128 148	106 106
高要青梨	201 203	199 201	178 182	175 181	138 144	93 93	195 199	104 114	132 134	101 101	186 194	160 170	149 149	86 92	100 126	140 140	102 106
灌阳水南梨	203 203	191 191	177 189	177 181	136 137	91 91	203 205	93 103	132 135	95 99	187 197	162 162	142 146	92 108	118 138	138 148	110 130
灌阳雪梨	203 205	190 192	178 186	161 165	136 140	91 93	203 207	104 122	132 132	91 91	181 185	160 164	140 140	88 106	116 128	128 134	114 114
海东梨	202 204	197 197	180 182	165 171	138 138	91 91	193 205	92 114	132 132	91 111	197 197	160 174	139 139	101 104	106 110	128 128	106 106
汉源招包梨	209 209	191 199	178 188	179 181	138 138	93 93	195 209	104 114	122 124	91 97	201 201	164 164	140 140	92 92	100 118	132 132	106 106

续表

核心种质名称	NH013a	BGT23b	CH03g12	NH011a	CH04g09	CH03d12	CH04e05	CH01h10	CH05c07	NH017a	CH03d02	CH01i02	NH009b	NH004a	CH02d11	NH007b	NH015a
禾花梨	199 205	199 201	178 182	177 175	138 144	93 93	180 200	104 114	132 132	93 101	185 193	160 170	149 149	92 92	100 100	129 140	102 106
横县涩梨	198 204	193 201	178 182	177 165	140 142	93 93	199 211	104 114	130 132	91 97	193 197	156 170	141 141	93 93	116 116	126 148	104 114
红粉	202 206	191 193	182 182	179 167	136 142	93 85	183 203	93 103	122 124	91 91	179 195	160 166	139 139	88 90	128 128	136 136	106 108
红香酥	206 210	187 187	178 182	181 179	138 138	91 91	183 203	98 114	122 134	95 95	201 201	160 176	141 419	100 100	104 104	136 136	106 114
猴嘴梨	199 201	189 191	188 190	167 157	142 150	93 93	183 209	104 114	122 132	91 93	187 199	162 162	140 140	104 104	104 124	138 138	106 106
华酥	199 201	191 201	176 186	162 160	136 146	91 85	203 209	92 114	116 124	97 103	177 203	174 174	147 149	92 104	100 100	136 148	112 136
怀化香水	202 204	191 193	178 182	181 181	138 138	93 91	205 207	93 103	122 132	89 97	187 201	162 166	139 139	92 92	110 110	148 148	104 106
黄盖梨	200 202	191 191	178 182	181 157	138 140	95 93	183 203	93 97	128 134	99 99	177 181	160 176	139 139	102 102	128 128	138 138	100 104
会理小黄梨	195 205	187 199	178 182	157 157	142 146	91 91	209 209	93 105	124 124	91 103	198 200	160 160	144 144	100 104	118 118	136 138	100 134
惠阳酸梨	203 203	193 201	170 178	177 177	136 140	93 93	185 199	106 114	130 132	91 91	194 198	160 178	149 149	92 92	100 116	140 140	105 105
火把梨	202 202	189 199	180 186	181 181	142 146	91 85	203 209	103 115	134 134	91 95	177 183	160 174	139 141	92 108	104 104	148 148	106 132
简阳大白梨	199 201	191 191	178 182	181 173	138 142	93 91	193 201	104 114	122 134	101 101	190 202	160 164	140 140	92 106	100 124	120 120	106 114
江岛	199 199	191 191	180 186	169 169	136 146	93 93	209 206	93 103	128 128	89 97	178 178	170 174	140 140	104 104	116 116	148 148	108 106
江湾细皮梨	199 205	191 201	170 182	174 162	135 141	91 91	183 193	97 105	125 135	93 93	181 185	160 176	140 142	98 108	102 118	122 138	106 114
金吊子	205 205	189 189	182 188	171 171	136 144	93 91	187 207	104 114	132 132	91 101	181 183	166 176	142 142	101 102	116 122	148 148	100 116
金珠果梨	205 205	191 201	170 178	162 162	137 149	91 91	207 209	103 114	135 135	103 103	179 181	180 180	140 146	100 108	130 130	120 120	104 106
靖西冬梨	200 200	193 193	182 188	179 157	138 140	93 93	205 207	104 114	132 132	91 95	181 181	162 170	139 139	90 102	100 100	148 148	106 108
靖西青皮梨	201 205	193 193	182 188	175 175	136 138	91 91	205 209	103 103	132 132	91 99	189 191	160 164	140 140	106 106	116 124	120 120	106 106
酒盅梨	203 203	191 193	180 188	179 179	138 146	93 93	205 209	103 114	132 132	91 91	181 187	162 162	141 141	88 106	102 124	134 134	106 106
魁星麻壳	199 205	191 191	178 186	181 181	140 148	91 91	183 209	104 114	122 132	91 97	181 203	160 162	139 141	100 100	100 112	120 120	106 136
利川香水	205 205	191 191	170 182	175 175	138 146	93 91	193 211	114 114	124 134	91 103	187 201	164 170	141 141	88 104	104 116	148 148	106 106
荔浦黄皮梨	203 203	191 193	170 182	177 157	138 142	93 93	193 203	104 114	132 132	97 97	179 185	160 170	149 149	88 102	100 104	136 136	104 114
六月雪	194 202	191 191	170 182	177 177	138 138	93 85	189 209	92 114	116 132	97 103	176 190	162 172	139 149	96 96	120 130	124 124	106 116
隆回巨梨	200 200	191 191	182 188	181 181	138 146	93 93	205 209	104 114	124 134	101 101	190 190	164 172	139 139	104 106	116 128	148 148	104 104
麻壳	200 206	191 191	170 186	177 177	140 148	93 91	183 209	104 114	122 132	91 91	181 181	160 162	139 141	100 100	98 108	120 120	106 136

续表

核心种质名称	NH013a	BGT23b	CH03g12	NH011a	CH04g09	CH03d12	CH04e05	CH01h10	CH05c07	NH017a	CH03d02	CH01f02	NH009b	NH004a	CH02a	CH02d11	NH007b	NH015a
麻梨	202	191	178	179	138	93	191	105	122	89	187	160	141	100	106	116	122	136
满天红	199	189	178	181	142	97	203	103	128	95	179	162	140	108	104	116	148	132
懋功	203	191	182	181	136	91	209	104	124	91	176	162	139	92	116	116	148	104
湄潭金盖	205	191	170	175	138	93	209	114	124	91	202	162	139	102	104	128	148	114
弥渡小红梨	200	199	180	181	140	91	207	114	132	91	187	160	139	104	104	104	148	132
弥渡黄皮梨	204	197	176	163	138	97	191	114	124	91	178	160	139	100	100	118	120	132
面包梨	202	191	170	181	148	95	183	105	122	91	175	166	141	100	100	104	148	100
木瓜梨	200	191	176	181	150	91	183	114	132	91	187	166	141	92	128	128	136	106
苹果梨	200	201	177	179	146	91	183	104	134	91	181	162	139	106	104	116	134	136
蒲瓜梨	202	191	183	179	145	93	193	101	135	99	177	160	144	90	102	118	130	136
青皮早	200	191	170	177	148	93	203	114	132	101	181	162	139	102	116	122	148	112
全州梨	203	191	182	181	138	93	209	103	134	91	187	170	139	102	100	116	120	106
三花	197	199	178	169	142	87	197	103	136	99	179	162	152	93	112	116	120	106
三门江沙梨	205	191	178	171	138	93	201	103	132	99	179	166	139	88	104	104	138	106
山梗子蜂梨	203	191	186	157	137	93	209	115	134	91	183	162	140	92	100	120	150	116
上海雪梨	202	191	172	179	138	91	205	106	132	91	178	160	140	104	116	116	148	128
麝香梨	203	192	186	157	148	93	183	114	132	93	185	162	141	106	114	122	134	116
石塘梨	204	191	170	157	146	93	199	114	124	89	186	160	141	90	104	116	150	106
甩梨	201	199	182	181	136	97	193	103	116	91	177	174	139	92	100	116	148	114
台湾赤花梨	203	182	170	157	136	85	187	104	122	103	177	172	143	92	100	118	138	132
晚咸丰	201	191	182	181	136	97	209	94	134	101	177	160	149	92	116	116	126	136
望水白	198	191	184	161	138	91	193	106	126	93	179	162	141	92	106	106	136	106
威宁白皮九月	202	197	170	179	142	87	205	106	128	91	195	160	139	100	104	128	122	118
威宁大黄梨	203	185	182	181	149	85	199	114	132	91	181	168	149	90	106	120	120	100
威宁化渣梨	210	191	182	188	148	85	193	114	132	103	189	160	141	92	104	122	138	114

续表

核心种质名称	NH013a	BGT23b	CHO3g12	NH011a	CHO4g09	CHO3d12	CHO4e05	CHO1h10	CHO5c07	NH017a	CHO3d02	CHO1f02	NH009b	NH004a	CHO2d11	NH02d11	NH007b	NH015a
威宁糠梨	206 206	191 191	184 188	174 174	136 142	93 93	183 193	104 114	124 132	103 103	197 197	160 160	141 141	93 107	100 100	104 104	148 148	116 116
威宁早白梨	200 200	191 191	182 188	175 181	138 144	91 91	193 209	104 114	124 134	91 91	183 183	168 168	142 142	92 92	106 106	116 106	138 148	114 114
威宁早梨	202 206	199 199	178 178	175 175	138 144	93 91	193 193	105 105	128 132	111 91	189 195	160 160	143 143	94 92	118 118	122 118	134 138	114 106
文山红梨	202 202	199 199	178 182	157 157	142 142	91 85	207 207	104 114	124 132	91 91	178 196	174 168	139 139	104 104	104 104	122 104	134 120	106 106
细把清水	203 205	201 197	183 185	181 181	160 154	91 91	209 209	103 103	132 135	91 91	197 197	174 174	143 140	106 104	104 104	104 104	120 120	106 118
夏至	199 207	191 191	186 182	181 181	146 146	93 93	203 209	114 98	116 116	103 97	187 203	170 174	147 140	100 106	104 104	118 112	150 150	108 136
咸丰白结	198 204	191 191	188 186	157 181	146 136	91 91	209 203	114 114	132 116	95 91	181 181	176 170	139 147	104 100	104 100	112 120	148 120	106 106
咸丰秤砣梨	205 205	201 201	188 182	181 179	146 140	91 91	209 209	114 106	132 122	101 101	181 183	176 164	139 141	104 104	100 104	120 112	120 120	106 106
相模	200 204	191 199	170 182	179 171	140 142	93 97	209 211	106 93	122 116	101 99	181 185	164 174	149 140	107 96	104 106	118 116	138 134	100 106
香蕉梨	- -	192 192	172 172	158 172	142 142	- -	192 192	- -	122 122	- -	170 185	164 174	144 144	- -	122 122	122 122	142 142	122 122
香水梨	207 207	199 199	178 178	177 167	144 138	91 91	209 209	104 100	134 132	101 101	181 181	170 160	149 147	92 92	122 116	130 122	136 136	104 106
新高	199 203	199 199	180 178	181 181	146 150	93 93	193 183	103 115	132 116	111 91	177 203	174 162	145 145	96 92	116 122	124 130	138 132	132 136
兴义海子	203 205	191 191	178 172	181 179	146 138	91 91	183 183	103 103	132 132	101 91	187 187	166 166	141 141	92 88	116 100	100 100	138 138	106 106
雪花梨	200 200	187 187	178 172	181 179	138 138	91 91	203 197	92 114	134 128	103 103	181 201	176 162	140 140	100 92	104 104	120 104	136 136	106 114
雁山黄皮消	201 201	193 191	170 170	183 155	148 136	97 91	195 187	98 114	134 112	111 111	175 175	174 168	149 149	102 100	102 100	116 100	120 150	100 136
义乌黄皮梨	200 204	199 199	182 170	179 183	140 148	91 97	209 209	93 103	132 122	99 111	183 185	166 174	140 149	90 102	100 100	98 116	134 134	120 124
硬雪梨	203 203	199 199	182 178	181 171	144 138	91 91	211 203	92 114	118 132	103 91	179 191	176 162	141 141	124 90	124 116	124 132	120 136	106 106
油酥	203 203	189 187	170 182	181 181	138 138	91 91	191 209	114 114	132 134	91 91	187 191	162 162	141 141	100 100	102 116	116 124	120 120	112 106
玉露香	200 200	191 199	178 170	163 179	138 146	91 91	211 209	114 114	134 132	103 111	181 181	174 181	139 139	100 100	104 104	124 116	148 138	106 106
云和雪梨	205 205	191 199	170 178	177 181	146 138	93 91	203 209	114 114	118 134	91 91	189 191	162 162	141 141	100 100	116 100	124 132	138 138	112 106
早酥雪梨	204 204	199 191	180 170	171 181	140 136	97 93	193 203	103 114	134 132	99 91	177 185	174 162	142 140	96 92	100 116	116 116	132 120	100 108
真香梨	205 205	191 199	182 178	181 169	148 146	91 97	209 209	114 103	122 134	103 99	191 185	162 176	141 142	106 96	104 122	114 124	132 132	112 136
镇巴七里香	200 200	191 191	172 182	181 181	146 138	93 91	197 209	103 114	122 122	101 91	185 191	176 172	140 141	92 106	100 100	128 116	120 128	100 106
镇巴	200 200	191 193	182 182	181 179	146 140	93 91	209 209	103 114	134 134	101 91	185 199	160 172	140 139	92 92	100 100	114 128	148 128	100 108
猪嘴巴	203 207	191 193	182 182	181 179	140 140	91 91	209 185	104 114	134 134	91 91	179 199	172 172	149 139	92 90	100 100	116 116	148 148	104 104

第二节　分子身份证

　　分子身份证，顾名思义，即将分子标记数据通过一定策略转换为既含有其DNA分子遗传信息而又类似于人类身份证号码一样简便明了的识别体系。

一、等位基因赋值编码

　　由于SSR为共显性遗传，因此对于二倍体品种，每个SSR位点可以检测到两个等位基因。在构建指纹图谱或分子身份证时，考虑到材料的特殊性和分子身份证位数因素对每个SSR位点只选择较小的片段进行赋值，共赋值等位基因276个。

　　以97份中国砂梨核心种质为试材，每个SSR位点所检测到的等位基因片段从小到大排列，依次编码为01~26（表5-3），无扩增产物记为00。

二、砂梨核心种质的分子身份证

　　每份种质在17个SSR位点检测到的等位基因按照表5-3进行赋值编码，按LG1~17依次串联起来，即为其分子身份证编码（表5-4）。

　　如'哀家梨'，其分子ID为05100608040205031207040305050205 02。表明其第1～17号染色体上所选定的17个SSR位点的检测的等位基因编码依次为05、10、06、08、04、02、05、03、12、07、04、03、05、05、02、05、02。

　　指纹图谱和分子身份证的构建不仅是保护品种资源知识产权、维护生产者和育种家利益的需要，对种质资源的管理和利用也具有重要意义。本研究建立了砂梨指纹图谱和分子身份证构建体系，并完成了砂梨核心种质的指纹图谱和分子身份证，为不同资源保存单位在砂梨品种鉴别方面提供便利。

表 5-3　不同 SSR 位点等位基因的赋值

LG	primer	00	01	02	03	04	05	06	07	08	09	10	11	12	13	14	15	16	17	18	19	20	21	22	23	24	25	26
1	NH013a	—	194	195	197	198	199	200	201	202	203	204	205	206	207	209	210	—	—	—	—	—	—	—	—	—	—	—
2	BGT23b	—	181	185	187	189	190	191	192	193	197	199	201	—	—	—	—	—	—	—	—	—	—	—	—	—	—	—
3	CH03g12	—	169	170	172	176	177	178	180	182	183	184	185	186	188	189	190	—	—	—	—	—	—	—	—	—	—	—
4	NH011a	—	155	156	157	158	160	161	162	163	165	167	168	169	171	172	173	174	175	177	179	181	182	183	—	—	—	—
5	CH04g09	—	135	136	137	138	139	140	141	142	144	145	146	148	149	150	154	160	—	—	—	—	—	—	—	—	—	—
6	CH03d12	—	85	87	89	91	93	95	97	99	—	—	—	—	—	—	—	—	—	—	—	—	—	—	—	—	—	—
7	CH04e05	—	162	172	180	181	183	185	187	189	190	191	192	193	194	195	197	199	200	201	203	204	205	206	207	208	209	211
8	CH01h10	—	62	92	93	94	97	98	100	101	103	104	105	106	107	114	115	—	—	—	—	—	—	—	—	—	—	—
9	CH05c07	—	112	116	118	120	122	124	125	126	128	130	131	132	133	134	135	136	—	—	—	—	—	—	—	—	—	—
10	NH017a	—	87	89	91	93	94	95	97	99	101	103	107	109	111	—	—	—	—	—	—	—	—	—	—	—	—	—
11	CH03d02	—	170	175	176	177	178	179	181	183	185	186	187	189	190	191	192	193	194	195	196	197	198	199	200	201	202	203
12	CH01f02	—	156	158	160	162	164	166	168	170	172	174	176	178	180	—	—	—	—	—	—	—	—	—	—	—	—	—
13	NH009b	—	139	140	141	142	143	144	145	146	147	148	149	152	419	—	—	—	—	—	—	—	—	—	—	—	—	—
14	NH004a	—	62	86	88	90	92	93	94	96	98	100	101	102	104	106	107	108	—	—	—	—	—	—	—	—	—	—
15	CH02d11	—	98	100	102	104	106	108	110	112	114	115	116	118	120	122	124	126	128	130	—	—	—	—	—	—	—	—
16	NH007b	—	120	122	124	126	128	129	130	132	134	136	138	140	142	148	150	—	—	—	—	—	—	—	—	—	—	—
17	NH015a	—	100	102	104	105	106	108	110	112	114	116	118	120	122	124	128	130	132	134	136	138	—	—	—	—	—	—

表 5-4　97 份砂梨种质分子身份证编码

核心种质名称	分子身份证编码
29-6-19	10060203020705020204060401040 51401
哀家梨	05100608040205031207040305050 5020502
爱宕	09060213040110031202041006041 11401
奥萨二十世纪	05060213020519100204090403051 01401
八月雪	09060213040416021203070401100 40908
巴东平头梨	05060213040505091202070401100 21005
白面梨	06040620004040703120714070505 020805
白玉	05060419040513101206230801050 21105
宝珠	05060203040409101213070902050 21401
苍溪雪梨	06060603040421090503140401050 40103
大恩梨	06100613080414101203170104041 11405
大理酸梨	04040203040708100610080301061 10116
大叶雪梨	06060303020110040202140407041 60905
砀山酥梨	06100903040412020905140301041 11005
洞冠梨	09060619040512021206150802040 21405
朵朵花	04060219040412031403110603040 21105
福安大雪梨	05080619040412030303060401050 51005
富源黄	05100703080120030603070503050 20505
高要青梨	07100617040514101209100311020 20402
灌阳水南梨	09060518030419031506110404050 31107
灌阳雪梨	09050606020419100503070302031 10505
海东梨	08090709040412021203200301110 50501
汉源招包梨	14060619040514100503240502050 20805
禾花梨	05100617040503101204090311050 20602
横县涩梨	04080609060516101003160103060 20403
红粉	08060610020105030503060301030 21005
红香酥	12030619040405060506240303100 41005
猴嘴梨	05041303080505100503110402130 41105
华酥	05060405020119020207040109050 21008
怀化香水	08060620004042103050211040105 021403
黄盖梨	06060603040505030908040301121 11101
会理小黄梨	02030603080425030603210306101 21001
惠阳酸梨	09080218020506121003170311050 21204
火把梨	08040720080119091403040301050 41405

续表

核心种质名称	分子身份证编码
简阳大白梨	0506061504041210050913030205020105
江岛	0506071202052503090205080213111405
江湾细皮梨	0506020701010505070407030208030206
金吊子	1104071302040710120307060411111405
金珠果梨	1106020703042309151006130210020101
靖西冬梨	0608070304052110120307040104021403
靖西青皮梨	0706071702042109050312030214020105
酒盅梨	0906071904052109120307040303030905
魁星麻壳	0506061306040510050307030110020105
利川香水	1106020304041214060311050303041405
荔浦黄皮梨	0906020304051210120306031103020503
六月雪	0106021804010802020703040108130305
隆回巨梨	0606072004052110060313050113111401
麻壳	0606021306040510050307030110010105
麻梨	0806061204051003050211030310050205
满天红	0504061908071903090606040208041401
懋功	0906071902011602060303040105111403
湄潭金盖	1106020304042310060311040112041405
弥渡小红梨	0610072004071014050305030110040111
弥渡黄皮梨	1009040811060511040302030110021401
面包梨	0806022011040510050311060305021005
木瓜梨	0606021304040502120307040114040908
苹果梨	0610051303051203150804030604030703
蒲瓜梨	0806021304040501030907040105110905
青皮早	0606071904050609140311080112020103
全州梨	0906061202011503020806041206081001
三花	0406061304051803120306040103041105
三门江沙梨	1106020303052309060308040205020106
山梗子蜂梨	0906121004052110120305030213111403
上海雪梨	0806030304040514120409040304090909
麝香梨	0907120312051602060210030304041503
石塘梨	1006021302011209020304100105021401
甩梨	0710020302010710050304090105021105
台湾赤花梨	0906071302071604140404031105020403

续表

核心种质名称	分子身份证编码
晚咸丰	0706100604041212060406040305051005
望水白	0406021904051210050707060205131005
威宁白皮九月	0809061908022112090318030105040209
威宁大黄梨	0902021105011014050307041104050101
威宁化渣梨	1506071704011202121012030305041107
威宁麻梨	1206101602050510061020030306021409
威宁早白梨	0606071704041210060308030405051109
威宁早梨	0806021704040511090312030505120905
文山红梨	0804060308011910060305070113040105
细把清水	0909092015040409130320030205040106
夏至	0506072002011206020711050905041005
咸丰白结	0406060304042110050307040113020105
咸丰秤砣梨	1106021902051609050307050306081101
相模	0606061302071903020409040208050901
香蕉梨	0007030408001100050001040600141313
香水梨	1310061004031607120907030905140803
新高	0506061904010503020304040705111117
兴义海子	0906022011040509050311060303021005
雪花梨	0603031904041502090107040205041005
雁山黄皮消	0706020102070706011302071112020101
义乌子梨	0610021904010503050308030204010912
硬雪梨	0406061304040602030806040304150105
油酥	0906021304041914120311040310031008
玉露香	0603020804041514121007100110041005
云和雪梨	1106061804041910030312040110110805
早熟梨	1006021302011209020704040205020101
真香梨	1110060804042514050614040314040808
镇巴七里香	0606032004011503050409030205020501
猪嘴巴	0906071904010610050306040104021403

第六章 砂梨黑斑病研究

第一节 梨黑斑病研究进展

一、梨黑斑病的发生与危害

梨黑斑病［*Alternaria alternata* (Fr.)Keissler］是梨树主要的病害之一，主要危害梨树叶片、果实和新梢，导致树体衰弱，给梨产业造成严重的经济损失，制约了梨产业的发展。梨黑斑病是一种广泛发生的世界性病害，尤其在亚洲的日本、韩国和中国南部砂梨产区发病严重。日本于1933年首次在国际上报道梨黑斑病（Tanaka et al., 1933）；法国于1993年报道有该病发生（Baudry et al., 1993）；我国于1935年发现有该病（李云飞等，2016）。

梨黑斑病主要危害梨树的果实、叶和新梢。叶部受害，幼叶先发病，出现褐至黑褐色圆形斑点，后逐渐扩大，形成近圆形或不规则形病斑，病叶即焦枯、畸形，早期脱落。天气潮湿时，病斑表面产生黑色霉层，即病菌的分生孢子梗和分生孢子。果实受害，果面出现1至数个黑色斑点，逐渐扩大，颜色变浅，形成浅褐至灰褐色圆形病斑，略凹陷。发病后期病果畸形、龟裂，裂缝可深达果心，果面和裂缝内产生黑霉，并常常引起落果。果实近成熟期染病，前期表现与幼果相似，但病斑较大，黑褐色，后期果肉软腐而脱落。新梢受害时，病斑初期为椭圆形、黑色，稍凹陷，后期形成长椭圆形或不规则形、明显凹陷的黑色病斑，且病健交界处产生裂缝，病梢易折断或枯死（程年娣等，2003）。梨黑斑病危害梨叶、果实和新梢后导致树体衰弱，缩短结果年限，造成严重的经济损失（杨晓平等，2009），而且还造成贮藏期果实腐烂，并在梨的进出口贸易中受到进口国的密切关注。

梨黑斑病防治不当会引起梨树叶片提前脱落，使梨树形成二次花，严重影响次年梨果产量。南方砂梨防治病害成功的关键主要是看梨园中梨黑斑病防治的效果，梨农一年中一半以上的防治成本用于防治梨黑斑病。目前防治梨黑斑病的方法是使用甲基托布津、代森锰锌和苯醚甲环唑等化学药剂，长期使用这些化学药剂，如果使用不当必然会引起病原菌对化学药剂产生抗药性，还会出现污染环境和对人体健康产生危害等问题（Knight et al., 1997；Nguyen et al., 2009）。

二、梨黑斑病病原学研究

（一）病原菌

梨黑斑病是一种分布广泛的世界性病害。早期学者认为梨黑斑病的学名为 *A. gaisen* Nagano（Nagono，1920），后来各国学者采用 *A. kikuchiana* 作为梨黑斑病病原菌的学名。在《中国真菌总汇》中，戴芳澜提到 *A. gaien* 的种名，把它作为 *A. kikuchiana* 的异名（戴芳澜，1979），在《真菌鉴定手册》中，魏景超提到 *A. gaisen*，但是误将它作为与 *A. kikuchiana* 不同的种（魏景超，1979）。*A. alternata* (Fr.) Keissler 也可以引起梨黑斑病，*A. alternata* 是世界分布广泛的种，在进出口贸易中没有被列为危险性病虫害，而 *A. gaisen* 对梨危害比较大，该病原主要分布在日本、韩国和中国（曹若彬等，1997），1993 年在法国报道了此病原菌引起的梨黑斑病危害（Simmons，1993）。目前，已报道从梨果实上分离到 9 种链格孢菌（Roberts，2005），其中在中国已有报道的有 6 个种，分别是链格孢〔*A. alternata* (Fr.)Keissler〕、梨黑斑链格孢 (*A. gaisen* K. Nagan)、细极链格孢（*A. tenuissima*）、鸭梨侵染链格孢（*A. yaliinficiens* R. G. Roberts）、侵染链格孢（*A. infectoria*）和紫萼链格孢（*A. ventricosa* R. G. Roberts）。2015 年 Woundenberg 利用全基因组和转录组数据对链格孢属的 15 个 CBS 标准菌株进行构建系统进化树，链格孢〔*A. alternata* (Fr.)Keissler〕与细极链格孢（*A. tenuissima*）亲缘关系最近，梨黑斑链格孢（*A. gaisen* K.Nagan）与侵染链格孢（*A. infectoria*）的亲缘关系最远（Woundenberg et al.，2015）。2009 年刘新伟等基于形态学、ITS 序列和 AK 毒素基因研究发现链格孢〔*A. alternata* (Fr.) Keissler〕、细极链格孢（*A. tenuissima*）和梨黑斑链格孢 (*A. gaisen* K. Nagan) 构成了一个稳定的分枝，亲缘关系较近（刘新伟等，2009）。*A. gaisen* 既可以侵染梨叶片也可以侵染梨果实，能够产生寄主专化性毒素——AK 毒素，主要侵染日本梨品种；*A. alternata*、*A. infectoria* 和 *A. tenuissima* 是广适性链格孢种，存在于植物的枯死部分或是衰弱组织上（付余波，2010）。*A. yaliinficiens* 和 *A. ventricosa* 是美国学者 Roberts 从中国出口的'鸭梨'果实上分离并命名的两个新种（孙霞，2006）。2003 年，张志铭等鉴定引起河北'鸭梨'黑斑病的病原为 *A. alternata* (Fr.) Keissler；2008 年常有宏等报道在江苏省农业科学院园艺研究所梨园采集感病的梨树叶片进行梨黑斑病分离，鉴定引起黑斑病的病原为日本梨致病型 *A. geisen*（常有宏等，2008）；2006 年李永才等报道引起'苹果梨'贮藏期梨黑斑病发生的病原菌为链格孢 *A. alternata*（李永才等，2006）；2013 年王凤军等利用实时荧光 PCR 检测'库尔勒香梨'的梨黑斑病病原菌为 *A. alternata*（王凤军等，2013）；2016 年宋博等利用 ITS、GPD、EF-1α 保守基因确定库尔勒香梨果萼黑斑病病原为链格孢（*A. alternata*）（宋博等，2016）。

（二）梨黑斑病的发生规律与致病机理

1. 发生规律

（1）侵染时期及侵染途径

梨黑斑病病菌以分生孢子和菌丝体在病梢、病叶和病果等病残体上越冬。第二年春季产生的分生孢子借风雨传播，梨黑斑病病菌越冬孢子落到梨叶片上，遇合适的温度、湿度条件即萌发长出芽管，沿着梨叶片表皮生长。遇到气孔或伤口后，芽管顶端膨大形成附着胞，然后从附着胞下方伸出一条管状的侵入丝，钻入气孔或伤口内。在气孔下长出侵染菌丝，伸入附近细胞内，用以从梨叶片组织中吸取养料和水分，至此，梨黑斑病病菌孢子萌发侵入寄主的过程即告完成。而后以发病植株为中心在田间引起再侵染。一般 4 月下旬开始发病，嫩叶极易受到危害，6—7 月如遇阴天多雨，空气湿度较大时更易流行。地势低洼，偏施化肥，土壤贫瘠，梨园密闭，树势衰弱，以及梨瘿蚊、梨木虱、梨网蝽和蚜虫猖獗危害等不利因素，均可加重梨黑斑病的流行危害。

Prusky 等报道了链格孢菌可以在果实发育中通过果皮组织侵染，在不同种类果实上侵染部位和时期均不同（Prusky et al.，1981；Prusky et al.，1983）。呼丽萍等研究了花柱的开放程度与黑斑病侵染率的关系，随着花瓣的逐渐开放，黑斑病侵染率也在相应增高（呼丽萍等，1995）。李永才等研究了黑斑病在'苹果梨'中潜伏性侵染途径，发现链格孢 (*A. alternata*) 在花期和果实发育期均可侵染'苹果梨'。梨黑斑病菌是在'苹果梨'的花朵开放时侵入花柱，随着花瓣的逐渐开放，黑斑病侵染率增高；梨黑斑病可以在'苹果梨'果实发育不同阶段侵入果皮组织。侵染初期，主要集中侵染萼端，果梗端带菌率最低，采收时期，梗端果皮的带菌率急剧增高，高于萼端和中部，这可能与初期果实萼端朝上、后期果实增重萼端下垂不易黏附露水有关。

（2）流行规律

同一地区不同年份之间，梨黑斑病的严重程度不同，降雨量对梨黑斑病发生程度的影响最为显著，降雨量的大小与梨树的黑斑病发生呈正相关。根据多年观察，南方梨产区降雨多、特别是连雨日多的年份梨黑斑病发生严重。

不同树体结构，土壤、肥料和水分管理水平不同的梨园，梨黑斑病的发生程度也有明显差异。合理的树体结构不仅保证梨树高产、稳产，生产高品质梨果，同时也有利于阻止梨黑斑病的发生和流行。梨园密闭程度与梨黑斑病的发生呈正相关，因此梨园良好的树体结构和通风透光条件，可避免梨黑斑病发病适宜环境的产生，降低梨黑斑病发生的概率。梨黑斑病的发生和流行与树势有关，树体生长势强时，梨黑斑病病菌侵染不易扩展，或者侵染后不表现发病症状，一般引起潜伏侵染；树体生长势较弱时，容易引起梨黑斑病病原菌侵染，一旦病原菌侵染成功，病斑就会迅速扩大，表现出梨黑斑病发生症状。因此，培养健壮树体是一种防治梨黑斑病标本兼治的方法，维持健壮树势的主要途径是避免梨树超负载结果，保持梨园土壤通透性及进行科学的施肥和灌水。在梨树施肥过程中，要尽量多施有机肥，并注重磷钾肥和微肥的施用，避免偏施氮肥，因为氮肥水平过高会造成树体旺长、枝条发育不结实，易受梨黑斑病病菌侵染。

2. 致病机理

了解和揭示病原菌的致病机理是合理防治病菌的关键。病原菌侵入健康植物的组织和细胞后，破坏寄主植物细胞的正常生理功能，病原菌除了夺取寄主的水分和营养物质外，还可以对植物施加机械压力，以及产生危害寄主的正常生理活动的代谢产物，如毒素、酶、生长调节物质等（许志刚，2004），诱发一系列病变，使植株表现出组织坏死和萎蔫症状，产生病害特有的症状。针对植物细胞壁中的每一种糖类，植物病原菌都有相应的细胞壁降解酶，主要包括纤维素酶（Cx）、多聚半乳糖醛酸酶（PG）、多聚半乳糖醛酸反式消除酶（PGTE）、果胶甲基半乳糖醛酸酶（PMG）和果胶甲基反式消除酶（PMTE）等细胞壁降解酶。关于病原菌产生细胞壁降解酶的相关研究报道较多，1998年，陈捷等报道了玉米茎腐病菌产生的细胞壁降解酶的致病作用（陈捷等，1998）；2000年，高增贵等研究了玉米茎腐病菌产生的细胞壁降解酶种类及其活性（高增贵等，2000）；2000年，李宝聚等研究了黄瓜黑星病菌细胞壁降解酶在致病中的作用（李宝聚等，2000）。关于对梨黑斑病能否产生细胞壁降解酶及其致病机理的研究还未见报道。因此研究梨黑斑病细胞壁降解酶对于探索梨黑斑病致病机理有着重要意义。

真菌毒素 (Mycotoxin) 是由植物病原真菌产生的、对寄主植物有毒性且能够使寄主产生典型症状的一类物质。它既不属于激素也不属于酶类，且在浓度很低的情况下仍表现很强的生理活性。根据对寄主植物的种或栽培品种是否具有高度专化性作用位点和特异生理活性，致病毒素分为寄主选择性毒素 (HST) 和非寄主选择性毒素 (NHST)。Nakashima 等 1982 年从梨黑斑病菌菊池链格孢 (A. kikuchiana) 中分离出寄主专化性毒素 (AK-toxin)，分析了 AK 毒素的组成成分和结构，从此展开了梨黑斑病 AK 毒素的研究（Nakashima et al.，1982；Nakashima et al.，1985；Nakatsuka et al.，1986；Nakatsuka et al.，1990；Nishimura et al.，1983）；Aiko 等 2000 年报道了控制 AK 毒素合成的基因的结构和功能（Aiko et al.，2000）。

目前，研究已经证明，AK 毒素能够导致寄主细胞质膜的生理和超微结构的损害（Park et al.，1977；Park et al.，1987；Park et al.，1988；Park et al.，1989；Park et al.，1994）。当 AK 毒素进入梨细胞后，先从胞间连丝的作用位点侵入，使细胞质膜发生凹陷，增大膜对 K^+、Na^+ 的渗透性，降低膜电势；随后毒素作用于线粒体、核仁和高尔基体等细胞器，产生胞饮作用，同时诱导细胞产生大量糖类，增加细胞的胞外分泌和内吞作用。Shinogi 等采用显微检测 O_2^-、二氨基联苯胺（DAB）法显微检

测 H_2O_2，硝基蓝四唑（NBT）法和铈氯化物法超微结构检测（H_2O_2）等 3 种方法检测到 *A. alternata* 致病型与寄主植物交互作用中产生活性氧（ROS）；使用 AK 毒素处理感病的梨树叶片，也产生大量活性氧，说明真菌和植物细胞在相互作用时产生活性氧，可能与梨黑斑病的感病表达有关（Shinogi et al.，2002）。

三、梨种质资源对黑斑病的抗性鉴定与评价

近年来，国内梨研究学者关于砂梨品种抗黑斑病的研究报道较多。刘永生等对主要推广的砂梨品种进行黑斑病抗性调查，发现以'金水 2 号''今村秋''江岛''德胜香''黄花''长十郎''湘南''蒲瓜梨'表现为抗病，'柠檬黄''二宫白''金花''金水 1 号'表现为中抗，'土佐锦''安农 1 号''青云'表现为感病（刘永生等，1995）；李国元等对'金水 1 号''晚三吉''金水 2 号''黄花'的黑斑病抗性调查发现'黄花'对黑斑病抗性较强，'金水 1 号''金水 2 号''晚三吉'对黑斑病表现为中抗（李国元等，1998）；胡红菊等对 368 份梨种质资源进行梨黑斑病抗性评价，提出杜梨抗性最强，其次为砂梨和豆梨，白梨居中，西洋梨最弱，并筛选出高抗黑斑病品种'德胜香'，抗黑斑病品种'云绿''松岛''短把早''柳城凤山梨''金水 1 号''安农 1 号''杭青'（胡红菊等，2002）；张玉萍等报道了'真寿'抗黑斑病（张玉萍等，2003）；盛宝龙等对 80 个梨品种进行了梨黑斑病田间抗性调查，发现砂梨对黑斑病的田间抗性强于白梨，我国一些传统的梨品种如'苍溪梨''富源黄'等较感黑斑病，而我国近年培育的梨新品种如'华酥''黄花''中翠'等对黑斑病有较强的抗性（盛宝龙等，2004）；蔺经等对引进的 85 份砂梨种质资源进行抗黑斑病鉴定，筛选出高抗黑斑病品种'金二十世纪'和'奥萨二十世纪'，鉴定出抗病品种'华酥''黄花''德胜香''早美酥''丰水''喜水''寿新水''新世纪''秋荣''黄金''圆黄''秋黄''华山'13 个品种（蔺经等，2006）；刘仁道等对 17 个梨栽培品种的黑斑病田间抗性进行了调查，提出砂梨系统中早熟品种多为抗或中抗品种，对黑斑病的抗性相对强于中熟和晚熟品种，白梨系统品种的抗性与熟期的关系相反，即早熟白梨品种对黑斑病抗性弱，而晚熟白梨品种对黑斑病的抗性相对较强（刘仁道等，2008）；刘郁洲等采用田间自然发病和人工接种鉴定两种方法对 16 个梨品种进行黑斑病抗性鉴定，筛选出 4 个高抗黑斑病的梨品种：'华酥''早美酥''黄花''丰水'（刘郁洲等，2009）。国内外的研究发现不同梨品种间黑斑病抗性有显著差异；不同的研究者使用不同调查方法鉴定梨品种抗黑斑病结果不同，总体来说砂梨品种对黑斑病的抗性比较稳定。但是由于前期有关砂梨对黑斑病的抗性研究，所用梨品种的数量较少，且一般采用田间自然调查的方法，多数未一一作精准鉴定，因而不能全面反映砂梨品种对梨黑斑病的抗性水平。

四、梨抗病分子生物学研究进展

植物在生长发育过程中，经常受到各种病原物的侵袭，植物可以特异性地识别病原物释放的物质，建立防御系统抵御外界病害，植物控制识别病原物效应因子，编码植物抗病蛋白的基因被称为 R 基因（resistant genes）。R 基因的多态性介导了植物与病原物不同生态型间的抗性差异。迄今为止，一大批的 R 基因在水稻（Lei et al.，2013）、小麦（Hou et al.，2013）、大豆（Demirbas et al.，2001）、苹果（Sanzani et al.，2010）和葡萄（Katula-Debreceni et al.，2010）等植物中被分离出来，目前已经分离鉴定的 R 基因超过 100 种（Gupta et al.，2012）。

由于梨树的童期长，遗传背景复杂，大部分品种自交不亲和等特性，传统的抗病育种成本高、效率较低，而采用分子育种可以缩短育种年限，提高育种效率。向现有栽培品种引入抗病基因的同时，不会形成基因的大规模重组。近年来研究者利用同源克隆和图位克隆的方法开展了梨抗病基因鉴定方

面的研究。Dondini 等利用 SSRs、MFLPs、AFLPs、RGAs 和 AFLP-RGAs 等分子标记对抗火疫病梨品种和感火疫病梨品种进行遗传图谱构建，在遗传图谱上鉴定了 4 个假定的抗火疫病 QTLs（Dondini et al.，2005）。Terakami 等利用 SSRs 和 AFLPs 等分子标记对抗梨疮痂病梨品种和感梨疮痂病梨品种进行遗传图谱构建，在遗传图谱上定位了抗梨疮痂病基因 *Vnk* 的连锁区域（Terakami et al.，2006）。Faize 等利用 RT-PCR 和 RACE 技术鉴定出砂梨中可能抗梨疮痂病的 *LRPK* 基因（Faize et al.，2007）。2015 年 Yang 等以砂梨高抗黑斑病品种'金晶'和高感黑斑病品种'红粉'为试材，利用双末端 RNA-seq 技术筛选出与抗黑斑病相关的 5 213 个差异表达基因；检测到 34 个微卫星序列和 107 525 可信的 SNPs 位点（Yang et al.，2015）。

近十年来，湖北省农业科学院果树茶叶研究所砂梨研究团队通过对湖北省砂梨主产区和国家果树种质武昌砂梨圃中种质资源的梨黑斑病菌的分离鉴定，研究梨黑斑病的病原学；通过对砂梨种质资源的抗黑斑病鉴定评价，筛选砂梨高抗黑斑病种质资源；通过对砂梨抗病种质资源和感病种质资源的转录组测序分析，鉴定砂梨抗黑斑病候选基因，研究砂梨抗梨黑斑病的防御机理；这些研究将为梨黑斑病的合理防治及砂梨抗黑斑病的分子育种奠定理论和材料基础。

第二节　砂梨黑斑病病原菌的种类鉴定及其生物学特性研究

从湖北省砂梨产区主栽砂梨品种上采集梨黑斑病病样，利用组织分离法进行菌株分离纯化，对获得的菌株开展菌落颜色、日平均生长速率、孢子形态、产孢量、致病性等指标的观察与测定；使用 152 株菌株对 9 个砂梨品种进行致病性鉴定；利用 ITS、EF1-α、β-tubulinDNA 分子标记对 50 株梨黑斑病菌菌株进行分子鉴定。

一、梨黑斑病病原菌的分离纯化

通过对湖北省砂梨产区的主栽梨品种梨黑斑病病样进行分离纯化，获得 474 份菌株（表 6-1）。

表 6-1　湖北省梨产区梨黑斑病菌单孢分离获得的菌株数

采集地区	采样砂梨品种	菌株数
武汉	砂梨品种资源	59
钟祥	华梨 1 号、湘南、黄花	96
京山	黄冠、湘南、黄花	90
潜江	翠冠、湘南、黄花	71
宣恩	黄金	57
利川	黄金、长十郎	66
老河口	圆黄、华梨 1 号、黄花	35
合计	—	474

二、不同梨产区来源菌株菌落颜色变化

不同梨黑斑病菌菌株培养 5 d 后，菌落的颜色存在显著差异，根据菌落的颜色，将梨黑斑病菌菌株划分为 light grey Telegrau 4、grey Platingrau、light green-brown Betongrau、light green-brown Quarzgrau、dark grey Zeltgrau 和 dark brown Betongrau 等 6 种颜色（图 6-1）；其中 light green-brown Quarzgrau 和

grey Platingrau 菌株占的比率较高，分别为 23.00% 和 20.46%，light green-brown Betongrau 和 dark grey Zeltgrauu 菌株占的比率较低，分别为 11.39% 和 11.60%，light grey Telegrau 4 和 dark brown Betongrau 占的比率居中，分别为 14.77% 和 18.78%（图 6-2）。

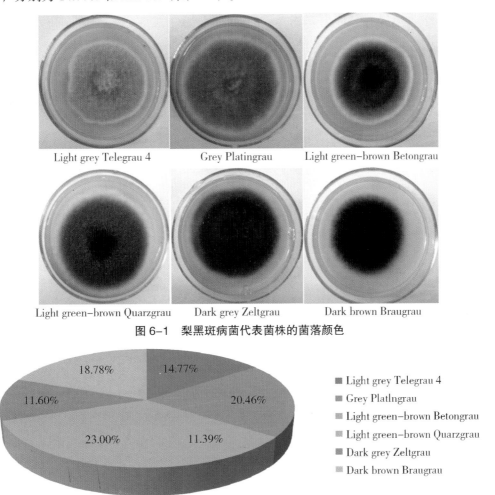

图 6-1　梨黑斑病菌代表菌株的菌落颜色

- Light grey Telegrau 4
- Grey PlatIngrau
- Light green-brown Betongrau
- Light green-brown Quarzgrau
- Dark grey Zeltgrau
- Dark brown Braugrau

图 6-2　不同菌落颜色的分布比例

三、梨黑斑病菌分生孢子形态

成熟梨黑斑病菌分生孢子呈棒状或倒棒状，颜色为褐色或暗褐色，有纵隔 1~3 个，横格 2~4 个，横格处有缢缩现象（图 6-3）。梨黑斑病菌分生孢子根据孢子的长度划分为 3 类：a 类型，孢子长度 < 20 μm，此类菌株占总分离菌株的 8%；b 类型，20 μm ≤ 孢子长度 < 30 μm，此类菌株占总分离菌株的 84%；c 类型，孢子长度 ≥ 30 μm，此类菌株占总分离菌株的 8%。

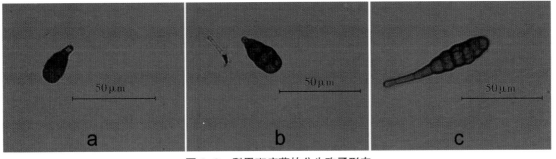

图 6-3　梨黑斑病菌的分生孢子形态

四、梨黑斑病菌的菌丝生长速率

湖北省梨产区分离的梨黑斑病菌菌株在 PSA 培养基日平均生长速率存在差异，日平均生长速率的变异范围在 0.4 ~ 1.28 cm/d 之间，其中宣恩县分离的 XEJH-13 号菌株生长最快，日平均生长速率为 1.288 cm/d，利川分离的 LCWF-3 菌株生长缓慢，日平均生长速率仅为 0.4 cm/d（图 6-4）。

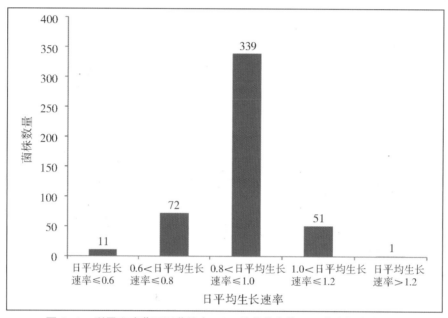

图 6-4　梨黑斑病菌不同菌株在 PSA 培养基上的日平均生长速率分布

五、梨黑斑病菌不同来源菌株分生孢子的产孢量

湖北省梨产区分离的梨黑斑病菌菌株在 PSA 培养基上，培养 20 d 后，菌株的产孢量存在显著差异，产孢量的变异范围在 $1.00 \times 10^4 \sim 1.01 \times 10^7$ cfu/ml 之间。其中宣恩县分离的 XEJH-64 号菌株产孢量最大，产孢量为 1.01×10^7 cfu/ml（图 6-5）。

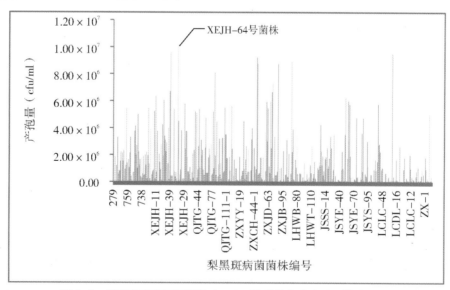

图 6-5　梨黑斑病菌不同菌株在 PSA 培养基上分生孢子的产孢量

六、梨黑斑病菌不同来源菌株的致病力分化

利用 152 个梨黑斑病菌菌株接种'金晶''红粉''湘南''黄金''云绿''昭通小黄梨''翠冠''丰水''金二十世纪'等 9 个梨品种共获得 108 个致病型，其中 44 个菌株对 9 个梨品种的致病型相同，来源相同产区的菌株致病型相似性较高；71.71% 菌株接种 9 个砂梨品种能够引起 3 ~ 7 个梨品种发病，致病性中等；获得 5 株致病力弱的菌株，5 株菌株对 9 个砂梨品种接种均不发病，分别为钟祥的 ZXJL–115 菌株、京山的 JSYS–94 和 JSYS–96–1 菌株、潜江的 QJTG–28 菌株和利川的 LCIC–59 菌株；获得强致病力菌株 1 株为钟祥的 ZXCH–261 菌株，该菌株接种 9 个砂梨品种都能引起发病（表6–2）。基于 152 个梨黑斑病菌菌株接种结果，对 9 个砂梨品种进行聚类分析，结果表明：抗病砂梨品种聚为一类，如'金晶'和'云绿'；感病品种聚为一类，如'红粉'和'金二十世纪'（图6–6）。

表 6–2　梨黑斑病菌不同产区来源菌株接种到 9 个砂梨品种的发病率

地区	发病品种数（株）									
	0	1	2	3	4	5	6	7	8	9
武汉	0	0	3	2	5	3	5	1	2	0
钟祥	1	2	1	3	2	6	3	6	1	1
京山	2	3	4	9	5	4	4	0	0	0
潜江	1	2	1	4	3	0	4	3	2	0
宣恩	0	1	0	0	4	2	1	8	3	0
利川	1	4	5	2	4	4	4	0	1	0
老河口	0	0	2	0	1	4	3	0	0	0
合计	5	12	16	20	24	23	24	18	9	1

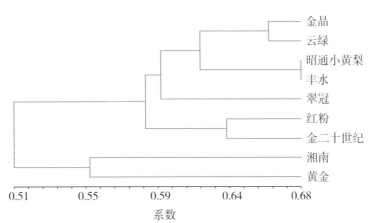

图 6–6　梨黑斑病菌 152 个菌株对 9 个砂梨品种致病力的聚类分析

七、梨黑斑病菌的分子特性

图 6–7 为基于 ZTS、EF1–α、β–tubulin 三个基因序列生成梨黑斑病菌的最大简约系统树。

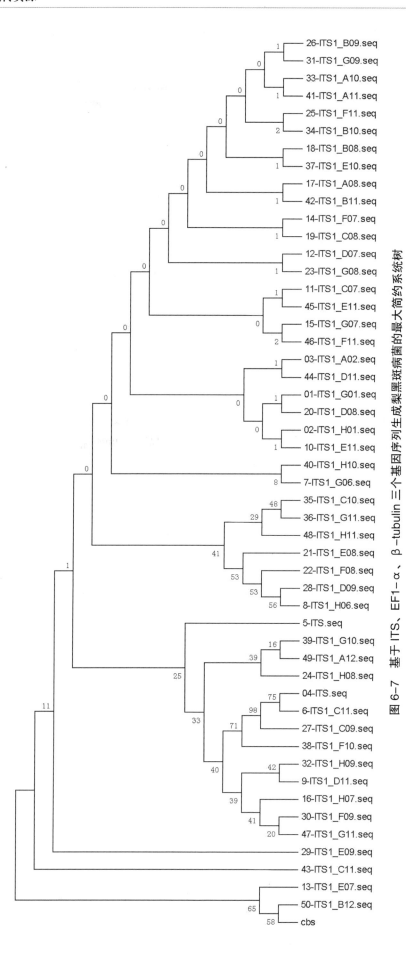

图 6-7　基于 ITS、EF1-α、β-tubulin 三个基因序列生成梨黑斑病菌的最大简约系统树

选取湖北省砂梨不同产区的 50 株菌株进行 rDNA-ITS 基因的 PCR 扩增，电泳检测结果表明：50 株梨黑斑病菌分离菌株的 rDNA-ITS 序列扩增均得到大小约为 600 bp 的特异性片段，与预期目标片段大小一致；对 EF1-α 目的片段的序列扩增测序，得到梨黑斑病菌菌株 350 bp 的条带；对 β-tublin 目的片段的序列扩增测序，得到梨黑斑病菌菌株 480 bp 的条带。将 50 株菌株 ITS、EF1-α 和 β-tublin 三个基因序列的测序结果在 GenBank 数据库中与标准梨黑斑病菌菌株 CBS 序列进行比对，结果表明：50 株梨黑斑病菌菌株与标准菌株 CBS 在 ITS、EF1-α 和 β-tublin 三个基因序列上无显著性差异，因此确定侵染湖北省各产区的梨黑斑病菌优势菌株为 *Alternaria alternata* (Fr.) Keissler。

第三节 砂梨种质资源对黑斑病的抗性评价

对国家果树种质武昌砂梨圃中 331 份砂梨品种进行抗黑斑病人工接种鉴定，筛选出高抗品种 9 份、抗病品种 71 份、中抗品种 165 份、感病品种 68 份和高感品种 18 份，这些砂梨抗黑斑病品种的筛选将为梨黑斑病抗性基因的发掘和砂梨抗黑斑病品种选育奠定材料基础。

一、抗梨黑斑病的砂梨品种筛选

对定植在国家果树种质武昌砂梨圃中 331 份砂梨品种的自然发病情况的调查显示：除'红粉'和'十里香'等 8 个品种的病情指数较高外，其余 323 个砂梨品种的病情指数均在 10 以下，因此自然发病情况的调查无法根据调查的病情指数区分出高抗、抗病、中抗、感病和高感的砂梨品种（图 6-8）。

人工接种对 331 份砂梨品种进行抗黑斑病鉴定，筛选出高抗品种 9 份、抗病品种 71 份、中抗品种 165 份、感病品种 68 份和高感品种 18 份，试验数据符合偏正态分布，采用人工接种的方法有效地区分了 331 份砂梨品种中高抗、抗病、中抗、感病和高感的品种（图 6-8、图 6-9）。

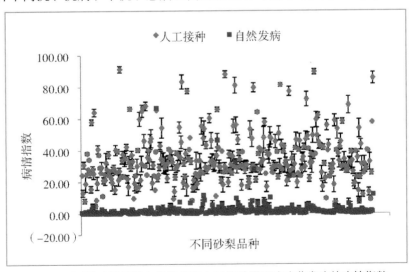

图 6-8　不同砂梨品种自然发病和人工接种黑斑病病菌发病的病情指数

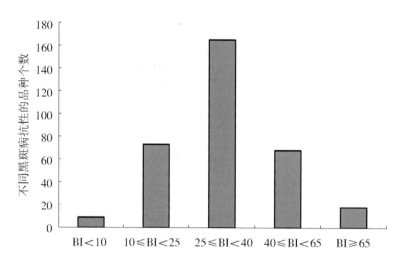

注：BI 为病情指数。

图 6-9 人工接种条件下砂梨不同黑斑病抗性的品种个数

二、不同地区砂梨品种对黑斑病的抗性分析

对安徽、福建、广东等 13 个省（市）来源地的地方品种和日本引进的砂梨品种的病情指数进行分析：各省地方品种病情指数间差异显著；安徽、广东、山西三省砂梨地方品种的病情指数较低，抗黑斑病的砂梨品种相对较多；广西壮族自治区、云南、江苏砂梨地方品种的病情指数较高，感黑斑病的砂梨品种相对较多；湖北省、湖南和四川等 7 个省砂梨地方品种的病情指数居中；日本引进的砂梨品种病情指数较高，感黑斑病的品种相对较多（表 6-3）。

表 6-3 不同地区砂梨品种的病情指数

序号	地理来源	病情指数
1	安徽省	19.17 ± 2.21 j
2	福建省	29.37 ± 1.76 g
3	广东省	25.05 ± 2.23 i
4	广西壮族自治区	45.10 ± 3.71 a
5	贵州省	32.66 ± 3.02 f
6	湖北省	35.29 ± 2.79 d
7	湖南省	33.96 ± 2.15 edf
8	江苏省	37.09 ± 3.35 c
9	江西省	33.92 ± 2.80 edf
10	山西省	27.84 ± 3.12 h
11	四川省	33.68 ± 2.68 ef
12	云南省	39.79 ± 2.73 b
13	浙江省	34.49 ± 2.64 de
14	日本	38.80 ± 2.66 b

三、砂梨不同种质类型对黑斑病的抗性分析

将331份砂梨品种按种质类型分为地方品种、国外引进品种、品系和选育品种，对各个类型砂梨品种的病情指数进行分析：不同种质类型间的病情指数存在显著差异；品系和地方品种的病情指数较低，抗梨黑斑病的品种较多；国内选育的砂梨品种居中；国外引进品种主要为日本选育的砂梨品种病情指数最高，感黑斑病的品种较多（表6-4）。

表6-4　砂梨不同种质类型的病情指数

序号	种质类型	病情指数
1	地方品种	33.96 ± 2.65 c
2	国外引进品种（日本）	38.80 ± 2.66 a
3	品系	24.82 ± 2.22 d
4	选育品种	37.10 ± 3.21 b

四、砂梨黑斑病抗性与其生物学和植物学性状的相关性分析

将叶片长度、叶片宽度、叶柄长度、果梗长度、果梗粗度、成枝力、果实发育期、营养生长天数、单果重、果实横径、果实纵径、果肉硬度、可溶性固形物含量、可溶性糖含量、可滴定酸含量、维生素C含量等16个砂梨种质的生物学和植物学性状与331份砂梨种质的病情指数进行逐步回归，分析砂梨黑斑病抗性与砂梨生物学和植物学性状之间的关系。结果表明砂梨黑斑病病情指数与叶片的长度、成枝力呈负相关，与果实发育期、单果重和可溶性固形物呈正相关（表6-5）。

表6-5　砂梨黑斑病抗性与其生物学和植物学性状的相关性分析

变量	参数估计	标准误差	t 值	Pr > |t|	标准估计
截距	0.03217	0.05598	0.57	0.5659	0
X_4：叶片长度	0.09916	0.06440	1.64	0.1022	0.08916
X_6：成枝力	0.11982	0.05691	2.11	0.0360	0.11498
X_7：果实发育期	−0.11814	0.05505	−2.15	0.0326	−0.11809
X_9：单果重	−0.10996	0.05448	−2.02	0.0444	−0.10992
X_{13}：可固	−0.08111	0.05490	−1.48	0.1406	−0.08005

第四节　基于转录组测序筛选砂梨抗黑斑病候选基因

对砂梨高抗黑斑病梨品种"金晶"和高感黑斑病梨品种"红粉"转录组测序分析获得20.5 Gbp碱基数据和101 632 565个片段；66%左右的序列成功匹配到梨参考基因组上；检测到44 717个基因；筛选出与抗黑斑病相关的5 213个差异表达基因；检测到34个微卫星序列和107 525个可信的SNPs位点；筛选出28个与抗黑斑病相关的基因；与PHI抗病基因数据库的比对，4个基因（*Pbr039001*、*Pbr001627*、*Pbr025080* 和 *Pbr023112*）确定为砂梨抗梨黑斑病的候选基因。在转录水平深入挖掘砂梨抗黑斑病相关基因，为砂梨抗黑斑病机制的探索和砂梨新基因的发现及功能基因组分析奠定理论基础。

一、梨叶片接种鉴定的 H 菌株后的症状表现

'红粉'与'金晶'叶片接种 H 菌株（H 菌株为鉴定的黑斑病优势菌株）后表现不同发病症状。'金晶'接种 H 菌株后在 0 d、1 d、2 d、3 d 和 4 d 叶片没有出现病斑；'红粉'接种 H 菌株后，在 1 d 出现褐色小斑点，随着时间的推移褐色小斑点逐渐扩大，到 4 d 时形成比较明显的坏死斑。'金晶'和'红粉'喷雾清水的对照没有出现斑点（图 6-10）。

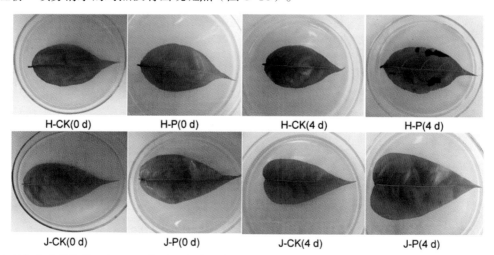

注：'红粉'接种菌株编码为 H-P，接种清水编码为 H-CK；'金晶'接种菌株编码为 J-P，接种清水编码 J-CK。

图 6-10　'红粉'与'金晶'接种梨黑斑病菌后的症状表现

二、差异表达基因分析

H-P 与 H-CK 样品比较获得 909 个 DEGs（差异表达基因），J-P 与 J-CK 样品比较获得 501 个 DEGs，其中大量的基因在接种 H 菌株后出现上调。不管是接种清水还是接种 H 菌株，不同品种间比较，更多的 DEGs 被筛选出，例如 H-CK 与 J-CK 样品比较获得 3 460 个 DEGs，H-P 与 J-P 样品比较获得 3 305 个 DEGs（表 6-6，图 6-11）。为了进一步分析梨黑斑病菌菌株接种后 DEGs 的情况，比较来自'红粉'（H-P vs H-CK）与来自'金晶'（J-P vs J-CK）之间的差异表达基因，获得了 152 个 DEGs；同时分析抗病品种和感病品种接种后两个品种间 DEGs 的情况，比较'金晶'对照和'红粉'对照（J-CK vs H-CK）与'金晶'接种和'红粉'接种（J-P vs H-P），获得了 1 987 个 DEGs（图 6-11）。

表 6-6　两两样品间差异表达基因数量统计

处理	差异表达基因数量（个）	差异表达基因上调数量（个）	差异表达基因下调数量（个）
H-CK vsJ -CK	3 460	1 804	1 656
H-P vs J-P	3 305	1 735	1 570
H-P vs H-CK	909	364	545
J-P vs J-CK	501	209	292

注：'红粉'接种清水测序样品编码为 H-P，接种菌株编码 H-CK；'金晶'接种清水测序样品编码为 J-CK，接种菌株编码 J-P。第一列表示样品组合，前一个样品为实验组，后一个样品为对照组；第二列表示两个样品间的差异表达基因数量。

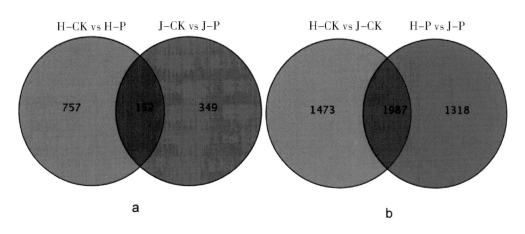

图 6-11　不同样品间比较获得差异表达基因分析的韦恩氏图 ($P<0.001$)

三、转录组测序数据的 qRT-PCR 验证

为了验证转录组测序数据的可靠性，利用 qRT-PCR 技术对 26 个差异表达基因进行荧光定量分析。结果表明荧光定量分析的结果基本与转录组测序结果趋势一致（图 6-12）。对转录组测序数据与荧光定量分析数据进行相关性分析，两者数据呈正相关趋势，$R^2 = 0.732$（图 6-13）。

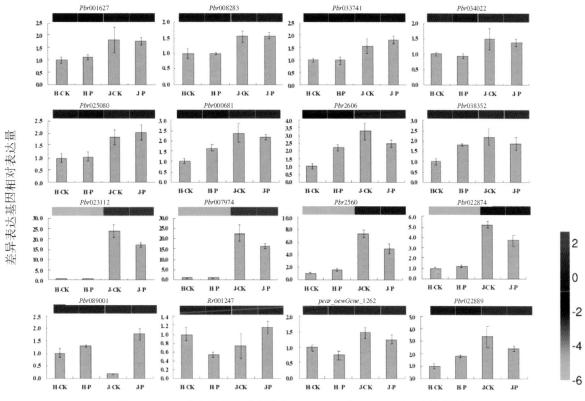

图 6-12　16 个与抗黑斑病相关的 RNA-seq 和 qRT-PCR 表达分析

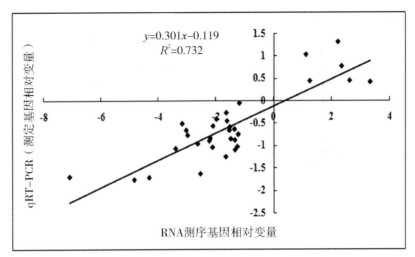

图6-13　基于 RNAseq 和 qRT-PCR 数据的散点图

四、基于砂梨转录组筛选 SSR 与 SNP

34 个 SSR 在 DEGs 中被检测到，其中 21 个序列（61.8%）包含 1 个功能域，9 个序列（26.5%）包含 2 个功能域，3 个序列（8.8%）包含多个功能域；107 525 个可靠的 SNPs 位点被鉴定出，其中 29 607 个来源于'红粉'接种清水样品 HF-CK，28 843 个来源'红粉'接种 H 菌株样品 H-P，25 148 个来源'金晶'接种清水样品 J-CK 和 23 927 个来源'金晶'接种 H 菌株样品 J-P。

对于通过转录组筛选出的 34 个 SSR 位点进行引物设计，每个位点设计 2 对引物。筛选出 6167b、15091c、6643d、12717b、12717a、3918、6643a、15305a、15001b、6484a 和 3436a 等 11 对引物能够鉴别抗病品种'金晶'和感病品种'红粉'（图6-14）。

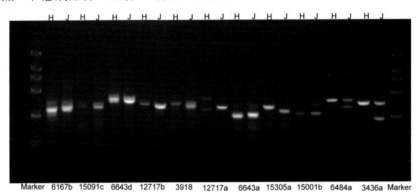

图6-14　使用 11 对引物对'红粉'和'金晶'进行 PCR 扩增的结果

五、砂梨抗黑斑病候选基因筛选

病原菌利用在植物组织内增殖效应毒力相关蛋白的分泌，下调 RNA 和代谢产物来进行侵染。反过来，植物通过各种防御机制来阻止病原菌的增殖。28 个与抗黑斑病相关的基因通过 KEGG 数据库代谢途径富集分析，结果显示 *Pbr039001* 基因为病菌抗蛋白 RPM1，该蛋白在植物病原菌相互作用通路中显著富集。RPM1 参与植物的应激免疫反应，它是 NBS-LRR 的免疫反应的受体，在丁香假单胞菌中可以识别效应子 AvrB 和 AvrRpm1，能够利用 AvrRpm1 和 AvrB 参与的 RIN4 活性反应保护植物抵御病菌的侵入，病菌通过植株细胞壁的分泌系统将致病蛋白直接注入植株细胞体内，植株通过 RPM1 等蛋白的应激反应激活超敏反应，引起区别细胞程序性死亡以抑制病菌生长。这也是特定品系植株具备病菌抗

三、砂梨不同种质类型对黑斑病的抗性分析

将 331 份砂梨品种按种质类型分为地方品种、国外引进品种、品系和选育品种，对各个类型砂梨品种的病情指数进行分析：不同种质类型间的病情指数存在显著差异；品系和地方品种的病情指数较低，抗梨黑斑病的品种较多；国内选育的砂梨品种居中；国外引进品种主要为日本选育的砂梨品种病情指数最高，感黑斑病的品种较多（表 6-4）。

表 6-4　砂梨不同种质类型的病情指数

序号	种质类型	病情指数
1	地方品种	33.96 ± 2.65 c
2	国外引进品种（日本）	38.80 ± 2.66 a
3	品系	24.82 ± 2.22 d
4	选育品种	37.10 ± 3.21 b

四、砂梨黑斑病抗性与其生物学和植物学性状的相关性分析

将叶片长度、叶片宽度、叶柄长度、果梗长度、果梗粗度、成枝力、果实发育期、营养生长天数、单果重、果实横径、果实纵径、果肉硬度、可溶性固形物含量、可溶性糖含量、可滴定酸含量、维生素 C 含量等 16 个砂梨种质的生物学和植物学性状与 331 份砂梨种质的病情指数进行逐步回归，分析砂梨黑斑病抗性与砂梨生物学和植物学性状之间的关系。结果表明砂梨黑斑病病情指数与叶片的长度、成枝力呈负相关，与果实发育期、单果重和可溶性固形物呈正相关（表 6-5）。

表 6-5　砂梨黑斑病抗性与其生物学和植物学性状的相关性分析

变量	参数估计	标准误差	t 值	$Pr > |t|$	标准估计
截距	0.03217	0.05598	0.57	0.5659	0
X_4：叶片长度	0.09916	0.06440	1.64	0.1022	0.08916
X_6：成枝力	0.11982	0.05691	2.11	0.0360	0.11498
X_7：果实发育期	−0.11814	0.05505	−2.15	0.0326	−0.11809
X_9：单果重	−0.10996	0.05448	−2.02	0.0444	−0.10992
X_{13}：可固	−0.08111	0.05490	−1.48	0.1406	−0.08005

第四节　基于转录组测序筛选砂梨抗黑斑病候选基因

对砂梨高抗黑斑病梨品种"金晶"和高感黑斑病梨品种"红粉"转录组测序分析获得 20.5 Gbp 碱基数据和 101 632 565 个片段；66% 左右的序列成功匹配到梨参考基因组上；检测到 44 717 个基因；筛选出与抗黑斑病相关的 5 213 个差异表达基因；检测到 34 个微卫星序列和 107 525 个可信的 SNPs 位点；筛选出 28 个与抗黑斑病相关的基因；与 PHI 抗病基因数据库的比对，4 个基因（*Pbr039001*、*Pbr001627*、*Pbr025080* 和 *Pbr023112*）确定为砂梨抗梨黑斑病的候选基因。在转录水平深入挖掘砂梨抗黑斑病相关基因，为砂梨抗黑斑病机制的探索和砂梨新基因的发现及功能基因组分析奠定理论基础。

一、梨叶片接种鉴定的 H 菌株后的症状表现

'红粉'与'金晶'叶片接种 H 菌株（H 菌株为鉴定的黑斑病优势菌株）后表现不同发病症状。'金晶'接种 H 菌株后在 0 d、1 d、2 d、3 d 和 4 d 叶片没有出现病斑；'红粉'接种 H 菌株后，在 1 d 出现褐色小斑点，随着时间的推移褐色小斑点逐渐扩大，到 4 d 时形成比较明显的坏死斑。'金晶'和'红粉'喷雾清水的对照没有出现斑点（图 6-10）。

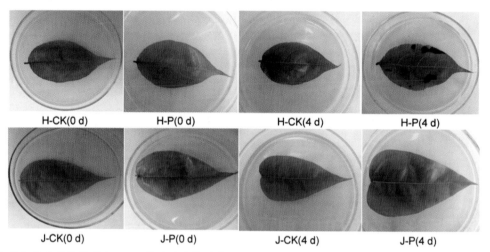

注：'红粉'接种菌株编码为 H-P，接种清水编码为 H-CK；'金晶'接种菌株编码为 J-P，接种清水编码 J-CK。

图 6-10 '红粉'与'金晶'接种梨黑斑病菌后的症状表现

二、差异表达基因分析

H-P 与 H-CK 样品比较获得 909 个 DEGs（差异表达基因），J-P 与 J-CK 样品比较获得 501 个 DEGs，其中大量的基因在接种 H 菌株后出现上调。不管是接种清水还是接种 H 菌株，不同品种间比较，更多的 DEGs 被筛选出，例如 H-CK 与 J-CK 样品比较获得 3 460 个 DEGs，H-P 与 J-P 样品比较获得 3 305 个 DEGs（表 6-6，图 6-11）。为了进一步分析梨黑斑病菌菌株接种后 DEGs 的情况，比较来自'红粉'（H-P vs H-CK）与来自'金晶'（J-P vs J-CK）之间的差异表达基因，获得了 152 个 DEGs；同时分析抗病品种和感病品种接种后两个品种间 DEGs 的情况，比较'金晶'对照和'红粉'对照（J-CK vs H-CK）与'金晶'接种和'红粉'接种（J-P vs H-P），获得了 1 987 个 DEGs（图 6-11）。

表 6-6 两两样品间差异表达基因数量统计

处理	差异表达基因数量（个）	差异表达基因上调数量（个）	差异表达基因下调数量（个）
H-CK vsJ -CK	3 460	1 804	1 656
H-P vs J-P	3 305	1 735	1 570
H-P vs H-CK	909	364	545
J-P vs J-CK	501	209	292

注：'红粉'接种清水测序样品编码为 H-P，接种菌株编码 H-CK；'金晶'接种清水测序样品编码为 J-CK，接种菌株编码 J-P。第一列表示样品组合，前一个样品为实验组，后一个样品为对照组；第二列表示两个样品间的差异表达基因数量。

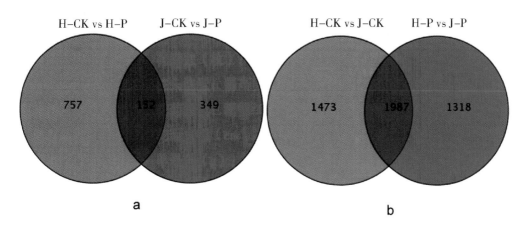

图 6-11　不同样品间比较获得差异表达基因分析的韦恩氏图 ($P<0.001$)

三、转录组测序数据的 qRT-PCR 验证

为了验证转录组测序数据的可靠性，利用 qRT-PCR 技术对 26 个差异表达基因进行荧光定量分析。结果表明荧光定量分析的结果基本与转录组测序结果趋势一致（图 6-12）。对转录组测序数据与荧光定量分析数据进行相关性分析，两者数据呈正相关趋势，$R^2 = 0.732$（图 6-13）。

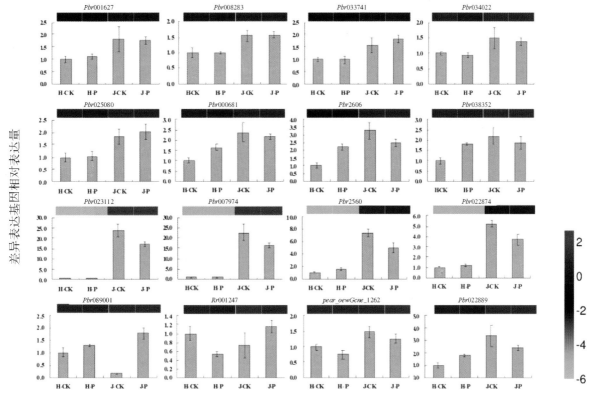

图 6-12　16 个与抗黑斑病相关的 RNA-seq 和 qRT-PCR 表达分析

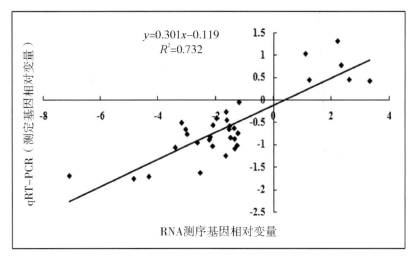

$$y=0.301x-0.119$$
$$R^2=0.732$$

图 6-13　基于 RNAseq 和 qRT-PCR 数据的散点图

四、基于砂梨转录组筛选 SSR 与 SNP

34 个 SSR 在 DEGs 中被检测到，其中 21 个序列（61.8%）包含 1 个功能域，9 个序列（26.5%）包含 2 个功能域，3 个序列（8.8%）包含多个功能域；107 525 个可靠的 SNPs 位点被鉴定出，其中 29 607 个来源于'红粉'接种清水样品 HF-CK，28 843 个来源'红粉'接种 H 菌株样品 H-P，25 148 个来源'金晶'接种清水样品 J-CK 和 23 927 个来源'金晶'接种 H 菌株样品 J-P。

对于通过转录组筛选出的 34 个 SSR 位点进行引物设计，每个位点设计 2 对引物。筛选出 6167b、15091c、6643d、12717b、12717a、3918、6643a、15305a、15001b、6484a 和 3436a 等 11 对引物能够鉴别抗病品种'金晶'和感病品种'红粉'（图 6-14）。

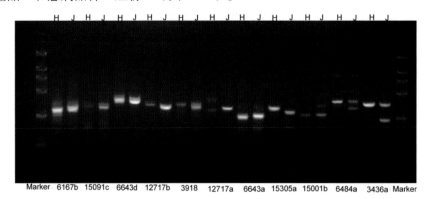

图 6-14　使用 11 对引物对'红粉'和'金晶'进行 PCR 扩增的结果

五、砂梨抗黑斑病候选基因筛选

病原菌利用在植物组织内增殖效应毒力相关蛋白的分泌，下调 RNA 和代谢产物来进行侵染。反过来，植物通过各种防御机制来阻止病原菌的增殖。28 个与抗黑斑病相关的基因通过 KEGG 数据库代谢途径富集分析，结果显示 Pbr039001 基因为病菌抗蛋白 RPM1，该蛋白在植物病原菌相互作用通路中显著富集。RPM1 参与植物的应激免疫反应，它是 NBS-LRR 的免疫反应的受体，在丁香假单胞菌中可以识别效应子 AvrB 和 AvrRpm1，能够利用 AvrRpm1 和 AvrB 参与的 RIN4 活性反应保护植物抵御病菌的侵入，病菌通过植株细胞壁的分泌系统将致病蛋白直接注入植株细胞体内，植株通过 RPM1 等蛋白的应激反应激活超敏反应，引起区别细胞程序性死亡以抑制病菌生长。这也是特定品系植株具备病菌抗

性性状的原理之一。

28 个抗病相关的基因中有 21 个（3/4）存在于抗病和感病样品间的差异表达基因的交集中，且全部为抗病相对于感病上调，另外 7 个抗病相关的基因存在于差异表达基因集 H–P 和 J–P 中，但不在 H–CK 和 J–CK 中，这 7 个抗病相关基因在清水对照处理条件下差异表达不显著，而在接 H 菌株处理条件下差异表达显著。

病原寄主互作数据库（PHI 库）是病原菌与寄主互作的分子和生物信息库（http://www.phi-base. org/）。筛选出的 28 个与抗黑斑病相关的基因中 22 个基因成功的匹配到 PHI 库中 R 基因，其中 4 个基因的相似度评分大于 100（*Pbr001627*，211；*Pbr025080*，193；*Pbr023112*，112；*Pbr025376*，102）（表 6-7）。结合上述对 28 个基因的差异表达基因分析、GO 分析、COG 功能分类和 KEEG 代谢途径的分析，*Pbr039001*、*Pbr001627*、*Pbr025080* 和 *Pbr023112* 等 4 个基因确定为砂梨抗黑斑病的候选基因。其中 *Pbr025080* 位于 2 号染色体，*Pbr023112* 位于 3 号染色体，*Pbr039001* 和 *Pbr001627* 染色体位置不明确；*Pbr039001* 基因主要参与植物超敏反应生物过程（GO：0009626）；*Pbr001627* 基因主要参与生物调节过程（GO：0050794）、病原菌防御反应（GO：0042742）、初级代谢过程（GO：0044238）、先天免疫反应过程（GO：0045087）、芳香族化合物生物合成过程（GO：0019438）和小分子生物合成过程（GO：0044283）；*Pbr025080* 基因主要参与生物防卫反应（GO：0006952）、细胞合成途径（GO：0009987）和多生物合成过程（GO：0051704）；*Pbr023112* 基因主要参与生物防御反应（GO：0006952）。这 4 个抗黑斑病候选基因的最终功能确定将通过转基因实验进行功能验证。

表 6-7 砂梨抗黑斑病相关基因在 PHI 抗病数据库中的比对结果

基因名称	可靠值	一致性	同源性	抗病数据库注释
Pbr001627	6.21×10^{-57}	106/281(37.72)	211	PHI:2389
Pbr025080	2.34×10^{-51}	103/282(36.52)	193	PHI:2389
Pbr023112	2.99×10^{-26}	148/583(25.39)	112	PHI:2389
Pbr025376	5.03×10^{-23}	156/666(23.42)	102	PHI:2389
Pbr023278	1.04×10^{-18}	127/554(22.92)	88	PHI:2390
Pbr000681	3.13×10^{-17}	148/678(21.83)	84	PHI:2390
Pbr001247	3.71×10^{-15}	94/341(27.57)	78	PHI:2389
Pbr022874	3.08×10^{-15}	80/318(25.16)	78	PHI:2391
Pbr041724	1.88×10^{-15}	101/417(24.22)	78	PHI:2389
Pbr000678	1.12×10^{-14}	93/366(25.41)	76	PHI:2389
Pbr012560	7.55×10^{-15}	77/279(27.60)	76	PHI:2389
Pbr022876	5.14×10^{-14}	69/239(28.87)	75	PHI:2389
Pbr038352	1.03×10^{-14}	125/562(22.24)	75	PHI:2391
Pbr023136	2.81×10^{-13}	125/586(21.33)	71	PHI:2390
Pbr033741	2.76×10^{-11}	49/152(32.24)	64	PHI:2389
pear_newGene_2229	6.38×10^{-11}	37/106(34.91)	64	PHI:2389
Pbr008283	8.79×10^{-11}	65/218(29.82)	63	PHI:2389
pear_newGene_1053	1.71×10^{-12}	30/87(34.48)	58	PHI:2390
Pbr035730	6.25×10^{-8}	71/314(22.61)	56	PHI:2390
Pbr007974	4.13×10^{-8}	28/89(31.46)	53	PHI:2391
Pbr039001	4.90×10^{-7}	49/176(27.84)	51	PHI:81
Pbr012606	2.17×10^{-6}	41/125(32.80)	47	PHI:2390

第七章　砂梨品种图谱

说明：本章描述数据及图片均为武汉地区表现的品种特性，其中果皮底色主要参考田间树上成熟果实照片（左下一），右上标尺的每格代表 1 cm。

巴 克 斯

品种名称：巴克斯　　　花瓣数（枚）：5.7　　　果心大小：大

外文名：Bakesi　　　　柱头位置：等高　　　　果实心室（个）：5

来源：云南丽江　　　　花药颜色：淡粉　　　　果肉硬度（kg/cm^2）：13.74

资源类型：地方品种　　花冠直径（cm）：2.90　果肉颜色：绿白

系谱：自然实生　　　　单果重（g）：181　　　果肉质地：中粗

早果性：4 年　　　　　果实形状：长圆形　　　果肉类型：紧密脆

树势：弱　　　　　　　果皮底色：绿　　　　　汁液：少

树姿：半开张　　　　　果锈：中；全果　　　　风味：甜酸

节间长度（cm）：4.74　果面着色：无　　　　　可溶性固形物含量（%）：10.90

幼叶颜色：淡绿　　　　果梗长度（cm）：3.46　可滴定酸含量（%）：0.35

叶片长（cm）：9.55　　果梗粗度（mm）：3.05　盛花期：3 月下旬

叶片宽（cm）：5.10　　萼片状态：残存、脱落　果实成熟期：9 月下旬

综合评价：外观品质中等，内在品质中，不丰产，抗病性弱。

海 东 梨

品种名称：海东梨

外文名：Haidongli

来源：云南丽江

资源类型：地方品种

系谱：自然实生

早果性：4 年

树势：弱

树姿：半开张

节间长度（cm）：3.72

幼叶颜色：淡红

叶片长（cm）：10.02

叶片宽（cm）：5.02

花瓣数（枚）：8.2

柱头位置：低

花药颜色：紫红

花冠直径（cm）：4.03

单果重（g）：161

果实形状：圆形、倒卵形

果皮底色：绿

果锈：无

果面着色：无

果梗长度（cm）：6.21

果梗粗度（mm）：3.12

萼片状态：脱落

果心大小：小

果实心室（个）：5、6

果肉硬度（kg/cm²）：10.33

果肉颜色：绿白

果肉质地：粗

果肉类型：紧密

汁液：少

风味：甜酸

可溶性固形物含量（%）：9.25

可滴定酸含量（%）：0.47

盛花期：3 月中下旬

果实成熟期：8 月下旬

综合评价：外观品质较好，内在品质中下，丰产性中，抗病性弱，花具观赏性。

丽江茨满梨

品种名称：丽江茨满梨　　　花瓣数（枚）：5.8　　　　果心大小：中

外文名：Lijiangcimanli　　柱头位置：低　　　　　　果实心室（个）：5、6、7

来源：云南丽江　　　　　　花药颜色：红　　　　　　果肉硬度（kg/cm²）：11.61

资源类型：地方品种　　　　花冠直径（cm）：2.83　　果肉颜色：绿白

系谱：自然实生　　　　　　单果重（g）：268　　　　果肉质地：中粗

早果性：6 年　　　　　　　果实形状：倒卵形、长圆形　果肉类型：紧密脆

树势：中　　　　　　　　　果皮底色：绿　　　　　　汁液：中

树姿：开张　　　　　　　　果锈：无　　　　　　　　风味：甜酸

节间长度（cm）：5.27　　　果面着色：无　　　　　　可溶性固形物含量（%）：9.46

幼叶颜色：褐红　　　　　　果梗长度（cm）：4.23　　可滴定酸含量（%）：0.41

叶片长（cm）：11.30　　　果梗粗度（mm）：3.21　　盛花期：3 月中旬

叶片宽（cm）：7.09　　　　萼片状态：脱落　　　　　果实成熟期：9 月上中旬

综合评价：外观品质中等，内在品质中，不丰产，抗病性中。

丽江大中古

品种名称：丽江大中古　　花瓣数（枚）：7.3　　果心大小：大

外文名：Lijiangdazhonggu　　柱头位置：等高　　果实心室（个）：5、6、7、8

来源：云南丽江　　花药颜色：深紫红　　果肉硬度（kg/cm²）：9.08

资源类型：地方品种　　花冠直径（cm）：4.13　　果肉颜色：绿白

系谱：自然实生　　单果重（g）：301　　果肉质地：粗

早果性：5 年　　果实形状：圆形　　果肉类型：脆

树势：中　　果皮底色：绿　　汁液：中

树姿：半开张　　果锈：少；萼端　　风味：淡甜

节间长度（cm）：3.89　　果面着色：无　　可溶性固形物含量（%）：10.05

幼叶颜色：褐红　　果梗长度（cm）：3.93　　可滴定酸含量（%）：0.12

叶片长（cm）：12.40　　果梗粗度（mm）：3.29　　盛花期：3月中下旬

叶片宽（cm）：7.15　　萼片状态：脱落、残存　　果实成熟期：9月上中旬

综合评价：外观品质中等，内在品质中，丰产性中，抗病性中。

丽江黄把梨

品种名称：丽江黄把梨

外文名：Lijianghuangbali

来源：云南丽江

资源类型：地方品种

系谱：自然实生

早果性：6 年

树势：强

树姿：开张

节间长度（cm）：3.46

幼叶颜色：淡红

叶片长（cm）：10.72

叶片宽（cm）：6.90

花瓣数（枚）：5.2

柱头位置：等高

花药颜色：淡粉

花冠直径（cm）：3.32

单果重（g）：187

果实形状：圆柱形

果皮底色：绿

果锈：中；全果

果面着色：无

果梗长度（cm）：3.93

果梗粗度（mm）：3.31

萼片状态：宿存

果心大小：小

果实心室（个）：5

果肉硬度（kg/cm²）：> 15.00

果肉颜色：绿白

果肉质地：粗

果肉类型：紧密

汁液：中

风味：酸甜

可溶性固形物含量（%）：9.30

可滴定酸含量（%）：0.42

盛花期：3 月中下旬

果实成熟期：9 月中下旬

综合评价：外观品质中等，内在品质下，丰产性中，抗病性中。

丽江黄皮梨

品种名称：丽江黄皮梨

外文名：Lijianghuangpili

来源：云南丽江

资源类型：地方品种

系谱：自然实生

早果性：4 年

树势：中

树姿：半开张

节间长度（cm）：4.34

幼叶颜色：绿黄

叶片长（cm）：8.95

叶片宽（cm）：5.41

花瓣数（枚）：5

柱头位置：等高

花药颜色：深紫红

花冠直径（cm）：3.32

单果重（g）：272

果实形状：扁圆形

果皮底色：褐

果锈：无

果面着色：无

果梗长度（cm）：5.55

果梗粗度（mm）：3.20

萼片状态：脱落

果心大小：中

果实心室（个）：5、6、7

果肉硬度（kg/cm²）：13.93

果肉颜色：淡黄

果肉质地：中粗

果肉类型：紧密

汁液：少

风味：淡甜

可溶性固形物含量（%）：9.93

可滴定酸含量（%）：0.21

盛花期：3 月中下旬

果实成熟期：9 月中旬

综合评价：外观品质中等，内在品质下，丰产性中，抗病性较弱。

丽江黄酸梨

品种名称：丽江黄酸梨
外文名：Lijianghuangsuanli
来源：云南丽江
资源类型：地方品种
系谱：自然实生
早果性：5 年
树势：强
树姿：开张
节间长度（cm）：3.45
幼叶颜色：淡绿
叶片长（cm）：10.86
叶片宽（cm）：5.04

花瓣数（枚）：5
柱头位置：等高
花药颜色：淡粉
花冠直径（cm）：3.19
单果重（g）：158
果实形状：圆形
果皮底色：黄褐
果锈：无
果面着色：无
果梗长度（cm）：4.32
果梗粗度（mm）：3.07
萼片状态：脱落

果心大小：大
果实心室（个）：5
果肉硬度（kg/cm^2）：> 15.00
果肉颜色：绿白
果肉质地：粗
果肉类型：紧密
汁液：极少
风味：酸
可溶性固形物含量（%）：9.22
可滴定酸含量（%）：0.93
盛花期：3 月中下旬
果实成熟期：9 月中旬

综合评价：外观品质中等，内在品质下，丰产，抗病性较强。

丽江马占梨 1 号

品种名称：丽江马占梨 1 号

外文名：Lijiangmazhanli No.1

来源：云南丽江

资源类型：地方品种

系谱：自然实生

早果性：5 年

树势：中

树姿：半开张

节间长度（cm）：4.45

幼叶颜色：淡绿

叶片长（cm）：9.57

叶片宽（cm）：5.21

花瓣数（枚）：5

柱头位置：高

花药颜色：白

花冠直径（cm）：3.14

单果重（g）：203

果实形状：圆形

果皮底色：绿

果锈：多；全果

果面着色：无

果梗长度（cm）：5.33

果梗粗度（mm）：3.48

萼片状态：宿存

果心大小：中

果实心室（个）：5

果肉硬度（kg/cm²）：13.06

果肉颜色：乳白

果肉质地：粗

果肉类型：紧密

汁液：中

风味：微酸

可溶性固形物含量（%）：9.37

可滴定酸含量（%）：0.29

盛花期：3 月中下旬

果实成熟期：9 月上旬

综合评价：外观品质中等，内在品质下，不丰产，抗病性弱。

丽江马占梨 2 号

品种名称：丽江马占梨 2 号

外文名：Lijiangmazhanli No.2

来源：云南丽江

资源类型：地方品种

系谱：自然实生

早果性：5 年

树势：强

树姿：开张

节间长度（cm）：4.28

幼叶颜色：绿黄

叶片长（cm）：10.56

叶片宽（cm）：5.61

花瓣数（枚）：5.3

柱头位置：低

花药颜色：淡粉

花冠直径（cm）：3.43

单果重（g）：260

果实形状：圆形

果皮底色：黄褐

果锈：无

果面着色：无

果梗长度（cm）：3.15

果梗粗度（mm）：3.20

萼片状态：脱落、宿存

果心大小：中

果实心室（个）：4、5

果肉硬度（kg/cm²）：13.17

果肉颜色：乳白

果肉质地：中粗

果肉类型：紧密

汁液：中

风味：微酸

可溶性固形物含量（%）：9.20

可滴定酸含量（%）：0.34

盛花期：3 月中下旬

果实成熟期：9 月中下旬

综合评价：外观品质差，内在品质下，丰产性中，抗病性中。

丽江马占梨 3 号

品种名称：丽江马占梨 3 号

外文名：Lijiangmazhanli No.3

来源：云南丽江

资源类型：地方品种

系谱：自然实生

早果性：6 年

树势：强

树姿：半开张

节间长度（cm）：3.73

幼叶颜色：绿黄

叶片长（cm）：10.51

叶片宽（cm）：5.23

花瓣数（枚）：5.4

柱头位置：低

花药颜色：淡紫红

花冠直径（cm）：2.82

单果重（g）：156

果实形状：圆形

果皮底色：黄褐

果锈：无

果面着色：无

果梗长度（cm）：4.23

果梗粗度（mm）：3.09

萼片状态：脱落

果心大小：中

果实心室（个）：5

果肉硬度（kg/cm^2）：12.94

果肉颜色：白

果肉质地：中粗

果肉类型：紧密

汁液：中

风味：微酸

可溶性固形物含量（%）：9.66

可滴定酸含量（%）：0.26

盛花期：3 月中下旬

果实成熟期：9 月中下旬

综合评价：外观品质中等，内在品质中下，丰产，抗病性强。

丽江面梨

品种名称：丽江面梨

外文名：Lijiangmianli

来源：云南丽江

资源类型：地方品种

系谱：自然实生

早果性：6 年

树势：中

树姿：半开张

节间长度（cm）：3.70

幼叶颜色：黄绿

叶片长（cm）：9.86

叶片宽（cm）：5.78

花瓣数（枚）：5

柱头位置：等高

花药颜色：深紫红

花冠直径（cm）：3.52

单果重（g）：83

果实形状：圆形、长圆形

果皮底色：绿

果锈：少；全果

果面着色：鲜红；片状

果梗长度（cm）：4.93

果梗粗度（mm）：2.80

萼片状态：脱落、宿存

果心大小：中

果实心室（个）：5

果肉硬度（kg/cm²）：＞15.00

果肉颜色：绿白

果肉质地：粗

果肉类型：紧密

汁液：少

风味：微酸

可溶性固形物含量（%）：9.60

可滴定酸含量（%）：0.67

盛花期：3 月中下旬

果实成熟期：9 月中旬

综合评价：外观品质中等，内在品质下，丰产，抗病性较弱。

丽江莫朴鲁

品种名称：丽江莫朴鲁

外文名：Lijiangmopulu

来源：云南丽江

资源类型：地方品种

系谱：自然实生

早果性：6 年

树势：强

树姿：开张

节间长度（cm）：4.85

幼叶颜色：黄绿

叶片长（cm）：10.28

叶片宽（cm）：5.96

花瓣数（枚）：7.2

柱头位置：低

花药颜色：粉红

花冠直径（cm）：4.25

单果重（g）：206

果实形状：圆形

果皮底色：绿

果锈：多；全果

果面着色：无

果梗长度（cm）：3.81

果梗粗度（mm）：3.23

萼片状态：脱落、残存

果心大小：中

果实心室（个）：4、5

果肉硬度（kg/cm^2）：> 15.00

果肉颜色：白

果肉质地：粗

果肉类型：紧密

汁液：中

风味：微酸

可溶性固形物含量（%）：9.05

可滴定酸含量（%）：0.54

盛花期：3 月下旬

果实成熟期：9 月中下旬

综合评价：外观品质差，内在品质下，丰产性中，抗病性中。

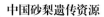
丽江塌皮梨

品种名称：丽江塌皮梨

外文名：Lijiangtapili

来源：云南丽江

资源类型：地方品种

系谱：自然实生

早果性：5 年

树势：中

树姿：半开张

节间长度（cm）：3.76

幼叶颜色：淡红

叶片长（cm）：10.74

叶片宽（cm）：5.63

花瓣数（枚）：5

柱头位置：低

花药颜色：红

花冠直径（cm）：3.79

单果重（g）：143

果实形状：圆形

果皮底色：绿

果锈：多；全果

果面着色：无

果梗长度（cm）：5.59

果梗粗度（mm）：2.43

萼片状态：脱落

果心大小：小

果实心室（个）：5

果肉硬度（kg/cm^2）：12.92

果肉颜色：白

果肉质地：粗

果肉类型：紧密

汁液：少

风味：酸

可溶性固形物含量（%）：12.80

可滴定酸含量（%）：1.22

盛花期：3 月下旬

果实成熟期：9 月中下旬

综合评价：外观品质中等，内在品质下，丰产性中，抗病性中。

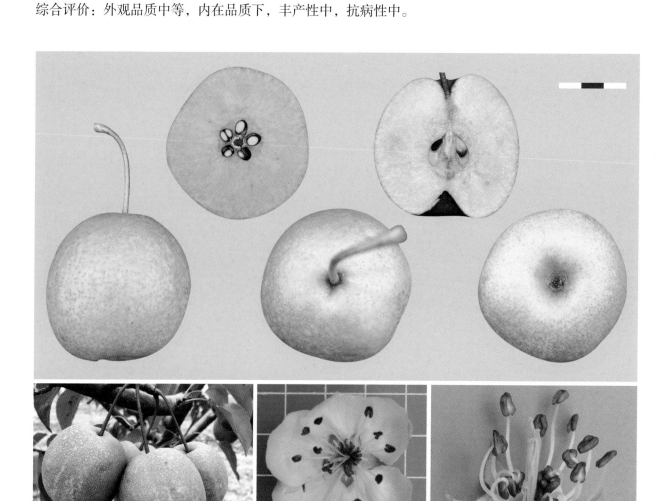

桑 皮 梨

品种名称：桑皮梨

外文名：Sangpili

来源：云南丽江

资源类型：地方品种

系谱：自然实生

早果性：5 年

树势：弱

树姿：直立

节间长度（cm）：5.28

幼叶颜色：绿黄

叶片长（cm）：8.49

叶片宽（cm）：5.95

花瓣数（枚）：5.1

柱头位置：高

花药颜色：淡紫红

花冠直径（cm）：2.79

单果重（g）：79

果实形状：卵圆形

果皮底色：绿

果锈：多；全果

果面着色：无

果梗长度（cm）：4.19

果梗粗度（mm）：2.30

萼片状态：宿存

果心大小：中

果实心室（个）：4、5

果肉硬度（kg/cm^2）：11.10

果肉颜色：白

果肉质地：中粗

果肉类型：紧密脆

汁液：少

风味：淡甜

可溶性固形物含量（%）：11.50

可滴定酸含量（%）：0.22

盛花期：3 月下旬

果实成熟期：9 月上旬

综合评价：外观品质中等，内在品质中，丰产性中，抗病性中。

索 美 梨

品种名称：索美梨

外文名：Suomeili

来源：云南丽江

资源类型：地方品种

系谱：自然实生

早果性：5 年

树势：强

树姿：开张

节间长度（cm）：5.58

幼叶颜色：黄绿

叶片长（cm）：12.89

叶片宽（cm）：7.74

花瓣数（枚）：5.7

柱头位置：低

花药颜色：粉红

花冠直径（cm）：3.73

单果重（g）：260

果实形状：圆形

果皮底色：绿

果锈：无

果面着色：无

果梗长度（cm）：4.83

果梗粗度（mm）：3.97

萼片状态：宿存

果心大小：小

果实心室（个）：5

果肉硬度（kg/cm^2）：13.37

果肉颜色：白

果肉质地：粗

果肉类型：紧密

汁液：极少

风味：酸

可溶性固形物含量（%）：11.00

可滴定酸含量（%）：0.37

盛花期：3 月下旬

果实成熟期：9 月上旬

综合评价：外观品质中等，内在品质下，丰产性中，抗病性中。

雄 古 冬 梨

品种名称：雄古冬梨

外文名：Xionggudongli

来源：云南丽江

资源类型：地方品种

系谱：自然实生

早果性：5 年

树势：中

树姿：开张

节间长度（cm）：4.44

幼叶颜色：绿黄

叶片长（cm）：11.41

叶片宽（cm）：6.13

花瓣数（枚）：7.1

柱头位置：等高

花药颜色：深紫红

花冠直径（cm）：3.34

单果重（g）：359

果实形状：扁圆形

果皮底色：绿

果锈：少；果全

果面着色：无

果梗长度（cm）：4.40

果梗粗度（mm）：3.89

萼片状态：脱落、宿存

果心大小：中

果实心室（个）：5

果肉硬度（kg/cm^2）：13.19

果肉颜色：白

果肉质地：粗

果肉类型：紧密

汁液：少

风味：甜酸

可溶性固形物含量（%）：10.50

可滴定酸含量（%）：0.27

盛花期：3 月中下旬

果实成熟期：9 月下旬

综合评价：外观品质中等，内在品质下，丰产性中，抗病性较强。

雄古火把梨

品种名称：雄古火把梨

外文名：Xiongguhuobali

来源：云南丽江

资源类型：地方品种

系谱：自然实生

早果性：6 年

树势：强

树姿：开张

节间长度（cm）：5.14

幼叶颜色：黄绿

叶片长（cm）：12.16

叶片宽（cm）：7.52

花瓣数（枚）：5.5

柱头位置：等高

花药颜色：红

花冠直径（cm）：3.30

单果重（g）：322

果实形状：圆形、长圆形

果皮底色：绿

果锈：中；萼端

果面着色：无

果梗长度（cm）：5.22

果梗粗度（mm）：3.39

萼片状态：脱落、宿存

果心大小：中

果实心室（个）：5

果肉硬度（kg/cm^2）：13.72

果肉颜色：绿白

果肉质地：中粗

果肉类型：紧密

汁液：少

风味：甜酸

可溶性固形物含量（%）：9.90

可滴定酸含量（%）：0.37

盛花期：3 月下旬

果实成熟期：9 月中旬

综合评价：外观品质中等，内在品质下，丰产性中，抗病性较强。

雄古七月梨

品种名称：雄古七月梨

外文名：Xiongguqiyueli

来源：云南丽江

资源类型：地方品种

系谱：自然实生

早果性：5 年

树势：中

树姿：半开张

节间长度（cm）：4.22

幼叶颜色：绿黄

叶片长（cm）：11.60

叶片宽（cm）：6.92

花瓣数（枚）：6.1

柱头位置：高

花药颜色：深紫红

花冠直径（cm）：3.92

单果重（g）：277

果实形状：圆形

果皮底色：绿

果锈：多；全果

果面着色：无

果梗长度（cm）：3.22

果梗粗度（mm）：3.57

萼片状态：残存、脱落

果心大小：中

果实心室（个）：7、8

果肉硬度（kg/cm^2）：12.57

果肉颜色：绿白

果肉质地：粗

果肉类型：紧密

汁液：少

风味：淡甜

可溶性固形物含量（%）：10.20

可滴定酸含量（%）：0.24

盛花期：3 月下旬

果实成熟期：9 月中下旬

综合评价：外观品质差，内在品质下，不丰产，抗病性中。

长水火把梨

品种名称：长水火把梨

外文名：Changshuihuobali

来源：云南丽江

资源类型：地方品种

系谱：自然实生

早果性：5 年

树势：中

树姿：直立

节间长度（cm）：4.83

幼叶颜色：黄绿

叶片长（cm）：11.56

叶片宽（cm）：6.89

花瓣数（枚）：5.3

柱头位置：低

花药颜色：粉红

花冠直径（cm）：3.83

单果重（g）：151

果实形状：圆形、长圆形

果皮底色：绿

果锈：无

果面着色：无

果梗长度（cm）：5.21

果梗粗度（mm）：3.03

萼片状态：脱落、宿存

果心大小：中

果实心室（个）：5

果肉硬度（kg/cm^2）：10.16

果肉颜色：白

果肉质地：中细

果肉类型：脆

汁液：中

风味：甜酸

可溶性固形物含量（%）：9.70

可滴定酸含量（%）：0.30

盛花期：3 月中下旬

果实成熟期：9 月上旬

综合评价：外观品质中等，内在品质中下，丰产性中，抗病性较弱。

中古十月梨

品种名称：中古十月梨

外文名：Zhonggushiyueli

来源：云南丽江

资源类型：地方品种

系谱：自然实生

早果性：6年

树势：中

树姿：半开张

节间长度（cm）：4.43

幼叶颜色：淡红

叶片长（cm）：11.10

叶片宽（cm）：7.38

花瓣数（枚）：5

柱头位置：高

花药颜色：粉红

花冠直径（cm）：2.94

单果重（g）：163

果实形状：圆形

果皮底色：黄褐

果锈：无

果面着色：无

果梗长度（cm）：4.75

果梗粗度（mm）：2.61

萼片状态：宿存、脱落

果心大小：中

果实心室（个）：5

果肉硬度（kg/cm^2）：10.74

果肉颜色：淡黄

果肉质地：中细

果肉类型：脆

汁液：少

风味：淡甜

可溶性固形物含量（%）：10.70

可滴定酸含量（%）：0.30

盛花期：3月中下旬

果实成熟期：10月上旬

综合评价：外观品质中等，内在品质中，不丰产，抗病性较弱。

115

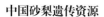
大理冬梨

品种名称：大理冬梨

外文名：Dalidongli

来源：云南大理

资源类型：地方品种

系谱：自然实生

早果性：7 年

树势：强

树姿：半开张

节间长度（cm）：4.49

幼叶颜色：褐红

叶片长（cm）：11.29

叶片宽（cm）：6.59

花瓣数（枚）：6.4

柱头位置：低

花药颜色：淡粉

花冠直径（cm）：3.71

单果重（g）：180

果实形状：圆形

果皮底色：绿

果锈：少；全果

果面着色：无

果梗长度（cm）：3.34

果梗粗度（mm）：2.54

萼片状态：脱落

果心大小：中

果实心室（个）：4、5

果肉硬度（kg/cm²）：> 15.00

果肉颜色：绿白

果肉质地：极粗

果肉类型：紧密

汁液：少

风味：酸

可溶性固形物含量（%）：11.00

可滴定酸含量（%）：0.67

盛花期：3 月中下旬

果实成熟期：9 月上中旬

综合评价：外观品质中等，内在品质卜，丰产性中，抗病性较强。

大理火把梨

品种名称：大理火把梨

外文名：Dalihuobali

来源：云南大理

资源类型：地方品种

系谱：自然实生

早果性：6 年

树势：中

树姿：开张

节间长度（cm）：3.42

幼叶颜色：黄绿

叶片长（cm）：10.83

叶片宽（cm）：5.40

花瓣数（枚）：7.4

柱头位置：低

花药颜色：深紫红

花冠直径（cm）：4.3

单果重（g）：139

果实形状：倒卵形

果皮底色：绿

果锈：无

果面着色：无

果梗长度（cm）：4.06

果梗粗度（mm）：3.30

萼片状态：宿存、脱落

果心大小：中

果实心室（个）：5、6

果肉硬度（kg/cm^2）：12.29

果肉颜色：绿白

果肉质地：中粗

果肉类型：紧密脆

汁液：中

风味：甜酸

可溶性固形物含量（%）：11.07

可滴定酸含量（%）：0.56

盛花期：3 月中下旬

果实成熟期：9 月下旬

综合评价：外观品质较好，内在品质中，不丰产，抗病性中。

大理奶头梨

品种名称：大理奶头梨

外文名：Dalinaitouli

来源：云南大理

资源类型：地方品种

系谱：自然实生

早果性：6年

树势：强

树姿：开张

节间长度（cm）：4.14

幼叶颜色：红

叶片长（cm）：12.13

叶片宽（cm）：5.12

花瓣数（枚）：6.2

柱头位置：等高

花药颜色：紫红

花冠直径（cm）：3.84

单果重（g）：156

果实形状：倒卵形

果皮底色：绿

果锈：多；全果

果面着色：无

果梗长度（cm）：5.44

果梗粗度（mm）：2.85

萼片状态：宿存

果心大小：中

果实心室（个）：5

果肉硬度（kg/cm^2）：14.80

果肉颜色：乳白

果肉质地：粗

果肉类型：紧密

汁液：中

风味：酸甜

可溶性固形物含量（%）：9.38

可滴定酸含量（%）：0.37

盛花期：3月中下旬

果实成熟期：9月上旬

综合评价：外观品质较差，内在品质下，不丰产，抗病性中。

大理平川梨

品种名称：大理平川梨

外文名：Dalipingchuanli

来源：云南大理

资源类型：地方品种

系谱：自然实生

早果性：6 年

树势：中

树姿：开张

节间长度（cm）：3.63

幼叶颜色：黄绿

叶片长（cm）：9.76

叶片宽（cm）：5.24

花瓣数（枚）：6.5

柱头位置：等高

花药颜色：深紫红

花冠直径（cm）：4.19

单果重（g）：194

果实形状：圆形

果皮底色：绿

果锈：无

果面着色：无

果梗长度（cm）：4.93

果梗粗度（mm）：3.53

萼片状态：脱落

果心大小：中

果实心室（个）：5、6、7

果肉硬度（kg/cm^2）：13.55

果肉颜色：绿白

果肉质地：中

果肉类型：紧密

汁液：少

风味：酸甜

可溶性固形物含量（%）：10.87

可滴定酸含量（%）：0.30

盛花期：3 月中下旬

果实成熟期：9 月中下旬

综合评价：外观品质中等，内在品质下，不丰产，抗病性中。

大理沙糖梨

品种名称：大理沙糖梨　　　花瓣数（枚）：5　　　果心大小：小

外文名：Dalishatangli　　　柱头位置：高　　　果实心室（个）：5

来源：云南大理　　　花药颜色：淡粉　　　果肉硬度（kg/cm²）：13.28

资源类型：地方品种　　　花冠直径（cm）：3.14　　　果肉颜色：白

系谱：自然实生　　　单果重（g）：132　　　果肉质地：粗

早果性：5 年　　　果实形状：扁圆形　　　果肉类型：紧密

树势：中　　　果皮底色：绿　　　汁液：少

树姿：开张　　　果锈：无　　　风味：甜

节间长度（cm）：3.14　　　果面着色：无　　　可溶性固形物含量（%）：10.75

幼叶颜色：淡绿　　　果梗长度（cm）：5.53　　　可滴定酸含量（%）：0.29

叶片长（cm）：9.64　　　果梗粗度（mm）：2.74　　　盛花期：3 月中下旬

叶片宽（cm）：6.06　　　萼片状态：脱落　　　果实成熟期：9 月中旬

综合评价：外观品质较差，内在品质下，丰产性中，抗病性较弱。

大理水扁梨

品种名称：大理水扁梨

外文名：Dalishuibianli

来源：云南大理

资源类型：地方品种

系谱：自然实生

早果性：6 年

树势：强

树姿：开张

节间长度（cm）：4.19

幼叶颜色：黄绿

叶片长（cm）：8.97

叶片宽（cm）：4.97

花瓣数（枚）：5.7

柱头位置：高

花药颜色：粉红

花冠直径（cm）：3.07

单果重（g）：204

果实形状：扁圆形

果皮底色：绿

果锈：无

果面着色：无

果梗长度（cm）：4.11

果梗粗度（mm）：3.31

萼片状态：脱落、宿存

果心大小：小

果实心室（个）：4、5

果肉硬度（kg/cm²）：＞15.00

果肉颜色：淡黄

果肉质地：中粗

果肉类型：紧密

汁液：少

风味：酸

可溶性固形物含量（%）：11.55

可滴定酸含量（%）：0.73

盛花期：3 月中下旬

果实成熟期：9 月上中旬

综合评价：外观品质中等，内在品质下，丰产性中，抗病性较强。

大 理 酸 梨

品种名称：大理酸梨
外文名：Dalisuanli
来源：云南大理
资源类型：地方品种
系谱：自然实生
早果性：6 年
树势：强
树姿：直立
节间长度（cm）：3.63
幼叶颜色：绿黄
叶片长（cm）：11.22
叶片宽（cm）：5.29

花瓣数（枚）：5
柱头位置：等高
花药颜色：紫红
花冠直径（cm）：3.95
单果重（g）：58
果实形状：扁圆形
果皮底色：绿
果锈：少
果面着色：无
果梗长度（cm）：5.55
果梗粗度（mm）：2.26
萼片状态：宿存

果心大小：中
果实心室（个）：5
果肉硬度（kg/cm²）：> 15.00
果肉颜色：淡黄
果肉质地：极粗
果肉类型：紧密
汁液：少
风味：酸
可溶性固形物含量（%）：11.40
可滴定酸含量（%）：1.09
盛花期：3 月中下旬
果实成熟期：9 月中旬

综合评价：外观品质中等，内在品质下，丰产，抗病性中。

大理香酥梨

品种名称：大理香酥梨

外文名：Dalixiangsuli

来源：云南大理

资源类型：地方品种

系谱：自然实生

早果性：6 年

树势：强

树姿：开张

节间长度（cm）：4.04

幼叶颜色：黄绿

叶片长（cm）：8.74

叶片宽（cm）：4.61

花瓣数（枚）：5.8

柱头位置：低

花药颜色：红

花冠直径（cm）：4.17

单果重（g）：144

果实形状：倒卵形

果皮底色：绿

果锈：无

果面着色：无

果梗长度（cm）：6.10

果梗粗度（mm）：2.96

萼片状态：脱落

果心大小：中

果实心室（个）：5、6

果肉硬度（kg/cm^2）：10.69

果肉颜色：绿白

果肉质地：中粗

果肉类型：紧密脆

汁液：中

风味：甜酸

可溶性固形物含量（%）：11.33

可滴定酸含量（%）：0.31

盛花期：3 月中旬

果实成熟期：9 月中旬

综合评价：外观品质中等，内在品质中，不丰产，抗病性中。

云红1号

品种名称：云红1号

外文名：Yunhong No.1

来源：云南昆明

资源类型：地方品种

系谱：自然实生

早果性：4年

树势：弱

树姿：直立

节间长度（cm）：3.96

幼叶颜色：绿黄

叶片长（cm）：8.77

叶片宽（cm）：4.76

花瓣数（枚）：5.6

柱头位置：等高

花药颜色：淡紫红

花冠直径（cm）：4.14

单果重（g）：112

果实形状：倒卵形

果皮底色：绿

果锈：无

果面着色：粉红；片状

果梗长度（cm）：4.50

果梗粗度（mm）：3.02

萼片状态：宿存、脱落

果心大小：大

果实心室（个）：5

果肉硬度（kg/cm^2）：> 15.00

果肉颜色：淡黄

果肉质地：粗

果肉类型：紧密

汁液：中

风味：酸甜

可溶性固形物含量（%）：11.80

可滴定酸含量（%）：0.46

盛花期：3月下旬

果实成熟期：9月中下旬

综合评价：外观品质好，内在品质中，不丰产，抗病性较弱。

云 红 2 号

品种名称：云红 2 号

外文名：Yunhong No.2

来源：云南昆明

资源类型：地方品种

系谱：自然实生

早果性：6 年

树势：强

树姿：直立

节间长度（cm）：3.66

幼叶颜色：淡红

叶片长（cm）：10.19

叶片宽（cm）：5.93

花瓣数（枚）：5.6

柱头位置：等高

花药颜色：淡紫红

花冠直径（cm）：3.20

单果重（g）：122

果实形状：圆形

果皮底色：绿

果锈：无

果面着色：鲜红；片状

果梗长度（cm）：4.47

果梗粗度（mm）：3.10

萼片状态：脱落

果心大小：中

果实心室（个）：5、6、7

果肉硬度（kg/cm^2）：> 15.00

果肉颜色：淡黄

果肉质地：粗

果肉类型：紧密

汁液：中

风味：酸甜

可溶性固形物含量（%）：12.78

可滴定酸含量（%）：0.37

盛花期：3 月中下旬

果实成熟期：9 月中旬

综合评价：外观品质好，内在品质下，丰产，抗病性中。

昆 明 麻 梨

品种名称：昆明麻梨　　　　花瓣数（枚）：6.6　　　　果心大小：小

外文名：Kunmingmali　　　柱头位置：等高　　　　　果实心室（个）：5

来源：云南昆明　　　　　　花药颜色：粉红　　　　　果肉硬度（kg/cm^2）：12.67

资源类型：地方品种　　　　花冠直径（cm）：4.07　　果肉颜色：白

系谱：自然实生　　　　　　单果重（g）：175　　　　果肉质地：中粗

早果性：7 年　　　　　　　果实形状：圆形、纺锤形　果肉类型：紧密脆

树势：强　　　　　　　　　果皮底色：绿　　　　　　汁液：中

树姿：直立　　　　　　　　果锈：多；全果　　　　　风味：淡甜

节间长度（cm）：3.93　　　果面着色：无　　　　　　可溶性固形物含量（%）：11.15

幼叶颜色：暗红　　　　　　果梗长度（cm）：4.53　　可滴定酸含量（%）：0.32

叶片长（cm）：11.25　　　　果梗粗度（mm）：2.43　　盛花期：3 月中下旬

叶片宽（cm）：7.39　　　　萼片状态：残存、宿存　　果实成熟期：9 月上旬

综合评价：外观品质中等，内在品质中，丰产，抗病性中。

文 山 红 梨

品种名称：文山红梨

外文名：Wenshanhongli

来源：云南昆明

资源类型：地方品种

系谱：自然实生

早果性：5 年

树势：强

树姿：直立

节间长度（cm）：3.79

幼叶颜色：褐红

叶片长（cm）：11.41

叶片宽（cm）：6.16

花瓣数（枚）：7.2

柱头位置：等高

花药颜色：红

花冠直径（cm）：3.64

单果重（g）：138

果实形状：倒卵形

果皮底色：绿

果锈：无

果面着色：暗红；片状

果梗长度（cm）：5.38

果梗粗度（mm）：3.07

萼片状态：脱落

果心大小：中

果实心室（个）：5、6

果肉硬度（kg/cm^2）：14.18

果肉颜色：淡黄

果肉质地：中粗

果肉类型：紧密

汁液：中

风味：甜酸

可溶性固形物含量（%）：12.30

可滴定酸含量（%）：0.35

盛花期：3 月下旬

果实成熟期：9 月上中旬

综合评价：外观品质好，内在品质下，丰产，抗病性中。

弥渡火把梨

品种名称：弥渡火把梨

外文名：Miduhuobali

来源：云南弥渡

资源类型：地方品种

系谱：自然实生

早果性：3 年

树势：强

树姿：半开张

节间长度（cm）：3.13

幼叶颜色：黄绿

叶片长（cm）：11.35

叶片宽（cm）：4.78

花瓣数（枚）：5.6

柱头位置：等高

花药颜色：深紫红

花冠直径（cm）：3.28

单果重（g）：140

果实形状：倒卵形

果皮底色：绿

果锈：无

果面着色：鲜红；片状

果梗长度（cm）：4.83

果梗粗度（mm）：2.94

萼片状态：脱落、宿存

果心大小：大

果实心室（个）：4、5、6

果肉硬度（kg/cm²）：10.51

果肉颜色：绿白

果肉质地：中细

果肉类型：脆

汁液：中

风味：甜酸

可溶性固形物含量（%）：11.10

可滴定酸含量（%）：0.56

盛花期：3 月下旬

果实成熟期：9 月下旬

综合评价：外观品质好，内在品质中，丰产，抗病性较弱。

弥渡小红梨

品种名称：弥渡小红梨

外文名：Miduxiaohongli

来源：云南弥渡

资源类型：地方品种

系谱：自然实生

早果性：6 年

树势：强

树姿：开张

节间长度（cm）：3.40

幼叶颜色：红

叶片长（cm）：10.49

叶片宽（cm）：6.17

花瓣数（枚）：5.9

柱头位置：高

花药颜色：红

花冠直径（cm）：3.95

单果重（g）：91

果实形状：倒卵形

果皮底色：绿

果锈：无

果面着色：鲜红；片状

果梗长度（cm）：6.21

果梗粗度（mm）：2.94

萼片状态：脱落

果心大小：中

果实心室（个）：5、6

果肉硬度（kg/cm²）：12.30

果肉颜色：白

果肉质地：中粗

果肉类型：紧密脆

汁液：中

风味：甜酸

可溶性固形物含量（%）：10.83

可滴定酸含量（%）：0.57

盛花期：3 月中下旬

果实成熟期：9 月下旬

综合评价：外观品质好，内在品质中，不丰产，抗病性较弱。

弥渡小面梨

品种名称：弥渡小面梨　　　花瓣数（枚）：6.3　　　果心大小：大

外文名：Miduxiaomianli　　柱头位置：高　　　　　果实心室（个）：5

来源：云南弥渡　　　　　　花药颜色：粉红　　　　果肉硬度（kg/cm²）：13.65

资源类型：地方品种　　　　花冠直径（cm）：4.15　果肉颜色：淡黄

系谱：自然实生　　　　　　单果重（g）：66　　　　果肉质地：粗

早果性：5 年　　　　　　　果实形状：倒卵形　　　果肉类型：紧密

树势：中　　　　　　　　　果皮底色：褐　　　　　汁液：少

树姿：直立　　　　　　　　果锈：无　　　　　　　风味：酸甜

节间长度（cm）：3.53　　　果面着色：无　　　　　可溶性固形物含量（%）：13.15

幼叶颜色：绿黄　　　　　　果梗长度（cm）：5.35　可滴定酸含量（%）：1.27

叶片长（cm）：10.34　　　 果梗粗度（mm）：2.33　盛花期：3 月中旬

叶片宽（cm）：5.06　　　　萼片状态：脱落　　　　果实成熟期：9 月上中旬

综合评价：外观品质中等，内在品质中下，丰产性中，抗病性中。

弥 渡 玉 梨

品种名称：弥渡玉梨

外文名：Miduyuli

来源：云南弥渡

资源类型：地方品种

系谱：自然实生

早果性：5 年

树势：中

树姿：开张

节间长度（cm）：3.25

幼叶颜色：淡红

叶片长（cm）：12.85

叶片宽（cm）：6.46

花瓣数（枚）：7.4

柱头位置：高

花药颜色：红

花冠直径（cm）：4.23

单果重（g）：138.93

果实形状：圆形

果皮底色：绿

果锈：无

果面着色：淡红；片状

果梗长度（cm）：6.19

果梗粗度（mm）：3.21

萼片状态：脱落

果心大小：大

果实心室（个）：6

果肉硬度（kg/cm^2）：9.61

果肉颜色：绿白

果肉质地：中细

果肉类型：脆

汁液：中

风味：甜酸

可溶性固形物含量（%）：10.10

可滴定酸含量（%）：0.37

盛花期：3 月上中旬

果实成熟期：9 月上中旬

综合评价：外观品质好，内在品质中下，丰产，抗病性中。

富源黄梨

品种名称：富源黄梨

外文名：Fuyuanhuangli

来源：云南富源

资源类型：地方品种

系谱：自然实生

早果性：6 年

树势：中

树姿：开张

节间长度（cm）：3.70

幼叶颜色：褐红

叶片长（cm）：10.54

叶片宽（cm）：6.69

花瓣数（枚）：6.13

柱头位置：等高

花药颜色：粉红

花冠直径（cm）：3.54

单果重（g）：209

果实形状：扁圆形

果皮底色：褐

果锈：无

果面着色：无

果梗长度（cm）：4.43

果梗粗度（mm）：2.90

萼片状态：脱落

果心大小：小

果实心室（个）：5、6

果肉硬度（kg/cm^2）：9.95

果肉颜色：白

果肉质地：中细

果肉类型：脆

汁液：中

风味：淡甜

可溶性固形物含量（%）：10.00

可滴定酸含量（%）：0.22

盛花期：3 月中下旬

果实成熟期：9 月下旬

综合评价：外观品质中等，内在品质中，丰产性中，抗病性中。

细把清水梨

品种名称：细把清水梨

外文名：Xibaqingshuili

来源：云南晋宁

资源类型：地方品种

系谱：自然实生

早果性：4 年

树势：中

树姿：抱合

节间长度（cm）：4.04

幼叶颜色：淡红

叶片长（cm）：8.05

叶片宽（cm）：5.21

花瓣数（枚）：6.6

柱头位置：低

花药颜色：紫红

花冠直径（cm）：4.25

单果重（g）：135

果实形状：倒卵形

果皮底色：绿

果锈：少；萼端

果面着色：无

果梗长度（cm）：4.64

果梗粗度（mm）：3.23

萼片状态：脱落

果心大小：中

果实心室（个）：5、6

果肉硬度（kg/cm²）：7.91

果肉颜色：绿白

果肉质地：中细

果肉类型：脆

汁液：中

风味：甜酸

可溶性固形物含量（%）：10.53

可滴定酸含量（%）：0.22

盛花期：3 月中下旬

果实成熟期：9 月上中旬

综合评价：外观品质中等，内在品质中，不丰产，抗病性中。

甩 梨

品种名称：甩梨
外文名：Shuaili
来源：云南临沧
资源类型：地方品种
系谱：自然实生
早果性：3 年
树势：强
树姿：开张
节间长度（cm）：4.70
幼叶颜色：绿黄
叶片长（cm）：11.10
叶片宽（cm）：6.40

花瓣数（枚）：7.2
柱头位置：等高
花药颜色：紫红
花冠直径（cm）：3.87
单果重（g）：343
果实形状：圆锥形、圆形
果皮底色：黄褐
果锈：无
果面着色：无
果梗长度（cm）：3.62
果梗粗度（mm）：3.55
萼片状态：宿存、脱落

果心大小：中
果实心室（个）：5、6
果肉硬度（kg/cm^2）：13.15
果肉颜色：乳白
果肉质地：粗
果肉类型：紧密
汁液：中
风味：甜酸
可溶性固形物含量（%）：9.27
可滴定酸含量（%）：0.29
盛花期：3 月中下旬
果实成熟期：9 月中旬

综合评价：外观品质中等，内在品质下，丰产性中，抗病性较强。

鲁　砂　梨

品种名称：鲁砂梨

外文名：Lushali

来源：云南元阳

资源类型：地方品种

系谱：自然实生

早果性：7 年

树势：中

树姿：半开张

节间长度（cm）：3.61

幼叶颜色：淡红

叶片长（cm）：10.54

叶片宽（cm）：5.34

花瓣数（枚）：5.2

柱头位置：等高

花药颜色：红

花冠直径（cm）：3.58

单果重（g）：136

果实形状：倒卵形

果皮底色：绿

果锈：无

果面着色：淡红；片状

果梗长度（cm）：4.38

果梗粗度（mm）：3.16

萼片状态：脱落

果心大小：小

果实心室（个）：5、6

果肉硬度（kg/cm^2）：7.18

果肉颜色：白

果肉质地：中细

果肉类型：脆

汁液：中

风味：淡甜

可溶性固形物含量（%）：9.57

可滴定酸含量（%）：0.21

盛花期：3 月中下旬

果实成熟期：9 月中旬

综合评价：外观品质中等，内在品质中，不丰产，抗病性中。

昭通小黄梨

品种名称：昭通小黄梨

外文名：Zhaotongxiaohuangli

来源：云南昭通

资源类型：地方品种

系谱：自然实生

早果性：4 年

树势：弱

树姿：半开张

节间长度（cm）：3.80

幼叶颜色：淡红

叶片长（cm）：11.26

叶片宽（cm）：5.39

花瓣数（枚）：5.8

柱头位置：低

花药颜色：紫红

花冠直径（cm）：3.33

单果重（g）：239

果实形状：倒卵形

果皮底色：黄褐

果锈：无

果面着色：无

果梗长度（cm）：4.83

果梗粗度（mm）：3.30

萼片状态：宿存

果心大小：小

果实心室（个）：5

果肉硬度（kg/cm²）：7.00

果肉颜色：白

果肉质地：中细

果肉类型：脆

汁液：中

风味：甜

可溶性固形物含量（%）：13.30

可滴定酸含量（%）：0.22

盛花期：3 月下旬

果实成熟期：8 月下旬

综合评价：外观品质差，内在品质中上，丰产性中，抗病性弱。

饭　梨

品种名称：饭梨

外文名：Fanli

来源：贵州威宁

资源类型：地方品种

系谱：自然实生

早果性：3 年

树势：强

树姿：开张

节间长度（cm）：4.52

幼叶颜色：褐红

叶片长（cm）：10.81

叶片宽（cm）：6.89

花瓣数（枚）：6.1

柱头位置：等高

花药颜色：粉红

花冠直径（cm）：3.15

单果重（g）：182

果实形状：圆形

果皮底色：黄褐

果锈：无

果面着色：无

果梗长度（cm）：2.47

果梗粗度（mm）：2.89

萼片状态：脱落、宿存

果心大小：中

果实心室（个）：5

果肉硬度（kg/cm^2）：> 15.00

果肉颜色：乳白

果肉质地：中粗

果肉类型：紧密

汁液：中

风味：酸

可溶性固形物含量（%）：9.45

可滴定酸含量（%）：0.24

盛花期：3 月中旬

果实成熟期：9 月中旬

综合评价：外观品质中等，内在品质下，丰产，抗病性中。

威宁白皮九月梨

品种名称：威宁白皮九月梨　　花瓣数（枚）：5.7　　果心大小：中

外文名：Weiningbaipijiuyueli　　柱头位置：高　　果实心室（个）：5

来源：贵州威宁　　花药颜色：粉红　　果肉硬度（kg/cm²）：> 15.00

资源类型：地方品种　　花冠直径（cm）：4.78　　果肉颜色：绿白

系谱：自然实生　　单果重（g）：250　　果肉质地：粗

早果性：7 年　　果实形状：扁圆形、圆形　　果肉类型：紧密

树势：强　　果皮底色：褐　　汁液：少

树姿：直立　　果锈：无　　风味：淡甜

节间长度（cm）：4.01　　果面着色：无　　可溶性固形物含量（%）：10.10

幼叶颜色：绿黄　　果梗长度（cm）：4.70　　可滴定酸含量（%）：0.23

叶片长（cm）：10.75　　果梗粗度（mm）：3.21　　盛花期：3 月中下旬

叶片宽（cm）：6.89　　萼片状态：脱落　　果实成熟期：9 月中旬

综合评价：外观品质中等，内在品质下，丰产性中，抗病性中。

威宁摆洼梨

品种名称：威宁摆洼梨

外文名：Weiningbaiwali

来源：贵州威宁

资源类型：地方品种

系谱：自然实生

早果性：7 年

树势：中

树姿：直立

节间长度（cm）：4.08

幼叶颜色：红

叶片长（cm）：11.59

叶片宽（cm）：5.69

花瓣数（枚）：5

柱头位置：等高

花药颜色：淡紫

花冠直径（cm）：3.71

单果重（g）：293

果实形状：圆形、倒卵形

果皮底色：绿

果锈：多；全果

果面着色：无

果梗长度（cm）：4.30

果梗粗度（mm）：3.18

萼片状态：脱落、宿存

果心大小：小

果实心室（个）：5

果肉硬度（kg/cm^2）：13.96

果肉颜色：乳白

果肉质地：粗

果肉类型：紧密

汁液：少

风味：酸

可溶性固形物含量（%）：10.60

可滴定酸含量（%）：0.65

盛花期：3 月中下旬

果实成熟期：9 月上中旬

综合评价：外观品质中等，内在品质下，不丰产，抗病性中。

威宁大黄梨

品种名称：威宁大黄梨

外文名：Weiningdahuangli

来源：贵州威宁

资源类型：地方品种

系谱：自然实生

早果性：4 年

树势：中

树姿：半开张

节间长度（cm）：4.60

幼叶颜色：淡红

叶片长（cm）：12.37

叶片宽（cm）：5.79

花瓣数（枚）：5

柱头位置：低

花药颜色：紫

花冠直径（cm）：4.20

单果重（g）：266

果实形状：倒卵形、圆形

果皮底色：褐

果锈：多；全果

果面着色：无

果梗长度（cm）：4.43

果梗粗度（mm）：2.89

萼片状态：脱落

果心大小：中

果实心室（个）：5

果肉硬度（kg/cm^2）：11.00

果肉颜色：白

果肉质地：粗

果肉类型：紧密脆

汁液：中

风味：酸甜

可溶性固形物含量（%）：11.20

可滴定酸含量（%）：0.29

盛花期：3 月中下旬

果实成熟期：9 月上中旬

综合评价：外观品质中等，内在品质中，丰产，抗病性中。

威宁蜂糖梨

品种名称：威宁蜂糖梨

外文名：Weiningfengtangli

来源：贵州威宁

资源类型：地方品种

系谱：自然实生

早果性：5 年

树势：强

树姿：半开张

节间长度（cm）5.26

幼叶颜色：红

叶片长（cm）：10.15

叶片宽（cm）：5.52

花瓣数（枚）：5

柱头位置：等高

花药颜色：红

花冠直径（cm）：3.57

单果重（g）：281

果实形状：扁圆形

果皮底色：黄褐

果锈：无

果面着色：无

果梗长度（cm）：4.03

果梗粗度（mm）：3.29

萼片状态：宿存

果心大小：小

果实心室（个）：5

果肉硬度（kg/cm^2）：10.43

果肉颜色：乳白

果肉质地：粗

果肉类型：脆

汁液：中

风味：酸甜

可溶性固形物含量（%）：10.63

可滴定酸含量（%）：0.22

盛花期：3 月中下旬

果实成熟期：9 月下旬

综合评价：外观品质中等，内在品质中下，不丰产，抗病性较强。

威宁花红梨

品种名称：威宁花红梨

外文名：Weininghuahongli

来源：贵州威宁

资源类型：地方品种

系谱：自然实生

早果性：5 年

树势：中

树姿：半开张

节间长度（cm）：3.87

幼叶颜色：黄绿

叶片长（cm）：12.49

叶片宽（cm）：7.27

花瓣数（枚）：5.2

柱头位置：低

花药颜色：白

花冠直径（cm）：3.58

单果重（g）：160

果实形状：扁圆形

果皮底色：绿黄

果锈：多；全果

果面着色：无

果梗长度（cm）：3.54

果梗粗度（mm）：3.78

萼片状态：脱落

果心大小：中

果实心室（个）：5

果肉硬度（kg/cm^2）：12.32

果肉颜色：淡黄

果肉质地：中粗

果肉类型：紧密

汁液：少

风味：淡甜

可溶性固形物含量（%）：10.20

可滴定酸含量（%）：0.23

盛花期：3 月中下旬

果实成熟期：9 月上旬

综合评价：外观品质中等，内在品质中下，丰产，抗病性中。

威宁化渣梨

品种名称：威宁化渣梨

外文名：Weininghuazhali

来源：贵州威宁

资源类型：地方品种

系谱：自然实生

早果性：5 年

树势：中

树姿：直立

节间长度（cm）：3.59

幼叶颜色：淡红

叶片长（cm）：9.95

叶片宽（cm）：6.50

花瓣数（枚）：6.4

柱头位置：等高

花药颜色：紫红

花冠直径（cm）：4.12

单果重（g）：247

果实形状：倒卵形、圆形

果皮底色：黄褐

果锈：无

果面着色：无

果梗长度（cm）：4.25

果梗粗度（mm）：3.38

萼片状态：脱落、宿存

果心大小：小

果实心室（个）：5、6

果肉硬度（kg/cm^2）：7.72

果肉颜色：白

果肉质地：中细

果肉类型：脆

汁液：多

风味：淡甜

可溶性固形物含量（%）：9.80

可滴定酸含量（%）：0.19

盛花期：3 月中下旬

果实成熟期：8 月下旬

综合评价：外观品质中等，内在品质中，丰产，抗病性中。

威 宁 黄 梨

品种名称：威宁黄梨

外文名：Weininghuangli

来源：贵州威宁

资源类型：地方品种

系谱：自然实生

早果性：7 年

树势：弱

树姿：半开张

节间长度（cm）：3.33

幼叶颜色：淡红

叶片长（cm）：10.99

叶片宽（cm）：6.34

花瓣数（枚）：5

柱头位置：等高

花药颜色：红

花冠直径（cm）：3.60

单果重（g）：285

果实形状：圆形

果皮底色：黄褐

果锈：无

果面着色：无

果梗长度（cm）：4.01

果梗粗度（mm）：3.12

萼片状态：脱落

果心大小：中

果实心室（个）：5

果肉硬度（kg/cm²）：11.09

果肉颜色：淡黄

果肉质地：中粗

果肉类型：脆

汁液：中

风味：酸甜

可溶性固形物含量（%）：10.45

可滴定酸含量（%）：0.34

盛花期：3 月中旬

果实成熟期：9 月中下旬

综合评价：外观品质中等，内在品质中，丰产，抗病性中。

威宁黄酸梨

品种名称：威宁黄酸梨

外文名：Weininghuangsuanli

来源：贵州威宁

资源类型：地方品种

系谱：自然实生

早果性：7 年

树势：中

树姿：开张

节间长度（cm）：4.66

幼叶颜色：绿黄

叶片长（cm）：11.64

叶片宽（cm）：5.85

花瓣数（枚）：5.7

柱头位置：等高

花药颜色：粉红

花冠直径（cm）：4.20

单果重（g）：148

果实形状：倒卵形

果皮底色：褐

果锈：无

果面着色：无

果梗长度（cm）：4.81

果梗粗度（mm）：3.18

萼片状态：宿存

果心大小：大

果实心室（个）：5

果肉硬度（kg/cm²）：> 15.00

果肉颜色：淡黄

果肉质地：粗

果肉类型：紧密

汁液：少

风味：微酸

可溶性固形物含量（%）：9.20

可滴定酸含量（%）：0.47

盛花期：3 月下旬

果实成熟期：9 月中下旬

综合评价：外观品质中等，内在品质下，不丰产，抗病性中。

威宁金盖梨

品种名称：威宁金盖梨　　花瓣数（枚）：5　　果心大小：中

外文名：Weiningjingaili　　柱头位置：高　　果实心室（个）：5

来源：贵州威宁　　花药颜色：深紫红　　果肉硬度（kg/cm²）：13.40

资源类型：地方品种　　花冠直径（cm）：3.82　　果肉颜色：白

系谱：自然实生　　单果重（g）：285　　果肉质地：中粗

早果性：7 年　　果实形状：圆形、圆锥形　　果肉类型：紧密

树势：中　　果皮底色：绿　　汁液：少

树姿：直立　　果锈：多；全果　　风味：微酸

节间长度（cm）：3.90　　果面着色：无　　可溶性固形物含量（%）：9.20

幼叶颜色：淡红　　果梗长度（cm）：3.35　　可滴定酸含量（%）：0.30

叶片长（cm）：9.69　　果梗粗度（mm）：3.89　　盛花期：3 月中下旬

叶片宽（cm）：6.55　　萼片状态：宿存、残存　　果实成熟期：9 月上旬

综合评价：外观品质中等，内在品质下，不丰产，抗病性中。

威 宁 麻 梨

品种名称：威宁麻梨　　花瓣数（枚）：5.3　　果心大小：大

外文名：Weiningmali　　柱头位置：高　　果实心室（个）：5

来源：贵州威宁　　花药颜色：紫红　　果肉硬度（kg/cm²）：> 15.00

资源类型：地方品种　　花冠直径（cm）：3.67　　果肉颜色：白

系谱：自然实生　　单果重（g）：100　　果肉质地：粗

早果性：7 年　　果实形状：长圆形　　果肉类型：紧密

树势：中　　果皮底色：黄褐　　汁液：极少

树姿：开张　　果锈：无　　风味：淡甜

节间长度（cm）：3.25　　果面着色：无　　可溶性固形物含量（%）：10.70

幼叶颜色：红　　果梗长度（cm）：4.95　　可滴定酸含量（%）：0.21

叶片长（cm）：11.20　　果梗粗度（mm）：2.82　　盛花期：3 月中下旬

叶片宽（cm）：6.49　　萼片状态：宿存　　果实成熟期：9 月上旬

综合评价：外观品质差，内在品质下，不丰产，抗病性中。

威宁麻皮九月梨

品种名称：威宁麻皮九月梨　　花瓣数（枚）：6.1　　果心大小：中

外文名：Weiningmapijiuyueli　　柱头位置：高　　果实心室（个）：5

来源：贵州威宁　　花药颜色：粉红　　果肉硬度（kg/cm²）：13.90

资源类型：地方品种　　花冠直径（cm）：3.22　　果肉颜色：白

系谱：自然实生　　单果重（g）：263　　果肉质地：粗

早果性：5年　　果实形状：倒卵形　　果肉类型：紧密

树势：中　　果皮底色：黄褐　　汁液：少

树姿：半开张　　果锈：无　　风味：酸

节间长度（cm）：4.09　　果面着色：无　　可溶性固形物含量（%）：9.90

幼叶颜色：暗红　　果梗长度（cm）：5.82　　可滴定酸含量（%）：0.39

叶片长（cm）：10.00　　果梗粗度（mm）：4.00　　盛花期：3月下旬

叶片宽（cm）：4.89　　萼片状态：脱落　　果实成熟期：9月上中旬

综合评价：外观品质中等，内在品质下，丰产性中，抗病性中。

威宁棉花梨

品种名称：威宁棉花梨

外文名：Weiningmianhuali

来源：贵州威宁

资源类型：地方品种

系谱：自然实生

早果性：5 年

树势：中

树姿：直立

节间长度（cm）：4.21

幼叶颜色：淡绿

叶片长（cm）：11.06

叶片宽（cm）：7.23

花瓣数（枚）：5

柱头位置：低

花药颜色：紫红

花冠直径（cm）：3.39

单果重（g）：403

果实形状：倒卵形

果皮底色：绿

果锈：少

果面着色：无

果梗长度（cm）：2.95

果梗粗度（mm）：3.38

萼片状态：脱落

果心大小：中

果实心室（个）：5

果肉硬度（kg/cm^2）：8.79

果肉颜色：白

果肉质地：细

果肉类型：疏松脆

汁液：中

风味：甜

可溶性固形物含量（%）：11.67

可滴定酸含量（%）：0.23

盛花期：3 月下旬

果实成熟期：9 月上旬

综合评价：外观品质中等，内在品质中，不丰产，抗病性中。

威宁皮带梨

品种名称：威宁皮带梨

外文名：Weiningpidaili

来源：贵州威宁

资源类型：地方品种

系谱：自然实生

早果性：5 年

树势：强

树姿：直立

节间长度（cm）：4.11

幼叶颜色：绿黄

叶片长（cm）：10.97

叶片宽（cm）：6.67

花瓣数（枚）：5.6

柱头位置：低

花药颜色：紫红

花冠直径（cm）：4.07

单果重（g）：236

果实形状：粗颈葫芦形

果皮底色：褐

果锈：无

果面着色：无

果梗长度（cm）：4.67

果梗粗度（mm）：3.75

萼片状态：脱落

果心大小：中

果实心室（个）：5

果肉硬度（kg/cm²）：> 15.00

果肉颜色：淡黄

果肉质地：粗

果肉类型：紧密

汁液：少

风味：甜酸

可溶性固形物含量（%）：11.15

可滴定酸含量（%）：0.50

盛花期：3 月中下旬

果实成熟期：9 月上旬

综合评价：外观品质中等，内在品质下，丰产性中，抗病性较强。

威宁磨盘梨

品种名称：威宁磨盘梨	花瓣数（枚）：6.5	果心大小：小
外文名：Weiningmopanli	柱头位置：高	果实心室（个）：5
来源：贵州威宁	花药颜色：淡紫红	果肉硬度（kg/cm^2）：12.26
资源类型：地方品种	花冠直径（cm）：3.53	果肉颜色：乳白
系谱：自然实生	单果重（g）：161	果肉质地：粗
早果性：7 年	果实形状：圆形	果肉类型：紧密
树势：强	果皮底色：褐	汁液：中
树姿：开张	果锈：无	风味：酸甜
节间长度（cm）：3.73	果面着色：无	可溶性固形物含量（%）：10.78
幼叶颜色：黄绿	果梗长度（cm）：2.93	可滴定酸含量（%）：0.33
叶片长（cm）：9.41	果梗粗度（mm）：3.30	盛花期：3 月中下旬
叶片宽（cm）：4.74	萼片状态：宿存	果实成熟期：9 月上中旬

综合评价：外观品质中等，内在品质中下，丰产性中，抗病性较强。

威宁甜酸梨

品种名称：威宁甜酸梨

外文名：Weiningtiansuanli

来源：贵州威宁

资源类型：地方品种

系谱：自然实生

早果性：5 年

树势：强

树姿：开张

节间长度（cm）：4.24

幼叶颜色：褐红

叶片长（cm）：11.69

叶片宽（cm）：5.49

花瓣数（枚）：5.1

柱头位置：高

花药颜色：淡紫红

花冠直径（cm）：3.34

单果重（g）：153

果实形状：倒卵形

果皮底色：褐

果锈：无

果面着色：无

果梗长度（cm）：3.77

果梗粗度（mm）：2.84

萼片状态：宿存

果心大小：大

果实心室（个）：5、6

果肉硬度（kg/cm^2）：14.65

果肉颜色：乳白

果肉质地：中粗

果肉类型：紧密

汁液：中

风味：甜酸

可溶性固形物含量（%）：10.95

可滴定酸含量（%）：0.57

盛花期：3 月下旬

果实成熟期：9 月下旬

综合评价：外观品质中等，内在品质中，丰产性不稳定，抗病性强。

威宁香面梨

品种名称：威宁香面梨

外文名：Weiningxiangmianli

来源：贵州威宁

资源类型：地方品种

系谱：自然实生

早果性：7 年

树势：中

树姿：半开张

节间长度（cm）：4.26

幼叶颜色：红

叶片长（cm）：9.61

叶片宽（cm）：5.73

花瓣数（枚）：5

柱头位置：等高

花药颜色：红

花冠直径（cm）：3.31

单果重（g）：73

果实形状：倒卵形

果皮底色：绿

果锈：中；萼端

果面着色：无

果梗长度（cm）：4.60

果梗粗度（mm）：2.19

萼片状态：脱落、残存

果心大小：中

果实心室（个）：4、5

果肉硬度（kg/cm²）：5.31

果肉颜色：绿白

果肉质地：中细

果肉类型：沙面

汁液：中

风味：淡甜

可溶性固形物含量（%）：9.33

可滴定酸含量（%）：0.14

盛花期：3 月中下旬

果实成熟期：8 月下旬

综合评价：外观品质中等，内在品质中，丰产性中，抗病性较强。

威宁小白梨

品种名称：威宁小白梨

外文名：Weiningxiaobaili

来源：贵州威宁

资源类型：地方品种

系谱：自然实生

早果性：7 年

树势：中

树姿：直立

节间长度（cm）：4.84

幼叶颜色：淡红

叶片长（cm）：12.44

叶片宽（cm）：7.04

花瓣数（枚）：6.8

柱头位置：等高

花药颜色：淡紫

花冠直径（cm）：4.26

单果重（g）：152

果实形状：扁圆形

果皮底色：黄绿

果锈：多；全果

果面着色：红晕

果梗长度（cm）：5.02

果梗粗度（mm）：2.95

萼片状态：脱落

果心大小：中

果实心室（个）：5、6

果肉硬度（kg/cm^2）：9.04

果肉颜色：白

果肉质地：中细

果肉类型：脆

汁液：少

风味：淡甜

可溶性固形物含量（%）：10.15

可滴定酸含量（%）：0.17

盛花期：3 月中下旬

果实成熟期：8 月中下旬

综合评价：外观品质中等，内在品质中下，丰产性中，抗病性中。

威宁小黄梨

品种名称：威宁小黄梨

外文名：Weiningxiaohuangli

来源：贵州威宁

资源类型：地方品种

系谱：自然实生

早果性：5 年

树势：中

树姿：直立

节间长度（cm）：4.06

幼叶颜色：红

叶片长（cm）：9.88

叶片宽（cm）：7.01

花瓣数（枚）：5

柱头位置：等高

花药颜色：红

花冠直径（cm）：3.82

单果重（g）：166

果实形状：圆形、倒卵形

果皮底色：绿

果锈：多；全果

果面着色：无

果梗长度（cm）：4.46

果梗粗度（mm）：2.64

萼片状态：脱落

果心大小：小

果实心室（个）：4、5

果肉硬度（kg/cm^2）：11.15

果肉颜色：白

果肉质地：粗

果肉类型：脆

汁液：中

风味：酸甜

可溶性固形物含量（%）：10.70

可滴定酸含量（%）：0.27

盛花期：3 月中下旬

果实成熟期：9 月上旬

综合评价：外观品质中等，内在品质下，不丰产，抗病性中。

威宁早白梨

品种名称：威宁早白梨　　　花瓣数（枚）：6.9　　　果心大小：中

外文名：Weiningzaobaili　　柱头位置：等高　　　　果实心室（个）：5

来源：贵州威宁　　　　　　花药颜色：紫红　　　　果肉硬度（kg/cm²）：8.14

资源类型：地方品种　　　　花冠直径（cm）：3.72　果肉颜色：乳白

系谱：自然实生　　　　　　单果重（g）：168　　　果肉质地：中细

早果性：5 年　　　　　　　果实形状：圆形　　　　果肉类型：脆

树势：中　　　　　　　　　果皮底色：绿　　　　　汁液：少

树姿：半开张　　　　　　　果锈：多；全果　　　　风味：甜酸

节间长度（cm）：4.39　　　果面着色：无　　　　　可溶性固形物含量（%）：10.37

幼叶颜色：淡红　　　　　　果梗长度（cm）：6.33　可滴定酸含量（%）：0.24

叶片长（cm）：12.25　　　果梗粗度（mm）：3.22　盛花期：3 月中下旬

叶片宽（cm）：7.61　　　　萼片状态：脱落　　　　果实成熟期：9 月上旬

综合评价：外观品质中等，内在品质中，丰产，抗病性中。

威宁早梨

品种名称：威宁早梨

外文名：Weiningzaoli

来源：贵州威宁

资源类型：地方品种

系谱：自然实生

早果性：7 年

树势：强

树姿：开张

节间长度（cm）：3.59

幼叶颜色：绿黄

叶片长（cm）：10.56

叶片宽（cm）：7.01

花瓣数（枚）：5

柱头位置：高

花药颜色：红

花冠直径（cm）：3.54

单果重（g）：194

果实形状：倒卵形

果皮底色：绿黄

果锈：无

果面着色：无

果梗长度（cm）：3.15

果梗粗度（mm）：3.43

萼片状态：脱落

果心大小：小

果实心室（个）：5

果肉硬度（kg/cm^2）：11.08

果肉颜色：乳白

果肉质地：粗

果肉类型：紧密脆

汁液：中

风味：甜

可溶性固形物含量（%）：12.10

可滴定酸含量（%）：0.16

盛花期：3 月中旬

果实成熟期：9 月上中旬

综合评价：外观品质中等，内在品质中，丰产，抗病性强。

威宁自生梨

品种名称：威宁自生梨

外文名：Weiningzishengli

来源：贵州威宁

资源类型：地方品种

系谱：自然实生

早果性：3 年

树势：强

树姿：直立

节间长度（cm）：3.09

幼叶颜色：淡红

叶片长（cm）：10.67

叶片宽（cm）：6.52

花瓣数（枚）：5

柱头位置：等高

花药颜色：粉红

花冠直径（cm）：3.96

单果重（g）：280

果实形状：圆形、倒卵形

果皮底色：绿

果锈：多；全果

果面着色：无

果梗长度（cm）：3.13

果梗粗度（mm）：3.23

萼片状态：脱落、宿存

果心大小：小

果实心室（个）：5

果肉硬度（kg/cm²）：8.48

果肉颜色：白

果肉质地：中细

果肉类型：脆

汁液：中

风味：甜酸

可溶性固形物含量（%）：11.97

可滴定酸含量（%）：0.31

盛花期：3 月中下旬

果实成熟期：9 月上旬

综合评价：外观品质中等，内在品质中，丰产，抗病性较强。

酸　梨　子

品种名称：酸梨子

外文名：Suanlizi

来源：贵州铜仁

资源类型：地方品种

系谱：自然实生

早果性：5 年

树势：强

树姿：半开张

节间长度（cm）：4.57

幼叶颜色：红

叶片长（cm）：10.20

叶片宽（cm）：6.59

花瓣数（枚）：5.2

柱头位置：低

花药颜色：粉红

花冠直径（cm）：3.60

单果重（g）：47

果实形状：圆形

果皮底色：红褐

果锈：无

果面着色：无

果梗长度（cm）：3.09

果梗粗度（mm）：2.25

萼片状态：宿存

果心大小：中

果实心室（个）：5

果肉硬度（kg/cm²）：7.27

果肉颜色：黄

果肉质地：中细

果肉类型：脆

汁液：中

风味：淡甜

可溶性固形物含量（%）：8.70

可滴定酸含量（%）：0.24

盛花期：3 月中旬

果实成熟期：9 月中下旬

综合评价：外观品质差，内在品质中下，丰产，抗病性较强。

159

台 合 梨

品种名称：台合梨

外文名：Taiheli

来源：贵州铜仁

资源类型：地方品种

系谱：自然实生

早果性：5 年

树势：强

树姿：直立

节间长度（cm）：3.62

幼叶颜色：红

叶片长（cm）：13.28

叶片宽（cm）：7.57

花瓣数（枚）：6.4

柱头位置：等高

花药颜色：紫红

花冠直径（cm）：3.78

单果重（g）：143

果实形状：圆形

果皮底色：绿

果锈：无

果面着色：无

果梗长度（cm）：3.89

果梗粗度（mm）：2.74

萼片状态：脱落

果心大小：大

果实心室（个）：5

果肉硬度（kg/cm^2）：11.77

果肉颜色：白

果肉质地：粗

果肉类型：紧密脆

汁液：少

风味：淡甜

可溶性固形物含量（%）：11.10

可滴定酸含量（%）：0.18

盛花期：3 月中下旬

果实成熟期：9 月下旬

综合评价：外观品质中等，内在品质中下，丰产，抗病性较强。

塘岸柿饼梨

品种名称：塘岸柿饼梨

外文名：Tanganshibingli

来源：贵州铜仁

资源类型：地方品种

系谱：自然实生

早果性：5 年

树势：中

树姿：直立

节间长度（cm）：3.44

幼叶颜色：红

叶片长（cm）：6.66

叶片宽（cm）：6.16

花瓣数（枚）：5

柱头位置：高

花药颜色：淡紫红

花冠直径（cm）：3.72

单果重（g）：191

果实形状：扁圆形

果皮底色：褐

果锈：无

果面着色：无

果梗长度（cm）：2.90

果梗粗度（mm）：2.86

萼片状态：脱落

果心大小：小

果实心室（个）：5

果肉硬度（kg/cm^2）：14.89

果肉颜色：白

果肉质地：粗

果肉类型：紧密

汁液：少

风味：酸甜

可溶性固形物含量（%）：12.15

可滴定酸含量（%）：0.19

盛花期：3 月下旬

果实成熟期：9 月下旬

综合评价：外观品质好，内在品质下，丰产，抗病性中。

甜 砂 梨

品种名称：甜砂梨

外文名：Tianshali

来源：贵州铜仁

资源类型：地方品种

系谱：自然实生

早果性：4 年

树势：强

树姿：直立

节间长度（cm）：3.90

幼叶颜色：淡红

叶片长（cm）：11.74

叶片宽（cm）：7.52

花瓣数（枚）：5

柱头位置：高

花药颜色：紫红

花冠直径（cm）：2.35

单果重（g）：156

果实形状：圆形

果皮底色：褐

果锈：无

果面着色：无

果梗长度（cm）：4.46

果梗粗度（mm）：3.45

萼片状态：脱落

果心大小：中

果实心室（个）：5

果肉硬度（kg/cm²）：13.85

果肉颜色：淡黄

果肉质地：极粗

果肉类型：紧密

汁液：少

风味：淡甜

可溶性固形物含量（%）：10.50

可滴定酸含量（%）：0.37

盛花期：3 月中旬

果实成熟期：9 月中下旬

综合评价：外观品质中等，内在品质下，丰产，抗病性较强。

鸭 把 腿 梨

品种名称：鸭把腿梨

外文名：Yabatuili

来源：贵州铜仁

资源类型：地方品种

系谱：自然实生

早果性：5 年

树势：中

树姿：直立

节间长度（cm）：4.37

幼叶颜色：淡红

叶片长（cm）：11.28

叶片宽（cm）：7.55

花瓣数（枚）：5.1

柱头位置：等高

花药颜色：粉红

花冠直径（cm）：4.07

单果重（g）：312

果实形状：圆形

果皮底色：绿

果锈：少；萼端、梗端

果面着色：无

果梗长度（cm）：2.68

果梗粗度（mm）：3.54

萼片状态：脱落

果心大小：中

果实心室（个）：5

果肉硬度（kg/cm^2）：7.34

果肉颜色：乳白

果肉质地：中细

果肉类型：脆

汁液：中

风味：酸

可溶性固形物含量（%）：11.10

可滴定酸含量（%）：0.49

盛花期：3 月下旬

果实成熟期：9 月中旬

综合评价：外观品质中等，内在品质中，丰产，抗病性中。

惠水金盖

品种名称：惠水金盖

外文名：Huishuijingai

来源：贵州惠水

资源类型：地方品种

系谱：自然实生

早果性：3 年

树势：中

树姿：半开张

节间长度（cm）：4.00

幼叶颜色：淡红

叶片长（cm）：11.55

叶片宽（cm）：6.27

花瓣数（枚）：5.2

柱头位置：高

花药颜色：紫红

花冠直径（cm）：3.97

单果重（g）：409

果实形状：倒卵形

果皮底色：黄褐

果锈：无

果面着色：无

果梗长度（cm）：3.51

果梗粗度（mm）：4.32

萼片状态：脱落

果心大小：小

果实心室（个）：4、5

果肉硬度（kg/cm²）：11.95

果肉颜色：乳白

果肉质地：中粗

果肉类型：紧密脆

汁液：中

风味：甜酸

可溶性固形物含量（%）：11.18

可滴定酸含量（%）：0.32

盛花期：3 月中旬

果实成熟期：9 月中旬

综合评价：外观品质中等，内在品质中，丰产性中，抗病性中。

湄 潭 木 瓜

品种名称：湄潭木瓜

外文名：Meitanmugua

来源：贵州湄潭

资源类型：地方品种

系谱：自然实生

早果性：5 年

树势：强

树姿：直立

节间长度（cm）：3.68

幼叶颜色：褐红

叶片长（cm）：10.34

叶片宽（cm）：6.18

花瓣数（枚）：5

柱头位置：低

花药颜色：红

花冠直径（cm）：3.21

单果重（g）：190

果实形状：圆形

果皮底色：黄绿

果锈：多；梗端

果面着色：无

果梗长度（cm）：4.38

果梗粗度（mm）：3.11

萼片状态：脱落

果心大小：中

果实心室（个）：5

果肉硬度（kg/cm^2）：13.17

果肉颜色：淡黄

果肉质地：中粗

果肉类型：紧密

汁液：中

风味：淡甜

可溶性固形物含量（%）：11.85

可滴定酸含量（%）：0.27

盛花期：3 月中旬

果实成熟期：9 月中下旬

综合评价：外观品质中等，内在品质中，丰产，抗病性较强。

红　粉

品种名称：红粉　　　　花瓣数（枚）：5.1　　　　果心大小：大

外文名：Hongfen　　　柱头位置：等高　　　　果实心室（个）：5

来源：贵州黔阳　　　　花药颜色：紫红　　　　果肉硬度（kg/cm²）：＞15.00

资源类型：地方品种　　花冠直径（cm）：2.30　果肉颜色：白

系谱：自然实生　　　　单果重（g）：98　　　　果肉质地：粗

早果性：5 年　　　　　果实形状：倒卵形　　　果肉类型：紧密

树势：中　　　　　　　果皮底色：绿　　　　　汁液：少

树姿：半开张　　　　　果锈：多；全果　　　　风味：甜酸

节间长度（cm）：4.57　果面着色：无　　　　　可溶性固形物含量（%）：10.12

幼叶颜色：淡绿　　　　果梗长度（cm）：2.85　可滴定酸含量（%）：0.38

叶片长（cm）：10.48　果梗粗度（mm）：2.40　盛花期：3 月中下旬

叶片宽（cm）：6.44　　萼片状态：脱落、宿存　果实成熟期：8 月下旬

综合评价：外观品质差，内在品质下，丰产性中，抗病性弱。

兴义海子

品种名称：兴义海子

外文名：Xingyihaizi

来源：贵州兴义

资源类型：地方品种

系谱：自然实生

早果性：7 年

树势：强

树姿：直立

节间长度（cm）：4.10

幼叶颜色：红

叶片长（cm）：8.57

叶片宽（cm）：7.15

花瓣数（枚）：5

柱头位置：低

花药颜色：粉红

花冠直径（cm）：3.39

单果重（g）：332

果实形状：长圆形

果皮底色：绿

果锈：中；全果

果面着色：无

果梗长度（cm）：2.65

果梗粗度（mm）：3.96

萼片状态：脱落、宿存

果心大小：小

果实心室（个）：5

果肉硬度（kg/cm^2）：10.76

果肉颜色：白

果肉质地：中粗

果肉类型：脆

汁液：中

风味：淡甜

可溶性固形物含量（%）：11.35

可滴定酸含量（%）：0.25

盛花期：3 月中旬

果实成熟期：9 月中旬

综合评价：外观品质中等，内在品质中，丰产，抗病性强。

白大金梨

品种名称：白大金梨

外文名：Baidajinli

来源：四川汉源

资源类型：地方品种

系谱：自然实生

早果性：5 年

树势：中

树姿：直立

节间长度（cm）：3.96

幼叶颜色：绿黄

叶片长（cm）：8.19

叶片宽（cm）：5.96

花瓣数（枚）：5.2

柱头位置：高

花药颜色：红

花冠直径（cm）：3.02

单果重（g）：311

果实形状：葫芦形

果皮底色：黄绿

果锈：少；萼端、梗端

果面着色：无

果梗长度（cm）：4.74

果梗粗度（mm）：3.99

萼片状态：脱落、宿存

果心大小：中

果实心室（个）：5

果肉硬度（kg/cm^2）：9.90

果肉颜色：乳白

果肉质地：中细

果肉类型：脆

汁液：中

风味：淡甜

可溶性固形物含量（%）：9.60

可滴定酸含量（%）：0.16

盛花期：3 月上中旬

果实成熟期：9 月上旬

综合评价：外观品质中等，内在品质中，丰产，抗病性中。

本 地 黄 梨

品种名称：本地黄梨

外文名：Bendihuangli

来源：四川汉源

资源类型：地方品种

系谱：自然实生

早果性：5 年

树势：强

树姿：半开张

节间长度（cm）：3.59

幼叶颜色：红

叶片长（cm）：10.24

叶片宽（cm）：5.39

花瓣数（枚）：5.8

柱头位置：等高

花药颜色：淡粉

花冠直径（cm）：3.68

单果重（g）：105

果实形状：圆形

果皮底色：褐

果锈：无

果面着色：无

果梗长度（cm）：4.96

果梗粗度（mm）：2.50

萼片状态：脱落

果心大小：中

果实心室（个）：5

果肉硬度（kg/cm^2）：12.53

果肉颜色：乳白

果肉质地：中粗

果肉类型：紧密脆

汁液：中

风味：甜酸

可溶性固形物含量（%）：10.10

可滴定酸含量（%）：0.32

盛花期：3 月上中旬

果实成熟期：10 月上旬

综合评价：外观品质中等，内在品质中，丰产，抗病性较强。

大堰大泡梨

品种名称：大堰大泡梨　　　　花瓣数（枚）：5.2　　　　果心大小：小

外文名：Dayandapaoli　　　　柱头位置：高　　　　　　果实心室（个）：5

来源：四川汉源　　　　　　　花药颜色：紫红　　　　　果肉硬度（kg/cm²）：11.46

资源类型：地方品种　　　　　花冠直径（cm）：3.88　　果肉颜色：乳白

系谱：自然实生　　　　　　　单果重（g）：304　　　　果肉质地：中粗

早果性：4 年　　　　　　　　果实形状：倒卵形　　　　果肉类型：紧密脆

树势：中　　　　　　　　　　果皮底色：绿黄　　　　　汁液：中

树姿：半开张　　　　　　　　果锈：多；全果　　　　　风味：淡甜

节间长度（cm）：3.36　　　　果面着色：无　　　　　　可溶性固形物含量（%）：10.30

幼叶颜色：淡红　　　　　　　果梗长度（cm）：4.05　　可滴定酸含量（%）：0.14

叶片长（cm）：11.25　　　　　果梗粗度（mm）：3.79　　盛花期：3 月中旬

叶片宽（cm）：6.47　　　　　萼片状态：脱落　　　　　果实成熟期：9 月中旬

综合评价：外观品质中等，内在品质中下，丰产，抗病性中。

大堰杆子梨

品种名称：大堰杆子梨

外文名：Dayanganzili

来源：四川汉源

资源类型：地方品种

系谱：自然实生

早果性：5 年

树势：强

树姿：直立

节间长度（cm）：4.36

幼叶颜色：淡红

叶片长（cm）：9.74

叶片宽（cm）：5.46

花瓣数（枚）：5

柱头位置：高

花药：淡紫红

花冠直径（cm）：4.13

单果重（g）：140

果实形状：圆形

果皮底色：绿

果锈：多；全果

果面着色：无

果梗长度（cm）：4.19

果梗粗度（mm）：2.91

萼片状态：脱落、残存

果心大小：中

果实心室（个）：5

果肉硬度（kg/cm^2）：＞15.00

果肉颜色：白

果肉质地：极粗

果肉类型：紧密

汁液：极少

风味：淡甜

可溶性固形物含量（%）：10.80

可滴定酸含量（%）：0.30

盛花期：3 月中旬

果实成熟期：9 月下旬

综合评价：外观品质差，内在品质差，不丰产，抗病性较强。

大堰麻子梨 1

品种名称：大堰麻子梨 1

外文名：Dayanmazili No.1

来源：四川汉源

资源类型：地方品种

系谱：自然实生

早果性：5 年

树势：中

树姿：开张

节间长度（cm）：3.84

幼叶颜色：淡红

叶片长（cm）：9.33

叶片宽（cm）：5.68

花瓣数（枚）：5

柱头位置：高

花药颜色：淡紫

花冠直径（cm）：3.23

单果重（g）：155

果实形状：倒卵形、圆形

果皮底色：黄褐

果锈：无

果面着色：无

果梗长度（cm）：4.55

果梗粗度（mm）：2.76

萼片状态：脱落

果心大小：大

果实心室（个）：5

果肉硬度（kg/cm²）：＞15.00

果肉颜色：乳白

果肉质地：粗

果肉类型：紧密

汁液：少

风味：淡甜

可溶性固形物含量（%）：9.50

可滴定酸含量（%）：0.20

盛花期：3 月中旬

果实成熟期：9 月上中旬

综合评价：外观品质中等，内在品质下，丰产性中，抗病性中。

大堰麻子梨 3

品种名称：大堰麻子梨 3

外文名：Dayanmazili No.3

来源：四川汉源

资源类型：地方品种

系谱：自然实生

早果性：6 年

树势：中

树姿：开张

节间长度（cm）：3.54

幼叶颜色：淡红

叶片长（cm）：11.07

叶片宽（cm）：6.93

花瓣数（枚）：5.3

柱头位置：高

花药颜色：红

花冠直径（cm）：3.53

单果重（g）：149

果实形状：圆形

果皮底色：褐

果锈：无

果面着色：无

果梗长度（cm）：4.02

果梗粗度（mm）：2.82

萼片状态：脱落

果心大小：中

果实心室（个）：5、6

果肉硬度（kg/cm^2）：14.19

果肉颜色：绿白

果肉质地：粗

果肉类型：紧密

汁液：少

风味：淡甜

可溶性固形物含量（%）：10.70

可滴定酸含量（%）：0.16

盛花期：3 月中旬

果实成熟期：9 月下旬

综合评价：外观品质差，内在品质下，丰产性中，抗病性中。

大堰面梨

品种名称：大堰面梨

外文名：Dayanmianli

来源：四川汉源

资源类型：地方品种

系谱：自然实生

早果性：5 年

树势：强

树姿：开张

节间长度（cm）：4.60

幼叶颜色：绿黄

叶片长（cm）：10.01

叶片宽（cm）：5.49

花瓣数（枚）：5

柱头位置：高

花药颜色：紫红

花冠直径（cm）：3.13

单果重（g）：119

果实形状：扁圆形

果皮底色：黄褐

果锈：无

果面着色：无

果梗长度（cm）：4.20

果梗粗度（mm）：2.65

萼片状态：脱落

果心大小：小

果实心室（个）：5

果肉硬度（kg/cm²）：13.81

果肉颜色：白

果肉质地：粗

果肉类型：紧密

汁液：中

风味：酸甜

可溶性固形物含量（%）：10.60

可滴定酸含量（%）：0.28

盛花期：3 月中下旬

果实成熟期：9 月中下旬

综合评价：外观品质中等，内在品质中，丰产性中，抗病性较强。

大堰柿饼梨

品种名称：大堰柿饼梨

外文名：Dayanshibingli

来源：四川汉源

资源类型：地方品种

系谱：自然实生

早果性：7 年

树势：强

树姿：半开张

节间长度（cm）：4.72

幼叶颜色：淡红

叶片长（cm）：10.44

叶片宽（cm）：6.23

花瓣数（枚）：5

柱头位置：高

花药颜色：粉红

花冠直径（cm）：3.12

单果重（g）：136

果实形状：扁圆形

果皮底色：绿

果锈：中；全果

果面着色：无

果梗长度（cm）：4.76

果梗粗度（mm）：2.99

萼片状态：脱落

果心大小：小

果实心室（个）：5、6

果肉硬度（kg/cm^2）：11.89

果肉颜色：乳白

果肉质地：粗

果肉类型：紧密脆

汁液：中

风味：酸甜

可溶性固形物含量（%）：11.60

可滴定酸含量（%）：0.33

盛花期：3 月中旬

果实成熟期：9 月上中旬

综合评价：外观品质差，内在品质中下，丰产，抗病性中。

大堰小酸梨

品种名称：大堰小酸梨

外文名：Dayanxiaosuanli

来源：四川汉源

资源类型：地方品种

系谱：自然实生

早果性：7 年

树势：中

树姿：半开张

节间长度（cm）：3.97

幼叶颜色：绿黄

叶片长（cm）：10.95

叶片宽（cm）：5.52

花瓣数（枚）：5

柱头位置：高

花药颜色：紫红

花冠直径（cm）：3.70

单果重（g）：51

果实形状：圆形

果皮底色：黄绿

果锈：少；全果

果面着色：无

果梗长度（cm）：4.28

果梗粗度（mm）：2.19

萼片状态：脱落

果心大小：中

果实心室（个）：5

果肉硬度（kg/cm²）：> 15.00

果肉颜色：绿白

果肉质地：极粗

果肉类型：紧密

汁液：少

风味：微酸

可溶性固形物含量（%）：10.00

可滴定酸含量（%）：0.65

盛花期：3 月中下旬

果实成熟期：9 月下旬

综合评价：外观品质差，内在品质下，丰产性中，抗病性中。

汉 源 1 号

品种名称：汉源 1 号

外文名：Hanyuan No.1

来源：四川汉源

资源类型：地方品种

系谱：自然实生

早果性：5 年

树势：中

树姿：直立

节间长度（cm）：4.08

幼叶颜色：淡红

叶片长（cm）：10.19

叶片宽（cm）：6.11

花瓣数（枚）：5.3

柱头位置：高

花药颜色：红

花冠直径（cm）：3.84

单果重（g）：354

果实形状：长圆形

果皮底色：黄绿

果锈：多；全果

果面着色：无

果梗长度（cm）：5.18

果梗粗度（mm）：3.90

萼片状态：宿存

果心大小：中

果实心室（个）：5

果肉硬度（kg/cm^2）：11.54

果肉颜色：白

果肉质地：中粗

果肉类型：紧密

汁液：中

风味：酸甜

可溶性固形物含量（%）：10.80

可滴定酸含量（%）：0.20

盛花期：3 月中旬

果实成熟期：9 月上旬

综合评价：外观品质差，内在品质中下，丰产性中，抗病性中。

汉 源 5 号

品种名称：汉源5号　　　花瓣数（枚）：5　　　　果心大小：小

外文名：Hanyuan No.5　　柱头位置：高　　　　　　果实心室（个）：5

来源：四川汉源　　　　　花药颜色：紫红　　　　　果肉硬度（kg/cm²）：10.35

资源类型：地方品种　　　花冠直径（cm）：4.22　　果肉颜色：绿白

系谱：自然实生　　　　　单果重（g）：228　　　　果肉质地：中粗

早果性：4年　　　　　　果实形状：圆形　　　　　果肉类型：脆

树势：强　　　　　　　　果皮底色：黄褐　　　　　汁液：中

树姿：半开张　　　　　　果锈：无　　　　　　　　风味：淡甜

节间长度（cm）：3.67　　果面着色：无　　　　　　可溶性固形物含量（%）：10.70

幼叶颜色：淡红　　　　　果梗长度（cm）：4.19　　可滴定酸含量（%）：0.14

叶片长（cm）：10.58　　果梗粗度（mm）：3.16　　盛花期：3月上中旬

叶片宽（cm）：6.06　　　萼片状态：脱落　　　　　果实成熟期：9月中下旬

综合评价：外观品质中等，内在品质中，丰产，抗病性较强。

汉源半斤梨

品种名称：汉源半斤梨

外文名：Hanyuanbanjinli

来源：四川汉源

资源类型：地方品种

系谱：自然实生

早果性：5 年

树势：强

树姿：半开张

节间长度（cm）：4.87

幼叶颜色：绿黄

叶片长（cm）：11.95

叶片宽（cm）：7.83

花瓣数（枚）：5

柱头位置：等高

花药颜色：粉红

花冠直径（cm）：4.15

单果重（g）：745

果实形状：葫芦形

果皮底色：绿

果锈：少；梗端

果面着色：无

果梗长度（cm）：4.12

果梗粗度（mm）：4.96

萼片状态：脱落

果心大小：中

果实心室（个）：5

果肉硬度（kg/cm^2）：11.18

果肉颜色：绿白

果肉质地：粗

果肉类型：紧密脆

汁液：中

风味：酸甜

可溶性固形物含量（%）：10.25

可滴定酸含量（%）：0.27

盛花期：3 月中下旬

果实成熟期：9 月上旬

综合评价：外观品质中等，内在品质中下，丰产性中，抗病性中。

汉源大白梨

品种名称：汉源大白梨

外文名：Hanyuandabaili

来源：四川汉源

资源类型：地方品种

系谱：自然实生

早果性：4 年

树势：中

树姿：半开张

节间长度（cm）：4.41

幼叶颜色：淡红

叶片长（cm）：12.76

叶片宽（cm）：6.97

花瓣数（枚）：5.2

柱头位置：高

花药颜色：紫红

花冠直径（cm）：3.8

单果重（g）：77

果实形状：倒卵形

果皮底色：绿

果锈：少

果面着色：无

果梗长度（cm）：4.51

果梗粗度（mm）：2.48

萼片状态：脱落、宿存

果心大小：小

果实心室（个）：5

果肉硬度（kg/cm^2）：5.58

果肉颜色：绿白

果肉质地：中细

果肉类型：脆

汁液：中

风味：淡甜

可溶性固形物含量（%）：9.63

可滴定酸含量（%）：0.09

盛花期：3 月下旬

果实成熟期：8 月下旬

综合评价：外观品质中等，内在品质中，不丰产，抗病性较弱。

汉源酸梨

品种名称：汉源酸梨

外文名：Hanyuansuanli

来源：四川汉源

资源类型：地方品种

系谱：自然实生

早果性：4 年

树势：中

树姿：半开张

节间长度（cm）：3.85

幼叶颜色：绿黄

叶片长（cm）：11.45

叶片宽（cm）：7.60

花瓣数（枚）：5

柱头位置：等高

花药颜色：红

花冠直径（cm）：3.47

单果重（g）：288

果实形状：长圆形、倒卵形

果皮底色：绿

果锈：少

果面着色：无

果梗长度（cm）：5.32

果梗粗度（mm）：3.56

萼片状态：脱落、宿存

果心大小：小

果实心室（个）：5

果肉硬度（kg/cm^2）：7.93

果肉颜色：白

果肉质地：中细

果肉类型：脆

汁液：中

风味：淡甜

可溶性固形物含量（%）：9.40

可滴定酸含量（%）：0.15

盛花期：3 月中旬

果实成熟期：9 月上旬

综合评价：外观品质中等，内在品质中，丰产，抗病性较弱。

汉源招包梨

品种名称：汉源招包梨　　花瓣数（枚）：5.7　　果心大小：中

外文名：Hanyuanzhaobaoli　　柱头位置：高　　果实心室（个）：5

来源：四川汉源　　花药颜色：紫红　　果肉硬度（kg/cm²）：11.86

资源类型：地方品种　　花冠直径（cm）：3.36　　果肉颜色：淡黄

系谱：自然实生　　单果重（g）：302　　果肉质地：中粗

早果性：7年　　果实形状：圆形　　果肉类型：脆

树势：中　　果皮底色：褐　　汁液：中

树姿：抱合　　果锈：无　　风味：淡甜

节间长度（cm）：4.41　　果面着色：无　　可溶性固形物含量（%）：11.40

幼叶颜色：暗红　　果梗长度（cm）：4.46　　可滴定酸含量（%）：0.12

叶片长（cm）：12.53　　果梗粗度（mm）：2.95　　盛花期：3月中旬

叶片宽（cm）：7.16　　萼片状态：宿存　　果实成熟期：9月上中旬

综合评价：外观品质中等，内在品质中，丰产性中，抗病性中。

黄皮大香梨

品种名称：黄皮大香梨

外文名：Huangpidaxiangli

来源：四川汉源

资源类型：地方品种

系谱：自然实生

早果性：4 年

树势：强

树姿：直立

节间长度（cm）：3.68

幼叶颜色：淡红

叶片长（cm）：10.90

叶片宽（cm）：5.27

花瓣数（枚）：5

柱头位置：等高

花药颜色：淡粉

花冠直径（cm）：3.22

单果重（g）：131

果实形状：圆形

果皮底色：黄褐

果锈：无

果面着色：无

果梗长度（cm）：3.59

果梗粗度（mm）：2.82

萼片状态：脱落

果心大小：小

果实心室（个）：5

果肉硬度（kg/cm^2）：> 15.00

果肉颜色：白

果肉质地：中粗

果肉类型：紧密

汁液：少

风味：淡甜

可溶性固形物含量（%）：9.80

可滴定酸含量（%）：0.17

盛花期：3 月中旬

果实成熟期：9 月中下旬

综合评价：外观品质中等，内在品质下，丰产性中，抗病性中。

九 襄 白 梨

品种名称：九襄白梨
外文名：Jiuxiangbaili
来源：四川汉源
资源类型：地方品种
系谱：自然实生
早果性：5 年
树势：强
树姿：直立
节间长度（cm）：4.13
幼叶颜色：绿黄
叶片长（cm）：12.09
叶片宽（cm）：7.11

花瓣数（枚）：5
柱头位置：高
花药颜色：红
花冠直径（cm）：3.78
单果重（g）：219
果实形状：倒卵形、纺锤形
果皮底色：绿
果锈：无
果面着色：无
果梗长度（cm）：4.90
果梗粗度（mm）：3.83
萼片状态：脱落、宿存

果心大小：中
果实心室（个）：5
果肉硬度（kg/cm²）：8.62
果肉颜色：白
果肉质地：中细
果肉类型：脆
汁液：少
风味：淡甜
可溶性固形物含量（%）：9.50
可滴定酸含量（%）：0.14
盛花期：3 月中旬
果实成熟期：9 月上旬

综合评价：外观品质好，内在品质中，丰产性中，抗病性中。

九 襄 慈 梨

品种名称：九襄慈梨

外文名：Jiuxiangcili

来源：四川汉源

资源类型：地方品种

系谱：自然实生

早果性：5 年

树势：中

树姿：半开张

节间长度（cm）：3.70

幼叶颜色：淡红

叶片长（cm）：9.45

叶片宽（cm）：5.55

花瓣数（枚）：5

柱头位置：低

花药颜色：红

花冠直径（cm）：3.45

单果重（g）：208

果实形状：倒卵形

果皮底色：绿

果锈：中；全果

果面着色：无

果梗长度（cm）：4.12

果梗粗度（mm）：2.82

萼片状态：脱落、宿存

果心大小：小

果实心室（个）：5

果肉硬度（kg/cm^2）：8.93

果肉颜色：白

果肉质地：细

果肉类型：脆

汁液：多

风味：淡甜

可溶性固形物含量（%）：11.10

可滴定酸含量（%）：0.12

盛花期：3 月上中旬

果实成熟期：9 月上旬

综合评价：外观品质中等，内在品质中上，丰产，抗病性较强。

癞格宝梨

品种名称：癞格宝梨

外文名：Laigebaoli

来源：四川汉源

资源类型：地方品种

系谱：自然实生

早果性：7 年

树势：中

树姿：半开张

节间长度（cm）：3.71

幼叶颜色：淡红

叶片长（cm）：8.36

叶片宽（cm）：4.19

花瓣数（枚）：7.5

柱头位置：高

花药颜色：淡粉

花冠直径（cm）：4.50

单果重（g）：110

果实形状：扁圆形

果皮底色：绿

果锈：多；全果

果面着色：无

果梗长度（cm）：3.65

果梗粗度（mm）：2.63

萼片状态：脱落

果心大小：中

果实心室（个）：5、6

果肉硬度（kg/cm²）：＞15.00

果肉颜色：绿白

果肉质地：中粗

果肉类型：紧密

汁液：中

风味：淡甜

可溶性固形物含量（%）：11.80

可滴定酸含量（%）：0.25

盛花期：3 月中下旬

果实成熟期：10 月上中旬

综合评价：外观品质差，内在品质下，丰产性中，抗病性中。

梨园秤砣梨

品种名称：梨园秤砣梨

外文名：Liyuanchengtuoli

来源：四川汉源

资源类型：地方品种

系谱：自然实生

早果性：4 年

树势：中

树姿：直立

节间长度（cm）：3.32

幼叶颜色：红

叶片长（cm）：10.06

叶片宽（cm）：5.34

花瓣数（枚）：6.8

柱头位置：等高

花药颜色：淡粉

花冠直径（cm）：3.82

单果重（g）：132

果实形状：圆形

果皮底色：黄褐

果锈：无

果面着色：无

果梗长度（cm）：4.45

果梗粗度（mm）：2.57

萼片状态：脱落

果心大小：中

果实心室（个）：5

果肉硬度（kg/cm^2）：14.47

果肉颜色：淡黄

果肉质地：中粗

果肉类型：紧密

汁液：少

风味：甜酸

可溶性固形物含量（%）：9.20

可滴定酸含量（%）：0.35

盛花期：3 月上中旬

果实成熟期：10 月上旬

综合评价：外观品质中等，内在品质下，丰产，抗病性中。

梨园大花红梨

品种名称：梨园大花红梨

外文名：Liyuandahuahongli

来源：四川汉源

资源类型：地方品种

系谱：自然实生

早果性：5 年

树势：强

树姿：直立

节间长度（cm）：4.77

幼叶颜色：绿黄

叶片长（cm）：9.54

叶片宽（cm）：4.56

花瓣数（枚）：5

柱头位置：等高

花药颜色：淡紫红

花冠直径（cm）：3.27

单果重（g）：92

果实形状：圆形

果皮底色：绿

果锈：少；萼端

果面着色：无

果梗长度（cm）：4.09

果梗粗度（mm）：2.10

萼片状态：脱落

果心大小：中

果实心室（个）：5

果肉硬度（kg/cm²）：＞15.00

果肉颜色：白

果肉质地：极粗

果肉类型：紧密

汁液：少

风味：淡甜

可溶性固形物含量（％）：9.20

可滴定酸含量（％）：0.45

盛花期：3 月中下旬

果实成熟期：10 月上中旬

综合评价：外观品质中等，内在品质下，丰产，抗病性强。

梨园大黄梨

品种名称：梨园大黄梨

外文名：Liyuandahuangli

来源：四川汉源

资源类型：地方品种

系谱：自然实生

早果性：4 年

树势：强

树姿：开张

节间长度（cm）：3.69

幼叶颜色：红

叶片长（cm）：9.18

叶片宽（cm）：4.19

花瓣数（枚）：5

柱头位置：等高

花药颜色：淡粉

花冠直径（cm）：3.47

单果重（g）：115

果实形状：圆形

果皮底色：褐

果锈：无

果面着色：无

果梗长度（cm）：4.10

果梗粗度（mm）：2.32

萼片状态：脱落

果心大小：大

果实心室（个）：5

果肉硬度（kg/cm^2）：> 15.00

果肉颜色：淡黄

果肉质地：粗

果肉类型：紧密

汁液：少

风味：微酸

可溶性固形物含量（%）：9.80

可滴定酸含量（%）：0.32

盛花期：3 月上中旬

果实成熟期：9 月中下旬

综合评价：外观品质中等，内在品质下，丰产，抗病性较强。

梨园杆子梨

品种名称：梨园杆子梨

外文名：Liyuanganzili

来源：四川汉源

资源类型：地方品种

系谱：自然实生

早果性：5 年

树势：强

树姿：直立

节间长度（cm）：3.70

幼叶颜色：淡红

叶片长（cm）：10.52

叶片宽（cm）：6.00

花瓣数（枚）：5

柱头位置：高

花药颜色：淡紫红

花冠直径（cm）：3.90

单果重（g）：115

果实形状：扁圆形

果皮底色：红褐

果锈：无

果面着色：无

果梗长度（cm）：4.19

果梗粗度（mm）：2.95

萼片状态：脱落

果心大小：大

果实心室（个）：5

果肉硬度（kg/cm²）：＞15.00

果肉颜色：淡黄

果肉质地：粗

果肉类型：紧密

汁液：少

风味：甜酸

可溶性固形物含量（%）：11.00

可滴定酸含量（%）：0.30

盛花期：3 月中旬

果实成熟期：9 月下旬

综合评价：外观品质中等，内在品质下，丰产性中，抗病性中。

梨园罐罐梨

品种名称：梨园罐罐梨

外文名：Liyuanguanguanli

来源：四川汉源

资源类型：地方品种

系谱：自然实生

早果性：4 年

树势：中

树姿：半开张

节间长度（cm）：3.66

幼叶颜色：淡红

叶片长（cm）：13.27

叶片宽（cm）：6.30

花瓣数（枚）：5.4

柱头位置：等高

花药颜色：红

花冠直径（cm）：3.70

单果重（g）：142

果实形状：倒卵形、长圆形

果皮底色：褐

果锈：无

果面着色：无

果梗长度（cm）：4.48

果梗粗度（mm）：3.31

萼片状态：脱落

果心大小：大

果实心室（个）：4、5

果肉硬度（kg/cm^2）：14.12

果肉颜色：白

果肉质地：中粗

果肉类型：紧密

汁液：少

风味：淡甜

可溶性固形物含量（%）：9.30

可滴定酸含量（%）：0.19

盛花期：3 月上中旬

果实成熟期：9 月中下旬

综合评价：外观品质中等，内在品质下，丰产性中，抗病性中。

梨园红皮梨

品种名称：梨园红皮梨

外文名：Liyuanhongpili

来源：四川汉源

资源类型：地方品种

系谱：自然实生

早果性：4 年

树势：强

树姿：半开张

节间长度（cm）：4.56

幼叶颜色：绿黄

叶片长（cm）：10.10

叶片宽（cm）：5.67

花瓣数（枚）：5

柱头位置：等高

花药颜色：粉红

花冠直径（cm）：3.53

单果重（g）：91

果实形状：圆形

果皮底色：绿

果锈：多；全果

果面着色：少量着红色

果梗长度（cm）：3.56

果梗粗度（mm）：2.06

萼片状态：脱落、宿存

果心大小：中

果实心室（个）：4、5

果肉硬度（kg/cm²）：12.56

果肉颜色：白

果肉质地：中粗

果肉类型：紧密

汁液：少

风味：淡甜

可溶性固形物含量（%）：12.20

可滴定酸含量（%）：0.30

盛花期：3 月中下旬

果实成熟期：9 月上旬

综合评价：外观品质差，内在品质中下，丰产性中，抗病性中。

梨园黄梨

品种名称：梨园黄梨

外文名：Liyuanhuangli

来源：四川汉源

资源类型：地方品种

系谱：自然实生

早果性：4 年

树势：强

树姿：半开张

节间长度（cm）：4.34

幼叶颜色：淡红

叶片长（cm）：12.41

叶片宽（cm）：6.48

花瓣数（枚）：5

柱头位置：高

花药颜色：粉红

花冠直径（cm）：3.36

单果重（g）：189

果实形状：倒卵形、圆形

果皮底色：黄褐

果锈：无

果面着色：无

果梗长度（cm）：4.68

果梗粗度（mm）：3.45

萼片状态：脱落

果心大小：中

果实心室（个）：4、5、6

果肉硬度（kg/cm²）：13.35

果肉颜色：淡黄

果肉质地：中粗

果肉类型：紧密

汁液：少

风味：淡甜

可溶性固形物含量（%）：9.40

可滴定酸含量（%）：0.18

盛花期：3 月上中旬

果实成熟期：9 月中旬

综合评价：外观品质中等，内在品质下，丰产，抗病性较强。

梨园鸡蛋梨

品种名称：梨园鸡蛋梨

外文名：Liyuanjidanli

来源：四川汉源

资源类型：地方品种

系谱：自然实生

早果性：4 年

树势：强

树姿：半开张

节间长度（cm）：3.17

幼叶颜色：绿黄

叶片长（cm）：8.65

叶片宽（cm）：4.61

花瓣数（枚）：5

柱头位置：高

花药颜色：红

花冠直径（cm）：3.18

单果重（g）：109

果实形状：圆形

果皮底色：黄褐

果锈：无

果面着色：无

果梗长度（cm）：4.48

果梗粗度（mm）：2.02

萼片状态：脱落

果心大小：中

果实心室（个）：5

果肉硬度（kg/cm²）：10.55

果肉颜色：白

果肉质地：中粗

果肉类型：脆

汁液：中

风味：酸甜

可溶性固形物含量（%）：11.30

可滴定酸含量（%）：0.24

盛花期：3 月中旬

果实成熟期：9 月中旬

综合评价：外观品质中等，内在品质中，丰产，抗病性中。

梨园假白梨 1

品种名称：梨园假白梨 1

外文名：Liyuanjiabaili No.1

来源：四川汉源

资源类型：地方品种

系谱：自然实生

早果性：4 年

树势：中

树姿：直立

节间长度（cm）：3.88

幼叶颜色：绿黄

叶片长（cm）：11.18

叶片宽（cm）：6.90

花瓣数（枚）：5

柱头位置：高

花药颜色：红

花冠直径（cm）：3.90

单果重（g）：187

果实形状：倒卵形

果皮底色：绿

果锈：少

果面着色：无

果梗长度（cm）：5.62

果梗粗度（mm）：3.07

萼片状态：脱落

果心大小：中

果实心室（个）：5

果肉硬度（kg/cm²）：14.49

果肉颜色：白

果肉质地：粗

果肉类型：紧密

汁液：少

风味：淡甜

可溶性固形物含量（%）：9.60

可滴定酸含量（%）：0.13

盛花期：3 月中旬

果实成熟期：9 月下旬

综合评价：外观品质差，内在品质下，丰产，抗病性中。

梨园假白梨 2

品种名称：梨园假白梨 2　　花瓣数（枚）：5　　果心大小：中

外文名：Liyuanjiabaili No.2　　柱头位置：等高　　果实心室（个）：5

来源：四川汉源　　花药颜色：紫红　　果肉硬度（kg/cm²）：13.82

资源类型：地方品种　　花冠直径（cm）：3.85　　果肉颜色：绿白

系谱：自然实生　　单果重（g）：171　　果肉质地：粗

早果性：5 年　　果实形状：圆形　　果肉类型：紧密

树势：强　　果皮底色：绿　　汁液：少

树姿：直立　　果锈：少；萼端　　风味：淡甜

节间长度（cm）：3.89　　果面着色：无　　可溶性固形物含量（%）：9.20

幼叶颜色：淡红　　果梗长度（cm）：5.00　　可滴定酸含量（%）：0.16

叶片长（cm）：11.34　　果梗粗度（mm）：3.09　　盛花期：3 月中下旬

叶片宽（cm）：7.41　　萼片状态：脱落　　果实成熟期：9 月中旬

综合评价：外观品质中等，内在品质下，丰产，抗病性中。

梨园麻子梨

品种名称：梨园麻子梨

外文名：Liyuanmazili

来源：四川汉源

资源类型：地方品种

系谱：自然实生

早果性：4 年

树势：中

树姿：半开张

节间长度（cm）：3.40

幼叶颜色：绿黄

叶片长（cm）：9.71

叶片宽（cm）：4.77

花瓣数（枚）：5.2

柱头位置：等高

花药颜色：淡粉

花冠直径（cm）：3.07

单果重（g）：111

果实形状：扁圆形

果皮底色：绿

果锈：多；全果

果面着色：无

果梗长度（cm）：2.79

果梗粗度（mm）：2.08

萼片状态：脱落、残存

果心大小：小

果实心室（个）：5

果肉硬度（kg/cm^2）：＞15.00

果肉颜色：白

果肉质地：粗

果肉类型：紧密

汁液：中

风味：甜酸

可溶性固形物含量（%）：9.60

可滴定酸含量（%）：0.22

盛花期：3 月中下旬

果实成熟期：9 月中下旬

综合评价：外观品质差，内在品质差，丰产，抗病性中。

梨园磨子梨

品种名称：梨园磨子梨　　花瓣数（枚）：7.5　　果心大小：小

外文名：Liyuanmozili　　柱头位置：高　　果实心室（个）：5

来源：四川汉源　　花药颜色：粉红　　果肉硬度（kg/cm²）：14.19

资源类型：地方品种　　花冠直径（cm）：3.65　　果肉颜色：白

系谱：自然实生　　单果重（g）：87　　果肉质地：粗

早果性：5 年　　果实形状：扁圆形　　果肉类型：紧密

树势：中　　果皮底色：黄褐　　汁液：少

树姿：半开张　　果锈：无　　风味：淡甜

节间长度（cm）：4.30　　果面着色：无　　可溶性固形物含量（%）：10.10

幼叶颜色：淡红　　果梗长度（cm）：4.02　　可滴定酸含量（%）：0.19

叶片长（cm）：9.89　　果梗粗度（mm）：2.97　　盛花期：3 月中旬

叶片宽（cm）：5.63　　萼片状态：脱落　　果实成熟期：9 月上中旬

综合评价：外观品质中等，内在品质下，丰产，抗病性中，花具观赏性。

梨园授粉梨

品种名称：梨园授粉梨

外文名：Liyuanshoufenli

来源：四川汉源

资源类型：地方品种

系谱：自然实生

早果性：4 年

树势：强

树姿：开张

节间长度（cm）：3.74

幼叶颜色：淡红

叶片长（cm）：10.74

叶片宽（cm）：6.39

花瓣数（枚）：5

柱头位置：高

花药颜色：红

花冠直径（cm）：3.68

单果重（g）：112

果实形状：长圆形

果皮底色：绿

果锈：多；全果

果面着色：无

果梗长度（cm）：3.27

果梗粗度（mm）：2.45

萼片状态：脱落

果心大小：小

果实心室（个）：5

果肉硬度（kg/cm²）：10.25

果肉颜色：白

果肉质地：中粗

果肉类型：脆

汁液：中

风味：淡甜

可溶性固形物含量（%）：9.80

可滴定酸含量（%）：0.26

盛花期：3 月上中旬

果实成熟期：9 月下旬

综合评价：外观品质差，内在品质中，丰产，抗病性较强。

梨园香梨

品种名称：梨园香梨

外文名：Liyuanxiangli

来源：四川汉源

资源类型：地方品种

系谱：自然实生

早果性：4 年

树势：强

树姿：直立

节间长度（cm）：3.48

幼叶颜色：淡红

叶片长（cm）：12.57

叶片宽（cm）：5.73

花瓣数（枚）：5

柱头位置：等高

花药颜色：淡紫红

花冠直径（cm）：4.08

单果重（g）：146

果实形状：倒卵形、圆形

果皮底色：绿黄

果锈：多；全果

果面着色：无

果梗长度（cm）：4.82

果梗粗度（mm）：2.60

萼片状态：脱落

果心大小：中

果实心室（个）：5

果肉硬度（kg/cm^2）：＞15.00

果肉颜色：黄

果肉质地：极粗

果肉类型：紧密

汁液：少

风味：淡甜

可溶性固形物含量（%）：10.70

可滴定酸含量（%）：0.16

盛花期：3 月上中旬

果实成熟期：9 月中旬

综合评价：外观品质中等，内在品质下，丰产，抗病性较强。

梨园香香梨

品种名称：梨园香香梨

外文名：Liyuanxiangxiangli

来源：四川汉源

资源类型：地方品种

系谱：自然实生

早果性：5 年

树势：中

树姿：开张

节间长度（cm）：3.34

幼叶颜色：淡红

叶片长（cm）：11.36

叶片宽（cm）：5.61

花瓣数（枚）：6.1

柱头位置：高

花药颜色：淡粉

花冠直径（cm）：3.93

单果重（g）：109

果实形状：圆形

果皮底色：绿黄

果锈：多；全果

果面着色：无

果梗长度（cm）：3.17

果梗粗度（mm）：2.76

萼片状态：脱落

果心大小：大

果实心室（个）：5

果肉硬度（kg/cm²）：＞15.00

果肉颜色：白

果肉质地：粗

果肉类型：紧密

汁液：极少

风味：淡甜

可溶性固形物含量（%）：9.20

可滴定酸含量（%）：0.15

盛花期：3 月中旬

果实成熟期：9 月下旬

综合评价：外观品质中等，内在品质下，丰产性中，抗病性中。

梨园小香梨

品种名称：梨园小香梨

外文名：Liyuanxiaoxiangli

来源：四川汉源

资源类型：地方品种

系谱：自然实生

早果性：5 年

树势：中

树姿：半开张

节间长度（cm）：3.68

幼叶颜色：淡红

叶片长（cm）：9.01

叶片宽（cm）：5.29

花瓣数（枚）：5

柱头位置：高

花药颜色：淡紫红

花冠直径（cm）：3.14

单果重（g）：108

果实形状：圆形

果皮底色：褐

果锈：无

果面着色：无

果梗长度（cm）：2.88

果梗粗度（mm）：2.28

萼片状态：脱落

果心大小：中

果实心室（个）：5

果肉硬度（kg/cm²）：> 15.00

果肉颜色：淡黄

果肉质地：中粗

果肉类型：紧密

汁液：少

风味：酸甜适度

可溶性固形物含量（%）：9.20

可滴定酸含量（%）：0.23

盛花期：3 月中旬

果实成熟期：9 月下旬

综合评价：外观品质中等，内在品质下，丰产性中，抗病性中。

梨园杨秤梨

品种名称：梨园杨秤梨

外文名：Liyuanyangchengli

来源：四川汉源

资源类型：地方品种

系谱：自然实生

早果性：4 年

树势：强

树姿：直立

节间长度（cm）：3.64

幼叶颜色：淡红

叶片长（cm）：11.36

叶片宽（cm）：6.08

花瓣数（枚）：7.2

柱头位置：高

花药颜色：红

花冠直径（cm）：4.58

单果重（g）：80

果实形状：圆形

果皮底色：褐

果锈：无

果面着色：无

果梗长度（cm）：3.55

果梗粗度（mm）：2.14

萼片状态：脱落

果心大小：中

果实心室（个）：4、5

果肉硬度（kg/cm^2）：＞15.00

果肉颜色：白

果肉质地：中粗

果肉类型：紧密

汁液：少

风味：甜

可溶性固形物含量（%）：12.10

可滴定酸含量（%）：0.36

盛花期：3 月中下旬

果实成熟期：10 月上旬

综合评价：外观品质中等，内在品质中，丰产性中，抗病性中。

梨园自来梨 1

品种名称：梨园自来梨 1

外文名：Liyuanzilaili No.1

来源：四川汉源

资源类型：地方品种

系谱：自然实生

早果性：4 年

树势：强

树姿：直立

节间长度（cm）：3.60

幼叶颜色：红

叶片长（cm）：12.38

叶片宽（cm）：6.29

花瓣数（枚）：5

柱头位置：高

花药颜色：红

花冠直径（cm）：3.46

单果重（g）：220

果实形状：粗颈葫芦形、倒卵形

果皮底色：黄褐

果锈：无

果面着色：无

果梗长度（cm）：5.15

果梗粗度（mm）：3.25

萼片状态：脱落

果心大小：中

果实心室（个）：5

果肉硬度（kg/cm²）：> 15.00

果肉颜色：淡黄

果肉质地：中粗

果肉类型：紧密

汁液：少

风味：淡甜

可溶性固形物含量（%）：10.10

可滴定酸含量（%）：0.19

盛花期：3 月上中旬

果实成熟期：9 月下旬

综合评价：外观品质中等，内在品质下，丰产，抗病性较强。

梨园自来梨 2

品种名称：梨园自来梨 2

外文名：Liyuanzilaili No.2

来源：四川汉源

资源类型：地方品种

系谱：自然实生

早果性：4 年

树势：中

树姿：开张

节间长度（cm）：3.86

幼叶颜色：淡红

叶片长（cm）：11.36

叶片宽（cm）：5.98

花瓣数（枚）：5.1

柱头位置：高

花药颜色：淡粉

花冠直径（cm）：3.65

单果重（g）：143

果实形状：长圆形、倒卵形

果皮底色：绿

果锈：多；全果

果面着色：无

果梗长度（cm）：3.91

果梗粗度（mm）：2.80

萼片状态：脱落

果心大小：中

果实心室（个）：4、5

果肉硬度（kg/cm²）：> 15.00

果肉颜色：绿白

果肉质地：粗

果肉类型：紧密

汁液：少

风味：淡甜

可溶性固形物含量（%）：9.70

可滴定酸含量（%）：0.21

盛花期：3 月中下旬

果实成熟期：9 月上中旬

综合评价：外观品质中等，内在品质中，丰产性中，抗病性中。

麻鸡腿梨

品种名称：麻鸡腿梨

外文名：Majituili

来源：四川汉源

资源类型：地方品种

系谱：自然实生

早果性：5 年

树势：中

树姿：半开张

节间长度（cm）：4.49

幼叶颜色：淡红

叶片长（cm）：7.75

叶片宽（cm）：5.15

花瓣数（枚）：5.3

柱头位置：等高

花药颜色：红

花冠直径（cm）：3.48

单果重（g）：224

果实形状：纺锤形

果皮底色：黄

果锈：多；全果

果面着色：无

果梗长度（cm）：4.10

果梗粗度（mm）：3.14

萼片状态：脱落

果心大小：中

果实心室（个）：5

果肉硬度（kg/cm²）：9.79

果肉颜色：淡黄

果肉质地：中细

果肉类型：脆

汁液：中

风味：淡甜

可溶性固形物含量（%）：10.80

可滴定酸含量（%）：0.22

盛花期：3 月中下旬

果实成熟期：9 月下旬

综合评价：外观品质差，内在品质中，不丰产，抗病性中。

木 通 梨

品种名称：木通梨

外文名：Mutongli

来源：四川汉源

资源类型：地方品种

系谱：自然实生

早果性：4 年

树势：中

树姿：半开张

节间长度（cm）：4.46

幼叶颜色：淡红

叶片长（cm）：10.01

叶片宽（cm）：5.01

花瓣数（枚）：5

柱头位置：等高

花药颜色：红

花冠直径（cm）：3.34

单果重（g）：92

果实形状：长圆形、倒卵形

果皮底色：绿

果锈：无

果面着色：无

果梗长度（cm）：3.71

果梗粗度（mm）：2.45

萼片状态：脱落、残存

果心大小：大

果实心室（个）：5

果肉硬度（kg/cm^2）：13.53

果肉颜色：白

果肉质地：粗

果肉类型：紧密脆

汁液：中

风味：淡甜

可溶性固形物含量（%）：11.10

可滴定酸含量（%）：0.21

盛花期：3 月中旬

果实成熟期：9 月中旬

综合评价：外观品质中等，内在品质下，丰产，抗病性中。

青皮大香梨

品种名称：青皮大香梨

外文名：Qingpidaxiangli

来源：四川汉源

资源类型：地方品种

系谱：自然实生

早果性：5 年

树势：中

树姿：半开张

节间长度（cm）：4.00

幼叶颜色：淡红

叶片长（cm）：10.23

叶片宽（cm）：5.80

花瓣数（枚）：6.2

柱头位置：等高

花药颜色：紫红

花冠直径（cm）：3.99

单果重（g）：160

果实形状：圆形

果皮底色：褐

果锈：无

果面着色：无

果梗长度（cm）：4.12

果梗粗度（mm）：3.09

萼片状态：脱落、残存

果心大小：大

果实心室（个）：5

果肉硬度（kg/cm²）：> 15.00

果肉颜色：白

果肉质地：粗

果肉类型：紧密

汁液：少

风味：淡甜

可溶性固形物含量（%）：9.10

可滴定酸含量（%）：0.20

盛花期：3 月中旬

果实成熟期：9 月中下旬

综合评价：外观品质中等，内在品质下，丰产性中，抗病性中。

山梗子蜂梨

品种名称：山梗子蜂梨

外文名：Shangengzifengli

来源：四川汉源

资源类型：地方品种

系谱：自然实生

早果性：4 年

树势：强

树姿：半开张

节间长度（cm）：4.97

幼叶颜色：暗红

叶片长（cm）：10.01

叶片宽（cm）：5.95

花瓣数（枚）：5.8

柱头位置：高

花药颜色：红

花冠直径（cm）：3.31

单果重（g）：266

果实形状：纺锤形

果皮底色：绿

果锈：多；全果

果面着色：无

果梗长度（cm）：4.85

果梗粗度（mm）：3.10

萼片状态：宿存

果心大小：小

果实心室（个）：4、5

果肉硬度（kg/cm^2）：9.40

果肉颜色：白

果肉质地：中细

果肉类型：脆

汁液：多

风味：淡甜

可溶性固形物含量（%）：9.60

可滴定酸含量（%）：0.19

盛花期：3 月中下旬

果实成熟期：8 月下旬

综合评价：外观品质中等，内在品质中，丰产性中，抗病性中。

甜 黄 梨

品种名称：甜黄梨

外文名：Tianhuangli

来源：四川汉源

资源类型：地方品种

系谱：自然实生

早果性：7年

树势：中

树姿：直立

节间长度（cm）：3.55

幼叶颜色：淡红

叶片长（cm）：9.07

叶片宽（cm）：5.62

花瓣数（枚）：5.2

柱头位置：等高

花药颜色：粉红

花冠直径（cm）：3.56

单果重（g）：172

果实形状：圆形

果皮底色：褐

果锈：无

果面着色：无

果梗长度（cm）：3.34

果梗粗度（mm）：2.69

萼片状态：脱落、宿存

果心大小：大

果实心室（个）：5

果肉硬度（kg/cm^2）：13.93

果肉颜色：白

果肉质地：中粗

果肉类型：紧密脆

汁液：中

风味：淡甜

可溶性固形物含量（%）：10.00

可滴定酸含量（%）：0.15

盛花期：3月上中旬

果实成熟期：9月下旬

综合评价：外观品质中等，内在品质中，丰产，抗病性中。

小 花 红 梨

品种名称：小花红梨

外文名：Xiaohuahongli

来源：四川汉源

资源类型：地方品种

系谱：自然实生

早果性：8 年

树势：中

树姿：开张

节间长度（cm）：3.86

幼叶颜色：绿黄

叶片长（cm）：10.40

叶片宽（cm）：5.77

花瓣数（枚）：5

柱头位置：高

花药颜色：紫红

花冠直径（cm）：3.56

单果重（g）：74

果实形状：圆形

果皮底色：绿

果锈：多；全果

果面着色：无

果梗长度（cm）：4.64

果梗粗度（mm）：1.73

萼片状态：脱落

果心大小：大

果实心室（个）：5、6

果肉硬度（kg/cm^2）：10.97

果肉颜色：白

果肉质地：中粗

果肉类型：脆

汁液：中

风味：淡甜

可溶性固形物含量（%）：12.30

可滴定酸含量（%）：0.33

盛花期：3 月中下旬

果实成熟期：9 月中旬

综合评价：外观品质中等，内在品质中，丰产性中，抗病性中。

小鸡蛋梨

品种名称：小鸡蛋梨

外文名：Xiaojidanli

来源：四川汉源

资源类型：地方品种

系谱：自然实生

早果性：5 年

树势：强

树姿：半开张

节间长度（cm）：3.58

幼叶颜色：淡红

叶片长（cm）：11.48

叶片宽（cm）：5.60

花瓣数（枚）：6.5

柱头位置：高

花药颜色：红

花冠直径（cm）：3.69

单果重（g）：162

果实形状：倒卵形、圆形

果皮底色：褐

果锈：无

果面着色：无

果梗长度（cm）：4.48

果梗粗度（mm）：2.79

萼片状态：脱落

果心大小：大

果实心室（个）：5、6

果肉硬度（kg/cm²）：13.4

果肉颜色：乳白

果肉质地：粗

果肉类型：紧密

汁液：少

风味：淡甜

可溶性固形物含量（%）：10.50

可滴定酸含量（%）：0.17

盛花期：3 月中旬

果实成熟期：9 月中下旬

综合评价：外观品质好，内在品质下，丰产，抗病性中。

小　面　梨

品种名称：小面梨

外文名：Xiaomianli

来源：四川汉源

资源类型：地方品种

系谱：自然实生

早果性：6 年

树势：中

树姿：半开张

节间长度（cm）：3.15

幼叶颜色：淡红

叶片长（cm）：8.05

叶片宽（cm）：5.05

花瓣数（枚）：5

柱头位置：高

花药颜色：紫红

花冠直径（cm）：3.75

单果重（g）：97

果实形状：扁圆形

果皮底色：褐

果锈：无

果面着色：无

果梗长度（cm）：4.63

果梗粗度（mm）：2.69

萼片状态：脱落

果心大小：中

果实心室（个）：5

果肉硬度（kg/cm^2）：6.04

果肉颜色：乳白

果肉质地：中细

果肉类型：沙面

汁液：少

风味：酸甜

可溶性固形物含量（%）：11.50

可滴定酸含量（%）：0.29

盛花期：3 月中下旬

果实成熟期：9 月下旬

综合评价：外观品质好，内在品质下，丰产，抗病性中。

圆鸡蛋梨

品种名称：圆鸡蛋梨

外文名：Yuanjidanli

来源：四川汉源

资源类型：地方品种

系谱：自然实生

早果性：5 年

树势：强

树姿：半开张

节间长度（cm）：3.49

幼叶颜色：淡红

叶片长（cm）：11.83

叶片宽（cm）：5.79

花瓣数（枚）：6.1

柱头位置：高

花药颜色：红

花冠直径（cm）：3.76

单果重（g）：172

果实形状：倒卵形、圆形

果皮底色：黄褐

果锈：无

果面着色：无

果梗长度（cm）：4.66

果梗粗度（mm）：2.70

萼片状态：脱落

果心大小：中

果实心室（个）：5

果肉硬度（kg/cm^2）：13.03

果肉颜色：淡黄

果肉质地：粗

果肉类型：紧密

汁液：少

风味：淡甜

可溶性固形物含量（%）：10.70

可滴定酸含量（%）：0.17

盛花期：3 月中旬

果实成熟期：9 月中下旬

综合评价：外观品质中等，内在品质下，丰产，抗病性中。

原味小香梨

品种名称：原味小香梨

外文名：Yuanweixiaoxiangli

来源：四川汉源

资源类型：地方品种

系谱：自然实生

早果性：晚

树势：中

树姿：半开张

节间长度（cm）：3.78

幼叶颜色：淡红

叶片长（cm）：8.40

叶片宽（cm）：5.17

花瓣数（枚）：5

柱头位置：等高

花药颜色：淡紫

花冠直径（cm）：3.13

单果重（g）：131

果实形状：圆形

果皮底色：褐

果锈数量：无

果面着色：无

果梗长度（cm）：2.65

果梗粗度（mm）：2.44

萼片状态：脱落

果心大小：小

果实心室（个）：5

果肉硬度（kg/cm2）：11.14

果肉颜色：黄色

果肉质地：粗

果肉类型：紧密脆

汁液：中

风味：甜酸

可溶性固形物含量（%）：12.30

可滴定酸含量（%）：0.29

盛花期：3月下旬

果实成熟期：9月上旬

综合评价：外观品质中等，内在品质下，丰产性中，抗病性中。

红 皮 酥

品种名称：红皮酥

外文名：Hongpisu

来源：四川会理

资源类型：地方品种

系谱：自然实生

早果性：5 年

树势：弱

树姿：半开张

节间长度（cm）：3.54

幼叶颜色：淡绿

叶片长（cm）：11.54

叶片宽（cm）：5.64

花瓣数（枚）：5

柱头位置：高

花药颜色：紫红

花冠直径（cm）：3.77

单果重（g）：282

果实形状：圆形

果皮底色：绿

果锈：多；全果

果面着色：无

果梗长度（cm）：2.28

果梗粗度（mm）：4.31

萼片状态：宿存

果心大小：中

果实心室（个）：5

果肉硬度（kg/cm²）：12.63

果肉颜色：白

果肉质地：粗

果肉类型：紧密

汁液：少

风味：酸

可溶性固形物含量（%）：10.60

可滴定酸含量（%）：0.52

盛花期：3 月上中旬

果实成熟期：9 月下旬

综合评价：外观品质中等，内在品质下，丰产，抗病性强。

会理横山香绿

品种名称：会理横山香绿

外文名：Huilihengshanxianglv

来源：四川会理

资源类型：地方品种

系谱：自然实生

早果性：6 年

树势：中

树姿：半开张

节间长度（cm）：3.65

幼叶颜色：淡红

叶片长（cm）：10.55

叶片宽（cm）：5.75

花瓣数（枚）：6.9

柱头位置：等高

花药颜色：紫红

花冠直径（cm）：3.79

单果重（g）：172

果实形状：倒卵形

果皮底色：绿

果锈：无

果面着色：红色；片状

果梗长度（cm）：5.38

果梗粗度（mm）：3.21

萼片状态：脱落

果心大小：大

果实心室（个）：5、6

果肉硬度（kg/cm²）：13.09

果肉颜色：白

果肉质地：中粗

果肉类型：紧密

汁液：中

风味：甜酸

可溶性固形物含量（%）：10.90

可滴定酸含量（%）：0.31

盛花期：3 月下旬

果实成熟期：9 月中旬

综合评价：外观品质好，内在品质中下，不丰产，抗病性弱，花具观赏性。

会理香面梨

品种名称：会理香面梨

外文名：Huilixiangmianli

来源：四川会理

资源类型：地方品种

系谱：自然实生

早果性：5 年

树势：中

树姿：半开张

节间长度（cm）：4.15

幼叶颜色：绿黄

叶片长（cm）：13.39

叶片宽（cm）：8.87

花瓣数（枚）：5

柱头位置：等高

花药颜色：淡粉

花冠直径（cm）：3.90

单果重（g）：144

果实形状：倒卵形

果皮底色：绿

果锈：多；全果

果面着色：无

果梗长度（cm）：5.38

果梗粗度（mm）：2.90

萼片状态：宿存

果心大小：中

果实心室（个）：5

果肉硬度（kg/cm²）：11.53

果肉颜色：淡黄

果肉质地：中粗

果肉类型：紧密脆

汁液：少

风味：甜

可溶性固形物含量（%）：12.40

可滴定酸含量（%）：0.31

盛花期：3 月中下旬

果实成熟期：9 月上中旬

综合评价：外观品质中等，内在品质中，丰产性中，抗病性中。

会理小黄梨

品种名称：会理小黄梨

外文名：Huilixiaohuangli

来源：四川会理

资源类型：地方品种

系谱：自然实生

早果性：5年

树势：中

树姿：半开张

节间长度（cm）：3.02

幼叶颜色：淡红

叶片长（cm）：10.62

叶片宽（cm）：5.51

花瓣数（枚）：5.1

柱头位置：等高

花药颜色：紫红

花冠直径（cm）：3.63

单果重（g）：171

果实形状：扁圆形

果皮底色：褐

果锈：无

果面着色：无

果梗长度（cm）：3.71

果梗粗度（mm）：2.43

萼片状态：脱落

果心大小：中

果实心室（个）：5

果肉硬度（kg/cm²）：8.04

果肉颜色：淡黄

果肉质地：中细

果肉类型：脆

汁液：中

风味：酸甜

可溶性固形物含量（%）：11.60

可滴定酸含量（%）：0.35

盛花期：3月中旬

果实成熟期：9月中下旬

综合评价：外观品质好，内在品质中，丰产，抗病性中。

会理早白

品种名称：会理早白

外文名：Huilizaobai

来源：四川会理

资源类型：地方品种

系谱：自然实生

早果性：5 年

树势：中

树姿：半开张

节间长度（cm）：3.71

幼叶颜色：绿黄

叶片长（cm）：9.55

叶片宽（cm）：6.19

花瓣数（枚）：5.1

柱头位置：等高

花药颜色：红

花冠直径（cm）：3.49

单果重（g）：85

果实形状：圆形

果皮底色：绿

果锈：无

果面着色：无

果梗长度（cm）：3.97

果梗粗度（mm）：2.44

萼片状态：脱落

果心大小：中

果实心室（个）：5、6

果肉硬度（kg/cm²）：8.22

果肉颜色：绿白

果肉质地：中细

果肉类型：脆

汁液：中

风味：酸甜

可溶性固形物含量（%）：9.10

可滴定酸含量（%）：0.20

盛花期：3 月中下旬

果实成熟期：9 月上旬

综合评价：外观品质中等，内在品质中，不丰产，抗病性弱。

长 把 酥

品种名称：长把酥

外文名：Changbasu

来源：四川会理

资源类型：地方品种

系谱：自然实生

早果性：6 年

树势：强

树姿：直立

节间长度（cm）：3.86

幼叶颜色：淡红

叶片长（cm）：10.51

叶片宽（cm）：5.76

花瓣数（枚）：5

柱头位置：低

花药颜色：紫红

花冠直径（cm）：3.52

单果重（g）：231

果实形状：倒卵形

果皮底色：绿

果锈：无

果面着色：无

果梗长度（cm）：5.89

果梗粗度（mm）：2.83

萼片状态：宿存

果心大小：中

果实心室（个）：5

果肉硬度（kg/cm²）：10.09

果肉颜色：绿白

果肉质地：中粗

果肉类型：脆

汁液：中

风味：酸

可溶性固形物含量（%）：9.35

可滴定酸含量（%）：0.38

盛花期：3 月中下旬

果实成熟期：9 月上旬

综合评价：外观品质中等，内在品质下，丰产，抗病性中。

陈家大麻梨

品种名称：陈家在麻梨

外文名：Chenjiadamali

来源：四川金川

资源类型：地方品种

系谱：自然实生

早果性：5 年

树势：中

树姿：半开张

节间长度（cm）：3.70

幼叶颜色：绿黄

叶片长（cm）：9.51

叶片宽（cm）：6.52

花瓣数（枚）：5

柱头位置：高

花药颜色：红

花冠直径（cm）：2.48

单果重（g）：331

果实形状：长圆形

果皮底色：褐

果锈：无

果面着色：无

果梗长度（cm）：3.61

果梗粗度（mm）：4.14

萼片状态：宿存

果心大小：小

果实心室（个）：4、5

果肉硬度（kg/cm^2）：9.10

果肉颜色：乳白

果肉质地：粗

果肉类型：脆

汁液：中

风味：酸甜

可溶性固形物含量（%）：10.30

可滴定酸含量（%）：0.21

盛花期：3 月中旬

果实成熟期：9 月上旬

综合评价：外观品质好，内在品质中，丰产性中，抗病性中。

城厢大麻梨

品种名称：城厢大麻梨

外文名：Chengxiangdamali

来源：四川金川

资源类型：地方品种

系谱：自然实生

早果性：5 年

树势：强

树姿：直立

节间长度（cm）：4.48

幼叶颜色：淡红

叶片长（cm）：9.36

叶片宽（cm）：6.02

花瓣数（枚）：5

柱头位置：低

花药颜色：红

花冠直径（cm）：3.87

单果重（g）：139

果实形状：圆形

果皮底色：黄绿

果锈：少；梗端

果面着色：无

果梗长度（cm）：2.84

果梗粗度（mm）：2.98

萼片状态：脱落、宿存

果心大小：小

果实心室（个）：5

果肉硬度（kg/cm^2）：10.78

果肉颜色：白

果肉质地：中粗

果肉类型：紧密脆

汁液：少

风味：淡甜

可溶性固形物含量（%）：10.44

可滴定酸含量（%）：0.19

盛花期：3 月上中旬

果实成熟期：9 月上旬

综合评价：外观品质中等，内在品质下，丰产性中，抗病性中。

崇 化 大 梨

品种名称：崇化大梨

外文名：Chonghuadali

来源：四川金川

资源类型：地方品种

系谱：自然实生

早果性：5 年

树势：中

树姿：半开张

节间长度（cm）：4.44

幼叶颜色：淡红

叶片长（cm）：9.88

叶片宽（cm）：7.14

花瓣数（枚）：5.5

柱头位置：高

花药颜色：紫红

花冠直径（cm）：3.62

单果重（g）：284

果实形状：倒卵形、葫芦形

果皮底色：绿

果锈：少；梗端

果面着色：无

果梗长度（cm）：5.16

果梗粗度（mm）：3.51

萼片状态：脱落

果心大小：小

果实心室（个）：5

果肉硬度（kg/cm^2）：7.81

果肉颜色：白

果肉质地：中细

果肉类型：脆

汁液：少

风味：淡甜

可溶性固形物含量（%）：9.50

可滴定酸含量（%）：0.15

盛花期：3 月中下旬

果实成熟期：9 月上旬

综合评价：外观品质好，内在品质中，丰产，抗病性较强。

红香梨

品种名称：红香梨

外文名：Hongxiangli

来源：四川金川

资源类型：地方品种

系谱：自然实生

早果性：5 年

树势：中

树姿：直立

节间长度（cm）：4.97

幼叶颜色：褐红

叶片长（cm）：11.99

叶片宽（cm）：6.94

花瓣数（枚）：5.8

柱头位置：高

花药颜色：淡紫红

花冠直径（cm）：3.38

单果重（g）：172

果实形状：倒卵形、葫芦形

果皮底色：绿黄

果锈：少；萼端

果面着色：鲜红；片状

果梗长度（cm）：4.64

果梗粗度（mm）：3.71

萼片状态：脱落

果心大小：小

果实心室（个）：5

果肉硬度（kg/cm^2）：10.85

果肉颜色：乳白

果肉质地：粗

果肉类型：紧密脆

汁液：少

风味：淡甜

可溶性固形物含量（%）：10.50

可滴定酸含量（%）：0.21

盛花期：3 月中下旬

果实成熟期：8 月下旬

综合评价：外观品质好，内在品质中下，丰产性中，抗病性弱，花具观赏性。

金川雪梨

品种名称：金川雪梨

外文名：Jinchuanxueli

来源：四川汉源

资源类型：地方品种

系谱：自然实生

早果性：5 年

树势：强

树姿：直立

节间长度（cm）：4.46

幼叶颜色：绿黄

叶片长（cm）：11.86

叶片宽（cm）：7.94

花瓣数（枚）：5

柱头位置：高

花药颜色：紫红

花冠直径（cm）：3.80

单果重（g）：369

果实形状：葫芦形

果皮底色：绿

果锈：少；梗端、萼端

果面着色：无

果梗长度（cm）：4.94

果梗粗度（mm）：4.28

萼片状态：脱落、宿存

果心大小：中

果实心室（个）：5

果肉硬度（kg/cm²）：11.28

果肉颜色：白

果肉质地：中粗

果肉类型：脆

汁液：中

风味：甜酸

可溶性固形物含量（%）：10.50

可滴定酸含量（%）：0.18

盛花期：3 月中下旬

果实成熟期：8 月下旬

综合评价：外观品质中等，内在品质中，丰产，抗病性较强。

金 花 梨

品种名称：金花梨　　　　花瓣数（枚）：5　　　　果心大小：小

外文名：Jinhuali　　　　柱头位置：高　　　　　果实心室（个）：5

来源：四川金川　　　　　花药颜色：紫红　　　　果肉硬度（kg/cm²）：8.90

资源类型：地方品种　　　花冠直径（cm）：3.58　果肉颜色：白

系谱：自然实生　　　　　单果重（g）：340　　　果肉质地：中细

早果性：6 年　　　　　　果实形状：倒卵形、长圆形　果肉类型：脆

树势：强　　　　　　　　果皮底色：绿　　　　　汁液：中

树姿：半开张　　　　　　果锈：少；萼端　　　　风味：淡甜

节间长度（cm）：4.57　　果面着色：无　　　　　可溶性固形物含量（%）：10.12

幼叶颜色：红　　　　　　果梗长度（cm）：5.15　可滴定酸含量（%）：0.14

叶片长（cm）：13.06　　　果梗粗度（mm）：3.76　盛花期：3 月中下旬

叶片宽（cm）：8.17　　　　萼片状态：宿存　　　　果实成熟期：9 月上旬

综合评价：外观品质中等，内在品质中，丰产，抗病性强。

泸定贡川梨

品种名称：泸定贡川梨

外文名：Ludinggongchuanli

来源：四川泸定

资源类型：地方品种

系谱：自然实生

早果性：5 年

树势：强

树姿：直立

节间长度（cm）：3.44

幼叶颜色：淡红

叶片长（cm）：9.71

叶片宽（cm）：6.65

花瓣数（枚）：5

柱头位置：低

花药颜色：淡紫红

花冠直径（cm）：3.32

单果重（g）：194

果实形状：圆形

果皮底色：绿

果锈：多；全果

果面着色：无

果梗长度（cm）：4.28

果梗粗度（mm）：3.34

萼片状态：脱落

果心大小：小

果实心室（个）：5

果肉硬度（kg/cm²）：8.5

果肉颜色：绿白

果肉质地：中细

果肉类型：脆

汁液：中

风味：酸甜

可溶性固形物含量（%）：10.30

可滴定酸含量（%）：0.18

盛花期：3 月中下旬

果实成熟期：9 月下旬

综合评价：外观品质中等，内在品质中，丰产，抗病性中。

泸定罐罐梨

品种名称：泸定罐罐梨

外文名：Ludingguanguanli

来源：四川泸定

资源类型：地方品种

系谱：自然实生

早果性：5 年

树势：强

树姿：半开张

节间长度（cm）：3.95

幼叶颜色：黄绿

叶片长（cm）：13.15

叶片宽（cm）：7.15

花瓣数（枚）：5.2

柱头位置：高

花药颜色：深紫红

花冠直径（cm）：3.19

单果重（g）：247

果实形状：圆形

果皮底色：黄褐

果锈：无

果面颜色：无

果梗长度（cm）：3.36

果梗粗度（mm）：3.45

萼片状态：宿存

果心大小：中

果实心室（个）：5

果肉硬度（kg/cm²）：11.68

果肉颜色：白

果肉质地：粗

果肉类型：紧密脆

汁液：少

风味：微酸

可溶性固形物含量（%）：9.97

可滴定酸含量（%）：0.23

盛花期：3 月中下旬

果实成熟期：9 月上旬

综合评价：外观品质好，内在品质下，丰产，抗病性较强。

泸定褐皮梨

品种名称：泸定褐皮梨

外文名：Ludinghepili

来源：四川泸定

资源类型：地方品种

系谱：自然实生

早果性：5 年

树势：强

树姿：开张

节间长度（cm）：4.54

幼叶颜色：绿黄

叶片长（cm）：10.41

叶片宽（cm）：6.81

花瓣数（枚）：6.9

柱头位置：等高

花药颜色：红

花冠直径（cm）：3.44

单果重（g）：482

果实形状：圆形

果皮底色：黄褐

果锈：无

果面着色：无

果梗长度（cm）：3.60

果梗粗度（mm）：3.37

萼片状态：脱落

果心大小：中

果实心室（个）：5

果肉硬度（kg/cm²）：8.36

果肉颜色：白

果肉质地：中细

果肉类型：疏松脆

汁液：多

风味：酸甜

可溶性固形物含量（%）：11.83

可滴定酸含量（%）：0.17

盛花期：3 月中下旬

果实成熟期：9 月上旬

综合评价：外观品质好，内在品质中，丰产，抗病性中。

泸定王皮梨

品种名称：泸定王皮梨

外文名：Ludingwangpili

来源：四川泸定

资源类型：地方品种

系谱：自然实生

早果性：5 年

树势：强

树姿：直立

节间长度（cm）：3.16

幼叶颜色：黄绿

叶片长（cm）：10.69

叶片宽（cm）：4.99

花瓣数（枚）：6.8

柱头位置：等高

花药颜色：红

花冠直径（cm）：3.68

单果重（g）：206

果实形状：扁圆形

果皮底色：绿

果锈：少；萼端

果面着色：无

果梗长度（cm）：4.86

果梗粗度（mm）：2.73

萼片状态：脱落、宿存

果心大小：小

果实心室（个）：5、6

果肉硬度（kg/cm²）：8.83

果肉颜色：白

果肉质地：细

果肉类型：脆

汁液：中

风味：甜酸

可溶性固形物含量（%）：11.50

可滴定酸含量（%）：0.23

盛花期：3 月中旬

果实成熟期：9 月中下旬

综合评价：外观品质中等，内在品质中上，丰产性中，抗病性中。

懋 功 梨

品种名称：懋功梨

外文名：Maogongli

来源：四川泸定

资源类型：地方品种

系谱：自然实生

早果性：5 年

树势：强

树姿：直立

节间长度（cm）：3.66

幼叶颜色：淡红

叶片长（cm）：11.37

叶片宽（cm）：7.82

花瓣数（枚）：7.1

柱头位置：等高

花药颜色：紫红

花冠直径（cm）：3.61

单果重（g）：162

果实形状：圆形、倒卵形

果皮底色：绿黄

果锈：中；全果

果面着色：无

果梗长度（cm）：3.99

果梗粗度（mm）：2.65

萼片状态：宿存

果心大小：中

果实心室（个）：4、5

果肉硬度（kg/cm²）：10.04

果肉颜色：白

果肉质地：中粗

果肉类型：脆

汁液：中

风味：淡甜

可溶性固形物含量（%）：10.40

可滴定酸含量（%）：0.12

盛花期：3 月中下旬

果实成熟期：8 月下旬

综合评价：外观品质中等，内在品质中，丰产性中，抗病性中。

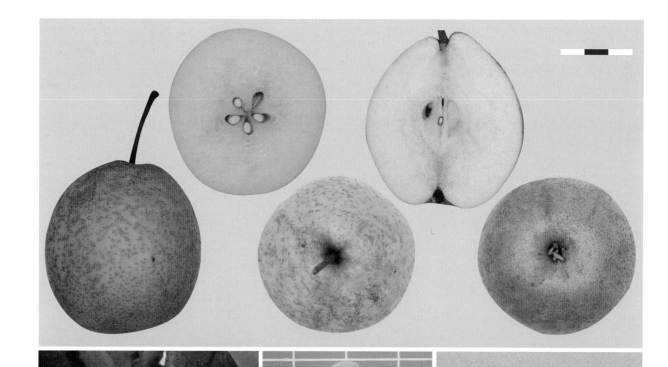

硬 雪 梨

品种名称：硬雪梨　　　　花瓣数（枚）：5　　　　果心大小：中

外文名：Yingxueli　　　　柱头位置：低　　　　果实心室（个）：4、5、6

来源：四川西昌　　　　花药颜色：紫红　　　　果肉硬度（kg/cm²）：11.27

资源类型：地方品种　　　　花冠直径（cm）：2.65　　　　果肉颜色：白

系谱：自然实生　　　　单果重（g）：215　　　　果肉质地：中粗

早果性：3 年　　　　果实形状：圆形　　　　果肉类型：紧密脆

树势：强　　　　果皮底色：绿　　　　汁液：中

树姿：半开张　　　　果锈：多；全果　　　　风味：微酸

节间长度（cm）：4.30　　　　果面着色：无　　　　可溶性固形物含量（%）：10.43

幼叶颜色：红色　　　　果梗长度（cm）：4.61　　　　可滴定酸含量（%）：0.31

叶片长（cm）：11.29　　　　果梗粗度（mm）：2.93　　　　盛花期：3 月中下旬

叶片宽（cm）：6.37　　　　萼片状态：脱落、宿存　　　　果实成熟期：9 月中旬

综合评价：外观品质中等，内在品质中，丰产，抗病性较强。

长 把 梨

品种名称：长把梨

外文名：Changbali

来源：四川西昌

资源类型：地方品种

系谱：自然实生

早果性：5 年

树势：弱

树姿：半开张

节间长度（cm）：4.26

幼叶颜色：淡红

叶片长（cm）：10.37

叶片宽（cm）：4.93

花瓣数（枚）：6.3

柱头位置：等高

花药颜色：淡粉

花冠直径（cm）：3.93

单果重（g）：172

果实形状：圆形

果皮底色：绿

果锈：无

果面着色：淡红；片状

果梗长度（cm）：6.27

果梗粗度（mm）：3.11

萼片状态：脱落

果心大小：中

果实心室（个）：5、6

果肉硬度（kg/cm²）：12.90

果肉颜色：绿白

果肉质地：中粗

果肉类型：紧密

汁液：中

风味：甜酸

可溶性固形物含量（%）：9.40

可滴定酸含量（%）：0.36

盛花期：3 月中下旬

果实成熟期：9 月上旬

综合评价：外观品质好，内在品质中，丰产性中，抗病性弱。

大 麻 梨

品种名称：大麻梨　　　　花瓣数（枚）：5　　　　果心大小：大

外文名：Damali　　　　柱头位置：高　　　　果实心室（个）：5

来源：四川苍溪　　　　花药颜色：紫红　　　　果肉硬度（kg/cm²）：9.07

资源类型：地方品种　　　花冠直径（cm）：3.24　　果肉颜色：白

系谱：自然实生　　　　单果重（g）：214　　　　果肉质地：中细

早果性：6 年　　　　果实形状：圆形　　　　果肉类型：脆

树势：强　　　　果皮底色：绿　　　　汁液：中

树姿：开张　　　　果锈：少；梗端　　　风味：淡甜

节间长度（cm）：4.12　　果面着色：无　　　　可溶性固形物含量（%）：9.20

幼叶颜色：淡红　　　　果梗长度（cm）：4.11　　可滴定酸含量（%）：0.21

叶片长（cm）：8.58　　果梗粗度（mm）：2.61　　盛花期：3 月中下旬

叶片宽（cm）：5.47　　萼片状态：宿存　　　　果实成熟期：9 月中下旬

综合评价：外观品质中等，内在品质中，丰产，抗病性中。

苍 溪 雪 梨

品种名称：苍溪雪梨
外文名：Cangxixueli
来源：四川苍溪
资源类型：地方品种
系谱：自然实生
早果性：4 年
树势：中
树姿：直立
节间长度（cm）：4.97
幼叶颜色：淡红
叶片长（cm）：16.29
叶片宽（cm）：5.97

花瓣数（枚）：5
柱头位置：等高
花药颜色：粉红
花冠直径（cm）：3.78
单果重（g）：445
果实形状：倒卵形、葫芦形
果皮底色：褐
果锈：无
果面着色：无
果梗长度（cm）：5.33
果梗粗度（mm）：3.45
萼片状态：脱落

果心大小：小
果实心室（个）：5
果肉硬度（kg/cm²）：7.86
果肉颜色：白
果肉质地：中细
果肉类型：疏松脆
汁液：多
风味：淡甜
可溶性固形物含量（%）：10.50
可滴定酸含量（%）：0.08
盛花期：3 月中旬
果实成熟期：9 月上旬

综合评价：外观品质好，内在品质中上，丰产，抗病性较强。

大 花 梨

品种名称：大花梨　　　　花瓣数（枚）：5　　　　果心大小：小

外文名：Dahuali　　　　柱头位置：等高　　　　果实心室（个）：4、5

来源：四川简阳　　　　花药颜色：淡紫红　　　　果肉硬度（kg/cm²）：10.16

资源类型：地方品种　　　　花冠直径（cm）：3.69　　　　果肉颜色：乳白

系谱：自然实生　　　　单果重（g）：531　　　　果肉质地：中粗

早果性：3 年　　　　果实形状：圆形　　　　果肉类型：脆

树势：弱　　　　果皮底色：黄褐　　　　汁液：中

树姿：半开张　　　　果锈：无　　　　风味：甜酸

节间长度（cm）：4.72　　　　果面着色：无　　　　可溶性固形物含量（%）：11.17

幼叶颜色：褐红　　　　果梗长度（cm）：3.62　　　　可滴定酸含量（%）：0.34

叶片长（cm）：12.37　　　　果梗粗度（mm）：3.62　　　　盛花期：3 月上中旬

叶片宽（cm）：7.02　　　　萼片状态：脱落　　　　果实成熟期：9 月上旬

综合评价：外观品质差，内在品质中，丰产性中，抗病性弱。

简阳红丝梨

品种名称：简阳红丝梨

外文名：Jianyanghongsili

来源：四川简阳

资源类型：地方品种

系谱：自然实生

早果性：6 年

树势：中

树姿：半开张

节间长度（cm）：4.46

幼叶颜色：暗红

叶片长（cm）：10.55

叶片宽（cm）：6.03

花瓣数（枚）：5.5

柱头位置：等高

花药颜色：粉红

花冠直径（cm）：3.87

单果重（g）：403

果实形状：长圆形

果皮底色：黄绿

果锈：多；全果

果面着色：无

果梗长度（cm）：3.24

果梗粗度（mm）：3.89

萼片状态：脱落

果心大小：小

果实心室（个）：4、5

果肉硬度（kg/cm^2）：9.49

果肉颜色：白

果肉质地：中细

果肉类型：脆

汁液：中

风味：甜酸

可溶性固形物含量（%）：11.35

可滴定酸含量（%）：0.42

盛花期：3 月中下旬

果实成熟期：9 月上中旬

综合评价：外观品质中等，内在品质中，丰产，抗病性中。

山 梗 子 梨

品种名称：山梗子梨

外文名：Shangengzili

来源：四川雅安

资源类型：地方品种

系谱：自然实生

早果性：6 年

树势：强

树姿：半开张

节间长度（cm）：3.77

幼叶颜色：红色

叶片长（cm）：9.51

叶片宽（cm）：6.64

花瓣数（枚）：5.5

柱头位置：低

花药颜色：深紫红

花冠直径（cm）：3.96

单果重（g）：103

果实形状：圆形

果皮底色：黄绿

果锈：少

果面着色：无

果梗长度（cm）：2.77

果梗粗度（mm）：2.31

萼片状态：脱落、宿存

果心大小：小

果实心室（个）：4、5

果肉硬度（kg/cm²）：5.92

果肉颜色：白

果肉质地：中细

果肉类型：沙面

汁液：多

风味：淡甜

可溶性固形物含量（%）：9.87

可滴定酸含量（%）：0.13

盛花期：3 月中下旬

果实成熟期：8 月上旬

综合评价：外观品质中等，内在品质中，丰产性中，抗病性较强。

1237

品种名称：1237

外文名：1237

来源：重庆铜梁

资源类型：地方品种

系谱：自然实生

早果性：6 年

树势：强

树姿：直立

节间长度（cm）：4.31

幼叶颜色：褐红

叶片长（cm）：11.74

叶片宽（cm）：7.509

花瓣数（枚）：5

柱头位置：等高

花药颜色：红

花冠直径（cm）：3.41

单果重（g）：353

果实形状：圆形

果皮底色：绿

果锈：中；全果

果面着色：无

果梗长度（cm）：4.33

果梗粗度（mm）：3.61

萼片状态：脱落

果心大小：中

果实心室（个）：5

果肉硬度（kg/cm^2）：7.09

果肉颜色：白

果肉质地：中细

果肉类型：脆

汁液：中

风味：甜

可溶性固形物含量（%）：10.40

可滴定酸含量（%）：0.19

盛花期：3 月中下旬

果实成熟期：8 月下旬

综合评价：外观品质差，内在品质中，丰产，抗病性强。

白 花 梨

品种名称：白花梨

外文名：Baihuali

来源：重庆铜梁

资源类型：地方品种

系谱：自然实生

早果性：5 年

树势：中

树姿：抱合

节间长度（cm）：4.99

幼叶颜色：褐红

叶片长（cm）：12.22

叶片宽（cm）：7.06

花瓣数（枚）：5

柱头位置：低

花药颜色：淡紫红

花冠直径（cm）：3.02

单果重（g）：444

果实形状：长圆形

果皮底色：绿

果锈：多；全果

果面着色：无

果梗长度（cm）：2.44

果梗粗度（mm）：3.70

萼片状态：脱落

果心大小：小

果实心室（个）：5

果肉硬度（kg/cm^2）：11.53

果肉颜色：白

果肉质地：中粗

果肉类型：紧密脆

汁液：中

风味：甜酸

可溶性固形物含量（%）：10.40

可滴定酸含量（%）：0.32

盛花期：3 月中旬

果实成熟期：8 月下旬

综合评价：外观品质中等，内在品质中，丰产，抗病性中。

金 吊 子

品种名称：金吊子

外文名：Jindiaozi

来源：重庆铜梁

资源类型：地方品种

系谱：自然实生

早果性：6 年

树势：强

树姿：直立

节间长度（cm）：4.23

幼叶颜色：红

叶片长（cm）：10.92

叶片宽（cm）：7.40

花瓣数（枚）：5

柱头位置：高

花药颜色：红

花冠直径（cm）：3.28

单果重（g）：227

果实形状：圆锥形

果皮底色：褐

果锈：无

果面着色：无

果梗长度（cm）：3.25

果梗粗度（mm）：3.36

萼片状态：脱落

果心大小：中

果实心室（个）：5

果肉硬度（kg/cm^2）：＞15.00

果肉颜色：乳白

果肉质地：粗

果肉类型：紧密

汁液：中

风味：酸甜

可溶性固形物含量（%）：10.33

可滴定酸含量（%）：0.34

盛花期：3 月中旬

果实成熟期：9 月上旬

综合评价：外观品质中等，内在品质下，丰产，抗病性强。

瑞 福

品种名称：瑞福　　　　花瓣数（枚）：5.2　　　　果心大小：小

外文名：Ruifu　　　　　柱头位置：等高　　　　　果实心室（个）：5

来源：重庆铜梁　　　　花药颜色：红　　　　　　果肉硬度（kg/cm²）：7.92

资源类型：地方品种　　花冠直径（cm）：3.2　　果肉颜色：白

系谱：自然实生　　　　单果重（g）：462　　　　果肉质地：中细

早果性：6 年　　　　　果实形状：圆形　　　　　果肉类型：脆

树势：强　　　　　　　果皮底色：绿黄　　　　　汁液：多

树姿：半开张　　　　　果锈：多；全果　　　　　风味：微酸

节间长度（cm）：4.74　果面着色：无　　　　　　可溶性固形物含量（%）：9.45

幼叶颜色：淡红　　　　果梗长度（cm）：2.16　可滴定酸含量（%）：0.20

叶片长（cm）：10.82　果梗粗度（mm）：4.09　盛花期：3 月中旬

叶片宽（cm）：6.45　　萼片状态：宿存　　　　　果实成熟期：9 月中旬

综合评价：外观品质中等，内在品质下，丰产，抗病性中。

铜 梁 1 号

品种名称：铜梁 1 号

外文名：Tongliang No.1

来源：重庆铜梁

资源类型：地方品种

系谱：自然实生

早果性：6 年

树势：中

树姿：直立

节间长度（cm）：5.68

幼叶颜色：褐红

叶片长（cm）：11.13

叶片宽（cm）：7.10

花瓣数（枚）：5.8

柱头位置：等高

花药颜色：淡紫

花冠直径（cm）：2.84

单果重（g）：365

果实形状：圆形

果皮底色：红褐

果锈：无

果面着色：无

果梗长度（cm）：4.23

果梗粗度（mm）：3.19

萼片状态：宿存

果心大小：小

果实心室（个）：4、5

果肉硬度（kg/cm^2）：8.48

果肉颜色：淡黄

果肉质地：中细

果肉类型：疏松脆

汁液：中

风味：淡甜

可溶性固形物含量（%）：10.63

可滴定酸含量（%）：0.13

盛花期：3 月上中旬

果实成熟期：8 月下旬

综合评价：外观品质好，内在品质中，丰产，抗病性强。

猪 嘴 巴

品种名称：猪嘴巴

外文名：Zhuzuiba

来源：重庆铜梁

资源类型：地方品种

系谱：自然实生

早果性：6 年

树势：中

树姿：半开张

节间长度（cm）：5.15

幼叶颜色：红

叶片长（cm）：11.39

叶片宽（cm）：7.67

花瓣数（枚）：5.5

柱头位置：高

花药颜色：紫红

花冠直径（cm）：4.14

单果重（g）：439

果实形状：圆形

果皮底色：褐

果锈：无

果面着色：无

果梗长度（cm）：3.45

果梗粗度（mm）：3.48

萼片状态：脱落

果心大小：小

果实心室（个）：5

果肉硬度（kg/cm²）：12.08

果肉颜色：淡黄

果肉质地：粗

果肉类型：紧密

汁液：少

风味：酸

可溶性固形物含量（%）：9.93

可滴定酸含量（%）：0.40

盛花期：3 月中旬

果实成熟期：9 月上旬

综合评价：外观品质中等，内在品质下，丰产，抗病性强。

横县大心梨

品种名称：横县大心梨
外文名：Hengxiandaxinli
来源：广西横县
资源类型：地方品种
系谱：自然实生
早果性：4 年
树势：强
树姿：直立
节间长度（cm）：4.46
幼叶颜色：红
叶片长（cm）：13.08
叶片宽（cm）：6.42

花瓣数（枚）：5.1
柱头位置：高
花药颜色：淡紫红
花冠直径（cm）：2.88
单果重（g）：169
果实形状：圆形
果皮底色：褐
果锈：无
果面着色：无
果梗长度（cm）：2.87
果梗粗度（mm）：3.01
萼片状态：脱落、残存

果心大小：大
果实心室（个）：5
果肉硬度（kg/cm^2）：14.21
果肉颜色：淡黄
果肉质地：粗
果肉类型：紧密
汁液：中
风味：甜酸
可溶性固形物含量（%）：10.37
可滴定酸含量（%）：0.48
盛花期：3 月中旬
果实成熟期：9 月中下旬

综合评价：外观品质中等，内在品质下，丰产，抗病性较强。

横县浸泡梨

品种名称：横县浸泡梨

外文名：Hengxianjinpaoli

来源：广西横县

资源类型：地方品种

系谱：自然实生

早果性：4 年

树势：中

树姿：半开张

节间长度（cm）：4.45

幼叶颜色：淡红

叶片长（cm）：12.75

叶片宽（cm）：7.48

花瓣数（枚）：7.2

柱头位置：高

花药颜色：红

花冠直径（cm）：3.24

单果重（g）：182

果实形状：圆形

果皮底色：红褐

果锈：无

果面着色：无

果梗长度（cm）：3.05

果梗粗度（mm）：3.35

萼片状态：脱落

果心大小：大

果实心室（个）：5

果肉硬度（kg/cm^2）：13.33

果肉颜色：淡黄

果肉质地：中粗

果肉类型：紧密

汁液：中

风味：酸

可溶性固形物含量（%）：9.73

可滴定酸含量（%）：0.66

盛花期：3 月上中旬

果实成熟期：9 月下旬

综合评价：外观品质好，内在品质下，丰产，抗病性强。

横县灵山梨

品种名称：横县灵山梨

外文名：Hengxianlingshanli

来源：广西横县

资源类型：地方品种

系谱：自然实生

早果性：6 年

树势：强

树姿：直立

节间长度（cm）：3.72

幼叶颜色：褐红

叶片长（cm）：9.82

叶片宽（cm）：5.82

花瓣数（枚）：5

柱头位置：高

花药颜色：淡粉

花冠直径（cm）：2.84

单果重（g）：183

果实形状：圆形

果皮底色：褐

果锈：无

果面着色：无

果梗长度（cm）：3.07

果梗粗度（mm）：3.36

萼片状态：脱落

果心大小：中

果实心室（个）：5

果肉硬度（kg/cm²）：14.53

果肉颜色：乳白

果肉质地：中粗

果肉类型：紧密

汁液：中

风味：酸甜

可溶性固形物含量（%）：10.50

可滴定酸含量（%）：0.23

盛花期：3 月上中旬

果实成熟期：9 月中旬

综合评价：外观品质中等，内在品质下，极丰产，抗病性较强。自花结实率高。

横县蜜梨

品种名称：横县蜜梨

外文名：Hengxianmili

来源：广西横县

资源类型：地方品种

系谱：自然实生

早果性：3 年

树势：中

树姿：半开张

节间长度（cm）：4.04

幼叶颜色：褐红

叶片长（cm）：14.99

叶片宽（cm）：5.95

花瓣数（枚）：5.8

柱头位置：高

花药颜色：粉红

花冠直径（cm）：2.32

单果重（g）：154

果实形状：圆形

果皮底色：褐

果锈：无

果面着色：无

果梗长度（cm）：3.62

果梗粗度（mm）：2.88

萼片状态：脱落、残存

果心大小：中

果实心室（个）：5

果肉硬度（kg/cm^2）：> 15.00

果肉颜色：白

果肉质地：中粗

果肉类型：紧密

汁液：少

风味：甜

可溶性固形物含量（%）：11.87

可滴定酸含量（%）：0.19

盛花期：3 月上中旬

果实成熟期：9 月下旬

综合评价：外观品质中等，内在品质中，丰产，抗病性强。

横 县 涩 梨

品种名称：横县涩梨
外文名：Hengxianseli
来源：广西横县
资源类型：地方品种
系谱：自然实生
早果性：6 年
树势：强
树姿：半开张
节间长度（cm）：5.27
幼叶颜色：暗红
叶片长（cm）：11.68
叶片宽（cm）：5.49

花瓣数（枚）：5.6
柱头位置：高
花药颜色：紫红
花冠直径（cm）：3.05
单果重（g）：192
果实形状：圆形
果皮底色：褐
果锈：无
果面着色：无
果梗长度（cm）：2.71
果梗粗度（mm）：4.82
萼片状态：宿存

果心大小：中
果实心室（个）：5
果肉硬度（kg/cm²）：11.53
果肉颜色：淡黄
果肉质地：中粗
果肉类型：紧密
汁液：中
风味：甜酸
可溶性固形物含量（%）：10.30
可滴定酸含量（%）：0.55
盛花期：3 月上中旬
果实成熟期：9 月中旬

综合评价：外观品质中等，内在品质中下，丰产，抗病性较强。

横 县 酸 梨

品种名称：横县酸梨

外文名：Hengxiansuanli

来源：广西横县

资源类型：地方品种

系谱：自然实生

早果性：5 年

树势：强

树姿：直立

节间长度（cm）：4.65

幼叶颜色：褐红

叶片长（cm）：11.03

叶片宽（cm）：5.94

花瓣数（枚）：5.2

柱头位置：等高

花药颜色：粉红

花冠直径（cm）：2.58

单果重（g）：194

果实形状：圆形

果皮底色：褐

果锈：无

果面着色：无

果梗长度（cm）：3.14

果梗粗度（mm）：3.33

萼片状态：脱落、宿存

果心大小：中

果实心室（个）：5

果肉硬度（kg/cm²）：12.71

果肉颜色：淡黄

果肉质地：中粗

果肉类型：紧密

汁液：中

风味：酸

可溶性固形物含量（%）：12.10

可滴定酸含量（%）：0.59

盛花期：3 月下旬

果实成熟期：9 月下旬

综合评价：外观品质好，内在品质下，丰产，抗病性中。

母猪梨 1 号

品种名称：母猪梨 1 号 　　花瓣数（枚）：5 　　果心大小：中

外文名：Muzhuli No.1 　　柱头位置：高 　　果实心室（个）：5

来源：广西横县 　　花药颜色：深紫红 　　果肉硬度（kg/cm²）：＞ 15.00

资源类型：地方品种 　　花冠直径（cm）：3.48 　　果肉颜色：淡黄

系谱：自然实生 　　单果重（g）：238 　　果肉质地：中粗

早果性：5 年 　　果实形状：圆形、圆锥形 　　果肉类型：紧密

树势：弱 　　果皮底色：黄 　　汁液：少

树姿：直立 　　果锈：多；全果 　　风味：甜酸

节间长度（cm）：4.69 　　果面着色：无 　　可溶性固形物含量（%）：11.00

幼叶颜色：暗红 　　果梗长度（cm）：4.19 　　可滴定酸含量（%）：0.42

叶片长（cm）：12.89 　　果梗粗度（mm）：3.64 　　盛花期：3 月上中旬

叶片宽（cm）：7.82 　　萼片状态：宿存 　　果实成熟期：9 月中旬

综合评价：外观品质差，内在品质下，丰产，抗病性较强。

母猪梨 2 号

品种名称：母猪梨 2 号

外文名：Muzhuli No.2

来源：广西横县

资源类型：地方品种

系谱：自然实生

早果性：5 年

树势：强

树姿：直立

节间长度（cm）：5.19

幼叶颜色：暗红

叶片长（cm）：12.79

叶片宽（cm）：7.05

花瓣数（枚）：5

柱头位置：等高

花药颜色：紫

花冠直径（cm）：3.50

单果重（g）：233

果实形状：扁圆形、圆形

果皮底色：褐

果锈：无

果面着色：无

果梗长度（cm）：5.10

果梗粗度（mm）：3.26

萼片状态：脱落、宿存

果心大小：中

果实心室（个）：5

果肉硬度（kg/cm^2）：＞15.00

果肉颜色：白

果肉质地：中粗

果肉类型：紧密

汁液：少

风味：酸甜

可溶性固形物含量（%）：10.90

可滴定酸含量（%）：0.55

盛花期：3 月上中旬

果实成熟期：9 月中旬

综合评价：外观品质差，内在品质下，丰产，抗病性较强。

南宁大沙梨

品种名称：南宁大沙梨　　花瓣数（枚）：5　　果心大小：中

外文名：Nanningdashali　　柱头位置：等高　　果实心室（个）：5

来源：广西横县　　花药颜色：淡粉　　果肉硬度（kg/cm²）：10.84

资源类型：地方品种　　花冠直径（cm）：3.24　　果肉颜色：白

系谱：自然实生　　单果重（g）：164　　果肉质地：细

早果性：4 年　　果实形状：圆形　　果肉类型：脆

树势：中　　果皮底色：绿　　汁液：多

树姿：半开张　　果锈：中；全果　　风味：酸甜

节间长度（cm）：4.22　　果面着色：无　　可溶性固形物含量（%）：9.83

幼叶颜色：淡红　　果梗长度（cm）：2.48　　可滴定酸含量（%）：0.22

叶片长（cm）：11.67　　果梗粗度（mm）：3.22　　盛花期：3 月上中旬

叶片宽（cm）：6.38　　萼片状态：脱落、宿存　　果实成熟期：9 月下旬

综合评价：外观品质差，内在品质中，极丰产，抗病性强。

粗 皮 糖 梨

品种名称：粗皮糖梨

外文名：Cupitangli

来源：广西灌阳

资源类型：地方品种

系谱：自然实生

早果性：4 年

树势：中

树姿：直立

节间长度（cm）：4.08

幼叶颜色：绿黄

叶片长（cm）：10.60

叶片宽（cm）：6.80

花瓣数（枚）：5.2

柱头位置：低

花药颜色：粉红

花冠直径（cm）：3.15

单果重（g）：167

果实形状：圆形

果皮底色：绿

果锈：多；全果

果面着色：无

果梗长度（cm）：2.98

果梗粗度（mm）：3.11

萼片状态：脱落

果心大小：中

果实心室（个）：5

果肉硬度（kg/cm^2）：14.88

果肉颜色：淡黄

果肉质地：中粗

果肉类型：紧密

汁液：中

风味：酸甜

可溶性固形物含量（%）：12.87

可滴定酸含量（%）：0.73

盛花期：3 月中旬

果实成熟期：9 月中旬

综合评价：外观品质较差，内在品质下，丰产，抗病性中。

灌阳大青皮梨

品种名称：灌阳大青皮梨

外文名：Guanyangdaqingpili

来源：广西灌阳

资源类型：地方品种

系谱：自然实生

早果性：4 年

树势：中

树姿：直立

节间长度（cm）：4.73

幼叶颜色：红

叶片长（cm）：8.89

叶片宽（cm）：6.52

花瓣数（枚）：5.1

柱头位置：高

花药颜色：粉红

花冠直径（cm）：3.04

单果重（g）：302

果实形状：圆形

果皮底色：绿

果锈：多；全果

果面着色：无

果梗长度（cm）：2.77

果梗粗度（mm）：3.37

萼片状态：宿存

果心大小：小

果实心室（个）：5

果肉硬度（kg/cm²）：12.91

果肉颜色：白

果肉质地：中粗

果肉类型：脆

汁液：中

风味：甜酸

可溶性固形物含量（%）：10.33

可滴定酸含量（%）：0.37

盛花期：3 月中下旬

果实成熟期：9 月中下旬

综合评价：外观品质差，内在品质中，不丰产，抗病性中。

灌阳红皮梨

品种名称：灌阳红皮梨

外文名：Guanyanghongpili

来源：广西灌阳

资源类型：地方品种

系谱：自然实生

早果性：3 年

树势：弱

树姿：直立

节间长度（cm）：4.75

幼叶颜色：绿黄

叶片长（cm）：11.05

叶片宽（cm）：7.66

花瓣数（枚）：5.3

柱头位置：低

花药颜色：淡紫红

花冠直径（cm）：2.85

单果重（g）：180

果实形状：纺锤形、倒卵形

果皮底色：红褐

果锈：无

果面着色：无

果梗长度（cm）：3.24

果梗粗度（mm）：3.56

萼片状态：宿存

果心大小：中

果实心室（个）：5

果肉硬度（kg/cm^2）：8.84

果肉颜色：淡黄

果肉质地：中细

果肉类型：脆

汁液：中

风味：酸甜

可溶性固形物含量（%）：9.80

可滴定酸含量（%）：0.27

盛花期：3 月上中旬

果实成熟期：9 月中下旬

综合评价：外观品质中等，内在品质中等，丰产性中，抗病性强。

灌阳青水梨

品种名称：灌阳青水梨

外文名：Guanyangqingshuili

来源：广西灌阳

资源类型：地方品种

系谱：自然实生

早果性：3 年

树势：中

树姿：直立

节间长度（cm）：5.09

幼叶颜色：绿黄

叶片长（cm）：10.89

叶片宽（cm）：6.83

花瓣数（枚）：5

柱头位置：等高

花药颜色：粉红

花冠直径（cm）：2.67

单果重（g）：203

果实形状：圆形、倒卵形

果皮底色：绿

果锈：中；全果

果面着色：无

果梗长度（cm）：4.64

果梗粗度（mm）：2.62

萼片状态：脱落

果心大小：中

果实心室（个）：5

果肉硬度（kg/cm²）：10.95

果肉颜色：白

果肉质地：中粗

果肉类型：脆

汁液：多

风味：甜酸

可溶性固形物含量（%）：10.70

可滴定酸含量（%）：0.24

盛花期：3 月上中旬

果实成熟期：9 月中下旬

综合评价：外观品质差，内在品质中，丰产，抗病性中。

灌阳水南梨

品种名称：灌阳水南梨

外文名：Guanyangshuinanli

来源：广西灌阳

资源类型：地方品种

系谱：自然实生

早果性：4 年

树势：强

树姿：直立

节间长度（cm）：4.55

幼叶颜色：淡红

叶片长（cm）：8.16

叶片宽（cm）：6.08

花瓣数（枚）：5

柱头位置：等高

花药颜色：粉红

花冠直径（cm）：2.74

单果重（g）：250

果实形状：长圆形

果皮底色：绿

果锈：多；全果

果面着色：无

果梗长度（cm）：2.86

果梗粗度（mm）：3.44

萼片状态：宿存

果心大小：中

果实心室（个）：5

果肉硬度（kg/cm²）：8.85

果肉颜色：白

果肉质地：中细

果肉类型：脆

汁液：中

风味：酸甜

可溶性固形物含量（%）：11.15

可滴定酸含量（%）：0.31

盛花期：3 月中旬

果实成熟期：9 月上中旬

综合评价：外观品质差，内在品质中，丰产，抗病性较强。

灌阳雪梨

品种名称：灌阳雪梨

外文名：Guanyangxueli

来源：广西灌阳

资源类型：地方品种

系谱：自然实生

早果性：2 年

树势：弱

树姿：半开张

节间长度（cm）：4.62

幼叶颜色：绿黄

叶片长（cm）：11.25

叶片宽（cm）：6.12

花瓣数（枚）：5

柱头位置：高

花药颜色：淡紫

花冠直径（cm）：2.73

单果重（g）：158

果实形状：圆形

果皮底色：黄褐

果锈：无

果面着色：无

果梗长度（cm）：4.59

果梗粗度（mm）：2.88

萼片状态：脱落

果心大小：大

果实心室（个）：5

果肉硬度（kg/cm^2）：9.17

果肉颜色：白

果肉质地：中细

果肉类型：脆

汁液：中

风味：酸甜

可溶性固形物含量（%）：9.88

可滴定酸含量（%）0.18

盛花期：3 月上中旬

果实成熟期：9 月上旬

综合评价：外观品质中等，内在品质中，丰产性中，抗病性强。

灌阳早禾梨

品种名称：灌阳早禾梨

外文名：Guanyangzaoheli

来源：广西灌阳

资源类型：地方品种

系谱：自然实生

早果性：4 年

树势：中

树姿：直立

节间长度（cm）：5.15

幼叶颜色：绿黄

叶片长（cm）：10.96

叶片宽（cm）：6.15

花瓣数（枚）：5.8

柱头位置：高

花药颜色：粉红

花冠直径（cm）：3.32

单果重（g）：84

果实形状：扁圆形

果皮底色：绿

果锈：少

果面着色：无

果梗长度（cm）：4.09

果梗粗度（mm）：2.76

萼片状态：脱落

果心大小：中

果实心室（个）：5、6

果肉硬度（kg/cm²）：11.37

果肉颜色：白

果肉质地：中粗

果肉类型：脆

汁液：多

风味：淡甜

可溶性固形物含量（%）：8.85

可滴定酸含量（%）：0.24

盛花期：3 月中旬

果实成熟期：9 月上中旬

综合评价：外观品质较差，内在品质中，丰产性中，抗病性中。

黄 皮 鹅 梨

品种名称：黄皮鹅梨　　　花瓣数（枚）：5　　　　果心大小：中

外文名：Huangpieli　　　柱头位置：等高　　　　果实心室（个）：5

来源：广西灌阳　　　　　花药颜色：淡紫红　　　果肉硬度（kg/cm²）：11.50

资源类型：地方品种　　　花冠直径（cm）：2.40　果肉颜色：白

系谱：自然实生　　　　　单果重（g）：194　　　果肉质地：中粗

早果性：4年　　　　　　果实形状：长圆形　　　果肉类型：脆

树势：强　　　　　　　　果皮底色：褐　　　　　汁液：中

树姿：开张　　　　　　　果锈：无　　　　　　　风味：淡甜

节间长度（cm）：4.30　　果面着色：无　　　　　可溶性固形物含量（%）：9.80

幼叶颜色：红　　　　　　果梗长度（cm）：3.39　可滴定酸含量（%）：0.17

叶片长（cm）：11.08　　果梗粗度（mm）：3.41　盛花期：3月中下旬

叶片宽（cm）：6.21　　　萼片状态：宿存　　　　果实成熟期：9月中旬

综合评价：外观品质中等，内在品质中，丰产，抗病性中，具自交亲合性。

柳城凤山梨

品种名称：柳城凤山梨

外文名：Liuchengfengshanli

来源：广西柳城

资源类型：地方品种

系谱：自然实生

早果性：3 年

树势：强

树姿：直立

节间长度（cm）：4.49

幼叶颜色：淡红

叶片长（cm）：10.85

叶片宽（cm）：7.05

花瓣数（枚）：5.08

柱头位置：等高

花药颜色：紫红

花冠直径（cm）：3.15

单果重（g）：212

果实形状：纺锤形、倒卵形

果皮底色：绿

果锈：多；全果

果面着色：无

果梗长度（cm）：4.24

果梗粗度（mm）：2.58

萼片状态：脱落、宿存

果心大小：中

果实心室（个）：5

果肉硬度（kg/cm^2）：10.66

果肉颜色：白

果肉质地：中细

果肉类型：脆

汁液：中

风味：淡甜

可溶性固形物含量（%）：10.12

可滴定酸含量（%）：0.11

盛花期：3 月上中旬

果实成熟期：9 月下旬

综合评价：外观品质中等，内在品质中上，丰产，抗病性强。

柳 城 雪 梨

品种名称：柳城雪梨

外文名：Liuchengxueli

来源：广西柳城

资源类型：地方品种

系谱：自然实生

早果性：5 年

树势：强

树姿：直立

节间长度（cm）：4.66

幼叶颜色：淡红

叶片长（cm）：12.59

叶片宽（cm）：8.07

花瓣数（枚）：5.4

柱头位置：低

花药颜色：紫

花冠直径（cm）：2.87

单果重（g）：300

果实形状：纺锤形、倒卵形

果皮底色：绿

果锈：多；全果

果面着色：无

果梗长度（cm）：4.91

果梗粗度（mm）：2.74

萼片状态：脱落

果心大小：中

果实心室（个）：5

果肉硬度（kg/cm²）：11.77

果肉颜色：白

果肉质地：中细

果肉类型：脆

汁液：中

可溶性固形物含量（%）：10.50

可滴定酸含量（%）：0.13

盛花期：3 月上中旬

果实成熟期：9 月中旬

综合评价：外观品质中等，内在品质中，丰产，抗病性较强。

三门江黄梨

品种名称：三门江黄梨

外文名：Sanmenjianghuangli

来源：广西柳城

资源类型：地方品种

系谱：自然实生

早果性：4 年

树势：中

树姿：直立

节间长度（cm）：4.80

幼叶颜色：淡红

叶片长（cm）：11.57

叶片宽（cm）：8.02

花瓣数（枚）：5.8

柱头位置：等高

花药颜色：紫红

花冠直径（cm）：3.23

单果重（g）：306

果实形状：纺锤形、倒卵形

果皮底色：褐

果锈：无

果面着色：无

果梗长度（cm）：3.60

果梗粗度（mm）：3.18

萼片状态：脱落、宿存

果心大小：中

果实心室（个）：5

果肉硬度（kg/cm²）：11.85

果肉颜色：淡黄

果肉质地：中细

果肉类型：紧密脆

汁液：少

风味：淡甜

可溶性固形物含量（%）：9.66

可滴定酸含量（%）：0.14

盛花期：3 月上中旬

果实成熟期：9 月下旬

综合评价：外观品质中等，内在品质中，丰产，抗病性中。

三门江沙梨

品种名称：三门江沙梨

外文名：Sanmenjiangshali

来源：广西柳城

资源类型：地方品种

系谱：自然实生

早果性：5 年

树势：中

树姿：直立

节间长度（cm）：4.69

幼叶颜色：淡红

叶片长（cm）：11.40

叶片宽（cm）：8.21

花瓣数（枚）：6.18

柱头位置：等高

花药颜色：紫红

花冠直径（cm）：3.26

单果重（g）：354

果实形状：倒卵形、纺锤形

果皮底色：黄褐

果锈：无

果面着色：无

果梗长度（cm）：3.88

果梗粗度（mm）：3.09

萼片状态：脱落、宿存

果心大小：中

果实心室（个）：5

果肉硬度（kg/cm^2）：11.64

果肉颜色：白

果肉质地：中细

果肉类型：脆

汁液：中

风味：淡甜

可溶性固形物含量（%）：10.43

可滴定酸含量（%）：0.15

盛花期：3 月上中旬

果实成熟期：9 月下旬

综合评价：外观品质中等，内在品质中，丰产，抗病性弱。

全 州 梨

品种名称：全州梨

外文名：Quanzhouli

来源：广西桂林

资源类型：地方品种

系谱：自然实生

早果性：7 年

树势：中

树姿：直立

节间长度（cm）：5.35

幼叶颜色：黄绿

叶片长（cm）：10.69

叶片宽（cm）：7.03

花瓣数（枚）：6.2

柱头位置：高

花药颜色：紫红

花冠直径（cm）：4.15

单果重（g）：263

果实形状：扁圆形

果皮底色：黄褐

果锈：无

果面着色：无

果梗长度（cm）：3.74

果梗粗度（mm）：3.44

萼片状态：脱落、宿存

果心大小：中

果实心室（个）：5、6

果肉硬度（kg/cm²）：11.48

果肉颜色：白

果肉质地：中细

果肉类型：紧密

汁液：中

风味：淡甜

可溶性固形物含量（%）：10.57

可滴定酸含量（%）：0.20

盛花期：3 月中下旬

果实成熟期：9 月上旬

综合评价：外观品质中等，内在品质中，丰产，抗病性较强。

雁山黄皮消

品种名称：雁山黄皮消

外文名：Yanshanhuangpixiao

来源：广西桂林

资源类型：地方品种

系谱：自然实生

早果性：5 年

树势：中

树姿：半开张

节间长度（cm）：4.59

幼叶颜色：红

叶片长（cm）：13.32

叶片宽（cm）：7.25

花瓣数（枚）：5.2

柱头位置：等高

花药颜色：粉红

花冠直径（cm）：3.15

单果重（g）：151

果实形状：圆形

果皮底色：黄绿

果锈：多；全果

果面着色：无

果梗长度（cm）：3.50

果梗粗度（mm）：3.07

萼片状态：脱落

果心大小：大

果实心室（个）：5、6

果肉硬度（kg/cm²）：11.90

果肉颜色：白

果肉质地：中粗

果肉类型：脆

汁液：少

风味：微酸

可溶性固形物含量（%）：11.47

可滴定酸含量（%）：0.39

盛花期：3 月上中旬

果实成熟期：9 月上旬

综合评价：外观品质较差，内在品质中下，不丰产，抗病性中。

雁山六月梨

品种名称：雁山六月梨

外文名：Yanshanliuyueli

来源：广西桂林

资源类型：地方品种

系谱：自然实生

早果性：5 年

树势：弱

树姿：抱合

节间长度（cm）：4.37

幼叶颜色：红

叶片长（cm）：9.67

叶片宽（cm）：5.96

花瓣数（枚）：5.3

柱头位置：等高

花药颜色：粉红

花冠直径（cm）：2.92

单果重（g）：233

果实形状：长圆形

果皮底色：黄褐

果锈：无

果面着色：无

果梗长度（cm）：2.91

果梗粗度（mm）：2.86

萼片状态：宿存

果心大小：中

果实心室（个）：5

果肉硬度（kg/cm^2）：10.10

果肉颜色：淡黄

果肉质地：中细

果肉类型：脆

汁液：中

风味：淡甜

可溶性固形物含量（%）：11.17

可滴定酸含量（%）：0.12

盛花期：3 月上中旬

果实成熟期：9 月上旬

综合评价：外观品质中等，内在品质中，不丰产，抗病性中。

雁山青皮雪梨

品种名称：雁山青皮雪梨

外文名：Yanshanqingpixueli

来源：广西桂林

资源类型：地方品种

系谱：自然实生

早果性：4 年

树势：中

树姿：直立

节间长度（cm）：4.55

幼叶颜色：黄绿

叶片长（cm）：9.85

叶片宽（cm）：6.70

花瓣数（枚）：5.2

柱头位置：高

花药颜色：红

花冠直径（cm）：2.80

单果重（g）：168

果实形状：圆形

果皮底色：绿

果锈：少

果面着色：无

果梗长度（cm）：4.01

果梗粗度（mm）：2.92

萼片状态：脱落

果心大小：中

果实心室（个）：5

果肉硬度（kg/cm²）：10.29

果肉颜色：白

果肉质地：中细

果肉类型：脆

汁液：中

风味：淡甜

可溶性固形物含量（%）：9.35

可滴定酸含量（%）：0.19

盛花期：3 月中下旬

果实成熟期：9 中下旬

综合评价：外观品质中等，内在品质中，丰产性中，抗病性中。

桂 花 梨

品种名称：桂花梨

外文名：Guihuali

来源：广西龙胜

资源类型：地方品种

系谱：自然实生

早果性：4 年

树势：中

树姿：直立

节间长度（cm）：3.99

幼叶颜色：绿黄

叶片长（cm）：9.65

叶片宽（cm）：5.62

花瓣数（枚）：5.1

柱头位置：等高

花药颜色：淡紫红

花冠直径（cm）：3.49

单果重（g）：178

果实形状：圆形

果皮底色：绿

果锈：多；全果

果面着色：无

果梗长度（cm）：2.94

果梗粗度（mm）：2.91

萼片状态：脱落、残存

果心大小：中

果实心室（个）：5

果肉硬度（kg/cm^2）：14.68

果肉颜色：绿白

果肉质地：中粗

果肉类型：紧密

汁液：少

风味：淡甜

可溶性固形物含量（%）：10.10

可滴定酸含量（%）：0.19

盛花期：3 月中下旬

果实成熟期：9 月中旬

综合评价：外观品质较差，内在品质差，丰产性中，抗病性较弱。

黄粗皮梨

品种名称：黄粗皮梨

外文名：Huangcupili

来源：广西龙胜

资源类型：地方品种

系谱：自然实生

早果性：2 年

树势：强

树姿：半开张

节间长度（cm）：5.48

幼叶颜色：绿黄

叶片长（cm）：10.69

叶片宽（cm）：7.21

花瓣数（枚）：5.4

柱头位置：高

花药颜色：紫红

花冠直径（cm）：2.99

单果重（g）：249

果实形状：纺锤形

果皮底色：褐

果锈：无

果面着色：无

果梗长度（cm）：3.03

果梗粗度（mm）：3.80

萼片状态：宿存

果心大小：中

果实心室（个）：5、6

果肉硬度（kg/cm^2）：14.52

果肉颜色：淡黄

果肉质地：中粗

果肉类型：紧密

汁液：中

风味：甜酸

可溶性固形物含量（%）：9.50

可滴定酸含量（%）：0.26

盛花期：3 月中下旬

果实成熟期：9 月中下旬

综合评价：外观品质中等，内在品质下，丰产，抗病性强。

黄 细 皮 梨

品种名称：黄细皮梨

外文名：Huangxipili

来源：广西龙胜

资源类型：地方品种

系谱：自然实生

早果性：2年

树势：弱

树姿：半开张

节间长度（cm）：5.02

幼叶颜色：绿黄

叶片长（cm）：11.58

叶片宽（cm）：6.75

花瓣数（枚）：5.2

柱头位置：等高

花药颜色：红

花冠直径（cm）：3.34

单果重（g）：214

果实形状：长圆形

果皮底色：褐

果锈：无

果面着色：无

果梗长度（cm）：3.72

果梗粗度（mm）：3.22

萼片状态：宿存

果心大小：中

果实心室（个）：5

果肉硬度（kg/cm²）：11.07

果肉颜色：乳白

果肉质地：中细

果肉类型：脆

汁液：中

风味：酸甜

可溶性固形物含量（%）：10.37

可滴定酸含量（%）：0.15

盛花期：3月中下旬

果实成熟期：9月上旬

综合评价：外观品质中等，内在品质中，丰产，抗病性中。

青 皮 梨

品种名称：青皮梨

外文名：Qingpili

来源：广西龙胜

资源类型：地方品种

系谱：自然实生

早果性：5 年

树势：强

树姿：直立

节间长度（cm）：5.28

幼叶颜色：淡红

叶片长（cm）：12.36

叶片宽（cm）：7.89

花瓣数（枚）：6

柱头位置：高

花药颜色：红

花冠直径（cm）：3.74

单果重（g）：218

果实形状：圆形

果皮底色：绿

果锈：多；全果

果面着色：无

果梗长度（cm）：2.61

果梗粗度（mm）：3.32

萼片状态：宿存

果心大小：中

果实心室（个）：5

果肉硬度（kg/cm^2）：12.88

果肉颜色：绿白

果肉质地：中粗

果肉类型：紧密脆

汁液：中

风味：酸甜

可溶性固形物含量（%）：12.00

可滴定酸含量（%）：0.32

盛花期：3 月中旬

果实成熟期：9 月上旬

综合评价：外观品质较差，内在品质中，丰产，抗病性较强。

黄皮雪梨

品种名称：黄皮雪梨

外文名：Huangpixueli

来源：广西恭城

资源类型：地方品种

系谱：自然实生

早果性：4 年

树势：中

树姿：半开张

节间长度（cm）：4.44

幼叶颜色：绿黄

叶片长（cm）：10.63

叶片宽（cm）：6.27

花瓣数（枚）：5.2

柱头位置：低

花药颜色：粉红

花冠直径（cm）：3.21

单果重（g）：158

果实形状：倒卵形

果皮底色：黄褐

果锈：无

果面着色：无

果梗长度（cm）：4.31

果梗粗度（mm）：2.86

萼片状态：脱落

果心大小：中

果实心室（个）：5

果肉硬度（kg/cm²）：10.76

果肉颜色：白

果肉质地：中细

果肉类型：脆

汁液：中

风味：淡甜

可溶性固形物含量（%）：10.25

可滴定酸含量（%）：0.21

盛花期：3 月中下旬

果实成熟期：9 月上旬

综合评价：外观品质中等，内在品质中，丰产，抗病性中。

黄皮长把糖梨

品种名称：黄皮长把糖梨

外文名：Huangpichangbatangli

来源：广西恭城

资源类型：地方品种

系谱：自然实生

早果性：2 年

树势：强

树姿：抱合

节间长度（cm）：4.48

幼叶颜色：淡绿

叶片长（cm）：10.84

叶片宽（cm）：6.61

花瓣数（枚）：5

柱头位置：等高

花药颜色：红

花冠直径（cm）：4.16

单果重（g）：296

果实形状：圆形

果皮底色：黄褐

果锈：无

果面着色：无

果梗长度（cm）：5.69

果梗粗度（mm）：3.39

萼片状态：宿存

果心大小：中

果实心室（个）：5

果肉硬度（kg/cm^2）：10.01

果肉颜色：乳白

果肉质地：中细

果肉类型：脆

汁液：中

风味：甜酸

可溶性固形物含量（%）：9.33

可滴定酸含量（%）：0.24

盛花期：3 月中旬

果实成熟期：9 月上旬

综合评价：外观品质中等，内在品质中，不丰产，抗病性较弱。

青 皮 酸 梨

品种名称：青皮酸梨

外文名：Qingpisuanli

来源：广西恭城

资源类型：地方品种

系谱：自然实生

早果性：2 年

树势：强

树姿：半开张

节间长度（cm）：4.09

幼叶颜色：黄绿

叶片长（cm）：9.97

叶片宽（cm）：6.41

花瓣数（枚）：5.6

柱头位置：等高

花药颜色：紫红

花冠直径（cm）：2.98

单果重（g）：140

果实形状：圆形

果皮底色：绿

果锈：多；全果

果面着色：无

果梗长度（cm）：3.02

果梗粗度（mm）：2.92

萼片状态：残存

果心大小：中

果实心室（个）：5

果肉硬度（kg/cm²）：13.40

果肉颜色：乳白

果肉质地：粗

果肉类型：紧密

汁液：中

风味：酸

可溶性固形物含量（%）：10.55

可滴定酸含量（%）：0.56

盛花期：3 月中旬

果实成熟期：9 月中旬

综合评价：外观品质较差，内在品质下，不丰产，抗病性较强。

细 皮 糖 梨

品种名称：细皮糖梨

外文名：Xipitangli

来源：广西恭城

资源类型：地方品种

系谱：自然实生

早果性：4 年

树势：强

树姿：半开张

节间长度（cm）：4.56

幼叶颜色：绿黄

叶片长（cm）：8.60

叶片宽（cm）：6.61

花瓣数（枚）：5.8

柱头位置：等高

花药颜色：红

花冠直径（cm）：3.10

单果重（g）：198

果实形状：圆锥形、圆形

果皮底色：绿

果锈：多；全果

果面着色：无

果梗长度（cm）：3.71

果梗粗度（mm）：2.94

萼片状态：脱落、残存

果心大小：中

果实心室（个）：5

果肉硬度（kg/cm^2）：10.73

果肉颜色：白

果肉质地：中粗

果肉类型：脆

汁液：中

风味：淡甜

可溶性固形物含量（%）：11.00

可滴定酸含量（%）：0.24

盛花期：3 月下旬

果实成熟期：9 月中旬

综合评价：外观品质中等，内在品质中，丰产，抗病性强。

北 流 黄 梨

品种名称：北流黄梨

外文名：Beiliuhuangli

来源：广西北流

种质类型：地方品种

系谱：自然实生

早果性：4 年

树势：弱

树姿：半开张

节间长度（cm）：4.32

幼叶颜色：淡绿

叶片长（cm）：7.64

叶片宽（cm）：4.11

花瓣数（枚）：5

柱头位置：高

花药颜色：粉红

花冠直径（cm）：2.95

单果重（g）：61

果实形状：扁圆形

果皮底色：黄褐

果锈：无

果面着色：无

果梗长度（cm）：2.45

果梗粗度（mm）：2.78

萼片状态：脱落

果心大小：中

果实心室（个）：5

果肉硬度（kg/cm^2）：14.75

果肉颜色：淡黄

果肉质地：粗

果肉类型：紧密

汁液：少

风味：甜酸

可溶性固形物含量（%）：9.38

可滴定酸含量（%）：0.45

盛花期：3 月上中旬

果实成熟期：9 月中下旬

综合评价：外观品质中等，内在品质下，丰产，抗病性中。

北 流 蜜 梨

品种名称：北流蜜梨

外文名：Beiliumili

原产地：广西北流

资源类型：地方品种

系谱：自然实生

早果性：4 年

树势：弱

树姿：直立

节间长度（cm）：4.25

幼叶颜色：褐红

叶片长（cm）：8.85

叶片宽（cm）：5.92

花瓣数（枚）：5

柱头位置：高

花药颜色：粉红

花冠直径（cm）：3.46

单果重（g）：204

果实形状：扁圆形

果皮底色：褐

果锈：无

果面着色：无

果梗长度（cm）：2.48

果梗粗度（mm）：3.22

萼片状态：脱落

果心大小：中

果实心室（个）：5

果肉硬度（kg/cm²）：12.90

果肉颜色：白

果肉质地：中粗

果肉类型：紧密

汁液：中

风味：酸甜

可溶性固形物含量（%）：10.97

可滴定酸含量（%）：0.30

盛花期：3 月上中旬

果实成熟期：9 月下旬

综合评价：外观品质中等，内在品质中，丰产，抗病性较强。

北 流 青 梨

品种名称：北流青梨

外文名：Beiliuqingli

来源：广西北流

资源类型：地方品种

系谱：自然实生

早果性：4 年

树势：强

树姿：开张

节间长度（cm）：4.85

幼叶颜色：褐红

叶片长（cm）：9.68

叶片宽（cm）：6.54

花瓣数（枚）：5

柱头位置：高

花药颜色：淡粉

花冠直径（cm）：3.32

单果重（g）：213

果实形状：圆形

果皮底色：绿

果锈：中；全果

果面着色：无

果梗长度（cm）：2.74

果梗粗度（mm）：3.44

萼片状态：宿存

果心大小：大

果实心室（个）：4、5

果肉硬度（kg/cm²）：12.53

果肉颜色：白

果肉质地：中粗

果肉类型：紧密

汁液：中

风味：酸甜

可溶性固形物含量（%）：11.30

可滴定酸含量（%）：0.36

盛花期：3月上中旬

果实成熟期：9月中旬

综合评价：外观品质较差，内在品质中，丰产，抗病性强。

靖 西 冬 梨

品种名称：靖西冬梨

外文名：Jingxidongli

来源：广西靖西

资源类型：地方品种

系谱：自然实生

早果性：4 年

树势：强

树姿：半开张

节间长度（cm）：4.17

幼叶颜色：淡红

叶片长（cm）：11.19

叶片宽（cm）：7.25

花瓣数（枚）：5

柱头位置：高

花药颜色：红

花冠直径（cm）：3.16

单果重（g）：273

果实形状：圆形、长圆形

果皮底色：褐

果锈：无

果面着色：无

果梗长度（cm）：3.58

果梗粗度（mm）：2.97

萼片状态：脱落

果心大小：中

果实心室（个）：5

果肉硬度（kg/cm²）：14.32

果肉颜色：白

果肉质地：粗

果肉类型：紧密

汁液：少

风味：微酸

可溶性固形物含量（%）：9.70

可滴定酸含量（%）：0.33

盛花期：3 月中下旬

果实成熟期：9 月下旬

综合评价：外观品质中等，内在品质下，丰产，抗病性较强。

靖西青皮梨

品种名称：靖西青皮梨

外文名：Jingxiqingpili

来源：广西靖西

资源类型：地方品种

系谱：自然实生

早果性：7 年

树势：中

树姿：直立

节间长度（cm）：3.89

幼叶颜色：淡绿

叶片长（cm）：13.18

叶片宽（cm）：8.58

花瓣数（枚）：5

柱头位置：高

花药颜色：紫红

花冠直径（cm）：2.88

单果重（g）：274

果实形状：长圆形、倒卵形

果皮底色：黄绿

果锈：中；全果

果面着色：无

果梗长度（cm）：4.85

果梗粗度（mm）：4.63

萼片状态：宿存

果心大小：中

果实心室（个）：5

果肉硬度（kg/cm^2）：12.08

果肉颜色：乳白

果肉质地：粗

果肉类型：紧密脆

汁液：中

风味：淡甜

可溶性固形物含量（%）：11.33

可滴定酸含量（%）：0.32

盛花期：3 月中下旬

果实成熟期：9 月下旬

综合评价：外观品质中等，内在品质下，丰产性中，抗病性强。

靖西雪梨

品种名称：靖西雪梨

外文名：Jingxixueli

来源：广西靖西

资源类型：地方品种

系谱：自然实生

早果性：7 年

树势：中

树姿：半开张

节间长度（cm）：3.78

幼叶颜色：暗红

叶片长（cm）：11.98

叶片宽（cm）：6.60

花瓣数（枚）：5

柱头位置：高

花药颜色：淡紫红

花冠直径（cm）：3.64

单果重（g）：294

果实形状：倒卵形

果皮底色：褐

果锈：无

果面着色：无

果梗长度（cm）：4.31

果梗粗度（mm）：3.51

萼片状态：脱落、宿存

果心大小：中

果实心室（个）：5

果肉硬度（kg/cm^2）：14.12

果肉颜色：淡黄

果肉质地：中粗

果肉类型：紧密

汁液：少

风味：甜酸

可溶性固形物含量（%）：10.80

可滴定酸含量（%）：0.63

盛花期：3 月中下旬

果实成熟期：9 月上中旬

综合评价：外观品质中等，内在品质差，丰产性中，抗病性强。

荔浦黄皮梨

品种名称：荔浦黄皮梨

外文名：Lipuhuangpili

来源：广西荔浦

资源类型：地方品种

系谱：自然实生

早果性：2 年

树势：强

树姿：直立

节间长度（cm）：4.32

幼叶颜色：绿黄

叶片长（cm）：10.09

叶片宽（cm）：5.97

花瓣数（枚）：5.1

柱头位置：高

花药颜色：红

花冠直径（cm）：3.28

单果重（g）：271

果实形状：长圆形

果皮底色：黄褐

果锈：无

果面着色：无

果梗长度（cm）：2.94

果梗粗度（mm）：2.99

萼片状态：残存、脱落

果心大小：中

果实心室（个）：4、5

果肉硬度（kg/cm²）：12.59

果肉颜色：白

果肉质地：粗

果肉类型：紧密

汁液：少

风味：甜酸

可溶性固形物含量（%）：11.30

可滴定酸含量（%）：0.33

盛花期：3 月上中旬

果实成熟期：9 月上中旬

综合评价：外观品质中等，内在品质下，丰产性中，抗病性较弱。

荔浦雪梨

品种名称：荔浦雪梨

外文名：Lipuxueli

来源：广西荔浦

资源类型：地方品种

系谱：自然实生

早果性：2 年

树势：强

树姿：抱合

节间长度（cm）：4.23

幼叶颜色：淡红

叶片长（cm）：11.43

叶片宽（cm）：6.70

花瓣数（枚）：5.1

柱头位置：高

花药颜色：紫红

花冠直径（cm）：2.66

单果重（g）：261

果实形状：纺锤形、倒卵形

果皮底色：褐

果锈：无

果面着色：无

果梗长度（cm）：3.43

果梗粗度（mm）：2.70

萼片状态：残存

果心大小：中

果实心室（个）：5、6

果肉硬度（kg/cm²）：10.73

果肉颜色：白

果肉质地：中细

果肉类型：脆

汁液：中

风味：淡甜

可溶性固形物含量（%）：10.30

可滴定酸含量（%）：0.14

盛花期：3 月上中旬

果实成熟期：9 月下旬

综合评价：外观品质中等，内在品质中，丰产性强，抗病性强，果实具自疏性。

泗安青皮梨

品种名称：泗安青皮梨

外文名：Sianqingpili

来源：广西泗安

资源类型：地方品种

系谱：自然实生

早果性：4 年

树势：中

树姿：直立

节间长度（cm）：4.17

幼叶颜色：褐红

叶片长（cm）：11.38

叶片宽（cm）：5.97

花瓣数（枚）：5

柱头位置：等高

花药颜色：淡紫

花冠直径（cm）：3.32

单果重（g）：212

果实形状：扁圆形

果皮底色：黄绿

果锈：多；全果

果面着色：无

果梗长度（cm）：2.64

果梗粗度（mm）：4.13

萼片状态：脱落、宿存

果心大小：中

果实心室（个）：5

果肉硬度（kg/cm²）：10.99

果肉颜色：白

果肉质地：中细

果肉类型：脆

汁液：中

风味：酸甜

可溶性固形物含量（%）：10.73

可滴定酸含量（%）：0.20

盛花期：3 月上中旬

果实成熟期：9 月下旬

综合评价：外观品质较差，内在品质中，丰产性中，抗病性强。

香 蕉 梨

品种名称：香蕉梨

外文名：Xiangjiaoli

来源：广西德保

资源类型：地方品种

系谱：自然实生

早果性：4 年

树势：强

树姿：开张

节间长度（cm）：4.58

幼叶颜色：淡红

叶片长（cm）：11.50

叶片宽（cm）：6.14

花瓣数（枚）：5.6

柱头位置：等高

花药颜色：紫红

花冠直径（cm）：3.24

单果重（g）：101

果实形状：卵圆形

果皮底色：黄褐

果锈：无

果面着色：无

果梗长度（cm）：2.69

果梗粗度（mm）：3.10

萼片状态：脱落、宿存

果心大小：中

果实心室（个）：5

果肉硬度（kg/cm²）：＞15.00

果肉颜色：淡黄

果肉质地：中粗

果肉类型：紧密

汁液：少

风味：酸

可溶性固形物含量（%）：11.80

可滴定酸含量（%）：0.57

盛花期：3 月上中旬

果实成熟期：9 月下旬

综合评价：外观品质较差，内在品质下，丰产性中，抗病性较强。

融安青雪梨

品种名称：融安青雪梨

外文名：Ronganqingxueli

来源：广西融安

资源类型：地方品种

系谱：自然实生

早果性：3 年

树势：中

树姿：半开张

节间长度（cm）：4.46

幼叶颜色：红

叶片长（cm）：11.15

叶片宽（cm）：7.18

花瓣数（枚）：5

柱头位置：等高

花药颜色：淡粉

花冠直径（cm）：3.16

单果重（g）：224

果实形状：圆形

果皮底色：绿

果锈：中；全果

果面着色：无

果梗长度（cm）：2.95

果梗粗度（mm）：3.33

萼片状态：脱落

果心大小：中

果实心室（个）：4、5

果肉硬度（kg/cm^2）：10.98

果肉颜色：绿白

果肉质地：中粗

果肉类型：脆

汁液：中

风味：酸甜

可溶性固形物含量（%）：10.8

可滴定酸含量（%）：0.24

盛花期：3 月中下旬

果实成熟期：9 月上旬

综合评价：外观品质较差，内在品质中，抗病性较弱。

那坡青皮梨

品种名称：那坡青皮梨

外文名：Napoqingpili

来源：广西田阳

资源类型：地方品种

系谱：自然实生

早果性：4 年

树势：强

树姿：半开张

节间长度（cm）：4.46

幼叶颜色：褐红

叶片长（cm）：11.59

叶片宽（cm）：6.85

花瓣数（枚）：5

柱头位置：低

花药颜色：淡粉

花冠直径（cm）：3.22

单果重（g）：249

果实形状：倒卵形、长圆形

果皮底色：绿

果锈：多；全果

果面着色：无

果梗长度（cm）：2.93

果梗粗度（mm）：4.03

萼片状态：脱落

果心大小：中大

果实心室（个）：5

果肉硬度（kg/cm²）：14.23

果肉颜色：乳白

果肉质地：中粗

果肉类型：紧密

汁液：中

风味：酸

可溶性固形物含量（%）：11.23

可滴定酸含量（%）：0.45

盛花期：3 月上中旬

果实成熟期：8 月中下旬

综合评价：外观品质差，内在品质下，丰产，抗病性强。

北 流 花 梨

品种名称：北流花梨　　　　花瓣数（枚）：5.33　　　　果心大小：中

外文名：Beiliuhuali　　　　柱头位置：高　　　　果实心室（个）：5

来源：广西武鸣　　　　花药颜色：粉红　　　　果肉硬度（kg/cm²）：14.93

资源类型：地方品种　　　　花冠直径（cm）：3.24　　　　果肉颜色：乳白

系谱：自然实生　　　　单果重（g）：269　　　　果肉质地：中粗

早果性：5 年　　　　果实形状：扁圆形　　　　果肉类型：紧密

树势：强　　　　果皮底色：红褐　　　　汁液：中

树姿：开张　　　　果锈：无　　　　风味：甜酸

节间长度（cm）：4.35　　　　果面着色：无　　　　可溶性固形物含量（%）：11.20

幼叶颜色：淡红　　　　果梗长度（cm）：2.84　　　　可滴定酸含量（%）：0.29

叶片长（cm）：12.14　　　　果梗粗度（mm）：3.23　　　　盛花期：3 月上中旬

叶片宽（cm）：5.74　　　　萼片状态：脱落　　　　果实成熟期：9 月下旬

综合评价：外观品质较差，内在品质中，丰产性强，抗病性强。

惠 阳 红 梨

品种名称：惠阳红梨　　　　花瓣数（枚）：6.8　　　　果心大小：中

外文名：Huiyanghongli　　柱头位置：等高　　　　　果实心室（个）：5

来源：广东惠阳　　　　　　花药颜色：粉红　　　　　果肉硬度（kg/cm²）：13.50

资源类型：地方品种　　　　花冠直径（cm）：3.65　　果肉颜色：白

系谱：自然实生　　　　　　单果重（g）：181　　　　果肉质地：中粗

早果性：3 年　　　　　　　果实形状：扁圆形　　　　果肉类型：紧密脆

树势：强　　　　　　　　　果皮底色：褐　　　　　　汁液：中

树姿：半开张　　　　　　　果锈：无　　　　　　　　风味：甜酸

节间长度（cm）：3.63　　　果面着色：无　　　　　　可溶性固形物含量（%）：8.83

幼叶颜色：红　　　　　　　果梗长度（cm）：3.58　　可滴定酸含量（%）：0.32

叶片长（cm）：9.56　　　　果梗粗度（mm）：3.34　　盛花期：3 月上中旬

叶片宽（cm）：5.54　　　　萼片状态：脱落、宿存　　果实成熟期：9 月上旬

综合评价：外观品质中等，内在品质中，丰产，抗病性中，花具观赏性。

惠阳青梨

品种名称：惠阳青梨

外文名：Huiyangqingli

来源：广东惠阳

资源类型：地方品种

系谱：自然实生

早果性：5 年

树势：强

树姿：半开张

节间长度（cm）：4.51

幼叶颜色：褐红

叶片长（cm）：10.95

叶片宽（cm）：7.22

花瓣数（枚）：5

柱头位置：等高

花药颜色：淡粉

花冠直径（cm）：3.30

单果重（g）：210

果实形状：圆形、倒卵形

果皮底色：绿

果锈：多；全果

果面着色：无

果梗长度（cm）：2.75

果梗粗度（mm）：3.59

萼片状态：脱落

果心大小：中

果实心室（个）：5

果肉硬度（kg/cm^2）：12.66

果肉颜色：白

果肉质地：中粗

果肉类型：紧密脆

汁液：少

风味：甜酸

可溶性固形物含量（%）：11.52

可滴定酸含量（%）：0.41

盛花期：3 月上中旬

果实成熟期：9 月上中旬

综合评价：外观品质差，内在品质中下，丰产，抗病性中。

惠 阳 酸 梨

品种名称：惠阳酸梨　　　　花瓣数（枚）：5　　　　果心大小：中

外文名：Huiyangsuanli　　　柱头位置：高　　　　果实心室（个）：5

来源：广东惠阳　　　　　　花药颜色：红　　　　果肉硬度（kg/cm²）：13.80

资源类型：地方品种　　　　花冠直径（cm）：2.97　果肉颜色：淡黄

系谱：自然实生　　　　　　单果重（g）：176　　　果肉质地：中粗

早果性：4 年　　　　　　　果实形状：圆形　　　　果肉类型：紧密

树势：强　　　　　　　　　果皮底色：褐　　　　汁液：中

树姿：半开张　　　　　　　果锈：无　　　　　　风味：酸

节间长度（cm）：3.98　　　果面着色：无　　　　可溶性固形物含量（%）：10.57

幼叶颜色：褐红　　　　　　果梗长度（cm）：2.03　可滴定酸含量（%）：0.76

叶片长（cm）：13.70　　　　果梗粗度（mm）：3.57　盛花期：3 月上中旬

叶片宽（cm）：7.25　　　　萼片状态：脱落　　　　果实成熟期：9 月中下旬

综合评价：外观品质中等，内在品质下，丰产，抗病性强。

细 花 红 梨

品种名称：细花红梨

外文名：Xihuahongli

来源：广东惠阳

资源类型：地方品种

系谱：自然实生

早果性：3 年

树势：强

树姿：直立

节间长度（cm）：4.21

幼叶颜色：褐红

叶片长（cm）：11.43

叶片宽（cm）：6.09

花瓣数（枚）：5.3

柱头位置：高

花药颜色：紫红

花冠直径（cm）：3.28

单果重（g）：130

果实形状：扁圆形

果皮底色：黄褐

果锈：无

果面着色：无

果梗长度（cm）：2.85

果梗粗度（mm）：3.29

萼片状态：脱落、宿存

果心大小：中

果实心室（个）：5

果肉硬度（kg/cm^2）：10.95

果肉颜色：白

果肉质地：中细

果肉类型：脆

汁液：中

风味：甜酸

可溶性固形物含量（%）：9.24

可滴定酸含量（%）：0.35

盛花期：3月上中旬

果实成熟期：9月中下旬

综合评价：外观品质较差，内在品质中，丰产，抗病性强。

香 水 梨

品种名称：香水梨　　　　花瓣数（枚）：5　　　　果心大小：中

外文名：Xiangshuili　　　柱头位置：高　　　　　果实心室（个）：5

来源：广东惠阳　　　　　花药颜色：淡紫红　　　果肉硬度（kg/cm²）：12.25

资源类型：地方品种　　　花冠直径（cm）：3.50　果肉颜色：白

系谱：自然实生　　　　　单果重（g）：221　　　果肉质地：中粗

早果性：5 年　　　　　　果实形状：圆形　　　　果肉类型：紧密脆

树势：强　　　　　　　　果皮底色：黄褐　　　　汁液：少

树姿：直立　　　　　　　果锈：无　　　　　　　风味：甜酸

节间长度（cm）：4.84　　果面着色：无　　　　　可溶性固形物含量（%）：11.17

幼叶颜色：褐红　　　　　果梗长度（cm）：2.46　可滴定酸含量（%）：0.29

叶片长（cm）：10.11　　　果梗粗度（mm）：3.53　盛花期：3 月上中旬

叶片宽（cm）：5.82　　　萼片状态：脱落　　　　果实成熟期：9 月中旬

综合评价：外观品质较差，内在品质中，丰产，抗病性较强。

封开惠州梨

品种名称：封开惠州梨

外文名：Fengkaihuizhouli

来源：广东封开

资源类型：地方品种

系谱：自然实生

早果性：4 年

树势：强

树姿：半开张

节间长度（cm）：5.18

幼叶颜色：淡绿

叶片长（cm）：11.27

叶片宽（cm）：7.40

花瓣数（枚）：5

柱头位置：高

花药颜色：红

花冠直径（cm）：3.57

单果重（g）：183

果实形状：扁圆形

果皮底色：黄褐

果锈：无

果面着色：无

果梗长度（cm）：2.21

果梗粗度（mm）：3.83

萼片状态：脱落

果心大小：中

果实心室（个）：5

果肉硬度（kg/cm^2）：13.03

果肉颜色：白

果肉质地：中粗

果肉类型：紧密

汁液：中

风味：酸甜

可溶性固形物含量（%）：11.43

可滴定酸含量（%）：0.23

盛花期：3 月上中旬

果实成熟期：9 月中下旬

综合评价：外观品质较差，内在品质中，丰产，抗病性强。

禾 花 梨

品种名称：禾花梨
外文名：Hehuali
来源：广东封开
资源类型：地方品种
系谱：自然实生
早果性：5 年
树势：强
树姿：直立
节间长度（cm）：4.78
幼叶颜色：红
叶片长（cm）：10.19
叶片宽（cm）：6.30

花瓣数（枚）：5
柱头位置：等高
花药颜色：淡粉
花冠直径（cm）：3.12
单果重（g）：233
果实形状：圆形
果皮底色：绿
果锈：多；全果
果面着色：少量着红色
果梗长度（cm）：2.58
果梗粗度（mm）：3.98
萼片状态：脱落、宿存

果心大小：中
果实心室（个）：5
果肉硬度（kg/cm²）：13.17
果肉颜色：乳白
果肉质地：中粗
果肉类型：紧密
汁液：少
风味：酸
可溶性固形物含量（%）：10.67
可滴定酸含量（%）：0.47
盛花期：3 月上中旬
果实成熟期：9 月上旬

综合评价：外观品质较差，内在品质下，丰产，抗病性强。

杏花大银梨

品种名称：杏花大银梨

外文名：Xinghuadayinli

来源：广东封开

资源类型：地方品种

系谱：自然实生

早果性：3 年

树势：中

树姿：开张

节间长度（cm）：3.85

幼叶颜色：红

叶片长（cm）：9.24

叶片宽（cm）：5.60

花瓣数（枚）：5.4

柱头位置：等高

花药颜色：粉红

花冠直径（cm）：3.52

单果重（g）：161

果实形状：扁圆形

果皮底色：红褐

果锈：无

果面着色：无

果梗长度（cm）：3.73

果梗粗度（mm）：3.18

萼片状态：脱落

果心大小：中

果实心室（个）：5、6

果肉硬度（kg/cm²）：12.69

果肉颜色：乳白

果肉质地：粗

果肉类型：紧密

汁液：中

风味：微酸

可溶性固形物含量（%）：9.00

可滴定酸含量（%）：0.37

盛花期：3 月上中旬

果实成熟期：9 月中下旬

综合评价：外观品质中等，内在品质下，丰产，抗病性强。

夜 深 梨

品种名称：夜深梨

外文名：Yeshenli

来源：广东封开

资源类型：地方品种

系谱：自然实生

早果性：5 年

树势：强

树姿：开张

节间长度（cm）：4.61

幼叶颜色：暗红

叶片长（cm）：10.42

叶片宽（cm）：5.11

花瓣数（枚）：5

柱头位置：高

花药颜色：淡粉

花冠直径（cm）：2.88

单果重（g）：148

果实形状：圆形

果皮底色：黄褐

果锈：无

果面着色：无

果梗长度（cm）：2.37

果梗粗度（mm）：3.01

萼片状态：脱落、残存

果心大小：中

果实心室（个）：5

果肉硬度（kg/cm²）：12.90

果肉颜色：乳白

果肉质地：中粗

果肉类型：脆

汁液：中

风味：甜酸

可溶性固形物含量（%）：11.13

可滴定酸含量（%）：0.30

盛花期：3 月上中旬

果实成熟期：9 月中下旬

综合评价：外观品质中等，内在品质中，丰产，抗病性中。

高要淡水梨

品种名称：高要淡水梨

外文名：Gaoyaodanshuili

来源：广东高要

资源类型：地方品种

系谱：自然实生

早果性：4 年

树势：强

树姿：半开张

节间长度（cm）：4.17

幼叶颜色：淡红

叶片长（cm）：11.78

叶片宽（cm）：7.87

花瓣数（枚）：5

柱头位置：等高

花药颜色：粉红

花冠直径（cm）：3.32

单果重（g）：232

果实形状：圆形

果皮底色：黄褐

果锈：无

果面着色：无

果梗长度（cm）：2.56

果梗粗度（mm）：3.57

萼片状态：脱落、宿存

果心大小：中

果实心室（个）：5

果肉硬度（kg/cm²）：13.52

果肉颜色：白

果肉质地：中粗

果肉类型：紧密

汁液：少

风味：酸甜

可溶性固形物含量（%）：9.53

可滴定酸含量（%）：0.31

盛花期：3 月上中旬

果实成熟期：9 月中下旬

综合评价：外观品质中等，内在品质下，丰产，抗病性强。

高要黄梨

品种名称：高要黄梨

外文名：Gaoyaohuangli

来源：广东高要

资源类型：地方品种

系谱：自然实生

早果性：4 年

树势：中

树姿：开张

节间长度（cm）：4.22

幼叶颜色：红色

叶片长（cm）：11.37

叶片宽（cm）：5.69

花瓣数（枚）：5.2

柱头位置：高

花药颜色：紫红

花冠直径（cm）：3.64

单果重（g）：176

果实形状：扁圆形

果皮底色：黄褐

果锈：无

果面着色：无

果梗长度（cm）：2.48

果梗粗度（mm）：3.15

萼片状态：脱落、宿存

果心大小：大

果实心室（个）：5

果肉硬度（kg/cm²）：11.93

果肉颜色：淡黄

果肉质地：中粗

果肉类型：紧密脆

汁液：少

风味：甜酸

可溶性固形物含量（%）：9.33

可滴定酸含量（%）：0.38

盛花期：3 月上中旬

果实成熟期：9 月下旬

综合评价：外观品质中等，内在品质下，丰产性中，抗病性强。

高要青梨

品种名称：高要青梨

外文名：Gaoyaoqingli

来源：广东高要

资源类型：地方品种

系谱：自然实生

早果性：7 年

树势：强

树姿：直立

节间长度（cm）：4.44

幼叶颜色：褐红

叶片长（cm）：9.94

叶片宽（cm）：6.47

花瓣数（枚）：5

柱头位置：等高

花药颜色：淡粉

花冠直径（cm）：3.14

单果重（g）：198

果实形状：倒卵形

果皮底色：黄绿

果锈：多；全果

果面着色：无

果梗长度（cm）：2.49

果梗粗度（mm）：3.93

萼片状态：宿存、脱落

果心大小：大

果实心室（个）：5

果肉硬度（kg/cm²）：14.04

果肉颜色：乳白

果肉质地：中粗

果肉类型：紧密

汁液：中

风味：甜酸

可溶性固形物含量（%）：10.63

可滴定酸含量（%）：0.38

盛花期：3 月上中旬

果实成熟期：9 月中下旬

综合评价：外观品质较差，内在品质下，丰产，抗病性中等。

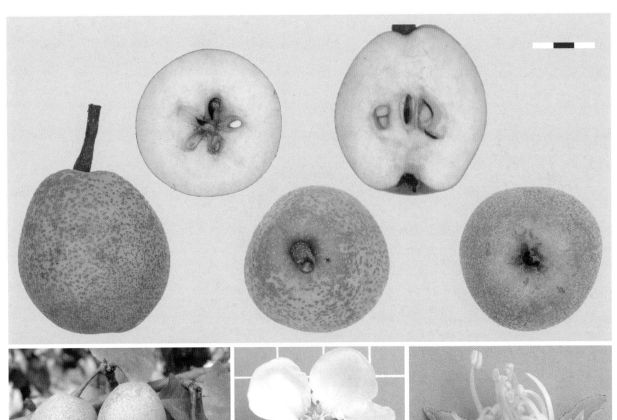

尖 叶 梨

品种名称：尖叶梨
外文名：Jianyeli
来源：广东高要
资源类型：地方品种
系谱：自然实生
早果性：7 年
树势：强
树姿：开张
节间长度（cm）：4.14
幼叶颜色：褐红
叶片长（cm）：12.90
叶片宽（cm）：5.59

花瓣数（枚）：5.6
柱头位置：等高
花药颜色：淡粉
花冠直径（cm）：3.12
单果重（g）：150
果实形状：圆锥形
果皮底色：黄褐
果锈：无
果面着色：无
果梗长度（cm）：3.44
果梗粗度（mm）：3.03
萼片状态：脱落、宿存

果心大小：中
果实心室（个）：5
果肉硬度（kg/cm²）：14.39
果肉颜色：白
果肉质地：中粗
果肉类型：紧密
汁液：中
风味：淡甜
可溶性固形物含量（%）：11.78
可滴定酸含量（%）：0.21
盛花期：3 月上中旬
果实成熟期：9 月下旬

综合评价：外观品质中等，内在品质中下，丰产，抗病性强。

洞 冠 梨

品种名称：洞冠梨

外文名：Dongguanli

来源：广东阳山

资源类型：地方品种

系谱：自然实生

早果性：2 年

树势：中

树姿：半开张

节间长度（cm）：5.21

幼叶颜色：褐红

叶片长（cm）：10.63

叶片宽（cm）：7.12

花瓣数（枚）：5

柱头位置：等高

花药颜色：紫红

花冠直径（cm）：3.16

单果重（g）：751

果实形状：圆锥形、圆形

果皮底色：黄褐

果锈：无

果面着色：无

果梗长度（cm）：2.85

果梗粗度（mm）：4.49

萼片状态：残存

果心大小：小

果实心室（个）：5

果肉硬度（kg/cm^2）：12.29

果肉颜色：白

果肉质地：中粗

果肉类型：紧密脆

汁液：少

风味：酸甜

可溶性固形物含量（%）：10.47

可滴定酸含量（%）：0.14

盛花期：3 月中旬

果实成熟期：8 月下旬

综合评价：外观品质中等，内在品质中，丰产性中，抗病性较强。

古田青皮梨

品种名称：古田青皮梨

外文名：Gutianqingpili

来源：福建古田

资源类型：地方品种

系谱：自然实生

早果性：8 年

树势：中

树姿：半开张

节间长度（cm）：5.04

幼叶颜色：淡红

叶片长（cm）：7.90

叶片宽（cm）：6.30

花瓣数（枚）：6.3

柱头位置：等高

花药颜色：粉红

花冠直径（cm）：3.54

单果重（g）：211

果实形状：圆形

果皮底色：绿

果锈：少；全果

果面着色：无

果梗长度（cm）：3.39

果梗粗度（mm）：3.03

萼片状态：宿存

果心大小：中

果实心室（个）：5

果肉硬度（kg/cm²）：6.41

果肉颜色：绿白

果肉质地：细

果肉类型：脆

汁液：多

风味：甜

可溶性固形物含量（%）：10.80

可滴定酸含量（%）：0.13

盛花期：3 月下旬

果实成熟期：8 月上旬

综合评价：外观品质中等，内在品质中上，丰产，抗病性较强。

花　皮　梨

品种名称：花皮梨

外文名：Huapili

来源：福建古田

资源类型：地方品种

系谱：自然实生

早果性：4 年

树势：强

树姿：直立

节间长度（cm）：3.92

幼叶颜色：淡红

叶片长（cm）：9.42

叶片宽（cm）：6.60

花瓣数（枚）：5

柱头位置：低

花药颜色：粉红

花冠直径（cm）：3.19

单果重（g）：272

果实形状：圆形

果皮底色：绿

果锈：多；全果

果面着色：无

果梗长度（cm）：3.30

果梗粗度（mm）：2.96

萼片状态：脱落、宿存

果心大小：中

果实心室（个）：5

果肉硬度（kg/cm^2）：9.47

果肉颜色：白

果肉质地：中细

果肉类型：脆

汁液：多

风味：酸甜

可溶性固形物含量（%）：10.67

可滴定酸含量（%）：0.24

盛花期：3 月上中旬

果实成熟期：9 月中下旬

综合评价：外观品质较差，内在品质中上，丰产，抗病性强。

小木头梨

品种名称：小木头梨

外文名：Xiaomutouli

来源：福建古田

资源类型：地方品种

系谱：自然实生

早果性：4 年

树势：强

树姿：半开张

节间长度（cm）：3.11

幼叶颜色：淡红

叶片长（cm）：10.79

叶片宽（cm）：6.63

花瓣数（枚）：5

柱头位置：低

花药颜色：淡紫

花冠直径（cm）：3.15

单果重（g）：261

果实形状：圆形

果皮底色：绿

果锈：多；全果

果面着色：无

果梗长度（cm）：3.34

果梗粗度（mm）：3.04

萼片状态：脱落、残存

果心大小：中

果实心室（个）：5

果肉硬度（kg/cm²）：10.68

果肉颜色：乳白

果肉质地：中粗

果肉类型：紧密脆

汁液：中

风味：酸甜

可溶性固形物含量（%）：10.85

可滴定酸含量（%）：0.20

盛花期：3月上中旬

果实成熟期：9月上中旬

综合评价：外观品质较差，内在品质中，丰产，抗病性较强。

赤 皮 梨

品种名称：赤皮梨

外文名：Chipili

来源：福建晋江

资源类型：地方品种

系谱：自然实生

早果性：8 年

树势：强

树姿：开张

节间长度（cm）：4.43

幼叶颜色：暗红

叶片长（cm）：10.81

叶片宽（cm）：4.76

花瓣数（枚）：5

柱头位置：高

花药颜色：红

花冠直径（cm）：2.88

单果重（g）：285

果实形状：扁圆形、圆形

果皮底色：黄褐

果锈：无

果面着色：无

果梗长度（cm）：2.89

果梗粗度（mm）：3.25

萼片状态：宿存

果心大小：中

果实心室（个）：5

果肉硬度（kg/cm²）：13.38

果肉颜色：白

果肉质地：粗

果肉类型：紧密

汁液：中

风味：甜酸

可溶性固形物含量（%）：10.95

可滴定酸含量（%）：0.56

盛花期：3 月上旬

果实成熟期：9 月中旬

综合评价：外观品质中等，内在品质下，丰产，抗病性中。

鹅　梨

品种名称：鹅梨　　　　　　花瓣数（枚）：5　　　　　　果心大小：中

外文名：Eli　　　　　　　柱头位置：高　　　　　　　果实心室（个）：5

来源：福建晋江　　　　　　花药颜色：粉红　　　　　　果肉硬度（kg/cm^2）：9.16

资源类型：地方品种　　　　花冠直径（cm）：3.77　　　果肉颜色：白

系谱：自然实生　　　　　　单果重（g）：250　　　　　果肉质地：中细

早果性：5年　　　　　　　果实形状：扁圆形　　　　　果肉类型：脆

树势：中　　　　　　　　　果皮底色：黄绿　　　　　　汁液：中

树姿：开张　　　　　　　　果锈：中；全果　　　　　　风味：酸甜

节间长度（cm）：4.08　　　果面着色：无　　　　　　　可溶性固形物含量（%）：10.40

幼叶颜色：褐红　　　　　　果梗长度（cm）：2.46　　　可滴定酸含量（%）：0.20

叶片长（cm）：10.96　　　果梗粗度（mm）：3.01　　　盛花期：3月上中旬

叶片宽（cm）：5.58　　　　萼片状态：脱落　　　　　　果实成熟期：9月上中旬

综合评价：外观品质差，内在品质中，丰产，抗病性强。

苹 果 梨

品种名称：苹果梨

外文名：Pingguoli

来源：福建晋江

资源类型：地方品种

系谱：自然实生

早果性：3 年

树势：弱

树姿：直立

节间长度（cm）：4.56

幼叶颜色：绿黄

叶片长（cm）：9.36

叶片宽（cm）：5.45

花瓣数（枚）：5.8

柱头位置：低

花药颜色：淡粉

花冠直径（cm）：2.92

单果重（g）：132

果实形状：倒卵形

果皮底色：绿

果锈：多；全果

果面着色：无

果梗长度（cm）：3.07

果梗粗度（mm）：3.58

萼片状态：脱落、宿存

果心大小：中

果实心室（个）：5、6

果肉硬度（kg/cm^2）：10.13

果肉颜色：淡黄

果肉质地：中粗

果肉类型：紧密脆

汁液：中

风味：酸甜

可溶性固形物含量（%）：10.25

可滴定酸含量（%）：0.42

盛花期：3 月中下旬

果实成熟期：7 月下旬

综合评价：外观品质较差，内在品质中，丰产，抗病性中。

水 梨

品种名称：水梨

外文名：Shuili

来源：福建晋江

资源类型：地方品种

系谱：自然实生

早果性：7 年

树势：弱

树姿：半开张

节间长度（cm）：4.60

幼叶颜色：褐红

叶片长（cm）：9.60

叶片宽（cm）：6.33

花瓣数（枚）：5.4

柱头位置：等高

花药颜色：紫

花冠直径（cm）：3.14

单果重（g）：156

果实形状：倒卵形

果皮底色：绿

果锈：少；梗端

果面着色：无

果梗长度（cm）：3.62

果梗粗度（mm）：2.54

萼片状态：脱落

果心大小：中

果实心室（个）：5、6

果肉硬度（kg/cm²）：8.57

果肉颜色：白

果肉质地：中细

果肉类型：脆

汁液：多

风味：淡甜

可溶性固形物含量（%）：9.40

可滴定酸含量（%）：0.12

盛花期：3 月中下旬

果实成熟期：8 月中下旬

综合评价：外观品质中等，内在品质中，丰产性中，抗病性中。

哀 家 梨

品种名称：哀家梨

外文名：Aijiali

来源：福建建阳

资源类型：地方品种

系谱：自然实生

早果性：4 年

树势：中

树姿：半开张

节间长度（cm）：3.86

幼叶颜色：红

叶片长（cm）：12.09

叶片宽（cm）：6.55

花瓣数（枚）：5.3

柱头位置：高

花药颜色：紫红

花冠直径（cm）：3.26

单果重（g）：200

果实形状：倒卵形、纺锤形

果皮底色：黄绿

果锈：多；全果

果面着色：无

果梗长度（cm）：3.99

果梗粗度（mm）：3.57

萼片状态：宿存

果心大小：中

果实心室（个）：5

果肉硬度（kg/cm²）：10.28

果肉颜色：乳白

果肉质地：中细

果肉类型：脆

汁液：中

风味：酸甜

可溶性固形物含量（%）：10.63

可滴定酸含量（%）：0.32

盛花期：3 月下旬

果实成熟期：9 月上旬

综合评价：外观品质差，内在品质中上，丰产，抗病性中等。

饼 子 梨

品种名称：饼子梨　　　花瓣数（枚）：5　　　　　果心大小：中

外文名：Bingzili　　　柱头位置：等高　　　　　果实心室（个）：5

来源：福建建阳　　　　花药颜色：粉红　　　　　果肉硬度（kg/cm²）：7.14

资源类型：地方品种　　花冠直径（cm）：3.33　　果肉颜色：白

系谱：自然实生　　　　单果重（g）：213　　　　果肉质地：中细

早果性：4 年　　　　　果实形状：圆形　　　　　果肉类型：脆

树势：弱　　　　　　　果皮底色：褐　　　　　　汁液：中

树姿：直立　　　　　　果锈：无　　　　　　　　风味：甜酸

节间长度（cm）：4.64　果面着色：无　　　　　　可溶性固形物含量（%）：11.20

幼叶颜色：暗红　　　　果梗长度（cm）：2.90　　可滴定酸含量（%）：0.31

叶片长（cm）：10.15　 果梗粗度（mm）：2.52　 盛花期：3 月中旬

叶片宽（cm）：5.80　　萼片状态：脱落、残存　　果实成熟期：9 月中下旬

综合评价：外观品质中等，内在品质中上，丰产性中，抗病性中。

黄 皮 钟 梨

品种名称：黄皮钟梨

外文名：Huangpizhongli

来源：福建建阳

资源类型：地方品种

系谱：自然实生

早果性：4 年

树势：中

树姿：半开张

节间长度（cm）：4.30

幼叶颜色：淡红

叶片长（cm）：8.23

叶片宽（cm）：5.27

花瓣数（枚）：5.1

柱头位置：等高

花药颜色：粉红

花冠直径（cm）：3.40

单果重（g）：166.43

果实形状：扁圆形、圆形

果皮底色：黄褐

果锈：无

果面着色：无

果梗长度（cm）：3.22

果梗粗度（mm）：2.52

萼片状态：脱落

果心大小：中

果实心室（个）：5

果肉硬度（kg/cm²）：11.17

果肉颜色：白

果肉质地：中细

果肉类型：脆

汁液：中

风味：酸甜

可溶性固形物含量（%）：10.68

可滴定酸含量（%）：0.26

盛花期：3 月下旬

果实成熟期：9 月中下旬

综合评价：外观品质中等，内在品质中上，丰产性中，抗病性中。

蒲城雪梨

品种名称：蒲城雪梨

外文名：Puchengxueli

来源：福建蒲城

资源类型：地方资源

系谱：自然实生

早果性：5 年

树势：强

树姿：直立

节间长度（cm）：4.73

幼叶颜色：褐红

叶片长（cm）：10.76

叶片宽（cm）：7.11

花瓣数（枚）：5

柱头位置：等高

花药颜色：粉红

花冠直径（cm）：3.46

单果重（g）：157

果实形状：粗颈葫芦、倒卵形

果皮底色：绿

果锈：少；全果

果面着色：无

果梗长度（cm）：3.14

果梗粗度（mm）：2.99

萼片状态：宿存

果心大小：中

果实心室（个）：5

果肉硬度（kg/cm²）：9.85

果肉颜色：乳白

果肉质地：中细

果肉类型：脆

汁液：中

风味：酸甜

可溶性固形物含量（%）：9.80

可滴定酸含量（%）：0.24

盛花期：3 月中下旬

果实成熟期：9 月中下旬

综合评价：外观品质差，内在品质中，丰产性中，抗病性强。

满顶雪梨

品种名称：满顶雪梨

外文名：Mandingxueli

来源：福建蒲城

资源类型：地方品种

系谱：自然实生

早果性：5 年

树势：弱

树姿：直立

节间长度（cm）：4.34

幼叶颜色：淡红

叶片长（cm）：9.78

叶片宽（cm）：6.37

花瓣数（枚）：5.8

柱头位置：高

花药颜色：淡粉

花冠直径（cm）：3.30

单果重（g）：237

果实形状：圆形、倒卵形

果皮底色：褐

果锈：无

果面着色：无

果梗长度（cm）：5.33

果梗粗度（mm）：3.31

萼片状态：脱落

果心大小：中

果实心室（个）：5

果肉硬度（kg/cm^2）：8.86

果肉颜色：白

果肉质地：中细

果肉类型：脆

汁液：中

风味：酸甜

可溶性固形物含量（%）：10.35

可滴定酸含量（%）：0.18

盛花期：3 月中下旬

果实成熟期：9 月上中旬

综合评价：外观品质中等，内在品质中上，丰产性中，抗病性中。

六月黄棕梨

品种名称：六月黄棕梨　　花瓣数（枚）：5.4　　果心大小：中

外文名：Liuyuehuangzongli　　柱头位置：高　　果实心室（个）：5

来源：福建顺昌　　花药颜色：淡紫　　果肉硬度（kg/cm²）：14.65

资源类型：地方品种　　花冠直径（cm）：3.17　　果肉颜色：淡黄

系谱：自然实生　　单果重（g）：220　　果肉质地：粗

早果性：5 年　　果实形状：圆锥形　　果肉类型：紧密

树势：弱　　果皮底色：黄褐　　汁液：少

树姿：直立　　果锈：无　　风味：淡甜

节间长度（cm）：4.55　　果面着色：无　　可溶性固形物含量（%）：9.60

幼叶颜色：淡红　　果梗长度（cm）：4.13　　可滴定酸含量（%）：0.13

叶片长（cm）：7.58　　果梗粗度（mm）：3.06　　盛花期：3 月上中旬

叶片宽（cm）：6.50　　萼片状态：脱落、宿存　　果实成熟期：9 月中旬

综合评价：外观品质中等，内在品质差，不丰产，抗病性较弱。

麻 梨

品种名称：麻梨　　　　花瓣数（枚）：5　　　　果心大小：中

外文名：Mali　　　　柱头位置：低　　　　果实心室（个）：5

来源：福建顺昌　　　花药颜色：红　　　　果肉硬度（kg/cm²）：8.14

资源类型：地方品种　花冠直径（cm）：3.85　果肉颜色：白

系谱：自然实生　　　单果重（g）：415　　果肉质地：中细

早果性：5 年　　　　果实形状：圆形　　　果肉类型：脆

树势：中　　　　　　果皮底色：绿　　　　汁液：中

树姿：直立　　　　　果锈：多；全果　　　风味：酸甜

节间长度（cm）：4.66　果面着色：无　　　可溶性固形物含量（%）：9.90

幼叶颜色：淡红　　　果梗长度（cm）：3.52　可滴定酸含量（%）：0.42

叶片长（cm）：11.79　果梗粗度（mm）：3.49　盛花期：3 月上中旬

叶片宽（cm）：7.45　萼片状态：宿存　　　果实成熟期：9 月中下旬

综合评价：外观品质差，内在品质中，丰产性中，抗病性强。

福安大雪梨

品种名称：福安大雪梨

外文名：Fuandaxueli

来源：福建福安

资源类型：地方品种

系谱：自然实生

早果性：4 年

树势：弱

树姿：直立

节间长度（cm）：4.05

幼叶颜色：淡红

叶片长（cm）：10.52

叶片宽（cm）：6.98

花瓣数（枚）：5

柱头位置：等高

花药颜色：淡粉

花冠直径（cm）：3.12

单果重（g）：299

果实形状：圆形

果皮底色：黄褐

果锈：无

果面着色：无

果梗长度（cm）：2.81

果梗粗度（mm）：2.82

萼片状态：脱落

果心大小：小

果实心室（个）：5

果肉硬度（kg/cm²）：10.14

果肉颜色：乳白

果肉质地：中粗

果肉类型：脆

汁液：中

风味：淡甜

可溶性固形物含量（%）：9.33

可滴定酸含量（%）：0.15

盛花期：3 月上中旬

果实成熟期：9 月中下旬

综合评价：外观品质中等，内在品质中，丰产性中，抗病性强。

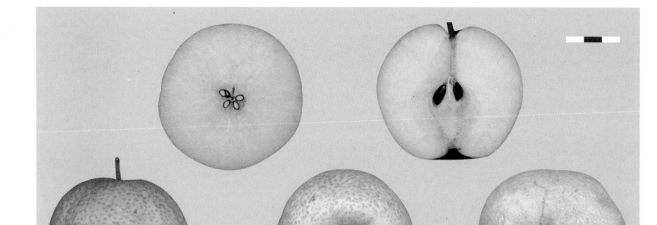

青 皮 钟 梨

品种名称：青皮钟梨　　花瓣数（枚）：6.3　　果心大小：小

外文名：Qingpizhongli　柱头位置：高　　　　果实心室（个）：5

来源：福建建瓯　　　　花药颜色：淡紫红　　果肉硬度（kg/cm²）：11.17

资源类型：地方品种　　花冠直径（cm）：3.73　果肉颜色：白

系谱：自然实生　　　　单果重（g）：383　　　果肉质地：中粗

早果性：4 年　　　　　果实形状：纺锤形　　果肉类型：脆

树势：中　　　　　　　果皮底色：绿　　　　汁液：中

树姿：半开张　　　　　果锈：多；全果　　　风味：酸甜适度

节间长度（cm）：4.95　果面着色：无　　　　可溶性固形物含量（%）：10.90

幼叶颜色：绿黄　　　　果梗长度（cm）：3.92　可滴定酸含量（%）：0.34

叶片长（cm）：10.38　果梗粗度（mm）：3.02　盛花期：3 月下旬

叶片宽（cm）：6.34　　萼片状态：宿存　　　果实成熟期：9 月上中旬

综合评价：外观品质中等，内在品质中上，丰产性中，抗病性中。

梧　洋　梨

品种名称：梧洋梨

外文名：Wuyangli

来源：福建屏南

资源类型：地方品种

系谱：自然实生

早果性：5 年

树势：强

树姿：开张

节间长度（cm）：3.78

幼叶颜色：淡红

叶片长（cm）：9.76

叶片宽（cm）：5.88

花瓣数（枚）：5

柱头位置：等高

花药颜色：紫

花冠直径（cm）：3.21

单果重（g）：160

果实形状：倒卵形

果皮底色：绿

果锈：少

果面着色：无

果梗长度（cm）：5.16

果梗粗度（mm）：2.76

萼片状态：脱落

果心大小：中

果实心室（个）：5

果肉硬度（kg/cm²）：9.42

果肉颜色：绿白

果肉质地：中粗

果肉类型：脆

汁液：中

风味：淡甜

可溶性固形物含量（%）：9.45

可滴定酸含量（%）：0.13

盛花期：3 月上中旬

果实成熟期：8 月上中旬

综合评价：外观品质较差，内在品质中，丰产，抗病性中。

盘 梨

品种名称：盘梨

外文名：Panli

来源：福建寿宁

资源类型：地方品种

系谱：自然实生

早果性：3 年

树势：强

树姿：半开张

节间长度（cm）：3.68

幼叶颜色：淡红

叶片长（cm）：10.97

叶片宽（cm）：6.55

花瓣数（枚）：5.3

柱头位置：高

花药颜色：紫红

花冠直径（cm）：3.65

单果重（g）：241

果实形状：扁圆形

果皮底色：黄褐

果锈：无

果面着色：无

果梗长度（cm）：2.93

果梗粗度（mm）：3.37

萼片状态：脱落、残存

果心大小：中

果实心室（个）：5、6

果肉硬度（kg/cm^2）：13.00

果肉颜色：白

果肉质地：粗

果肉类型：紧密

汁液：中

风味：酸

可溶性固形物含量（%）：9.44

可滴定酸含量（%）：0.66

盛花期：3 月中下旬

果实成熟期：9 月下旬

综合评价：外观品质中等，内在品质下，丰产，抗病性中。

台湾青花梨

品种名称：台湾青花梨　　花瓣数（枚）：7.3　　果心大小：小

外文名：Taiwanqinghuali　　柱头位置：低　　果实心室（个）：5、6

来源：中国台湾　　花药颜色：紫红　　果肉硬度（kg/cm²）：6.65

资源类型：地方品种　　花冠直径（cm）：3.54　　果肉颜色：乳白

系谱：自然实生　　单果重（g）：200　　果肉质地：细

早果性：4 年　　果实形状：圆形　　果肉类型：脆

树势：强　　果皮底色：绿　　汁液：多

树姿：直立　　果锈：少；全果　　风味：甜酸

节间长度（cm）：4.13　　果面着色：无　　可溶性固形物含量（%）：10.90

幼叶颜色：黄绿　　果梗长度（cm）：3.30　　可滴定酸含量（%）：0.23

叶片长（cm）：12.26　　果梗粗度（mm）：2.64　　盛花期：3 月上中旬

叶片宽（cm）：7.43　　萼片状态：脱落　　果实成熟期：7 月下旬

综合评价：外观品质中等，内在品质中上，丰产，抗病较强，花具观赏性。

台湾赤花梨

品种名称：台湾赤花梨

外文名：Taiwanchihuali

来源：中国台湾

资源类型：地方品种

系谱：自然实生

早果性：4 年

树势：强

树姿：半开张

节间长度（cm）：4.04

幼叶颜色：淡绿

叶片长（cm）：10.16

叶片宽（cm）：7.48

花瓣数（枚）：6.1

柱头位置：低

花药颜色：粉红

花冠直径（cm）：3.13

单果重（g）：182

果实形状：圆形

果皮底色：绿

果锈：中；全果

果面着色：无

果梗长度（cm）：3.16

果梗粗度（mm）：2.58

萼片状态：脱落、残存

果心大小：小

果实心室（个）：5

果肉硬度（kg/cm^2）：6.87

果肉颜色：乳白

果肉质地：细

果肉类型：脆

汁液：多

风味：甜酸

可溶性固形物含量（%）：10.53

可滴定酸含量（%）：0.22

盛花期：3月上中旬

果实成熟期：7月下旬

综合评价：外观品质中等，内在品质中上，丰产，抗病性较强。

台湾水梨

品种名称：台湾水梨　　　　　花瓣数（枚）：5　　　　　果心大小：中

外文名：Taiwanshuili　　　　柱头位置：高　　　　　　果实心室（个）：5

来源：中国台湾　　　　　　　花药颜色：粉红　　　　　果肉硬度（kg/cm^2）：11.46

资源类型：地方品种　　　　　花冠直径（cm）：3.17　　果肉颜色：淡黄

系谱：自然实生　　　　　　　单果重（g）：327　　　　果肉质地：中粗

早果性：7年　　　　　　　　果实形状：扁圆形　　　　果肉类型：紧密脆

树势：强　　　　　　　　　　果皮底色：绿　　　　　　汁液：少

树姿：直立　　　　　　　　　果锈：少　　　　　　　　风味：甜酸

节间长度（cm）：3.52　　　　果面着色：无　　　　　　可溶性固形物含量（%）：11.20

幼叶颜色：红　　　　　　　　果梗长度（cm）：3.83　　可滴定酸含量（%）：0.23

叶片长（cm）：8.78　　　　　果梗粗度（mm）：3.00　　盛花期：3月上中旬

叶片宽（cm）：5.29　　　　　萼片状态：脱落　　　　　果实成熟期：9月上中旬

综合评价：外观品质中等，内在品质中，丰产，抗病性中。

大 恩 梨

品种名称：大恩梨

外文名：Daenli

来源：浙江乐清

资源类型：地方品种

系谱：自然实生

早果性：4年

树势：弱

树姿：开张

节间长度（cm）：3.86

幼叶颜色：绿黄

叶片长（cm）：10.03

叶片宽（cm）：6.20

花瓣数（枚）：5

柱头位置：高

花药颜色：紫红

花冠直径（cm）：3.03

单果重（g）：484

果实形状：圆形

果皮底色：黄褐

果锈：无

果面着色：无

果梗长度（cm）：3.06

果梗粗度（mm）：5.57

萼片状态：脱落、宿存

果心大小：中

果实心室（个）：5

果肉硬度（kg/cm^2）：9.70

果肉颜色：白

果肉质地：中粗

果肉类型：脆

汁液：少

风味：酸甜

可溶性固形物含量（%）：9.03

可滴定酸含量（%）：0.29

盛花期：3月中旬

果实成熟期：9月中旬

综合评价：外观品质中等，内在品质下，丰产性中，抗病性较强。

大黄茌梨

品种名称：大黄茌梨

外文名：Dahuangchili

来源：浙江乐清

资源类型：地方品种

系谱：自然实生

早果性：5 年

树势：中

树姿：直立

节间长度（cm）：4.46

幼叶颜色：绿黄

叶片长（cm）：10.35

叶片宽（cm）：5.85

花瓣数（枚）：5.3

柱头位置：低

花药颜色：淡粉

花冠直径（cm）：3.08

单果重（g）：243

果实形状：圆形

果皮底色：绿

果锈：多；全果

果面着色：无

果梗长度（cm）：4.87

果梗粗度（mm）：2.88

萼片状态：脱落

果心大小：中

果实心室（个）：5

果肉硬度（kg/cm^2）：11.02

果肉颜色：白

果肉质地：中粗

果肉类型：脆

汁液：少

风味：淡甜

可溶性固形物含量（%）：9.55

可滴定酸含量（%）：0.26

盛花期：3 月中旬

果实成熟期：9 月中下旬

综合评价：外观品质较差，内在品质中下，丰产性中，抗病性中。

桂 花 梨

品种名称：桂花梨
外文名：Guihuali
来源：浙江乐清
资源类型：地方品种
系谱：自然实生
早果性：4 年
树势：强
树姿：开张
节间长度（cm）：4.63
幼叶颜色：绿黄
叶片长（cm）：9.91
叶片宽（cm）：6.42

花瓣数（枚）：5
柱头位置：高
花药颜色：淡粉红
花冠直径（cm）：3.15
单果重（g）：230
果实形状：扁圆形
果皮底色：绿
果锈：多；全果
果面着色：无
果梗长度（cm）：3.21
果梗粗度（mm）：3.35
萼片状态：脱落

果心大小：中
果实心室（个）：5
果肉硬度（kg/cm^2）：12.80
果肉颜色：白
果肉质地：中粗
果肉类型：紧密脆
汁液：中
风味：酸甜
可溶性固形物含量（%）：10.20
可滴定酸含量（%）：0.31
盛花期：3 月中下旬
果实成熟期：9 月上中旬

综合评价：外观品质较差，内在品质中，丰产性中，抗病性较弱。

黄 茄 梨

品种名称：黄茄梨

外文名：Huangqieli

来源：浙江乐清

资源类型：地方品种

系谱：自然实生

早果性：4 年

树势：弱

树姿：半开张

节间长度（cm）：5.06

幼叶颜色：绿黄

叶片长（cm）：11.00

叶片宽（cm）：6.57

花瓣数（枚）：5

柱头位置：等高

花药颜色：紫红

花冠直径（cm）：3.37

单果重（g）：262

果实形状：圆形

果皮底色：褐

果锈：无

果面着色：无

果梗长度（cm）：3.65

果梗粗度（mm）：3.58

萼片状态：宿存、脱落

果心大小：中

果实心室（个）：5

果肉硬度（kg/cm²）：8.33

果肉颜色：白

果肉质地：中

果肉类型：脆

汁液：中

风味：淡甜

可溶性固形物含量（%）：10.50

可滴定酸含量（%）：0.20

盛花期：3 月中下旬

果实成熟期：8 月下旬

综合评价：外观品质中等，内在品质中上，丰产性中，抗病性较弱。

酒盅梨

品种名称：酒盅梨

外文名：Jiuzhongli

来源：浙江乐清

资源类型：地方品种

系谱：自然实生

早果性：3 年

树势：弱

树姿：开张

节间长度（cm）：3.79

幼叶颜色：褐红

叶片长（cm）：8.62

叶片宽（cm）：5.79

花瓣数（枚）：5

柱头位置：等高

花药颜色：淡紫红

花冠直径（cm）：3.36

单果重（g）：156

果实形状：圆锥形

果皮底色：黄褐

果锈：无

果面着色：无

果梗长度（cm）：2.91

果梗粗度（mm）：2.60

萼片状态：宿存、残存

果心大小：中

果实心室（个）：5

果肉硬度（kg/cm^2）：8.33

果肉颜色：白

果肉质地：中细

果肉类型：脆

汁液：中

风味：淡甜

可溶性固形物含量（%）：10.10

可滴定酸含量（%）：0.20

盛花期：3 月中下旬

果实成熟期：9 月上旬

综合评价：外观品质中等，内在品质中，丰产中，抗病性较弱。

蒲 瓜 梨

品种名称：蒲瓜梨

外文名：Puguali

来源：浙江乐清

资源类型：地方品种

系谱：自然实生

早果性：7 年

树势：弱

树姿：半开张

节间长度（cm）：4.21

幼叶颜色：淡红

叶片长（cm）：10.77

叶片宽（cm）：8.28

花瓣数（枚）：5

柱头位置：高

花药颜色：粉红

花冠直径（cm）：3.53

单果重（g）：537

果实形状：倒卵形、圆形

果皮底色：绿

果锈：中；梗端

果面着色：无

果梗长度（cm）：3.71

果梗粗度（mm）：2.94

萼片状态：残存、宿存

果心大小：小

果实心室（个）：5、6、7

果肉硬度（kg/cm²）：8.32

果肉颜色：白

果肉质地：中细

果肉类型：脆

汁液：多

风味：酸甜

可溶性固形物含量（%）：11.70

可滴定酸含量（%）：0.20

盛花期：3 月中旬

果实成熟期：9 月上中旬

综合评价：外观品质中等，内在品质中上，丰产，抗病性较强。

人　头

品种名称：人头

外文名：Rentou

来源：浙江乐清

资源类型：地方品种

系谱：自然实生

早果性：5 年

树势：中庸

树姿：直立

节间长度（cm）：4.21

幼叶颜色：淡红

叶片长（cm）：9.61

叶片宽（cm）：5.73

花瓣数（枚）：5.1

柱头位置：低

花药颜色：红

花冠直径（cm）：2.95

单果重（g）：374

果实形状：倒卵形、纺锤形

果皮底色：褐

果锈：无

果面着色：无

果梗长度（cm）：2.73

果梗粗度（mm）：5.26

萼片状态：脱落

果心大小：中

果实心室（个）：5、6

果肉硬度（kg/cm^2）：12.77

果肉颜色：白

果肉质地：中粗

果肉类型：紧密

汁液：少

风味：甜酸

可溶性固形物含量（%）：10.80

可滴定酸含量（%）：0.29

盛花期：3 月下旬

果实成熟期：9 月中旬

综合评价：外观品质中等，内在品质中下，丰产性中，抗病性中。

脆　　绿

品种名称：脆绿

外文名：Cuilv

来源：浙江杭州

资源类型：地方品种

系谱：自然实生

早果性：4 年

树势：中

树姿：半开张

节间长度（cm）：3.72

幼叶颜色：黄绿

叶片长（cm）：9.38

叶片宽（cm）：6.37

花瓣数（枚）：6.9

柱头位置：等高

花药颜色：红

花冠直径（cm）：3.43

单果重（g）：164

果实形状：圆形

果皮底色：绿

果锈：少；全果

果面着色：无

果梗长度（cm）：2.52

果梗粗度（mm）：2.30

萼片状态：脱落、宿存

果心大小：小

果实心室（个）：5

果肉硬度（kg/cm²）：5.79

果肉颜色：乳白

果肉质地：中细

果肉类型：脆

汁液：中

风味：淡甜

可溶性固形物含量（%）：10.50

可滴定酸含量（%）：0.17

盛花期：3 月下旬

果实成熟期：7 月下旬

综合评价：外观品质中等，内在品质中上，丰产性中，抗病性中。

三　花

品种名称：三花

外文名：Sanhua

来源：浙江杭州

资源类型：地方品种

系谱：自然实生

早果性：5 年

树势：强

树姿：开张

节间长度（cm）：4.71

幼叶颜色：淡红

叶片长（cm）：10.87

叶片宽（cm）：6.86

花瓣数（枚）：5.8

柱头位置：低

花药颜色：红

花冠直径（cm）：3.70

单果重（g）：262

果实形状：圆形

果皮底色：绿

果锈：多；全果

果面着色：无

果梗长度（cm）：4.40

果梗粗度（mm）：3.01

萼片状态：宿存

果心大小：中

果实心室（个）：5

果肉硬度（kg/cm²）：8.30

果肉颜色：白

果肉质地：中细

果肉类型：脆

汁液：多

风味：淡甜

可溶性固形物含量（%）：10.67

可滴定酸含量（%）：0.15

盛花期：3 月中下旬

果实成熟期：9 月上旬

综合评价：外观品质中等，内在品质中上，丰产，抗病性中。

上海雪梨

品种名称：上海雪梨

外文名：Shanghaixueli

来源：浙江杭州

资源类型：地方品种

系谱：自然实生

早果性：4 年

树势：强

树姿：抱合

节间长度（cm）：4.99

幼叶颜色：暗红

叶片长（cm）：11.69

叶片宽（cm）：5.76

花瓣数（枚）：5.5

柱头位置：低

花药颜色：淡粉

花冠直径（cm）：3.23

单果重（g）：251

果实形状：纺锤形

果皮底色：绿

果锈：中

果面着色：无

果梗长度（cm）：4.54

果梗粗度（mm）：3.45

萼片状态：宿存、脱落

果心大小：中大

果实心室（个）：5

果肉硬度（kg/cm²）：8.28

果肉颜色：白

果肉质地：中细

果肉类型：脆

汁液：中

风味：淡甜

可溶性固形物含量（%）：11.18

可滴定酸含量（%）：0.15

盛花期：3 月中下旬

果实成熟期：9 月上旬

综合评价：外观品质较差，内在品质中上，丰产性中，抗病性中。

雅　青

品种名称：雅青

外文名：Yaqing

来源：浙江杭州

资源类型：地方品种

系谱：自然实生

早果性：4 年

树势：中

树姿：开张

节间长度（cm）：5.17

幼叶颜色：淡红

叶片长（cm）：9.91

叶片宽（cm）：6.38

花瓣数（枚）：5

柱头位置：等高

花药颜色：红

花冠直径（cm）：3.61

单果重（g）：154

果实形状：倒卵形

果皮底色：绿

果锈：无

果面着色：无

果梗长度（cm）：3.63

果梗粗度（mm）：2.69

萼片状态：脱落、宿存

果心大小：小

果实心室（个）：5

果肉硬度（kg/cm²）：7.63

果肉颜色：白

果肉质地：中细

果肉类型：脆

汁液：多

风味：淡甜

可溶性固形物含量（%）：10.90

可滴定酸含量（%）：0.18

盛花期：3 月中下旬

果实成熟期：9 月上中旬

综合评价：外观品质较好，内在品质中上，丰产，抗病性较强。

园　梨

品种名称：园梨

外文名：Yuanli

来源：浙江杭州

资源类型：地方品种

系谱：自然实生

早果性：4 年

树势：中

树姿：直立

节间长度（cm）：3.81

幼叶颜色：淡红

叶片长（cm）：12.81

叶片宽（cm）：7.18

花瓣数（枚）：5.3

柱头位置：等高

花药颜色：紫

花冠直径（cm）：3.46

单果重（g）：211

果实形状：倒卵形

果皮底色：绿

果锈：极少；萼端

果面着色：无

果梗长度（cm）：5.25

果梗粗度（mm）：3.01

萼片状态：脱落、宿存

果心大小：中

果实心室（个）：5

果肉硬度（kg/cm^2）：7.35

果肉颜色：乳白

果肉质地：中细

果肉类型：疏松

汁液：中

风味：酸甜

可溶性固形物含量（%）：10.67

可滴定酸含量（%）：0.21

盛花期：3 月中旬

果实成熟期：8 月中下旬

综合评价：外观品质较好，内在品质中上，丰产，抗病性中。

糯 稻 梨

品种名称：糯稻梨

外文名：Nuodaoli

来源：浙江义乌

资源类型：地方品种

系谱：自然实生

早果性：6 年

树势：中

树姿：半开张

节间长度（cm）：4.33

幼叶颜色：淡红

叶片长（cm）：10.12

叶片宽（cm）：6.77

花瓣数（枚）：5.2

柱头位置：低

花药颜色：紫红

花冠直径（cm）：2.26

单果重（g）：217

果实形状：长圆形、纺锤形

果皮底色：绿

果锈：中；全果

果面着色：无

果梗长度（cm）：3.54

果梗粗度（mm）：3.05

萼片状态：宿存

果心大小：中

果实心室（个）：5

果肉硬度（kg/cm^2）：10.80

果肉颜色：白

果肉质地：中细

果肉类型：脆

汁液：中

风味：淡甜

可溶性固形物含量（%）：10.60

可滴定酸含量（%）：0.15

盛花期：3 月下旬

果实成熟期：9 月上旬

综合评价：外观品质中等，内在品质中，丰产性中，抗病性中。

义乌子梨

品种名称：义乌子梨

外文名：Yiwuzili

来源：浙江义乌

资源类型：地方品种

系谱：自然实生

早果性：4 年

树势：中

树姿：直立

节间长度（cm）：4.44

幼叶颜色：褐红

叶片长（cm）：11.47

叶片宽（cm）：7.32

花瓣数（枚）：5.1

柱头位置：高

花药颜色：紫

花冠直径（cm）：3.81

单果重（g）：242

果实形状：葫芦形

果皮底色：绿

果锈：极少

果面着色：无

果梗长度（cm）：2.90

果梗粗度（mm）：4.08

萼片状态：脱落、宿存

果心大小：中

果实心室（个）：4、5

果肉硬度（kg/cm²）：11.04

果肉颜色：白

果肉质地：粗

果肉类型：紧密

汁液：中

风味：微酸

可溶性固形物含量（%）：11.03

可滴定酸含量（%）：0.36

盛花期：3 月下旬

果实成熟期：9 月中旬

综合评价：外观品质中等，内在品质下，丰产，抗病性强。

早 三 花

品种名称：早三花

外文名：Zaosanhua

来源：浙江义乌

资源类型：地方品种

系谱：自然实生

早果性：4 年

树势：中

树姿：半开张

节间长度（cm）：4.90

幼叶颜色：褐红

叶片长（cm）：9.95

叶片宽（cm）：5.11

花瓣数（枚）：5.9

柱头位置：低

花药颜色：紫红

花冠直径（cm）：3.12

单果重（g）：175

果实形状：圆形

果皮底色：绿

果锈：多；全果

果面着色：无

果梗长度（cm）：4.42

果梗粗度（mm）：3.44

萼片状态：宿存

果心大小：中

果实心室（个）：5

果肉硬度（kg/cm²）：7.85

果肉颜色：白

果肉质地：中细

果肉类型：脆

汁液：中

风味：淡甜

可溶性固形物含量（%）：10.93

可滴定酸含量（%）：0.14

盛花期：3 月中下旬

果实成熟期：8 月下旬

综合评价：外观品质中等，内在品质中上，丰产，抗病性中。

细 花 雪 梨

品种名称：细花雪梨　　　花瓣数（枚）：5　　　　果心大小：中

外文名：Xihuaxueli　　　柱头位置：高　　　　　果实心室（个）：5

来源：浙江云和　　　　　花药颜色：粉红　　　　果肉硬度（kg/cm²）：9.30

资源类型：地方品种　　　花冠直径（cm）：3.31　果肉颜色：绿白

系谱：自然实生　　　　　单果重（g）：330　　　果肉质地：中细

早果性：5年　　　　　　果实形状：圆形　　　　果肉类型：脆

树势：弱　　　　　　　　果皮底色：绿　　　　　汁液：少

树姿：开张　　　　　　　果锈：中；梗端　　　　风味：酸甜

节间长度（cm）：4.56　果面着色：无　　　　　可溶性固形物含量（%）：10.60

幼叶颜色：褐红　　　　　果梗长度（cm）：3.09　可滴定酸含量（%）：0.25

叶片长（cm）：8.73　　果梗粗度（mm）：3.00　盛花期：3月中下旬

叶片宽（cm）：5.49　　萼片状态：脱落　　　　果实成熟期：9月中下旬

综合评价：外观品质中等，内在品质中，丰产性中，抗病性较弱。

云和柿扁梨

品种名称：云和柿扁梨

外文名：Yunheshibianli

来源：浙江云和

资源类型：地方品种

系谱：自然实生

早果性：4 年

树势：中

树姿：半开张

节间长度（cm）：3.97

幼叶颜色：淡红

叶片长（cm）：10.45

叶片宽（cm）：6.73

花瓣数（枚）：6.6

柱头位置：高

花药颜色：淡紫红

花冠直径（cm）：3.49

单果重（g）：353

果实形状：圆形

果皮底色：绿

果锈：少

果面着色：无

果梗长度（cm）：3.41

果梗粗度（mm）：3.18

萼片状态：脱落

果心大小：中

果实心室（个）：5

果肉硬度（kg/cm²）：9.37

果肉颜色：白

果肉质地：中细

果肉类型：脆

汁液：多

风味：酸甜

可溶性固形物含量（%）：10.57

可滴定酸含量（%）：0.33

盛花期：3 月中下旬

果实成熟期：9 月上旬

综合评价：外观品质中等，内在品质中上，丰产性中，抗病性中。

云和雪梨

品种名称：云和雪梨

外文名：Yunhexueli

来源：浙江云和

资源类型：地方品种

系谱：自然实生

早果性：5 年

树势：中

树姿：半开张

节间长度（cm）：4.06

幼叶颜色：褐红

叶片长（cm）：10.34

叶片宽（cm）：5.81

花瓣数（枚）：5

柱头位置：高

花药颜色：粉红

花冠直径（cm）：3.30

单果重（g）：380

果实形状：圆形

果皮底色：绿

果锈：多；全果

果面着色：无

果梗长度（cm）：2.72

果梗粗度（mm）：3.16

萼片状态：脱落

果心大小：中

果实心室（个）：5

果肉硬度（kg/cm²）：7.44

果肉颜色：白

果肉质地：中细

果肉类型：脆

汁液：多

风味：淡甜

可溶性固形物含量（%）：11.05

可滴定酸含量（%）：0.17

盛花期：3 月中下旬

果实成熟期：9 月上中旬

综合评价：外观品质较差，内在品质中上，不丰产，抗病性中。

真 香 梨

品种名称：真香梨

外文名：Zhenxiangli

来源：浙江丽水

资源类型：地方品种

系谱：自然实生

早果性：6 年

树势：中

树姿：直立

节间长度（cm）：5.16

幼叶颜色：暗红

叶片长（cm）：13.06

叶片宽（cm）：6.48

花瓣数（枚）：5.4

柱头位置：等高

花药颜色：红

花冠直径（cm）：3.49

单果重（g）：260

果实形状：倒卵形

果皮底色：绿

果锈：少

果面着色：无

果梗长度（cm）：5.05

果梗粗度（mm）：2.88

萼片状态：脱落

果心大小：中

果实心室（个）：5、6

果肉硬度（kg/cm²）：8.06

果肉颜色：白

果肉质地：中细

果肉类型：脆

汁液：多

风味：酸甜适度

可溶性固形物含量（%）：12.20

可滴定酸含量（%）：0.18

盛花期：3 月中旬

果实成熟期：9 月上中旬

综合评价：外观品质中等，内在品质中上，丰产性中，抗病性中。

黄 皮 消

品种名称：黄皮消

外文名：Huangpixiao

来源：江西上饶

资源类型：地方品种

系谱：自然实生

早果性：6 年

树势：中

树姿：直立

节间长度（cm）：5.33

幼叶颜色：淡红

叶片长（cm）：12.16

叶片宽（cm）：8.17

花瓣数（枚）：5.8

柱头位置：高

花药颜色：红

花冠直径（cm）：3.53

单果重（g）：330

果实形状：圆形、倒卵形

果皮底色：黄绿

果锈：多；全果

果面着色：无

果梗长度（cm）：3.87

果梗粗度（mm）：3.65

萼片状态：宿存

果心大小：小

果实心室（个）：5

果肉硬度（kg/cm^2）：5.54

果肉颜色：白

果肉质地：中细

果肉类型：疏松

汁液：多

风味：酸甜适度

可溶性固形物含量（%）：11.57

可滴定酸含量（%）：0.21

盛花期：3 月中下旬

果实成熟期：8 月下旬

综合评价：外观品质较差，内在品质中上，丰产性中，抗病性中。

蒲 梨 消

品种名称：蒲梨消

外文名：Pulixiao

来源：江西上饶

资源类型：地方品种

系谱：自然实生

早果性：6 年

树势：弱

树姿：直立

节间长度（cm）：4.17

幼叶颜色：褐红

叶片长（cm）：9.89

叶片宽（cm）：6.68

花瓣数（枚）：5.1

柱头位置：等高

花药颜色：粉红

花冠直径（cm）：3.50

单果重（g）：215

果实形状：圆形、倒卵形

果皮底色：绿

果锈：无

果面着色：无

果梗长度（cm）：2.63

果梗粗度（mm）：3.48

萼片状态：脱落

果心大小：中

果实心室（个）：5、6

果肉硬度（kg/cm^2）：9.04

果肉颜色：白

果肉质地：中细

果肉类型：脆

汁液：中

风味：淡甜

可溶性固形物含量（%）：9.35

可滴定酸含量（%）：0.22

盛花期：3 月上旬

果实成熟期：9 月上旬

综合评价：外观品质中等，内在品质中，丰产性中，抗病性较弱。

荷 花

品种名称：荷花

外文名：Hehua

来源：江西上饶

资源类型：地方品种

系谱：自然实生

早果性：5 年

树势：中

树姿：直立

节间长度（cm）：4.46

幼叶颜色：淡红

叶片长（cm）：10.72

叶片宽（cm）：5.79

花瓣数（枚）：5.2

柱头位置：等高

花药颜色：深紫红

花冠直径（cm）：3.03

单果重（g）：129

果实形状：圆形

果皮底色：绿

果锈：无

果面着色：无

果梗长度（cm）：3.03

果梗粗度（mm）：2.86

萼片状态：宿存、脱落

果心大小：小

果实心室（个）：5

果肉硬度（kg/cm^2）：7.03

果肉颜色：白

果肉质地：中细

果肉类型：脆

汁液：中

风味：甜酸

可溶性固形物含量（％）：9.13

可滴定酸含量（％）：0.29

盛花期：3 月中下旬

果实成熟期：8 月下旬

综合评价：外观品质中等，内在品质中，丰产，抗病性中。

鸡 子 消

品种名称：鸡子消　　　花瓣数（枚）：5　　　　　果心大小：中

外文名：Jizixiao　　　柱头位置：等高　　　　果实心室（个）：5

来源：江西上饶　　　　花药颜色：粉红　　　　果肉硬度（kg/cm²）：8.52

资源类型：地方品种　　花冠直径（cm）：3.71　　果肉颜色：白

系谱：自然实生　　　　单果重（g）：250　　　　果肉质地：中细

早果性：6 年　　　　　果实形状：倒卵形、圆形　果肉类型：脆

树势：弱　　　　　　　果皮底色：绿　　　　　汁液：中

树姿：直立　　　　　　果锈：无　　　　　　　风味：酸甜

节间长度（cm）：5.22　果面着色：无　　　　　可溶性固形物含量（%）：9.70

幼叶颜色：褐红　　　　果梗长度（cm）：3.02　可滴定酸含量（%）：0.21

叶片长（cm）：11.06　果梗粗度（mm）：3.50　盛花期：3月中下旬

叶片宽（cm）：7.91　　萼片状态：脱落、宿存　果实成熟期：9月上中旬

综合评价：外观品质中等，内在品质中，丰产性中，抗病性较弱。

魁 星 麻 壳

品种名称：魁星麻壳

外文名：Kuixingmake

来源：江西上饶

资源类型：地方品种

系谱：自然实生

早果性：5 年

树势：中

树姿：半开张

节间长度（cm）：4.25

幼叶颜色：绿黄

叶片长（cm）：9.37

叶片宽（cm）：5.98

花瓣数（枚）：5

柱头位置：等高

花药颜色：紫红

花冠直径（cm）：2.60

单果重（g）：304

果实形状：扁圆形、圆形

果皮底色：绿

果锈：无

果面着色：无

果梗长度（cm）：2.87

果梗粗度（mm）：3.11

萼片状态：脱落

果心大小：中

果实心室（个）：5

果肉硬度（kg/cm²）：11.53

果肉颜色：绿白

果肉质地：中粗

果肉类型：紧密脆

汁液：中

风味：甜

可溶性固形物含量（%）：10.17

可滴定酸含量（%）：0.10

盛花期：3 月中旬

果实成熟期：9 月上中旬

综合评价：外观品质中等，内在品质中，丰产性中，抗病性中。

蒲　梨

品种名称：蒲梨

外文名：Puli

来源：江西上饶

资源类型：地方品种

系谱：自然实生

早果性：5 年

树势：中

树姿：直立

节间长度（cm）：4.61

幼叶颜色：淡红

叶片长（cm）：9.86

叶片宽（cm）：6.94

花瓣数（枚）：5

柱头位置：等高

花药颜色：紫红

花冠直径（cm）：3.26

单果重（g）：419

果实形状：圆形

果皮底色：绿

果锈：少

果面着色：无

果梗长度（cm）：3.60

果梗粗度（mm）：4.35

萼片状态：宿存

果心大小：小

果实心室（个）：5、6

果肉硬度（kg/cm²）：6.94

果肉颜色：白

果肉质地：中细

果肉类型：脆

汁液：多

风味：淡甜

可溶性固形物含量（%）：10.37

可滴定酸含量（%）：0.32

盛花期：3 月中下旬

果实成熟期：8 月下旬

综合评价：外观品质较好，内在品质中，丰产，抗病性中。

秋 露 白

品种名称：秋露白

来源：Qiulubai

来源：江西上饶

资源类型：地方品种

系谱：自然实生

早果性：6 年

树势：中

树姿：直立

节间长度（cm）：4.92

幼叶颜色：淡红

叶片长（cm）：12.95

叶片宽（cm）：7.56

花瓣数（枚）：5

柱头位置：等高

花药颜色：红

花冠直径（cm）：3.27

单果重（g）：296

果实形状：圆形、倒卵形

果皮底色：绿

果锈：少

果面着色：无

果梗长度（cm）：3.46

果梗粗度（mm）：4.52

萼片状态：脱落、宿存

果心大小：中

果实心室（个）：5

果肉硬度（kg/cm²）：11.89

果肉颜色：白

果肉质地：中粗

果肉类型：脆

汁液：中

风味：微酸

可溶性固形物含量（%）：11.00

可滴定酸含量（%）：0.26

盛花期：3 月中下旬

果实成熟期：9 月上旬

综合评价：外观品质中等，内在品质中，丰产性中，抗病性较强。

细花平头青

品种名称：细花平头青

外文名：Xihuapingtouqing

来源：江西上饶

资源类型：地方品种

系谱：自然实生

早果性：5 年

树势：强

树姿：半开张

节间长度（cm）：4.10

幼叶颜色：绿黄

叶片长（cm）：11.68

叶片宽（cm）：7.11

花瓣数（枚）：5.2

柱头位置：等高

花药颜色：红

花冠直径（cm）：3.35

单果重（g）：212

果实形状：圆形

果皮底色：绿

果锈：少

果面着色：无

果梗长度（cm）：3.88

果梗粗度（mm）：4.43

萼片状态：宿存

果心大小：中

果实心室（个）：6

果肉硬度（kg/cm^2）：9.69

果肉颜色：白

果肉质地：中细

果肉类型：脆

汁液：中

风味：淡甜

可溶性固形物含量（%）：9.70

可滴定酸含量（%）：0.12

盛花期：3 月下旬

果实成熟期：9 月中下旬

综合评价：外观品质中等，内在品质中，丰产，抗病性中。

粗 柄 酥

品种名称：粗柄酥

外文名：Cubingsu

来源：江西婺源

资源类型：地方品种

系谱：自然实生

早果性：6 年

树势：强

树姿：半开张

节间长度（cm）：4.95

幼叶颜色：黄绿

叶片长（cm）：9.70

叶片宽（cm）：5.70

花瓣数（枚）：5

柱头位置：高

花药颜色：粉红

花冠直径（cm）：3.23

单果重（g）：205

果实形状：倒卵形

果皮底色：绿

果锈：少

果面着色：无

果梗长度（cm）：3.46

果梗粗度（mm）：6.56

萼片状态：脱落、残存

果心大小：大

果实心室（个）：5

果肉硬度（kg/cm²）：6.12

果肉颜色：白

果肉质地：中细

果肉类型：脆

汁液：多

风味：淡甜

可溶性固形物含量（%）：10.27

可滴定酸含量（%）：0.23

盛花期：3 月中下旬

果实成熟期：9 月上旬

综合评价：外观品质中等，内在品质中，丰产，抗病性中等。

粗皮西绛坞

品种名称：粗皮西绛坞

外文名：Cupixijiangwu

来源：江西婺源

资源类型：地方品种

系谱：自然实生

早果性：3 年

树势：中

树姿：半开张

节间长度（cm）：4.42

幼叶颜色：淡红

叶片长（cm）：10.25

叶片宽（cm）：8.13

花瓣数（枚）：5

柱头位置：等高

花药颜色：粉红

花冠直径（cm）：2.53

单果重（g）：185

果实形状：倒卵形、圆形

果皮底色：绿

果锈：少

果面着色：无

果梗长度（cm）：3.48

果梗粗度（mm）：2.92

萼片状态：脱落

果心大小：中

果实心室（个）：5、6

果肉硬度（kg/cm^2）：10.38

果肉颜色：白

果肉质地：中粗

果肉类型：脆

汁液：中

风味：酸甜

可溶性固形物含量（%）：10.43

可滴定酸含量（%）：0.19

盛花期：3 月中下旬

果实成熟期：8 月下旬

综合评价：外观品质中等，内在品质中，丰产，抗病性中。

江湾细皮梨

品种名称：江湾细皮梨

外文名：Jiangwanxipili

来源：江西婺源

资源类型：地方品种

系谱：自然实生

早果性：4 年

树势：中

树姿：直立

节间长度（cm）：5.06

幼叶颜色：绿黄

叶片长（cm）：13.28

叶片宽（cm）：8.31

花瓣数（枚）：5

柱头位置：高

花药颜色：淡紫红

花冠直径（cm）：3.10

单果重（g）：196

果实形状：圆形

果皮底色：绿

果锈：少

果面着色：无

果梗长度（cm）：3.16

果梗粗度（mm）：3.11

萼片状态：脱落、宿存

果心大小：小

果实心室（个）：5

果肉硬度（kg/cm²）：8.66

果肉颜色：白

果肉质地：中细

果肉类型：脆

汁液：中

风味：淡甜

可溶性固形物含量（%）：10.27

可滴定酸含量（%）：0.13

盛花期：3 月上中旬

果实成熟期：9 月上旬

综合评价：外观品质中等，内在品质中上，丰产，抗病性中。

婺源白梨

品种名称：婺源白梨

外文名：Wuyuanbaili

来源：江西婺源

资源类型：地方品种

系谱：自然实生

早果性：5 年

树势：强

树姿：半开张

节间长度（cm）：4.24

幼叶颜色：淡红

叶片长（cm）：11.53

叶片宽（cm）：6.67

花瓣数（枚）：5.2

柱头位置：等高

花药颜色：紫红

花冠直径（cm）：3.49

单果重（g）：417

果实形状：圆形

果皮底色：绿

果锈：少；萼端

果面着色：无

果梗长度（cm）：4.22

果梗粗度（mm）：3.61

萼片状态：宿存

果心大小：中

果实心室（个）：4、5

果肉硬度（kg/cm²）：10.23

果肉颜色：白

果肉质地：粗

果肉类型：紧密

汁液：中

风味：酸

可溶性固形物含量（%）：9.68

可滴定酸含量（%）：0.37

盛花期：3 月上中旬

果实成熟期：9 月上旬

综合评价：外观品质中等，内在品质下，丰产性中，抗病性强。

婺 源 酥 梨

品种名称：婺源酥梨

外文名：Wuyuansuli

来源：江西婺源

资源类型：地方品种

系谱：自然实生

早果性：5 年

树势：强

树姿：直立

节间长度（cm）：4.42

幼叶颜色：褐红

叶片长（cm）：10.91

叶片宽（cm）：7.77

花瓣数（枚）：5.5

柱头位置：等高

花药颜色：红

花冠直径（cm）：3.68

单果重（g）：258

果实形状：长圆形、圆形

果皮底色：绿

果锈：中

果面着色：无

果梗长度（cm）：4.78

果梗粗度（mm）：3.52

萼片状态：宿存

果心大小：中

果实心室（个）：5

果肉硬度（kg/cm^2）：11.79

果肉颜色：白

果肉质地：中粗

果肉类型：脆

汁液：中

风味：酸甜

可溶性固形物含量（%）：10.87

可滴定酸含量（%）：0.28

盛花期：3 月上中旬

果实成熟期：9 月上中旬

综合评价：外观品质中等，内在品质中，丰产，抗病性强。

婺源糖梨

品种名称：婺源糖梨

外文名：Wuyuantangli

来源：江西婺源

资源类型：地方品种

系谱：自然实生

早果性：5 年

树势：强

树姿：半开张

节间长度（cm）：4.46

幼叶颜色：褐红

叶片长（cm）：9.79

叶片宽（cm）：5.78

花瓣数（枚）：5

柱头位置：等高

花药颜色：红

花冠直径（cm）：3.08

单果重（g）：256

果实形状：长圆形

果皮底色：褐

果锈：无

果面着色：无

果梗长度（cm）：2.68

果梗粗度（mm）：3.07

萼片状态：脱落、宿存

果心大小：中

果实心室（个）：5

果肉硬度（kg/cm²）：11.97

果肉颜色：白

果肉质地：中粗

果肉类型：脆

汁液：中

风味：淡甜

可溶性固形物含量（%）：10.53

可滴定酸含量（%）：0.17

盛花期：3 月中下旬

果实成熟期：9 月下旬

综合评价：外观品质中等，内在品质中，丰产，抗病性中。

细皮西绛坞

品种名称：细皮西绛坞
外文名：Xipixijiangwu
来源：江西婺源
资源类型：地方品种
系谱：自然实生
早果性：6 年
树势：中
树姿：直立
节间长度（cm）：4.62
幼叶颜色：淡红
叶片长（cm）：10.79
叶片宽（cm）：7.52

花瓣数（枚）：5
柱头位置：等高
花药颜色：淡紫红
花冠直径（cm）：2.83
单果重（g）：246
果实形状：圆形、倒卵形
果皮底色：绿
果锈：中
果面着色：无
果梗长度（cm）：2.99
果梗粗度（mm）：2.87
萼片状态：脱落、宿存

果心大小：中
果实心室（个）：5
果肉硬度（kg/cm²）：7.05
果肉颜色：白
果肉质地：中细
果肉类型：脆
汁液：中
风味：微酸
可溶性固形物含量（%）：9.80
可滴定酸含量（%）：0.24
盛花期：3 月中下旬
果实成熟期：9 月上旬

综合评价：外观品质中等，内在品质中，丰产，抗病性中。

油 酥

品种名称：油酥

外文名：Yousu

来源：江西婺源

资源类型：地方品种

系谱：自然实生

早果性：5 年

树势：中

树姿：直立

节间长度（cm）：3.86

幼叶颜色：褐红

叶片长（cm）：10.78

叶片宽（cm）：6.68

花瓣数（枚）：5.3

柱头位置：低

花药颜色：深紫红

花冠直径（cm）：3.07

单果重（g）：208

果实形状：倒卵形、圆形

果皮底色：黄绿

果锈：中；梗端

果面着色：无

果梗长度（cm）：2.44

果梗粗度（mm）：4.18

萼片状态：脱落、残存

果心大小：中

果实心室（个）：5

果肉硬度（kg/cm²）：7.11

果肉颜色：白

果肉质地：中细

果肉类型：脆

汁液：中

风味：酸

可溶性固形物含量（%）：9.83

可滴定酸含量（%）：0.45

盛花期：3 月中下旬

果实成熟期：9 月上旬

综合评价：外观品质中等，内在品质中下，丰产性中，抗病性较强。

八 月 雪

品种名称：八月雪　　　　花瓣数（枚）：5　　　　果心大小：中

外文名：Bayuexue　　　　柱头位置：等高　　　　果实心室（个）：5

来源：江西　　　　　　　花药颜色：红　　　　　果肉硬度（kg/cm²）：6.62

资源类型：地方品种　　　花冠直径（cm）：4.22　果肉颜色：乳白

系谱：自然实生　　　　　单果重（g）：424　　　果肉质地：中细

早果性：6年　　　　　　果实形状：倒卵形　　　果肉类型：脆

树势：强　　　　　　　　果皮底色：绿　　　　　汁液：中

树姿：半开张　　　　　　果锈：中；全果　　　　风味：甜酸

节间长度（cm）：4.86　　果面着色：无　　　　　可溶性固形物含量（%）：10.20

幼叶颜色：淡红　　　　　果梗长度（cm）：3.67　可滴定酸含量（%）：0.34

叶片长（cm）：9.18　　　果梗粗度（mm）：4.14　盛花期：3月中下旬

叶片宽（cm）：5.90　　　萼片状态：宿存　　　　果实成熟期：9月上旬

综合评价：外观品质中等，内在品质中上，丰产，抗病性中。

白　玉

品种名称：白玉

外文名：Baiyu

来源：江西九江

资源类型：地方品种

系谱：自然实生

早果性：5 年

树势：强

树姿：半开张

节间长度（cm）：4.54

幼叶颜色：暗红

叶片长（cm）：11.21

叶片宽（cm）：6.96

花瓣数（枚）：6.6

柱头位置：高

花药颜色：红

花冠直径（cm）：3.54

单果重（g）：144

果实形状：圆形

果皮底色：黄绿

果锈：中

果面着色：无

果梗长度（cm）：3.24

果梗粗度（mm）：3.08

萼片状态：脱落

果心大小：中

果实心室（个）：5

果肉硬度（kg/cm^2）：5.78

果肉颜色：乳白

果肉质地：中细

果肉类型：脆

汁液：多

风味：酸甜适度

可溶性固形物含量（%）：11.90

可滴定酸含量（%）：0.21

盛花期：3 月下旬

果实成熟期：8 月上旬

综合评价：外观品质较好，内在品质中上，丰产性中，抗病性较强。

梗 头 青

品种名称：梗头青

外文名：Gengtouqing

来源：湖南临武

资源类型：地方品种

系谱：自然实生

早果性：5 年

树势：强

树姿：半开张

节间长度（cm）：5.05

幼叶颜色：褐红

叶片长（cm）：11.12

叶片宽（cm）：6.31

花瓣数（枚）：5.2

柱头位置：低或等高

花药颜色：粉红

花冠直径（cm）：3.58

单果重（g）：273

果实形状：圆锥形

果皮底色：绿

果锈：多；全果

果面着色：无

果梗长度（cm）：3.17

果梗粗度（mm）：3.37

萼片状态：宿存

果心大小：中

果实心室（个）：5

果肉硬度（kg/cm^2）：13.60

果肉颜色：白

果肉质地：中粗

果肉类型：紧密

汁液：少

风味：淡甜

可溶性固形物含量（%）：10.93

可滴定酸含量（%）：0.20

盛花期：3 月中下旬

果实成熟期：9 月中下旬

综合评价：外观品质较差，内在品质下，丰产性中，抗病性中。

青　梨

品种名称：青梨

外文名：Qingli

来源：湖南临武

资源类型：地方品种

系谱：自然实生

早果性：5 年

树势：强

树姿：半开张

节间长度（cm）：5.53

幼叶颜色：淡红

叶片长（cm）：11.69

叶片宽（cm）：7.27

花瓣数（枚）：5

柱头位置：等高

花药颜色：粉红

花冠直径（cm）：3.66

单果重（g）：230

果实形状：倒卵形

果皮底色：黄绿

果锈：多；全果

果面着色：无

果梗长度（cm）：4.42

果梗粗度（mm）：3.32

萼片状态：残存、宿存

果心大小：中

果实心室（个）：5

果肉硬度（kg/cm²）：12.04

果肉颜色：白

果肉质地：中粗

果肉类型：紧密脆

汁液：中

风味：甜酸

可溶性固形物含量（%）：11.60

可滴定酸含量（%）：0.52

盛花期：3 月上中旬

果实成熟期：9 月中下旬

综合评价：外观品质中等，内在品质中，丰产，抗病性中。

麝香梨

品种名称：麝香梨

外文名：Shexiangli

来源：湖南临武

资源类型：地方品种

系谱：自然实生

早果性：6 年

树势：强

树姿：半开张

节间长度（cm）：4.26

幼叶颜色：褐红

叶片长（cm）：12.67

叶片宽（cm）：8.24

花瓣数（枚）：5

柱头位置：高

花药颜色：淡粉

花冠直径（cm）：3.33

单果重（g）：214

果实形状：扁圆形

果皮底色：黄褐

果锈：无

果面着色：无

果梗长度（cm）：4.25

果梗粗度（mm）：2.72

萼片状态：脱落

果心大小：中

果实心室（个）：5

果肉硬度（kg/cm² ）：> 15.00

果肉颜色：淡黄

果肉质地：粗

果肉类型：紧密

汁液：少

风味：甜酸

可溶性固形物含量（%）：10.70

可滴定酸含量（%）：0.47

盛花期：3 月中下旬

果实成熟期：10 月中旬

综合评价：外观品质中等，内在品质下，丰产，抗病性中。

香禾梨

品种名称：香禾梨

外文名：Xiangheli

来源：湖南临武

资源类型：地方品种

系谱：自然实生

早果性：5 年

树势：弱

树姿：开张

节间长度（cm）：4.48

幼叶颜色：绿黄

叶片长（cm）：11.18

叶片宽（cm）：6.65

花瓣数（枚）：5.3

柱头位置：等高

花药颜色：红

花冠直径（cm）：2.79

单果重（g）：326

果实形状：圆形

果皮底色：褐

果锈：无

果面着色：无

果梗长度（cm）：3.75

果梗粗度（mm）：3.01

萼片状态：脱落

果心大小：中

果实心室（个）：5

果肉硬度（kg/cm²）：14.15

果肉颜色：乳白

果肉质地：粗

果肉类型：紧密

汁液：中

风味：酸甜

可溶性固形物含量（%）：10.73

可滴定酸含量（%）：0.30

盛花期：3 月上中旬

果实成熟期：10 月上旬

综合评价：外观品质中等，内在品质下，丰产性中，抗病性中。

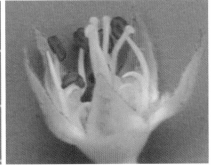

香 花 梨

品种名称：香花梨

外文名：Xianghuali

来源：湖南临武

资源类型：地方品种

系谱：自然实生

早果性：5 年

树势：中

树姿：半开张

节间长度（cm）：4.51

幼叶颜色：绿黄

叶片长（cm）：10.78

叶片宽（cm）：6.81

花瓣数（枚）：5.4

柱头位置：高

花药颜色：红

花冠直径（cm）：3.46

单果重（g）：226

果实形状：扁圆形、圆形

果皮底色：黄褐

果锈：无

果面着色：无

果梗长度（cm）：3.95

果梗粗度（mm）：2.79

萼片状态：脱落、宿存

果心大小：中

果实心室（个）：5

果肉硬度（kg/cm²）：13.73

果肉颜色：淡黄

果肉质地：粗

果肉类型：紧密

汁液：中

风味：淡甜

可溶性固形物含量（%）：11.07

可滴定酸含量（%）：0.22

盛花期：3 月上中旬

果实成熟期：10 月上旬

综合评价：外观品质中等，内在品质中下，丰产，抗病性中。

早 麻 梨

品种名称：早麻梨

外文名：Zaomali

来源：湖南临武

资源类型：地方品种

系谱：自然实生

早果性：5 年

树势：中

树姿：开张

节间长度（cm）：4.81

幼叶颜色：淡红

叶片长（cm）：10.42

叶片宽（cm）：7.65

花瓣数（枚）：7.2

柱头位置：等高

花药颜色：淡紫

花冠直径（cm）：3.38

单果重（g）：295

果实形状：圆形

果皮底色：绿

果锈：多；全果

果面着色：无

果梗长度（cm）：3.14

果梗粗度（mm）：3.48

萼片状态：宿存、脱落

果心大小：中

果实心室（个）：5

果肉硬度（kg/cm^2）：12.61

果肉颜色：淡黄

果肉质地：中粗

果肉类型：紧密

汁液：少

风味：酸甜

可溶性固形物含量（%）：10.90

可滴定酸含量（%）：0.32

盛花期：3 月中旬

果实成熟期：9 月中下旬

综合评价：外观品质较差，内在品质下，丰产，抗病性中。

鹤城猪粪梨

品种名称：鹤城猪粪梨　　花瓣数（枚）：5.4　　果心大小：中

外文名：Hechengzhufenli　　柱头位置：等高　　果实心室（个）：5

来源：湖南怀化　　花药颜色：紫红　　果肉硬度（kg/cm²）：＞15.00

资源类型：地方品种　　花冠直径（cm）：3.74　　果肉颜色：淡黄

系谱：自然实生　　单果重（g）：134　　果肉质地：粗

早果性：5年　　果实形状：卵圆形　　果肉类型：紧密

树势：强　　果皮底色：红褐　　汁液：少

树姿：直立　　果锈：无　　风味：酸甜

节间长度（cm）：4.58　　果面着色：无　　可溶性固形物含量（％）：12.10

幼叶颜色：淡绿　　果梗长度（cm）：4.77　　可滴定酸含量（％）：0.31

叶片长（cm）：10.45　　果梗粗度（mm）：3.05　　盛花期：3月中旬

叶片宽（cm）：6.47　　萼片状态：宿存　　果实成熟期：9月中旬

综合评价：外观品质较好，内在品质下，丰产，抗病性中。

怀化香水

品种名称：怀化香水

外文名：Huaihuaxiangshui

来源：湖南安江

资源类型：地方品种

系谱：自然实生

早果性：3 年

树势：中

树姿：直立

节间长度（cm）：5.02

幼叶颜色：绿黄

叶片长（cm）：9.45

叶片宽（cm）：5.95

花瓣数（枚）：5.8

柱头位置：低

花药颜色：紫红

花冠直径（cm）：3.36

单果重（g）：268

果实形状：圆柱形、圆形

果皮底色：黄绿

果锈：多；全果

果面着色：无

果梗长度（cm）：2.44

果梗粗度（mm）：3.15

萼片状态：脱落、残存

果心大小：大

果实心室（个）：5

果肉硬度（kg/cm^2）：10.24

果肉颜色：白

果肉质地：中细

果肉类型：脆

汁液：中

风味：甜酸

可溶性固形物含量（%）：11.97

可滴定酸含量（%）：0.41

盛花期：3 月中下旬

果实成熟期：9 月上旬

综合评价：外观品质较差，内在品质中上，不丰产，抗病性中。

黄金坳青皮梨

品种名称：黄金坳青皮梨

外文名：Huangjinaoqingpili

来源：湖南怀化

资源类型：地方品种

系谱：自然实生

早果性：4 年

树势：中

树姿：半开张

节间长度（cm）：3.21

幼叶颜色：淡红

叶片长（cm）：9.79

叶片宽（cm）：5.77

花瓣数（枚）：5

柱头位置：高

花药颜色：紫红

花冠直径（cm）：2.92

单果重（g）：151

果实形状：倒卵形

果皮底色：黄

果锈：无

果面着色：无

果梗长度（cm）：5.01

果梗粗度（mm）：3.19

萼片状态：脱落

果心大小：中

果实心室（个）：5

果肉硬度（kg/cm²）：8.01

果肉颜色：淡黄

果肉质地：中细

果肉类型：脆

汁液：多

风味：酸甜适度

可溶性固形物含量（%）：11.50

可滴定酸含量（%）：0.15

盛花期：3 月下旬

果实成熟期：7 月下旬

综合评价：外观品质好，内在品质中上，丰产，抗病性中。

黄 面 梨

品种名称：黄面梨

外文名：Huangmianli

来源：湖南怀化

资源类型：地方品种

系谱：自然实生

早果性：4 年

树势：强

树姿：开张

节间长度（cm）：3.08

幼叶颜色：红色

叶片长（cm）：7.80

叶片宽（cm）：5.71

花瓣数（枚）：5.3

柱头位置：高

花药颜色：红

花冠直径（cm）：3.74

单果重（g）：341

果实形状：倒卵形

果皮底色：绿

果锈：多；全果

果面着色：无

果梗长度（cm）：3.28

果梗粗度（mm）：3.25

萼片状态：残存

果心大小：中

果实心室（个）：4、5

果肉硬度（kg/cm²）：6.93

果肉颜色：绿白

果肉质地：中细

果肉类型：脆

汁液：多

风味：甜酸

可溶性固形物含量（%）：11.10

可滴定酸含量（%）：0.20

盛花期：3 月下旬

果实成熟期：9 月上旬

综合评价：外观品质中等，内在品质中上，丰产，抗病性中。

晚　香

品种名称：晚香　　　　　花瓣数（枚）：5　　　　　果心大小：中

外文名：Wanxiang　　　柱头位置：高　　　　　　果实心室（个）：5

来源：湖南浏阳　　　　　花药颜色：深紫红　　　　果肉硬度（kg/cm²）：8.23

资源类型：地方品种　　　花冠直径（cm）：3.30　　果肉颜色：白

系谱：自然实生　　　　　单果重（g）：308　　　　果肉质地：中细

早果性：3 年　　　　　　果实形状：圆形　　　　　果肉类型：脆

树势：中　　　　　　　　果皮底色：黄褐　　　　　汁液：中

树姿：半开张　　　　　　果锈：无　　　　　　　　风味：淡甜

节间长度（cm）：4.52　 果面着色：无　　　　　　可溶性固形物含量（%）：10.30

幼叶颜色：淡红　　　　　果梗长度（cm）：4.11　　可滴定酸含量（%）：0.14

叶片长（cm）：10.61　　 果梗粗度（mm）：3.04　 盛花期：3 月下旬

叶片宽（cm）：7.31　　　萼片状态：脱落　　　　　果实成熟期：9 月上旬

综合评价：外观品质好，内在品质中上，丰产，抗病性中。

湘 梨

品种名称：湘梨

外文名：Xiangli

来源：湖南浏阳

资源类型：地方品种

系谱：自然实生

早果性：5 年

树势：强

树姿：半开张

节间长度（cm）：4.47

幼叶颜色：淡红

叶片长（cm）：11.98

叶片宽（cm）：8.16

花瓣数（枚）：5.2

柱头位置：等高

花药颜色：紫红

花冠直径（cm）：3.42

单果重（g）：363

果实形状：圆形

果皮底色：绿

果锈：少

果面着色：无

果梗长度（cm）：3.67

果梗粗度（mm）：3.25

萼片状态：脱落、宿存

果心大小：中

果实心室（个）：5

果肉硬度（kg/cm²）：10.57

果肉颜色：白

果肉质地：粗

果肉类型：紧密脆

汁液：少

风味：甜酸

可溶性固形物含量（%）：13.00

可滴定酸含量（%）：0.28

盛花期：3 月中旬

果实成熟期：9 月上旬

综合评价：外观品质中等，内在品质中下，丰产性中，抗病性中。

中 禾 梨

品种名称：中禾梨
外文名：Zhongheli
来源：湖南浏阳
资源类型：地方品种
系谱：自然实生
早果性：4 年
树势：强
树姿：直立
节间长度（cm）：3.88
幼叶颜色：淡红
叶片长（cm）：12.78
叶片宽（cm）：7.25

花瓣数（枚）：5
柱头位置：高
花药颜色：紫红
花冠直径（cm）：3.75
单果重（g）：150
果实形状：圆形
果皮底色：绿
果锈：多；全果
果面着色：无
果梗长度（cm）：2.07
果梗粗度（mm）：2.49
萼片状态：脱落、宿存

果心大小：中大
果实心室（个）：5
果肉硬度（kg/cm²）：14.70
果肉颜色：白
果肉质地：粗
果肉类型：紧密
汁液：中
风味：微酸
可溶性固形物含量（%）：11.20
可滴定酸含量（%）：0.31
盛花期：3 月下旬
果实成熟期：8 月中下旬

综合评价：外观品质较差，内在品质下，丰产性中，抗病性强。

浏阳 2 号

品种名称：浏阳 2 号

外文名：Liuyang No.2

来源：湖南浏阳

资源类型：地方品种

系谱：自然实生

早果性：5 年

树势：强

树姿：直立

节间长度（cm）：4.95

幼叶颜色：红色

叶片长（cm）：11.92

叶片宽（cm）：6.35

花瓣数（枚）：5

柱头位置：高

花药颜色：淡紫红

花冠直径（cm）：3.57

单果重（g）：142

果实形状：圆形

果皮底色：绿

果锈：无

果面着色：无

果梗长度（cm）：3.31

果梗粗度（mm）：2.57

萼片状态：宿存

果心大小：中

果实心室（个）：5

果肉硬度（kg/cm²）：8.97

果肉颜色：淡黄

果肉质地：粗

果肉类型：紧密

汁液：少

风味：酸

可溶性固形物含量（%）：12.70

可滴定酸含量（%）：0.26

盛花期：3 月中下旬

果实成熟期：9 月下旬

综合评价：外观品质中等，内在品质下，丰产，抗病性中。

麻 粘 梨

品种名称：麻粘梨
外文名：Mazhanli
来源：湖南浏阳
资源类型：地方品种
系谱：自然实生
早果性：5 年
树势：强
树姿：开张
节间长度（cm）：4.63
幼叶颜色：淡红
叶片长（cm）：12.83
叶片宽（cm）：7.90

花瓣数（枚）：5
柱头位置：高
花药颜色：红
花冠直径（cm）：3.76
单果重（g）：447
果实形状：扁圆形
果皮底色：黄绿
果锈：中；梗端
果面着色：无
果梗长度（cm）：4.43
果梗粗度（mm）：3.13
萼片状态：脱落

果心大小：中
果实心室（个）：5
果肉硬度（kg/cm²）：8.91
果肉颜色：淡黄
果肉质地：中细
果肉类型：脆
汁液：多
风味：甜酸
可溶性固形物含量（%）：11.30
可滴定酸含量（%）：0.52
盛花期：3 月中旬
果实成熟期：9 月中旬

综合评价：外观品质中等，内在品质中上，丰产，抗病性中。

大 果 青

品种名称：大果青

外文名：Daguoqing

来源：湖南靖县

资源类型：地方品种

系谱：自然实生

早果性：6年

树势：弱

树姿：直立

节间长度（cm）：3.92

幼叶颜色：绿黄

叶片长（cm）：10.21

叶片宽（cm）：7.42

花瓣数（枚）：5.3

柱头位置：等高

花药颜色：粉红

花冠直径（cm）：2.67

单果重（g）：277

果实形状：圆形、倒卵形

果皮底色：绿

果锈：中；梗端

果面着色：无

果梗长度（cm）：3.28

果梗粗度（mm）：3.69

萼片状态：脱落

果心大小：中

果实心室（个）：5、6

果肉硬度（kg/cm²）：11.55

果肉颜色：白

果肉质地：中粗

果肉类型：脆

汁液：中

风味：酸甜

可溶性固形物含量（%）：11.10

可滴定酸含量（%）：0.24

盛花期：3月中旬

果实成熟期：9月上中旬

综合评价：外观品质中等，内在品质中上，丰产性中，抗病性中。

塘 湖 青

品种名称：塘湖青

外文名：Tanghuqing

来源：湖南靖县

资源类型：地方品种

系谱：自然实生

早果性：4 年

树势：中

树姿：开张

节间长度（cm）：4.23

幼叶颜色：褐红

叶片长（cm）：8.88

叶片宽（cm）：6.24

花瓣数（枚）：5.3

柱头位置：等高

花药颜色：紫红

花冠直径（cm）：3.35

单果重（g）：313

果实形状：圆形、卵圆形

果皮底色：黄绿

果锈：极少

果面着色：无

果梗长度（cm）：2.94

果梗粗度（mm）：3.23

萼片状态：宿存

果心大小：大

果实心室（个）：5、6

果肉硬度（kg/cm²）：11.95

果肉颜色：白

果肉质地：中粗

果肉类型：紧密脆

汁液：中

风味：淡甜

可溶性固形物含量（%）：10.50

可滴定酸含量（%）：0.25

盛花期：3 月中下旬

果实成熟期：9 月中下旬

综合评价：外观品质中等，内在品质中，丰产性中，抗病性中。

鸭　蛋　青

品种名称：鸭蛋青

外文名：Yadanqing

来源：湖南靖县

资源类型：地方品种

系谱：自然实生

早果性：6 年

树势：中

树姿：直立

节间长度（cm）：3.68

幼叶颜色：绿黄

叶片长（cm）：8.46

叶片宽（cm）：6.52

花瓣数（枚）：6.1

柱头位置：等高

花药颜色：紫红

花冠直径（cm）：2.83

单果重（g）：183

果实形状：长圆形

果皮底色：黄绿

果锈：少；萼端

果面着色：无

果梗长度（cm）：3.17

果梗粗度（mm）：3.14

萼片状态：脱落、宿存

果心大小：中

果实心室（个）：5

果肉硬度（kg/cm²）：11.25

果肉颜色：白

果肉质地：中粗

果肉类型：脆

汁液：中

风味：酸甜

可溶性固形物含量（%）：12.15

可滴定酸含量（%）：0.35

盛花期：3 月中旬

果实成熟期：9 月上旬

综合评价：外观品质中等，内在品质中上，丰产，抗病性较弱。

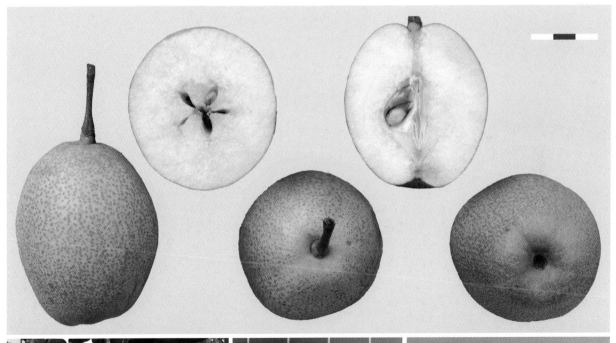

南山糖梨 1 号

品种名称：南山糖梨 1 号

外文名：Nanshantangli No.1

来源：湖南城步

资源类型：地方品种

系谱：自然实生

早果性：4 年

树势：强

树姿：直立

节间长度（cm）：5.41

幼叶颜色：黄绿

叶片长（cm）：10.59

叶片宽（cm）：7.11

花瓣数（枚）：5

柱头位置：等高

花药颜色：紫红

花冠直径（cm）：3.80

单果重（g）：277

果实形状：圆形

果皮底色：黄褐

果锈：无

果面着色：无

果梗长度（cm）：3.93

果梗粗度（mm）：3.34

萼片状态：宿存

果心大小：中

果实心室（个）：5、6

果肉硬度（kg/cm^2）：11.54

果肉颜色：白

果肉质地：中粗

果肉类型：紧密

汁液：少

风味：甜

可溶性固形物含量（%）：11.03

可滴定酸含量（%）：0.23

盛花期：3 月下旬

果实成熟期：8 月中下旬

综合评价：外观品质较好，内在品质中，丰产，抗病性较强。

南山糖梨 2 号

品种名称：南山糖梨 2 号

外文名：Nanshantangli No.2

来源：湖南城步

资源类型：地方品种

系谱：自然实生

早果性：4 年

树势：强

树姿：直立

节间长度（cm）：4.71

幼叶颜色：红

叶片长（cm）：9.98

叶片宽（cm）：7.01

花瓣数（枚）：5

柱头位置：等高

花药颜色：紫红

花冠直径（cm）：3.20

单果重（g）：233

果实形状：圆形

果皮底色：黄褐

果锈：无

果面着色：无

果梗长度（cm）：3.33

果梗粗度（mm）：3.07

萼片状态：脱落

果心大小：中

果实心室（个）：5

果肉硬度（kg/cm^2）：8.53

果肉颜色：乳白

果肉质地：中细

果肉类型：脆

汁液：中

风味：淡甜

可溶性固形物含量（%）：9.90

可滴定酸含量（%）：0.14

盛花期：3 月下旬

果实成熟期：8 月中下旬

综合评价：外观品质好，内在品质中，丰产，抗病性较强。

锁 喉 封 梨

品种名称：锁喉封梨

外文名：Suohoufengli

来源：湖南洪江

资源类型：地方品种

系谱：自然实生

早果性：4 年

树势：强

树姿：半开张

节间长度（cm）：4.60

幼叶颜色：绿黄

叶片长（cm）：11.23

叶片宽（cm）：5.84

花瓣数（枚）：6.8

柱头位置：高

花药颜色：紫红

花冠直径（cm）：3.37

单果重（g）：151

果实形状：扁圆形

果皮底色：绿

果锈：无

果面着色：无

果梗长度（cm）：3.02

果梗粗度（mm）：3.20

萼片状态：脱落

果心大小：中

果实心室（个）：5

果肉硬度（kg/cm^2）：11.18

果肉颜色：白

果肉质地：中粗

果肉类型：脆

汁液：中

风味：酸

可溶性固形物含量（%）：11.10

可滴定酸含量（%）：0.32

盛花期：3 月下旬

果实成熟期：8 月上旬

综合评价：外观品质中等，内在品质中下，丰产，抗病性较强。

猪 粪 梨

品种名称：猪粪梨

外文名：Zhufenli

来源：湖南洪江

资源类型：地方品种

系谱：自然实生

早果性：4 年

树势：强

树姿：半开张

节间长度（cm）：4.33

幼叶颜色：绿黄

叶片长（cm）：11.31

叶片宽（cm）：7.70

花瓣数（枚）：5

柱头位置：等高

花药颜色：粉红

花冠直径（cm）：3.36

单果重（g）：105

果实形状：圆形

果皮底色：黄

果锈：多；全果

果面着色：无

果梗长度（cm）：3.57

果梗粗度（mm）：2.83

萼片状态：宿存

果心大小：大

果实心室（个）：5

果肉硬度（kg/cm^2）：9.91

果肉颜色：黄

果肉质地：粗

果肉类型：紧密脆

汁液：中

风味：酸

可溶性固形物含量（%）：14.70

可滴定酸含量（%）：0.96

盛花期：3月中下旬

果实成熟期：9月上中旬

综合评价：外观品质差，内在品质下，丰产，抗病性较强。

青 皮 早

品种名称：青皮早　　　　花瓣数（枚）：5　　　　果心大小：小

外文名：Qingpizao　　　柱头位置：低　　　　　果实心室（个）：5

来源：湖南宜章　　　　　花药颜色：淡紫　　　　果肉硬度（kg/cm²）：8.01

资源类型：地方品种　　　花冠直径（cm）：3.17　果肉颜色：白

系谱：自然实生　　　　　单果重（g）：368　　　果肉质地：中细

早果性：4 年　　　　　　果实形状：长圆形　　　果肉类型：脆

树势：中　　　　　　　　果皮底色：绿　　　　　汁液：多

树姿：直立　　　　　　　果锈：多；全果　　　　风味：甜酸

节间长度（cm）：4.99　　果面着色：无　　　　　可溶性固形物含量（%）：11.33

幼叶颜色：绿黄　　　　　果梗长度（cm）：2.37　可滴定酸含量（%）：0.43

叶片长（cm）：10.85　　果梗粗度（mm）：3.69　盛花期：3 月中旬

叶片宽（cm）：7.19　　　萼片状态：脱落、宿存　果实成熟期：9 月上中旬

综合评价：外观品质较差，内在品质中上，丰产性中，抗病性中。

甜宵梨

品种名称：甜宵梨

外文名：Tianxiaoli

来源：湖南宜章

资源类型：地方品种

系谱：自然实生

早果性：6 年

树势：中

树姿：半开张

节间长度（cm）：4.36

幼叶颜色：褐红

叶片长（cm）：9.17

叶片宽（cm）：6.90

花瓣数（枚）：6.2

柱头位置：等高

花药颜色：紫红

花冠直径（cm）：3.57

单果重（g）：369

果实形状：圆形

果皮底色：绿

果锈：无

果面着色：无

果梗长度（cm）：3.98

果梗粗度（mm）：3.39

萼片状态：脱落、宿存

果心大小：中

果实心室（个）：5

果肉硬度（kg/cm²）：11.28

果肉颜色：绿白

果肉质地：中粗

果肉类型：紧密脆

汁液：中

风味：淡甜

可溶性固形物含量（%）：11.00

可滴定酸含量（%）：0.14

盛花期：3 月中旬

果实成熟期：9 月中旬

综合评价：外观品质中等，内在品质中，丰产，抗病性中。

永顺实生梨 1

品种名称：永顺实生梨 1

外文名：Yongshunshishengli No.1

来源：湖南永顺

资源类型：地方品种

系谱：自然实生

早果性：5 年

树势：强

树姿：半开张

节间长度（cm）：3.77

幼叶颜色：淡红

叶片长（cm）：7.76

叶片宽（cm）：5.20

花瓣数（枚）：5.2

柱头位置：低

花药颜色：紫红

花冠直径（cm）：3.82

单果重（g）：132

果实形状：扁圆形、圆形

果皮底色：绿

果锈：无

果面着色：无

果梗长度（cm）：4.18

果梗粗度（mm）：2.05

萼片状态：脱落、宿存

果心大小：中

果实心室（个）：5

果肉硬度（kg/cm²）：10.18

果肉颜色：淡黄

果肉质地：中细

果肉类型：脆

汁液：中

风味：甜酸

可溶性固形物含量（%）：12.60

可滴定酸含量（%）：0.37

盛花期：3 月中下旬

果实成熟期：9 月上旬

综合评价：外观品质较好，内在品质中，丰产性中，抗病性中。

永顺实生梨 2

品种名称：永顺实生梨 2

外文名：Yongshunshishengli No.2

来源：湖南永顺

资源类型：地方品种

系谱：自然实生

早果性：5 年

树势：中

树姿：半开张

节间长度（cm）：4.10

幼叶颜色：淡红

叶片长（cm）：11.67

叶片宽（cm）：6.60

花瓣数（枚）：5

柱头位置：等高

花药颜色：红

花冠直径（cm）：3.58

单果重（g）：171

果实形状：圆形

果皮底色：绿

果锈：多；全果

果面着色：无

果梗长度（cm）：2.75

果梗粗度（mm）：2.67

萼片状态：脱落

果心大小：大

果实心室（个）：5

果肉硬度（kg/cm²）：> 15.00

果肉颜色：绿白

果肉质地：粗

果肉类型：紧密

汁液：中

风味：甜酸

可溶性固形物含量（%）：10.90

可滴定酸含量（%）：0.56

盛花期：3 月中下旬

果实成熟期：9 月中旬

综合评价：外观品质较差，内在品质下，丰产，抗病性中。

保 靖 冬 梨

品种名称：保靖冬梨　　花瓣数（枚）：6.4　　果心大小：中

外文名：Baojingdongli　　柱头位置：等高　　果实心室（个）：4、5

来源：湖南保靖　　花药颜色：红　　果肉硬度（kg/cm²）：10.45

资源类型：地方品种　　花冠直径（cm）：3.58　　果肉颜色：绿白

系谱：自然实生　　单果重（g）：326　　果肉质地：中粗

早果性：6 年　　果实形状：倒卵形　　果肉类型：脆

树势：强　　果皮底色：绿　　汁液：中

树姿：直立　　果锈：多；全果　　风味：甜酸

节间长度（cm）：4.04　　果面着色：无　　可溶性固形物含量（%）：9.65

幼叶颜色：淡红　　果梗长度（cm）：2.34　　可滴定酸含量（%）：0.27

叶片长（cm）：9.65　　果梗粗度（mm）：3.68　　盛花期：3 月中下旬

叶片宽（cm）：5.79　　萼片状态：脱落　　果实成熟期：9 月下旬

综合评价：外观品质较差，内在品质下，丰产，抗病性中。

隆回巨梨

品种名称：隆回巨梨

外文名：Longhuijuli

来源：湖南隆回

资源类型：地方品种

系谱：自然实生

早果性：6年

树势：强

树姿：直立

节间长度（cm）：3.84

幼叶颜色：红色

叶片长（cm）：11.38

叶片宽（cm）：7.60

花瓣数（枚）：5

柱头位置：高

花药颜色：紫红

花冠直径（cm）：2.59

单果重（g）：378

果实形状：长圆形、倒卵形

果皮底色：绿

果锈：无

果面着色：无

果梗长度（cm）：4.69

果梗粗度（mm）：4.64

萼片状态：脱落、残存

果心大小：小

果实心室（个）：4、5

果肉硬度（kg/cm²）：10.32

果肉颜色：白

果肉质地：中细

果肉类型：脆

汁液：中

风味：淡甜

可溶性固形物含量（%）：10.55

可滴定酸含量（%）：0.14

盛花期：3月中下旬

果实成熟期：9月上旬

综合评价：外观品质中等，内在品质中，丰产，抗病性较强。

兴 山 2 号

品种名称：兴山 2 号

外文名：Xingshan No.2

来源：湖北兴山

资源类型：地方品种

系谱：自然实生

早果性：6 年

树势：强

树姿：直立

节间长度（cm）：4.30

幼叶颜色：绿黄

叶片长（cm）：7.55

叶片宽（cm）：4.69

花瓣数（枚）：5.8

柱头位置：等高

花药颜色：粉红

花冠直径（cm）：3.51

单果重（g）：279

果实形状：圆形、长圆形

果皮底色：绿

果锈：极少；萼端

果面着色：无

果梗长度（cm）：2.81

果梗粗度（mm）：4.03

萼片状态：宿存

果心大小：中

果实心室（个）：5

果肉硬度（kg/cm²）：8.68

果肉颜色：绿白

果肉质地：中细

果肉类型：脆

汁液：少

风味：微酸

可溶性固形物含量（%）：12.10

可滴定酸含量（%）：0.50

盛花期：3 月中下旬

果实成熟期：8 月下旬

综合评价：外观品质中等，内在品质中，丰产，抗病性较强。

兴 山 3 号

品种名称：兴山 3 号

外文名：Xingshan No.3

来源：湖北兴山

资源类型：地方品种

系谱：自然实生

早果性：6 年

树势：强

树姿：直立

节间长度（cm）：4.34

幼叶颜色：淡红

叶片长（cm）：11.45

叶片宽（cm）：6.99

花瓣数（枚）：5.8

柱头位置：等高

花药颜色：淡粉

花冠直径（cm）：3.66

单果重（g）：269

果实形状：纺锤形

果皮底色：绿

果锈：无

果面着色：无

果梗长度（cm）：2.58

果梗粗度（mm）：3.93

萼片状态：脱落、宿存

果心大小：中

果实心室（个）：5

果肉硬度（kg/cm²）：14.42

果肉颜色：白

果肉质地：粗

果肉类型：紧密

汁液：少

风味：微酸

可溶性固形物含量（%）：10.30

可滴定酸含量（%）：0.22

盛花期：3 月中下旬

果实成熟期：8 月下旬

综合评价：外观品质中等，内在品质下，丰产，抗病性较强。

兴山 4 号

品种名称：兴山 4 号

外文名：Xingshan No.4

来源：湖北兴山

资源类型：地方品种

系谱：自然实生

早果性：6 年

树势：强

树姿：直立

节间长度（cm）：4.34

幼叶颜色：淡红

叶片长（cm）：11.46

叶片宽（cm）：6.99

花瓣数（枚）：5

柱头位置：等高

花药颜色：淡紫红

花冠直径（cm）：3.43

单果重（g）：131

果实形状：长圆形

果皮底色：红褐

果锈：无

果面着色：无

果梗长度（cm）：5.08

果梗粗度（mm）：2.52

萼片状态：宿存

果心大小：中

果实心室（个）：5

果肉硬度（kg/cm^2）：> 15.00

果肉颜色：淡黄

果肉质地：粗

果肉类型：紧密

汁液：少

风味：酸

可溶性固形物含量（%）：10.75

可滴定酸含量（%）：0.69

盛花期：3 月中下旬

果实成熟期：9 月上中旬

综合评价：外观品质较好，内在品质下，丰产，抗病性强。

兴山红皮梨

品种名称：兴山红皮梨

外文名：Xingshanhongpili

来源：湖北兴山

资源类型：地方品种

系谱：自然实生

早果性：6 年

树势：强

树姿：直立

节间长度（cm）：3.15

幼叶颜色：淡红

叶片长（cm）：6.37

叶片宽（cm）：4.07

花瓣数（枚）：5.25

柱头位置：等高

花药颜色：淡紫红

花冠直径（cm）：3.35

单果重（g）：205

果实形状：纺锤形、粗颈葫芦形

果皮底色：绿

果锈：少；萼端

果面着色：有红晕

果梗长度（cm）：2.89

果梗粗度（mm）：3.69

萼片状态：宿存

果心大小：中

果实心室（个）：5

果肉硬度（kg/cm²）：14.46

果肉颜色：白

果肉质地：粗

果肉类型：紧密

汁液：少

风味：淡甜

可溶性固形物含量（%）：11.10

可滴定酸含量（%）：0.26

盛花期：3 月中下旬

果实成熟期：9 月上中旬

综合评价：外观品质中等，内在品质下，不丰产，抗病性强。

月 半 梨 1

品种名称：月半梨1　　　花瓣数（枚）：5　　　果心大小：中

外文名：Yuebanli No.1　　柱头位置：高　　　果实心室（个）：5

来源：湖北兴山　　　　花药颜色：紫　　　果肉硬度（kg/cm²）：8.27

资源类型：地方品种　　　花冠直径（cm）：3.48　果肉颜色：乳白

系谱：自然实生　　　　单果重（g）：216　　　果肉质地：中细

早果性：5年　　　　　果实形状：圆形　　　果肉类型：脆

树势：强　　　　　　果皮底色：绿　　　汁液：中

树姿：直立　　　　　果锈：无　　　　　风味：淡甜

节间长度（cm）：4.61　果面着色：无　　　可溶性固形物含量（%）：10.80

幼叶颜色：淡红　　　　果梗长度（cm）：4.51　可滴定酸含量（%）：0.15

叶片长（cm）：10.27　果梗粗度（mm）：3.24　盛花期：3月下旬

叶片宽（cm）：6.89　　萼片状态：脱落　　　果实成熟期：8月中旬

综合评价：外观品质较好，内在品质中上，丰产，抗病性较强。

兴 山 7 号

品种名称：兴山7号　　　　花瓣数（枚）：5.2　　　　果心大小：中

外文名：Xingshan No.7　　柱头位置：低　　　　　　果实心室（个）：5、6

来源：湖北兴山　　　　　　花药颜色：紫红　　　　　果肉硬度（kg/cm²）：9.39

资源类型：地方品种　　　　花冠直径（cm）：3.29　　果肉颜色：乳白

系谱：自然实生　　　　　　单果重（g）：189　　　　果肉质地：中细

早果性：5年　　　　　　　果实形状：扁圆形　　　　果肉类型：脆

树势：中　　　　　　　　　果皮底色：黄褐　　　　　汁液：中

树姿：半开张　　　　　　　果锈：无　　　　　　　　风味：淡甜

节间长度（cm）：3.83　　　果面着色：无　　　　　　可溶性固形物含量（%）：10.20

幼叶颜色：淡红　　　　　　果梗长度（cm）：3.24　　可滴定酸含量（%）：0.12

叶片长（cm）：10.24　　　　果梗粗度（mm）：2.75　　盛花期：3月下旬

叶片宽（cm）：6.29　　　　萼片状态：脱落　　　　　果实成熟期：8月上旬

综合评价：外观品质较好，内在品质中，丰产，抗病性中。

兴 山 麻 梨

品种名称：兴山麻梨　　　　花瓣数（枚）：5.3　　　　果心大小：大

外文名：Xingshanmali　　　柱头位置：高　　　　　　果实心室（个）：5

来源：湖北兴山　　　　　　花药颜色：红　　　　　　果肉硬度（kg/cm²）：12.86

资源类型：地方品种　　　　花冠直径（cm）：3.92　　果肉颜色：白

系谱：自然实生　　　　　　单果重（g）：240　　　　果肉质地：中粗

早果性：5 年　　　　　　　果实形状：圆形　　　　　果肉类型：脆

树势：强　　　　　　　　　果皮底色：黄褐　　　　　汁液：少

树姿：直立　　　　　　　　果锈：无　　　　　　　　风味：淡甜

节间长度（cm）：4.21　　　果面着色：无　　　　　　可溶性固形物含量（%）：11.80

幼叶颜色：暗红　　　　　　果梗长度（cm）：2.58　　可滴定酸含量（%）：0.31

叶片长（cm）：9.75　　　　果梗粗度（mm）：3.61　　盛花期：3 月下旬

叶片宽（cm）：6.87　　　　萼片状态：脱落、宿存　　果实成熟期：9 月上中旬

综合评价：外观品质中等，内在品质中，丰产性中，抗病性较强。

兴山 10 号

品种名称：兴山 10 号

外文名：Xingshan No.10

来源：湖北兴山

资源类型：地方品种

系谱：自然实生

早果性：5 年

树势：中

树姿：半开张

节间长度（cm）：4.59

幼叶颜色：淡红

叶片长（cm）：11.45

叶片宽（cm）：7.33

花瓣数（枚）：8.6

柱头位置：低

花药颜色：淡紫红

花冠直径（cm）：4.03

单果重（g）：147

果实形状：扁圆形

果皮底色：绿

果锈：中；全果

果面着色：无

果梗长度（cm）：3.65

果梗粗度（mm）：3.10

萼片状态：脱落

果心大小：中

果实心室（个）：4、5

果肉硬度（kg/cm^2）：10.07

果肉颜色：乳白

果肉质地：中细

果肉类型：脆

汁液：中

风味：甜

可溶性固形物含量（%）：11.50

可滴定酸含量（%）：0.21

盛花期：3 月下旬

果实成熟期：8 月中旬

综合评价：外观品质较好，内在品质中上，丰产，抗病性较强。

兴 山 13 号

品种名称：兴山 13 号

外文名：Xingshan No.13

来源：湖北兴山

资源类型：地方品种

系谱：自然实生

早果性：3 年

树势：中

树姿：开张

节间长度（cm）：3.53

幼叶颜色：淡红

叶片长（cm）：8.54

叶片宽（cm）：5.06

花瓣数（枚）：5.1

柱头位置：等高

花药颜色：淡紫红

花冠直径（cm）：3.62

单果重（g）：103

果实形状：倒卵形

果皮底色：绿黄

果锈：少

果面着色：无

果梗长度（cm）：4.05

果梗粗度（mm）：2.35

萼片状态：脱落

果心大小：中

果实心室（个）：5

果肉硬度（kg/cm²）：7.49

果肉颜色：白

果肉质地：中细

果肉类型：脆

汁液：多

风味：酸甜

可溶性固形物含量（%）：10.70

可滴定酸含量（%）：0.15

盛花期：3 月中下旬

果实成熟期：8 月上旬

综合评价：外观品质较好，内在品质中上，丰产，抗病性中。

兴 山 14 号

品种名称：兴山 14 号

外文名：Xingshan No.14

来源：湖北兴山

资源类型：地方品种

系谱：自然实生

早果性：3 年

树势：中

树姿：半开张

节间长度（cm）：5.59

幼叶颜色：绿黄

叶片长（cm）：8.69

叶片宽（cm）：6.79

花瓣数（枚）：6.2

柱头位置：高

花药颜色：淡紫红

花冠直径（cm）：3.50

单果重（g）：187

果实形状：圆形、倒卵形

果皮底色：绿

果锈：无

果面着色：无

果梗长度（cm）：5.52

果梗粗度（mm）：3.64

萼片状态：脱落

果心大小：中

果实心室（个）：5

果肉硬度（kg/cm²）：8.97

果肉颜色：白

果肉质地：中细

果肉类型：脆

汁液：中

风味：酸甜

可溶性固形物含量（%）：11.40

可滴定酸含量（%）：0.20

盛花期：3 月下旬

果实成熟期：8 月中旬

综合评价：外观品质较好，内在品质中上，丰产，抗病性较强。

兴 山 15 号

品种名称：兴山 15 号
外文名：Xingshan No.15
来源：湖北兴山
资源类型：地方品种
系谱：自然实生
早果性：4 年
树势：强
树姿：直立
节间长度（cm）：4.04
幼叶颜色：淡红
叶片长（cm）：9.59
叶片宽（cm）：6.71

花瓣数（枚）：5.1
柱头位置：等高
花药颜色：淡粉
花冠直径（cm）：3.17
单果重（g）：179
果实形状：扁圆形
果皮底色：红褐
果锈：无
果面着色：无
果梗长度（cm）：3.33
果梗粗度（mm）：2.55
萼片状态：脱落

果心大小：中
果实心室（个）：5
果肉硬度（kg/cm²）：8.95
果肉颜色：淡黄
果肉质地：中细
果肉类型：脆
汁液：中
风味：淡甜
可溶性固形物含量（%）：10.20
可滴定酸含量（%）：0.15
盛花期：3 月中下旬
果实成熟期：8 月上旬

综合评价：外观品质较好，内在品质中上，丰产，抗病性中。

兴 山 柴 梨

品种名称：兴山柴梨

外文名：Xingshanchaili

来源：湖北兴山

资源类型：地方品种

系谱：自然实生

早果性：6 年

树势：强

树姿：半开张

节间长度（cm）：3.70

幼叶颜色：淡红

叶片长（cm）：9.04

叶片宽（cm）：5.83

花瓣数（枚）：5

柱头位置：等高

花药颜色：红

花冠直径（cm）：3.91

单果重（g）：106

果实形状：圆形

果皮底色：绿

果锈：多；全果

果面着色：无

果梗长度（cm）：6.47

果梗粗度（mm）：2.58

萼片状态：脱落

果心大小：大

果实心室（个）：5

果肉硬度（kg/cm^2）：> 15.00

果肉颜色：绿白

果肉质地：粗

果肉类型：紧密

汁液：少

风味：微酸

可溶性固形物含量（%）：11.00

可滴定酸含量（%）：0.47

盛花期：3 月中下旬

果实成熟期：9 月上旬

综合评价：外观品质较差，内在品质下，丰产性中，抗病性较强。

老式香水梨

品种名称：老式香水梨

外文名：Laoshixiangshuili

来源：湖北兴山

资源类型：地方品种

系谱：自然实生

早果性：5 年

树势：中

树姿：直立

节间长度（cm）：4.51

幼叶颜色：淡红

叶片长（cm）：9.56

叶片宽（cm）：6.40

花瓣数（枚）：5.2

柱头位置：低

花药颜色：淡粉

花冠直径（cm）：3.71

单果重（g）：354

果实形状：倒卵形、纺锤形

果皮底色：绿

果锈：少；梗端

果面着色：无

果梗长度（cm）：4.35

果梗粗度（mm）：4.03

萼片状态：宿存

果心大小：中

果实心室（个）：5、6

果肉硬度（kg/cm^2）：＞15.00

果肉颜色：白

果肉质地：粗

果肉类型：紧密

汁液：少

风味：淡甜

可溶性固形物含量（%）：10.70

可滴定酸含量（%）：0.18

盛花期：3 月中下旬

果实成熟期：9 月上旬

综合评价：外观品质中等，内在品质下，丰产性中，抗病性中。

兴山糖梨子

品种名称：兴山糖梨子

外文名：Xingshantanglizi

来源：湖北兴山

资源类型：地方品种

系谱：自然实生

早果性：6 年

树势：中

树姿：开张

节间长度（cm）：4.04

幼叶颜色：淡红

叶片长（cm）：10.15

叶片宽（cm）：5.36

花瓣数（枚）：5

柱头位置：等高

花药颜色：淡粉

花冠直径（cm）：3.81

单果重（g）：69

果实形状：扁圆形

果皮底色：绿

果锈：多；全果

果面着色：无

果梗长度（cm）：2.93

果梗粗度（mm）：2.04

萼片状态：脱落

果心大小：中

果实心室（个）：5

果肉硬度（kg/cm^2）：＞15.00

果肉颜色：白

果肉质地：粗

果肉类型：紧密

汁液：中

风味：酸甜

可溶性固形物含量（%）：10.10

可滴定酸含量（%）：0.68

盛花期：3 月中下旬

果实成熟期：9 月下旬

综合评价：外观品质中等，内在品质下，丰产性中，抗病性中。

兴山桐子梨

品种名称：兴山桐子梨

外文名：Xingshantongzili

来源：湖北兴山

资源类型：地方品种

系谱：自然实生

早果性：6年

树势：中

树姿：半开张

节间长度（cm）：4.08

幼叶颜色：淡红

叶片长（cm）：8.95

叶片宽（cm）：5.35

花瓣数（枚）：5

柱头位置：高

花药颜色：红

花冠直径（cm）：3.91

单果重（g）：183

果实形状：圆形、倒卵形

果皮底色：绿

果锈：无

果面着色：无

果梗长度（cm）：4.84

果梗粗度（mm）：2.64

萼片状态：脱落

果心大小：中

果实心室（个）：5

果肉硬度（kg/cm^2）：10.09

果肉颜色：白

果肉质地：中细

果肉类型：脆

汁液：中

风味：淡甜

可溶性固形物含量（%）：9.80

可滴定酸含量（%）：0.32

盛花期：3月中下旬

果实成熟期：8月下旬

综合评价：外观品质较好，内在品质中，丰产，抗病性中。

兴山芝麻梨

品种名称：兴山芝麻梨

外文名：Xingshanzhimali

来源：湖北兴山

资源类型：地方品种

系谱：自然实生

早果性：6 年

树势：强

树姿：直立

节间长度（cm）：4.43

幼叶颜色：淡红

叶片长（cm）：8.16

叶片宽（cm）：5.36

花瓣数（枚）：5.2

柱头位置：等高

花药颜色：红

花冠直径（cm）：3.47

单果重（g）：254

果实形状：纺锤形、圆形

果皮底色：黄褐

果锈：无

果面着色：无

果梗长度（cm）：3.83

果梗粗度（mm）：2.53

萼片状态：宿存

果心大小：小

果实心室（个）：5

果肉硬度（kg/cm²）：12.04

果肉颜色：绿白

果肉质地：粗

果肉类型：紧密

汁液：少

风味：甜酸

可溶性固形物含量（%）：10.20

可滴定酸含量（%）：0.28

盛花期：3 月中下旬

果实成熟期：9 月上旬

综合评价：外观品质较差，内在品质下，不丰产，抗病性中。

兴山秤砣梨 2

品种名称：兴山秤砣梨 2　　花瓣数（枚）：5　　果心大小：中小

外文名：XingshanchengtuoliNo.2　柱头位置：高　　果实心室（个）：4、5

来源：湖北兴山　　花药颜色：紫红　　果肉硬度（kg/cm²）：7.46

资源类型：地方品种　　花冠直径（cm）：5.14　　果肉颜色：白

系谱：自然实生　　单果重（g）：156　　果肉质地：中细

早果性：6 年　　果实形状：圆形、倒卵形　　果肉类型：脆

树势：强　　果皮底色：绿　　汁液：多

树姿：开张　　果锈：极少　　风味：甜酸

节间长度（cm）：4.33　　果面着色：无　　可溶性固形物含量（%）：9.90

幼叶颜色：淡红　　果梗长度（cm）：5.38　　可滴定酸含量（%）：0.26

叶片长（cm）：8.95　　果梗粗度（mm）：2.58　　盛花期：3 月中下旬

叶片宽（cm）：6.14　　萼片状态：脱落、宿存　　果实成熟期：8 月下旬

综合评价：外观品质中等，内在品质中，丰产性中，抗病性中，花具观赏性。

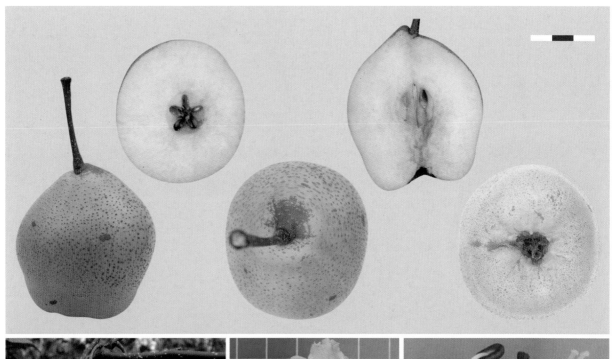

兴山香水梨

品种名称：兴山香水梨

外文名：Xingshanxiangshuili

原产地：湖北兴山

来源：地方品种

系谱：自然实生

早果性：6 年

树势：强

树姿：直立

节间长度（cm）：4.57

幼叶颜色：淡红

叶片长（cm）：8.26

叶片宽（cm）：5.58

花瓣数（枚）：5

柱头位置：高

花药颜色：淡粉

花冠直径（cm）：3.37

单果重（g）：269

果实形状：圆形

果皮底色：绿

果锈：中；全果

果面着色：无

果梗长度（cm）：2.86

果梗粗度（mm）：2.75

萼片状态：宿存

果心大小：中

果实心室（个）：5

果肉硬度（kg/cm^2）：13.71

果肉颜色：白

果肉质地：粗

果肉类型：紧密

汁液：少

风味：酸甜

可溶性固形物含量（%）：12.20

可滴定酸含量（%）：0.32

盛花期：3 月中下旬

果实成熟期：8 月下旬

综合评价：外观品质较差，内在品质下，丰产，抗病性中。

兴山大麻梨

品种名称：兴山大麻梨

外文名：Xingshandamali

来源：湖北兴山

资源类型：地方品种

系谱：自然实生

早果性：6 年

树势：强

树姿：直立

节间长度（cm）：4.5

幼叶颜色：淡红

叶片长（cm）：10.50

叶片宽（cm）：6.41

花瓣数（枚）：5

柱头位置：等高

花药颜色：红

花冠直径（cm）：3.28

单果重（g）：217

果实形状：长圆形

果皮底色：黄褐

果锈：无

果面着色：无

果梗长度（cm）：4.51

果梗粗度（mm）：3.06

萼片状态：脱落

果心大小：中

果实心室（个）：5

果肉硬度（kg/cm²）：> 15.00

果肉颜色：乳白

果肉质地：中粗

果肉类型：紧密

汁液：少

风味：酸

可溶性固形物含量（%）：10.50

可滴定酸含量（%）：0.41

盛花期：3 月中下旬

果实成熟期：9 月上旬

综合评价：外观品质中等，内在品质下，丰产，抗病性中。

兴 山 33 号

品种名称：兴山33号

外文名：Xingshan No.33

来源：湖北兴山

资源类型：地方品种

系谱：自然实生

早果性：6年

树势：中

树姿：直立

节间长度（cm）：4.40

幼叶颜色：淡红

叶片长（cm）：10.74

叶片宽（cm）：5.52

花瓣数（枚）：5.5

柱头位置：等高

花药颜色：淡粉

花冠直径（cm）：3.07

单果重（g）：235

果实形状：纺锤形

果皮底色：绿

果锈：无

果面着色：无

果梗长度（cm）：2.96

果梗粗度（mm）：3.57

萼片状态：宿存、脱落

果心大小：中

果实心室（个）：5

果肉硬度（kg/cm^2）：13.62

果肉颜色：白

果肉质地：粗

果肉类型：紧密

汁液：少

风味：淡甜

可溶性固形物含量（%）：10.80

可滴定酸含量（%）：0.21

盛花期：3月中旬

果实成熟期：9月上旬

综合评价：外观品质中等，内在品质下，丰产，抗病性中。

兴 山 36 号

品种名称：兴山 36 号

外文名：Xingshan No.36

来源：湖北兴山

资源类型：地方品种

系谱：自然实生

早果性：6 年

树势：强

树姿：直立

节间长度（cm）：3.34

幼叶颜色：淡红

叶片长（cm）：8.27

叶片宽（cm）：5.61

花瓣数（枚）：5

柱头位置：等高

花药颜色：淡紫红

花冠直径（cm）：3.83

单果重（g）：96

果实形状：圆形

果皮底色：绿

果锈：中、全果

果面着色：无

果梗长度（cm）：6.33

果梗粗度（mm）：2.24

萼片状态：脱落

果心大小：大

果实心室（个）：5、6

果肉硬度（kg/cm²）：＞15.00

果肉颜色：绿白

果肉质地：粗

果肉类型：紧密

汁液：少

风味：淡甜

可溶性固形物含量（%）：10.10

可滴定酸含量（%）：0.39

盛花期：3 月中下旬

果实成熟期：10 月上旬

综合评价：外观品质较差，内在品质下，丰产性中，抗病性较强。

半 斤 梨

品种名称：半斤梨

外文名：Banjinli

来源：湖北荆门

资源类型：地方品种

系谱：自然实生

早果性：5 年

树势：强

树姿：半开张

节间长度（cm）：4.18

幼叶颜色：绿黄

叶片长（cm）：10.97

叶片宽（cm）：7.16

花瓣数（枚）：5

柱头位置：高

花药颜色：淡紫红

花冠直径（cm）：3.13

单果重（g）：268

果实形状：圆形、倒卵形

果皮底色：绿

果锈：中；全果

果面着色：无

果梗长度（cm）：4.22

果梗粗度（mm）：3.49

萼片状态：脱落、宿存

果心大小：中

果实心室（个）：5

果肉硬度（kg/cm²）：＞ 15.00

果肉颜色：乳白

果肉质地：粗

果肉类型：紧密

汁液：少

风味：酸甜

可溶性固形物含量（%）：10.55

可滴定酸含量（%）：0.36

盛花期：3 月中下旬

果实成熟期：9 月上旬

综合评价：外观品质中等，内在品质下，丰产性中，抗病性中。

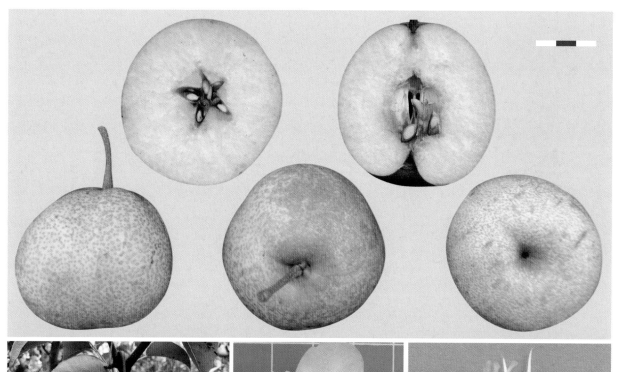

大 茶 梨

品种名称：大茶梨　　　　花瓣数（枚）：5　　　　果心大小：小

外文名：Dachali　　　　柱头位置：高　　　　果实心室（个）：5

来源：湖北荆门　　　　花药颜色：深紫红　　　　果肉硬度（kg/cm²）：8.84

资源类型：地方品种　　　　花冠直径（cm）：3.30　　　　果肉颜色：白

系谱：自然实生　　　　单果重（g）：261　　　　果肉质地：中细

早果性：5 年　　　　果实形状：倒卵形、长圆形　　　　果肉类型：脆

树势：强　　　　果皮底色：褐　　　　汁液：中

树姿：半开张　　　　果锈：无　　　　风味：淡甜

节间长度（cm）：4.12　　　　果面着色：无　　　　可溶性固形物含量（%）：10.70

幼叶颜色：绿黄　　　　果梗长度（cm）：4.30　　　　可滴定酸含量（%）：0.31

叶片长（cm）：10.87　　　　果梗粗度（mm）：3.40　　　　盛花期：3 月下旬

叶片宽（cm）：7.17　　　　萼片状态：宿存　　　　果实成熟期：9 月上旬

综合评价：外观品质中等，内在品质中上，丰产，抗病性中。

果 果 梨

品种名称：果果梨

外文名：Guoguoli

来源：湖北荆门

资源类型：地方品种

系谱：自然实生

早果性：3 年

树势：强

树姿：半开张

节间长度（cm）：4.08

幼叶颜色：红色

叶片长（cm）：12.07

叶片宽（cm）：5.91

花瓣数（枚）：5

柱头位置：高

花药颜色：粉红

花冠直径（cm）：3.34

单果重（g）：147

果实形状：扁圆形

果皮底色：绿

果锈：中；全果

果面着色：无

果梗长度（cm）：4.09

果梗粗度（mm）：3.71

萼片状态：脱落

果心大小：中

果实心室（个）：5、6

果肉硬度（kg/cm²）：12.41

果肉颜色：绿白

果肉质地：粗

果肉类型：紧密

汁液：中

风味：甜酸

可溶性固形物含量（%）：10.95

可滴定酸含量（%）：0.41

盛花期：3 月中旬

果实成熟期：8 月下旬

综合评价：外观品质较好，内在品质下，丰产，抗病性中。

红 庆 梨

品种名称：红庆梨
外文名：Hongqingli
来源：湖北荆门
资源类型：地方品种
系谱：自然实生
早果性：4 年
树势：强
树姿：半开张
节间长度（cm）：4.63
幼叶颜色：绿黄
叶片长（cm）：9.14
叶片宽（cm）：6.27

花瓣数（枚）：5.2
柱头位置：高
花药颜色：红
花冠直径（cm）：4.10
单果重（g）：321
果实形状：圆形
果皮底色：绿
果锈：无
果面着色：无
果梗长度（cm）：3.88
果梗粗度（mm）：3.36
萼片状态：宿存

果心大小：中
果实心室（个）：5、6
果肉硬度（kg/cm²）：10.70
果肉颜色：白
果肉质地：中细
果肉类型：脆
汁液：中
风味：甜
可溶性固形物含量（%）：12.05
可滴定酸含量（%）：0.17
盛花期：3 月下旬
果实成熟期：8 月下旬

综合评价：外观品质较好，内在品质中上，丰产，抗病性中。

荆门早果梨

品种名称：荆门早果梨

外文名：Jingmenzaoguoli

来源：湖北荆门

资源类型：地方品种

系谱：自然实生

早果性：4 年

树势：中

树姿：半开张

节间长度（cm）：3.79

幼叶颜色：淡红

叶片长（cm）：8.87

叶片宽（cm）：5.16

花瓣数（枚）：5

柱头位置：等高

花药颜色：红

花冠直径（cm）：3.74

单果重（g）：212

果实形状：圆形

果皮底色：黄绿

果锈：无

果面着色：无

果梗长度（cm）：4.82

果梗粗度（mm）：4.95

萼片状态：脱落、残存

果心大小：大

果实心室（个）：5

果肉硬度（kg/cm²）：7.70

果肉颜色：淡黄

果肉质地：中细

果肉类型：脆

汁液：少

风味：酸甜

可溶性固形物含量（%）：9.70

可滴定酸含量（%）：0.17

盛花期：3 月中下旬

果实成熟期：8 月中旬

综合评价：外观品质较好，内在品质下，丰产，抗病性中。

水 麻 梨

品种名称：水麻梨　　　　花瓣数（枚）：5　　　　　果心大小：中

外文名：Shuimali　　　　柱头位置：等高　　　　　果实心室（个）：5

来源：湖北荆门　　　　　花药颜色：红　　　　　　果肉硬度（kg/cm^2）：7.09

资源类型：地方品种　　　花冠直径（cm）：3.74　　果肉颜色：白

系谱：自然实生　　　　　单果重（g）：258　　　　果肉质地：中细

早果性：6年　　　　　　果实形状：圆形　　　　　果肉类型：脆

树势：强　　　　　　　　果皮底色：黄褐　　　　　汁液：中

树姿：半开张　　　　　　果锈：无　　　　　　　　风味：酸

节间长度（cm）：4.43　　果面着色：无　　　　　　可溶性固形物含量（%）：11.05

幼叶颜色：淡红　　　　　果梗长度（cm）：3.58　　可滴定酸含量（%）：0.65

叶片长（cm）：11.23　　果梗粗度（mm）：3.59　　盛花期：3月中下旬

叶片宽（cm）：7.04　　　萼片状态：脱落　　　　　果实成熟期：9月中旬

综合评价：外观品质较好，内在品质中，丰产性中，抗病性中。

酸　把　梨

品种名称：酸把梨

外文名：Suanbali

来源：湖北荆门

资源类型：地方品种

系谱：自然实生

早果性：5 年

树势：强

树姿：半开张

节间长度（cm）：4.29

幼叶颜色：淡红

叶片长（cm）：9.64

叶片宽（cm）：5.30

花瓣数（枚）：5

柱头位置：等高

花药颜色：红

花冠直径（cm）：3.16

单果重（g）：243

果实形状：长圆形

果皮底色：绿

果锈：多；全果

果面着色：无

果梗长度（cm）：2.75

果梗粗度（mm）：3.20

萼片状态：宿存

果心大小：中

果实心室（个）：5

果肉硬度（kg/cm^2）：13.73

果肉颜色：白

果肉质地：粗

果肉类型：紧密

汁液：中

风味：微酸

可溶性固形物含量（%）：12.78

可滴定酸含量（%）：0.42

盛花期：3 月下旬

果实成熟期：9 月上中旬

综合评价：外观品质较差，内在品质下，不丰产，抗病性中。

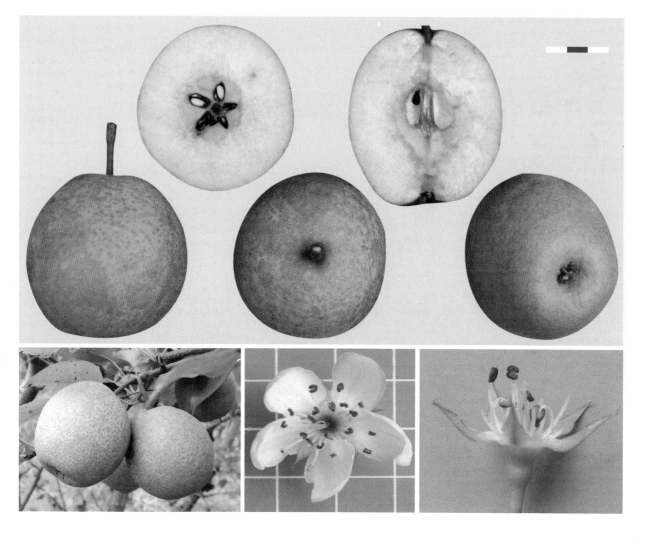

桐　子　梨

品种名称：桐子梨

外文名：Tongzili

来源：湖北荆门

资源类型：地方品种

系谱：自然实生

早果性：5 年

树势：强

树姿：半开张

节间长度（cm）：4.85

幼叶颜色：淡红

叶片长（cm）：10.84

叶片宽（cm）：6.87

花瓣数（枚）：5

柱头位置：等高

花药颜色：紫红

花冠直径（cm）：3.18

单果重（g）：174

果实形状：圆形

果皮底色：黄绿

果锈：无

果面着色：无

果梗长度（cm）：2.71

果梗粗度（mm）：4.69

萼片状态：脱落

果心大小：中

果实心室（个）：5

果肉硬度（kg/cm^2）：12.90

果肉颜色：淡黄

果肉质地：中粗

果肉类型：紧密脆

汁液：中

风味：酸甜

可溶性固形物含量（%）：10.87

可滴定酸含量（%）：0.39

盛花期：3 月中下旬

果实成熟期：9 月上旬

综合评价：外观品质较差，内在品质中，丰产性中，抗病性中。

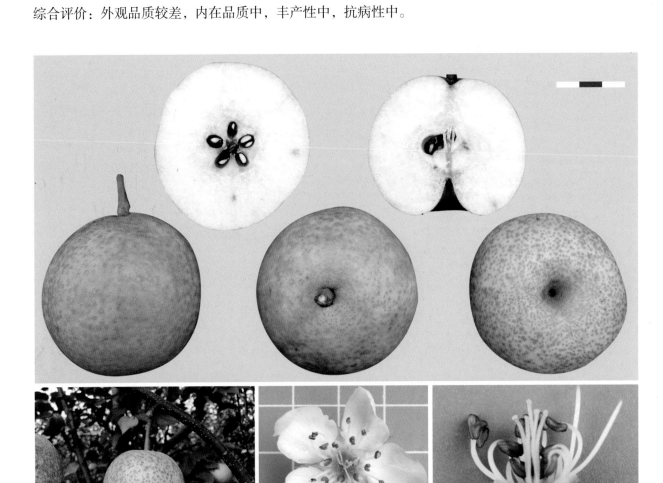

团　早　梨

品种名称：团早梨

外文名：Tuanzaoli

来源：湖北荆门

资源类型：地方品种

系谱：自然实生

早果性：3 年

树势：强

树姿：半开张

节间长度（cm）：4.82

幼叶颜色：淡绿

叶片长（cm）：10.26

叶片宽（cm）：5.73

花瓣数（枚）：5

柱头位置：等高

花药颜色：粉红

花冠直径（cm）：3.50

单果重（g）：325

果实形状：圆形

果皮底色：绿

果锈：无

果面着色：无

果梗长度（cm）：3.13

果梗粗度（mm）：4.12

萼片状态：脱落

果心大小：中

果实心室（个）：4、5、6

果肉硬度（kg/cm^2）：10.18

果肉颜色：淡黄

果肉质地：粗

果肉类型：紧密

汁液：少

风味：甜酸

可溶性固形物含量（%）：10.60

可滴定酸含量（%）：0.25

盛花期：3 月中下旬

果实成熟期：8 月中下旬

综合评价：外观品质中等，内在品质下，丰产性中，抗病性较强。

五 月 金

品种名称：五月金

外文名：Wuyuejin

来源：湖北荆门

资源类型：地方品种

系谱：自然实生

早果性：4 年

树势：强

树姿：半开张

节间长度（cm）：4.82

幼叶颜色：淡红

叶片长（cm）：12.46

叶片宽（cm）：7.61

花瓣数（枚）：5

柱头位置：等高

花药颜色：紫红

花冠直径（cm）：3.50

单果重（g）：195

果实形状：圆形

果皮底色：黄褐

果锈：无

果面着色：无

果梗长度（cm）：3.63

果梗粗度（mm）：3.69

萼片状态：脱落、宿存

果心大小：中

果实心室（个）：5

果肉硬度（kg/cm^2）：10.91

果肉颜色：乳白

果肉质地：中细

果肉类型：脆

汁液：中

风味：淡甜

可溶性固形物含量（%）：10.55

可滴定酸含量（%）：0.18

盛花期：3 月下旬

果实成熟期：8 月中下旬

综合评价：外观品质较好，内在品质中上，丰产性中，抗病性较强。

小 茶 梨

品种名称：小茶梨

外文名：Xiaochali

来源：湖北荆门

资源类型：地方品种

系谱：自然实生

早果性：5 年

树势：强

树姿：半开张

节间长度（cm）：3.99

幼叶颜色：绿黄

叶片长（cm）：9.37

叶片宽（cm）：6.48

花瓣数（枚）：5

柱头位置：高

花药颜色：淡紫

花冠直径（cm）：3.65

单果重（g）：232

果实形状：倒卵形

果皮底色：黄褐

果锈：无

果面着色：无

果梗长度（cm）：2.95

果梗粗度（mm）：2.91

萼片状态：脱落、宿存

果心大小：中

果实心室（个）：5

果肉硬度（kg/cm²）：> 15.00

果肉颜色：白

果肉质地：粗

果肉类型：紧密

汁液：少

风味：酸甜

可溶性固形物含量（%）：9.67

可滴定酸含量（%）：0.26

盛花期：3 月中旬

果实成熟期：9 月中旬

综合评价：外观品质中等，内在品质下，丰产，抗病性中。

芝 麻 梨

品种名称：芝麻梨

外文名：Zhimali

来源：湖北荆门

资源类型：地方品种

系谱：自然实生

早果性：5 年

树势：强

树姿：半开张

节间长度（cm）：3.70

幼叶颜色：淡红

叶片长（cm）：10.85

叶片宽（cm）：6.32

花瓣数（枚）：5

柱头位置：高

花药颜色：红

花冠直径（cm）：3.39

单果重（g）：135

果实形状：扁圆形

果皮底色：绿

果锈：中；全果

果面着色：无

果梗长度（cm）：3.19

果梗粗度（mm）：3.86

萼片状态：脱落

果心大小：中

果实心室（个）：5

果肉硬度（kg/cm^2）：10.98

果肉颜色：乳白

果肉质地：中粗

果肉类型：紧密脆

汁液：中

风味：酸甜

可溶性固形物含量（%）：10.35

可滴定酸含量（%）：0.28

盛花期：3 月中旬

果实成熟期：8 月下旬

综合评价：外观品质中等，内在品质中，丰产，抗病性较强。

猪 尾 巴

品种名称：猪尾巴

外文名：Zhuweiba

来源：湖北荆门

资源类型：地方品种

系谱：自然实生

早果性：5 年

树势：强

树姿：半开张

节间长度（cm）：4.05

幼叶颜色：绿黄

叶片长（cm）：11.96

叶片宽（cm）：6.27

花瓣数（枚）：5

柱头位置：高

花药颜色：淡紫红

花冠直径（cm）：3.20

单果重（g）：300

果实形状：圆形

果皮底色：绿

果锈：无

果面着色：无

果梗长度（cm）：3.47

果梗粗度（mm）：3.48

萼片状态：脱落

果心大小：中

果实心室（个）：4、5

果肉硬度（kg/cm²）：9.25

果肉颜色：白

果肉质地：中细

果肉类型：脆

汁液：中

风味：淡甜

可溶性固形物含量（%）：11.57

可滴定酸含量（%）：0.31

盛花期：3 月中旬

果实成熟期：8 月中下旬

综合评价：外观品质中等，内在品质中上，丰产性中，抗病性较强。

罗田秤砣梨

品种名称：罗田秤砣梨

外文名：Luotianchengtuoli

来源：湖北罗田

资源类型：地方品种

系谱：自然实生

早果性：6 年

树势：中

树姿：半开张

节间长度（cm）：3.26

幼叶颜色：淡红

叶片长（cm）：8.69

叶片宽（cm）：5.75

花瓣数（枚）：5

柱头位置：等高

花药颜色：红

花冠直径（cm）：3.82

单果重（g）：375

果实形状：长圆形

果皮底色：绿

果锈：无

果面着色：无

果梗长度（cm）：3 .11

果梗粗度（mm）：3.64

萼片状态：脱落、宿存

果心大小：小

果实心室（个）：5

果肉硬度（kg/cm²）：10.91

果肉颜色：白

果肉质地：中细

果肉类型：脆

汁液：中

风味：酸甜适度

可溶性固形物含量（%）：11.30

可滴定酸含量（%）：0.30

盛花期：3 月中下旬

果实成熟期：8 月下旬

综合评价：外观品质中等，内在品质中上，丰产，抗病性中。

罗 田 冬 梨

品种名称：罗田冬梨

外文名：Luotiandongli

来源：湖北罗田

资源类型：地方品种

系谱：自然实生

早果性：6年

树势：强

树姿：直立

节间长度（cm）：4.92

幼叶颜色：绿黄

叶片长（cm）：13.23

叶片宽（cm）：7.57

花瓣数（枚）：5

柱头位置：高

花药颜色：红

花冠直径（cm）：3.38

单果重（g）：185

果实形状：圆形

果皮底色：绿

果锈：多；全果

果面着色：无

果梗长度（cm）：3.85

果梗粗度（mm）：3.44

萼片状态：脱落

果心大小：中

果实心室（个）：5

果肉硬度（kg/cm²）：> 15.00

果肉颜色：乳白

果肉质地：粗

果肉类型：紧密

汁液：极少

风味：酸

可溶性固形物含量（%）：10.55

可滴定酸含量（%）：0.64

盛花期：3月中旬

果实成熟期：10月上旬

综合评价：外观品质较差，内在品质下，丰产性中，抗病性强。

罗田短柄梨

品种名称：罗田短柄梨

外文名：Luotianduanbingli

来源：湖北罗田

资源类型：地方品种

系谱：自然实生

早果性：5 年

树势：强

树姿：直立

节间长度（cm）：4.10

幼叶颜色：红

叶片长（cm）：7.86

叶片宽（cm）：6.26

花瓣数（枚）：5

柱头位置：低

花药颜色：红

花冠直径（cm）：3.59

单果重（g）：248

果实形状：倒卵形

果皮底色：绿

果锈：少

果面着色：无

果梗长度（cm）：2.79

果梗粗度（mm）：4.32

萼片状态：宿存

果心大小：中

果实心室（个）：5

果肉硬度（kg/cm²）：11.40

果肉颜色：白

果肉质地：中粗

果肉类型：紧密脆

汁液：少

风味：淡甜

可溶性固形物含量（%）：10.80

可滴定酸含量（%）：0.26

盛花期：3 月中旬

果实成熟期：8 月下旬

综合评价：外观品质中等，内在品质中，丰产，抗病性强。

罗田冷水梨

品种名称：罗田冷水梨　　花瓣数（枚）：5　　果心大小：中

外文名：Luotianlengshuili　　柱头位置：等高　　果实心室（个）：5

来源：湖北罗田　　花药颜色：深紫红　　果肉硬度（kg/cm²）：13.45

资源类型：地方品种　　花冠直径（cm）：2.55　　果肉颜色：白

系谱：自然实生　　单果重（g）：195　　果肉质地：粗

早果性：6 年　　果实形状：圆形　　果肉类型：紧密

树势：强　　果皮底色：绿　　汁液：少

树姿：直立　　果锈：少；梗端　　风味：甜酸

节间长度（cm）：3.23　　果面着色：无　　可溶性固形物含量（%）：11.20

幼叶颜色：红　　果梗长度（cm）：3.19　　可滴定酸含量（%）：0.28

叶片长（cm）：8.93　　果梗粗度（mm）：3.22　　盛花期：3 月中旬

叶片宽（cm）：7.07　　萼片状态：脱落、宿存　　果实成熟期：9 月中旬

综合评价：外观品质中等，内在品质下，丰产性中，抗病性中。

罗田麻壳梨

品种名称：罗田麻壳梨

外文名：Luotianmakeli

来源：湖北罗田

资源类型：地方品种

系谱：自然实生

早果性：6 年

树势：中

树姿：直立

节间长度（cm）：4.06

幼叶颜色：淡红

叶片长（cm）：9.73

叶片宽（cm）：7.21

花瓣数（枚）：5

柱头位置：高

花药颜色：粉红

花冠直径（cm）：3.93

单果重（g）：453

果实形状：长圆形

果皮底色：绿

果锈：多；全果

果面着色：无

果梗长度（cm）：4.74

果梗粗度（mm）：3.44

萼片状态：宿存

果心大小：小

果实心室（个）：5、6

果肉硬度（kg/cm²）：> 15.00

果肉颜色：白

果肉质地：粗

果肉类型：紧密

汁液：少

风味：酸甜

可溶性固形物含量（%）：11.50

可滴定酸含量（%）：0.22

盛花期：3 月中下旬

果实成熟期：9 月中旬

综合评价：外观品质中等，内在品质下，丰产性中，抗病性较强。

罗 田 酸 梨

品种名称：罗田酸梨

外文名：Luotiansuanli

来源：湖北罗田

资源类型：地方品种

系谱：自然实生

早果性：5 年

树势：中

树姿：直立

节间长度（cm）：3.94

幼叶颜色：淡红

叶片长（cm）：7.95

叶片宽（cm）：5.91

花瓣数（枚）：5

柱头位置：等高

花药颜色：粉红

花冠直径（cm）：3.32

单果重（g）：236

果实形状：倒卵形

果皮底色：绿

果锈：少；梗端

果面着色：无

果梗长度（cm）：3.38

果梗粗度（mm）：3.75

萼片状态：残存

果心大小：中

果实心室（个）：5

果肉硬度（kg/cm^2）：12.15

果肉颜色：绿白

果肉质地：极粗

果肉类型：紧密

汁液：少

风味：酸

可溶性固形物含量（%）：10.10

可滴定酸含量（%）：0.70

盛花期：3 月中旬

果实成熟期：9 月上旬

综合评价：外观品质中等，内在品质下，丰产，抗病性中。

罗田长柄梨

品种名称：罗田长柄梨

外文名：Luotianchangbingli

来源：湖北罗田

资源类型：地方品种

系谱：自然实生

早果性：5 年

树势：中

树姿：直立

节间长度（cm）：4.01

幼叶颜色：淡红

叶片长（cm）：10.21

叶片宽（cm）：6.57

花瓣数（枚）：5.4

柱头位置：低

花药颜色：淡粉

花冠直径（cm）：3.50

单果重（g）：338

果实形状：圆形

果皮底色：绿

果锈：少

果面着色：无

果梗长度（cm）：5.94

果梗粗度（mm）：3.97

萼片状态：脱落、宿存

果心大小：中

果实心室（个）：5

果肉硬度（kg/cm^2）：13.14

果肉颜色：白

果肉质地：粗

果肉类型：紧密

汁液：少

风味：淡甜

可溶性固形物含量（%）：10.80

可滴定酸含量（%）：0.20

盛花期：3 月中下旬

果实成熟期：9 月上旬

综合评价：外观品质中等，内在品质中下，丰产性中，抗病性中。

白 雪

品种名称：白雪

外文名：Baixue

来源：湖北武汉

资源类型：地方品种

系谱：自然实生

早果性：3 年

树势：弱

树姿：半开张

节间长度（cm）：3.04

幼叶颜色：绿黄

叶片长（cm）：10.01

叶片宽（cm）：5.39

花瓣数（枚）：5.1

柱头位置：低

花药颜色：淡粉

花冠直径（cm）：2.90

单果重（g）：240

果实形状：圆形

果皮底色：绿

果锈：多；全果

果面着色：无

果梗长度（cm）：2.99

果梗粗度（mm）：2.92

萼片状态：脱落、宿存

果心大小：中

果实心室（个）：5

果肉硬度（kg/cm²）：10.22

果肉颜色：白

果肉质地：中细

果肉类型：脆

汁液：中

风味：酸甜

可溶性固形物含量（%）：10.70

可滴定酸含量（%）：0.23

盛花期：3 月中下旬

果实成熟期：9 月中旬

综合评价：外观品质中等，内在品质中，丰产性中，抗病性中。

猴 嘴 梨

品种名称：猴嘴梨

外文名：Houzuili

来源：湖北武汉

资源类型：地方品种

系谱：自然实生

早果性：4 年

树势：中

树姿：直立

节间长度（cm）：5.21

幼叶颜色：暗红

叶片长（cm）：9.43

叶片宽（cm）：5.96

花瓣数（枚）：5

柱头位置：等高

花药颜色：粉红

花冠直径（cm）：3.01

单果重（g）：215

果实形状：纺锤形

果皮底色：褐

果锈：无

果面着色：有红晕

果梗长度（cm）：5.09

果梗粗度（mm）：3.43

萼片状态：宿存

果心大小：中

果实心室（个）：5

果肉硬度（kg/cm²）：11.67

果肉颜色：乳白

果肉质地：中粗

果肉类型：脆

汁液：中

风味：酸甜适度

可溶性固形物含量（%）：11.43

可滴定酸含量（%）：0.31

盛花期：3 月中下旬

果实成熟期：9 月上中旬

综合评价：外观品质中等，内在品质中上，丰产性中，抗病性较弱，花具观赏性。

黄 皮 香

品种名称：黄皮香

外文名：Huangpixiang

来源：湖北武汉

资源类型：地方品种

系谱：自然实生

早果性：4 年

树势：中

树姿：直立

节间长度（cm）：5.25

幼叶颜色：褐红

叶片长（cm）：11.55

叶片宽（cm）：7.87

花瓣数（枚）：5.5

柱头位置：低

花药颜色：红

花冠直径（cm）：3.77

单果重（g）：195

果实形状：圆形、扁圆形

果皮底色：绿

果锈：无

果面着色：无

果梗长度（cm）：3.63

果梗粗度（mm）：3.04

萼片状态：脱落

果心大小：中

果实心室（个）：5、6

果肉硬度（kg/cm^2）：8.59

果肉颜色：白

果肉质地：中细

果肉类型：脆

汁液：中

风味：酸甜

可溶性固形物含量（%）：11.20

可滴定酸含量（%）：0.22

盛花期：3 月下旬

果实成熟期：8 月中旬

综合评价：外观品质较好，内在品质中上，丰产，抗病性较强。

六 月 雪

品种名称：六月雪

外文名：Liuyuexue

来源：湖北武汉

资源类型：地方品种

系谱：自然实生

早果性：4 年

树势：弱

树姿：直立

节间长度（cm）：3.72

幼叶颜色：淡绿色

叶片长（cm）：8.06

叶片宽（cm）：6.22

花瓣数（枚）：5

柱头位置：等高

花药颜色：红

花冠直径（cm）：3.50

单果重（g）：54

果实形状：扁圆形

果皮底色：绿

果锈：少

果面着色：无

果梗长度（cm）：2.62

果梗粗度（mm）：2.26

萼片状态：宿存

果心大小：大

果实心室（个）：5

果肉硬度（kg/cm^2）：11.43

果肉颜色：白

果肉质地：中粗

果肉类型：紧密脆

汁液：中

风味：酸

可溶性固形物含量（%）：10.97

可滴定酸含量（%）：0.43

盛花期：3 月中下旬

果实成熟期：8 月下旬

综合评价：外观品质中等，内在品质中下，丰产，抗病性较弱。

麻　壳

品种名称：麻壳

外文名：Make

来源：湖北武汉

资源类型：地方品种

系谱：自然实生

早果性：4 年

树势：弱

树姿：直立

节间长度（cm）：4.01

幼叶颜色：淡绿

叶片长（cm）：9.93

叶片宽（cm）：6.46

花瓣数（枚）：5

柱头位置：低

花药颜色：淡紫红

花冠直径（cm）：3.48

单果重（g）：284

果实形状：圆形

果皮底色：绿

果锈：极少

果面着色：无

果梗长度（cm）：2.96

果梗粗度（mm）：2.73

萼片状态：脱落、宿存

果心大小：小

果实心室（个）：5

果肉硬度（kg/cm^2）：10.72

果肉颜色：白

果肉质地：中细

果肉类型：脆

汁液：中

风味：淡甜

可溶性固形物含量（%）：9.55

可滴定酸含量（%）：0.15

盛花期：3 月中旬

果实成熟期：9 月上旬

综合评价：外观品质中等，内在品质中，丰产性中，抗病性较弱。

实 生 伏 梨

品种名称：实生伏梨

外文名：Shishengfuli

来源：湖北武汉

资源类型：地方品种

系谱：自然实生

早果性：4 年

树势：中

树姿：半开张

节间长度（cm）：3.12

幼叶颜色：淡红

叶片长（cm）：10.55

叶片宽（cm）：5.18

花瓣数（枚）：6.4

柱头位置：高

花药颜色：紫

花冠直径（cm）：3.71

单果重（g）：122

果实形状：倒卵形

果皮底色：绿

果锈：少

果面着色：少量着红色

果梗长度（cm）：4.29

果梗粗度（mm）：3.04

萼片状态：脱落、宿存

果心大小：中

果实心室（个）：5

果肉硬度（kg/cm²）：10.71

果肉颜色：绿白

果肉质地：中细

果肉类型：脆

汁液：中

风味：酸

可溶性固形物含量（%）：10.73

可滴定酸含量（%）：0.57

盛花期：3 月中下旬

果实成熟期：9 月上中旬

综合评价：外观品质中等，内在品质中，丰产性中，抗病性中。

晚 咸 丰

品种名称：晚咸丰

外文名：Wanxianfeng

来源：湖北咸丰

资源类型：地方品种

系谱：自然实生

早果性：4 年

树势：弱

树姿：半开张

节间长度（cm）：3.31

幼叶颜色：绿黄

叶片长（cm）：9.33

叶片宽（cm）：5.73

花瓣数（枚）：5.6

柱头位置：高

花药颜色：红

花冠直径（cm）：3.17

单果重（g）：198

果实形状：圆形

果皮底色：绿

果锈：多；全果

果面着色：无

果梗长度（cm）：2.64

果梗粗度（mm）：2.91

萼片状态：脱落、宿存

果心大小：中

果实心室（个）：5

果肉硬度（kg/cm^2）：＞15.00

果肉颜色：淡黄

果肉质地：粗

果肉类型：紧密

汁液：少

风味：酸甜

可溶性固形物含量（%）：10.37

可滴定酸含量（%）：0.28

盛花期：3 月中下旬

果实成熟期：9 月下旬

综合评价：外观品质较差，内在品质下，丰产性中，抗病性中。

咸 丰 80-1

品种名称：咸丰 80-1　　花瓣数（枚）：6.2　　果心大小：小

外文名：Xianfeng 80-1　　柱头位置：等高　　果实心室（个）：4、5

来源：湖北咸丰　　花药颜色：红　　果肉硬度（kg/cm²）：6.72

资源类型：地方品种　　花冠直径（cm）：3.22　　果肉颜色：白

系谱：自然实生　　单果重（g）：349　　果肉质地：中细

早果性：4 年　　果实形状：倒卵形　　果肉类型：脆

树势：强　　果皮底色：绿　　汁液：中

树姿：直立　　果锈：无　　风味：淡甜

节间长度（cm）：4.95　　果面着色：无　　可溶性固形物含量（%）：10.55

幼叶颜色：淡红　　果梗长度（cm）：4.68　　可滴定酸含量（%）：0.14

叶片长（cm）：11.92　　果梗粗度（mm）：3.18　　盛花期：3 月中下旬

叶片宽（cm）：6.94　　萼片状态：脱落　　果实成熟期：8 月中下旬

综合评价：外观品质较好，内在品质中上，丰产性中，抗病性较强。

咸丰秤砣梨

品种名称：咸丰秤砣梨

外文名：Xianfengchengtuoli

来源：湖北咸丰

资源类型：地方品种

系谱：自然实生

早果性：4 年

树势：强

树姿：直立

节间长度（cm）：4.53

幼叶颜色：绿黄

叶片长（cm）：13.72

叶片宽（cm）：8.35

花瓣数（枚）：5

柱头位置：高

花药颜色：红

花冠直径（cm）：3.69

单果重（g）：262

果实形状：圆形

果皮底色：绿

果锈：无

果面着色：无

果梗长度（cm）：4.32

果梗粗度（mm）：3.42

萼片状态：脱落

果心大小：中

果实心室（个）：5

果肉硬度（kg/cm^2）：13.50

果肉颜色：白

果肉质地：粗

果肉类型：紧密

汁液：少

风味：甜酸

可溶性固形物含量（%）：11.10

可滴定酸含量（%）：0.30

盛花期：3 月中下旬

果实成熟期：9 月下旬

综合评价：外观品质中等，内在品质下，丰产，抗病性中。

咸 丰 白 结

品种名称：咸丰白结
外文名：Xianfengbaijie
来源：湖北咸丰
资源类型：地方品种
系谱：自然实生
早果性：4 年
树势：中
树姿：半开张
节间长度（cm）：4.00
幼叶颜色：淡红
叶片长（cm）：9.72
叶片宽（cm）：5.81

花瓣数（枚）：5.6
柱头位置：等高
花药颜色：红
花冠直径（cm）：3.65
单果重（g）：369
果实形状：圆形
果皮底色：黄褐
果锈：无
果面着色：无
果梗长度（cm）：3.60
果梗粗度（mm）：2.97
萼片状态：脱落

果心大小：中
果实心室（个）：5
果肉硬度（kg/cm^2）：9.28
果肉颜色：乳白色
果肉质地：粗
果肉类型：脆
汁液：中
风味：甜
可溶性固形物含量（%）：10.75
可滴定酸含量（%）：0.09
盛花期：3 月上中旬
果实成熟期：9 月中旬

综合评价：外观品质中等，内在品质中，丰产，抗病性中。

咸丰雪苹梨

品种名称：咸丰雪苹梨

外文名：Xianfengxuepingli

来源：湖北咸丰

资源类型：地方品种

系谱：自然实生

早果性：4 年

树势：中

树姿：直立

节间长度（cm）：3.46

幼叶颜色：淡红

叶片长（cm）：9.68

叶片宽（cm）：5.90

花瓣数（枚）：7.1

柱头位置：低

花药颜色：红

花冠直径（cm）：3.30

单果重（g）：295

果实形状：圆形

果皮底色：红褐

果锈：无

果面着色：无

果梗长度（cm）：3.18

果梗粗度（mm）：3.03

萼片状态：脱落

果心大小：中

果实心室（个）：5

果肉硬度（kg/cm²）：9.74

果肉颜色：白

果肉质地：中细

果肉类型：脆

汁液：中

风味：甜

可溶性固形物含量（%）：12.03

可滴定酸含量（%）：0.17

盛花期：3 月中旬

果实成熟期：9 月中下旬

综合评价：外观品质较差，内在品质中上，丰产性中，抗病性中。

雪 苹

品种名称：雪苹

外文名：Xueping

来源：湖北咸丰

资源类型：地方品种

系谱：自然实生

早果性：4 年

树势：强

树姿：直立

节间长度（cm）：3.42

幼叶颜色：黄绿

叶片长（cm）：9.54

叶片宽（cm）：6.00

花瓣数（枚）：5

柱头位置：等高

花药颜色：红

花冠直径（cm）：3.46

单果重（g）：338

果实形状：倒卵形

果皮底色：绿

果锈：少

果面着色：无

果梗长度（cm）：3.26

果梗粗度（mm）：3.55

萼片状态：脱落

果心大小：中

果实心室（个）：4、5

果肉硬度（kg/cm²）：11.30

果肉颜色：白

果肉质地：中粗

果肉类型：紧密脆

汁液：中

风味：甜酸

可溶性固形物含量（%）：10.17

可滴定酸含量（%）：0.22

盛花期：3 月中下旬

果实成熟期：9 月中下旬

综合评价：外观品质中等，内在品质中，丰产性中，抗病性中。

朵 朵 花

品种名称：朵朵花

外文名：Duoduohua

来源：湖北远安

资源类型：地方品种

系谱：自然实生

早果性：6 年

树势：中

树姿：直立

节间长度（cm）：4.72

幼叶颜色：红色

叶片长（cm）：9.96

叶片宽（cm）：6.73

花瓣数（枚）：5

柱头位置：低

花药颜色：红

花冠直径（cm）：3.86

单果重（g）：155

果实形状：长圆形

果皮底色：绿

果锈：少

果面着色：无

果梗长度（cm）：2.52

果梗粗度（mm）：3.11

萼片状态：脱落、宿存

果心大小：中

果实心室（个）：5

果肉硬度（kg/cm^2）：13.18

果肉颜色：白

果肉质地：中粗

果肉类型：紧密脆

汁液：少

风味：甜

可溶性固形物含量（%）：12.05

可滴定酸含量（%）：0.27

盛花期：3 月中旬

果实成熟期：9 月上旬

综合评价：外观品质中等，内在品质中，丰产，抗病性中。

金棒头

品种名称：金棒头
外文名：Jinbangtou
来源：湖北远安
资源类型：地方品种
系谱：自然实生
早果性：4 年
树势：中
树姿：半开张
节间长度（cm）：3.66
幼叶颜色：红色
叶片长（cm）：9.54
叶片宽（cm）：6.72

花瓣数（枚）：5.2
柱头位置：等高
花药颜色：红
花冠直径（cm）：3.53
单果重（g）：138
果实形状：纺锤形
果皮底色：绿
果锈：少；萼端
果面着色：无
果梗长度（cm）：3.89
果梗粗度（mm）：2.98
萼片状态：脱落、宿存

果心大小：中
果实心室（个）：5
果肉硬度（kg/cm²）：11.50
果肉颜色：白
果肉质地：中粗
果肉类型：脆
汁液：少
风味：淡甜
可溶性固形物含量（%）：9.80
可滴定酸含量（%）：0.28
盛花期：3 月中旬
果实成熟期：8 月下旬

综合评价：外观品质中等，内在品质中，丰产，抗病性中。

龙 团 梨

品种名称：龙团梨

外文名：Longtuanli

来源：湖北远安

资源类型：地方品种

系谱：自然实生

早果性：5 年

树势：中

树姿：开张

节间长度（cm）：4.38

幼叶颜色：淡红

叶片长（cm）：10.88

叶片宽（cm）：6.78

花瓣数（枚）：5

柱头位置：等高

花药颜色：淡紫红

花冠直径（cm）：3.38

单果重（g）：140

果实形状：长圆形

果皮底色：黄绿

果锈：极少

果面着色：无

果梗长度（cm）：4.67

果梗粗度（mm）：3.76

萼片状态：脱落

果心大小：中

果实心室（个）：5

果肉硬度（kg/cm²）：14.29

果肉颜色：淡黄

果肉质地：中粗

果肉类型：紧密

汁液：少

风味：甜酸

可溶性固形物含量（%）：9.67

可滴定酸含量（%）：0.31

盛花期：3 月中下旬

果实成熟期：9 月中下旬

综合评价：外观品质中等，内在品质下，丰产性中，抗病性中。

十 里 香

品种名称：十里香　　　　花瓣数（枚）：6.4　　　　果心大小：中

外文名：Shilixiang　　　柱头位置：低　　　　　果实心室（个）：5、6

来源：湖北远安　　　　　花药颜色：紫红　　　　果肉硬度（kg/cm²）：＞15.00

资源类型：地方品种　　　花冠直径（cm）：3.42　果肉颜色：白

系谱：自然实生　　　　　单果重（g）：177　　　果肉质地：粗

早果性：6 年　　　　　　果实形状：圆形　　　　果肉类型：紧密

树势：中　　　　　　　　果皮底色：绿　　　　　汁液：少

树姿：半开张　　　　　　果锈：多；全果　　　　风味：甜酸

节间长度（cm）：4.07　　果面着色：无　　　　　可溶性固形物含量（%）：11.40

幼叶颜色：绿黄　　　　　果梗长度（cm）：2.51　可滴定酸含量（%）：0.26

叶片长（cm）：9.70　　　果梗粗度（mm）：3.27　盛花期：3 月中下旬

叶片宽（cm）：5.98　　　萼片状态：脱落、宿存　果实成熟期：9 月下旬

综合评价：外观品质中等，内在品质下，丰产性中，抗病性较弱。

酸 扁 头

品种名称：酸扁头

外文名：Suanbiantou

来源：湖北远安

资源类型：地方品种

系谱：自然实生

早果性：6 年

树势：中

树姿：开张

节间长度（cm）：4.04

幼叶颜色：褐红

叶片长（cm）：11.76

叶片宽（cm）：7.03

花瓣数（枚）：5.3

柱头位置：等高

花药颜色：红

花冠直径（cm）：3.48

单果重（g）：210

果实形状：圆形

果皮底色：绿

果锈：无

果面着色：无

果梗长度（cm）：3.27

果梗粗度（mm）：3.32

萼片状态：脱落

果心大小：大

果实心室（个）：5

果肉硬度（kg/cm²）：＞15.00

果肉颜色：白

果肉质地：粗

果肉类型：紧密

汁液：少

风味：甜酸

可溶性固形物含量（%）：10.30

可滴定酸含量（%）：0.33

盛花期：3 月中旬

果实成熟期：9 月下旬

综合评价：外观品质中等，内在品质下，丰产性中，抗病性中。

望 水 白

品种名称：望水白

外文名：Wangshuibai

来源：湖北远安

资源类型：地方品种

系谱：自然实生

早果性：4 年

树势：中

树姿：开张

节间长度（cm）：3.85

幼叶颜色：淡红

叶片长（cm）：9.55

叶片宽（cm）：6.03

花瓣数（枚）：5.2

柱头位置：低

花药颜色：淡紫红

花冠直径（cm）：3.75

单果重（g）：147

果实形状：长圆形

果皮底色：黄绿

果锈：无

果面着色：无

果梗长度（cm）：3.76

果梗粗度（mm）：3.33

萼片状态：脱落

果心大小：中

果实心室（个）：5

果肉硬度（kg/cm²）：8.70

果肉颜色：白

果肉质地：中细

果肉类型：脆

汁液：少

风味：酸甜

可溶性固形物含量（%）：10.97

可滴定酸含量（%）：0.26

盛花期：3 月中旬

果实成熟期：9 月上中旬

综合评价：外观品质中等，内在品质中，丰产性中，抗病性较强。

长阳秤砣梨

品种名称：长阳秤砣梨

外文名：Changyangchengtuoli

来源：湖北长阳

资源类型：地方品种

系谱：自然实生

早果性：5 年

树势：中

树姿：直立

节间长度（cm）：4.57

幼叶颜色：淡红

叶片长（cm）：10.96

叶片宽（cm）：6.30

花瓣数（枚）：5

柱头位置：低

花药颜色：粉红

花冠直径（cm）：3.24

单果重（g）：774

果实形状：倒卵形、葫芦形

果皮底色：绿

果锈：多；全果

果面着色：无

果梗长度（cm）：4.00

果梗粗度（mm）：3.68

萼片状态：脱落、残存

果心大小：中

果实心室（个）：4、5

果肉硬度（kg/cm²）：14.12

果肉颜色：白

果肉质地：粗

果肉类型：紧密

汁液：少

风味：甜酸

可溶性固形物含量（%）：11.80

可滴定酸含量（%）：0.41

盛花期：3 月中旬

果实成熟期：9 月上中旬

综合评价：外观品质中等，内在品质下，丰产，抗病性中。

长阳大香梨

品种名称：长阳大香梨

外文名：Changyangdaxiangli

来源：湖北长阳

资源类型：地方品种

系谱：自然实生

早果性：中

树势：中

树姿：半开张

节间长度（cm）：4.19

幼叶颜色：淡红

叶片长（cm）：9.56

叶片宽（cm）：6.13

花瓣数（枚）：6.3

柱头位置：高

花药颜色：红

花冠直径（cm）：4.42

单果重（g）：264

果实形状：圆形

果皮底色：绿

果锈：少；萼端

果面着色：无

果梗长度（cm）：5.57

果梗粗度（mm）：3.18

萼片状态：脱落

果心大小：中

果实心室（个）：5

果肉硬度（kg/cm^2）：8.85

果肉颜色：绿白

果肉质地：中

果肉类型：脆

汁液：中

风味：甜酸

可溶性固形物含量（%）：11.10

可滴定酸含量（%）：0.27

盛花期：3月中下旬

果实成熟期：9月上旬

综合评价：外观品质中等，内在品质中上，丰产性中，抗病性中。

长阳麻皮梨

品种名称：长阳麻皮梨

外文名：Changyangmapili

来源：湖北长阳

资源类型：地方品种

系谱：自然实生

早果性：6 年

树势：中

树姿：直立

节间长度（cm）：3.88

幼叶颜色：绿黄

叶片长（cm）：8.61

叶片宽（cm）：5.55

花瓣数（枚）：5

柱头位置：等高

花药颜色：淡紫红

花冠直径（cm）：3.57

单果重（g）：144

果实形状：圆形

果皮底色：黄褐

果锈：无

果面着色：无

果梗长度（cm）：4.83

果梗粗度（mm）：2.71

萼片状态：脱落

果心大小：大

果实心室（个）：5

果肉硬度（kg/cm^2）：11.12

果肉颜色：淡黄

果肉质地：粗

果肉类型：紧密

汁液：少

风味：酸甜

可溶性固形物含量（%）：9.53

可滴定酸含量（%）：0.30

盛花期：3 月下旬

果实成熟期：10 月上旬

综合评价：外观品质较好，内在品质下，丰产，抗病性中。

长阳青皮梨 1 号

品种名称：长阳青皮梨 1 号　　花瓣数（枚）：5　　果心大小：中

外文名：Changyangqingpili No.1　　柱头位置：高　　果实心室（个）：5

来源：湖北长阳　　花药颜色：红　　果肉硬度（kg/cm²）：10.63

资源类型：地方品种　　花冠直径（cm）：3.37　　果肉颜色：白

系谱：自然实生　　单果重（g）：205　　果肉质地：中粗

早果性：6 年　　果实形状：倒卵形　　果肉类型：紧密脆

树势：中　　果皮底色：绿　　汁液：中

树姿：半开张　　果锈：少；萼端　　风味：淡甜

节间长度（cm）：3.84　　果面着色：无　　可溶性固形物含量（%）：9.85

幼叶颜色：淡红　　果梗长度（cm）：4.33　　可滴定酸含量（%）：0.27

叶片长（cm）：9.67　　果梗粗度（mm）：2.75　　盛花期：3 月中下旬

叶片宽（cm）：5.90　　萼片状态：脱落　　果实成熟期：8 月下旬

综合评价：外观品质较好，内在品质中，丰产，抗病性中。

长阳青皮梨 2 号

品种名称：长阳青皮梨 2 号　　花瓣数（枚）：5　　　　　果心大小：中

外文名：Changyangqingpili No.2　柱头位置：高　　　　　果实心室（个）：5

来源：湖北长阳　　　　　　　花药颜色：红　　　　　　果肉硬度（kg/cm²）：9.47

资源类型：地方品种　　　　　花冠直径（cm）：4.78　　果肉颜色：乳白

系谱：自然实生　　　　　　　单果重（g）：205　　　　果肉质地：中细

早果性：5 年　　　　　　　　果实形状：圆形　　　　　果肉类型：脆

树势：中　　　　　　　　　　果皮底色：绿　　　　　　汁液：中

树姿：半开张　　　　　　　　果锈：少　　　　　　　　风味：甜酸

节间长度（cm）：3.85　　　　果面着色：无　　　　　　可溶性固形物含量（%）：10.20

幼叶颜色：淡红　　　　　　　果梗长度（cm）：4.94　　可滴定酸含量（%）：0.24

叶片长（cm）：10.61　　　　 果梗粗度（mm）：2.77　　盛花期：3 月中下旬

叶片宽（cm）：6.77　　　　　萼片状态：脱落　　　　　果实成熟期：8 月下旬

综合评价：外观品质中等，内在品质中，丰产，抗病性中。

长阳小麻皮梨

品种名称：长阳小麻皮梨

外文名：Changyangxiaomapili

来源：湖北长阳

资源类型：地方品种

系谱：自然实生

早果性：5 年

树势：强

树姿：开张

节间长度（cm）：4.47

幼叶颜色：淡红

叶片长（cm）：10.25

叶片宽（cm）：6.93

花瓣数（枚）：5.2

柱头位置：等高

花药颜色：粉红

花冠直径（cm）：3.87

单果重（g）：228

果实形状：圆形

果皮底色：黄褐

果锈：无

果面着色：无

果梗长度（cm）：3.97

果梗粗度（mm）：2.98

萼片状态：残存、宿存

果心大小：中

果实心室（个）：5

果肉硬度（kg/cm²）：11.34

果肉颜色：乳白

果肉质地：中粗

果肉类型：紧密脆

汁液：少

风味：淡甜

可溶性固形物含量（%）：10.95

可滴定酸含量（%）：0.17

盛花期：3 月中下旬

果实成熟期：8 月下旬

综合评价：外观品质较好，内在品质中，丰产，抗病性较强。

茶 熟 梨

品种名称：茶熟梨

外文名：Chashuli

来源：湖北崇阳

资源类型：地方品种

系谱：自然实生

早果性：4 年

树势：中

树姿：半开张

节间长度（cm）：4.22

幼叶颜色：淡红

叶片长（cm）：9.95

叶片宽（cm）：7.84

花瓣数（枚）：7.2

柱头位置：等高

花药颜色：粉红

花冠直径（cm）：4.03

单果重（g）：177

果实形状：倒卵形

果皮底色：绿

果锈：极少

果面着色：无

果梗长度（cm）：4.24

果梗粗度（mm）：3.34

萼片状态：脱落

果心大小：中

果实心室（个）：5

果肉硬度（kg/cm²）：11.20

果肉颜色：淡黄

果肉质地：中粗

果肉类型：紧密脆

汁液：中

风味：淡甜

可溶性固形物含量（%）：10.80

可滴定酸含量（%）：0.19

盛花期：3 月中旬

果实成熟期：8 月上旬

综合评价：外观品质中等，内在品质中，丰产性中，抗病性中。

绛 色 梨

品种名称：绛色梨　　　　花瓣数（枚）：5　　　　果心大小：小

外文名：Jiangseli　　　　柱头位置：高　　　　　果实心室（个）：5

来源：湖北崇阳　　　　　花药颜色：深紫红　　　果肉硬度（kg/cm²）：10.58

资源类型：地方品种　　　花冠直径（cm）：3.11　果肉颜色：白

系谱：自然实生　　　　　单果重（g）：270　　　果肉质地：粗

早果性：5 年　　　　　　果实形状：长圆形　　　果肉类型：紧密脆

树势：强　　　　　　　　果皮底色：红褐　　　　汁液：中

树姿：直立　　　　　　　果锈：无　　　　　　　风味：酸甜

节间长度（cm）：3.68　　果面着色：无　　　　　可溶性固形物含量（%）：11.40

幼叶颜色：淡红　　　　　果梗长度（cm）：3.69　可滴定酸含量（%）：0.43

叶片长（cm）：11.24　　　果梗粗度（mm）：3.22　盛花期：3 月上中旬

叶片宽（cm）：6.77　　　萼片状态：脱落　　　　果实成熟期：9 月中下旬

综合评价：外观品质中等，内在品质中，丰产，抗病性中。

铜 子 梨

品种名称：铜子梨

外文名：Tongzili

来源：湖北崇阳

资源类型：地方品种

系谱：自然实生

早果性：5 年

树势：中

树姿：半开张

节间长度（cm）：3.77

幼叶颜色：淡红

叶片长（cm）：10.59

叶片宽（cm）：6.83

花瓣数（枚）：5

柱头位置：等高

花药颜色：红

花冠直径（cm）：3.07

单果重（g）：121

果实形状：扁圆形

果皮底色：绿

果锈：极少

果面着色：无

果梗长度（cm）：4.66

果梗粗度（mm）：3.47

萼片状态：脱落

果心大小：大

果实心室（个）：5、6

果肉硬度（kg/cm²）：8.33

果肉颜色：绿白

果肉质地：中细

果肉类型：脆

汁液：中

风味：酸甜

可溶性固形物含量（%）：12.10

可滴定酸含量（%）：0.28

盛花期：3 月中旬

果实成熟期：9 月中下旬

综合评价：外观品质中等，内在品质中上，丰产，抗病性中。

钟 鼓 梨

品种名称：钟鼓梨

外文名：Zhongguli

来源：湖北崇阳

资源类型：地方品种

系谱：自然实生

早果性：4 年

树势：强

树姿：直立

节间长度（cm）：3.98

幼叶颜色：淡红

叶片长（cm）：11.39

叶片宽（cm）：6.96

花瓣数（枚）：5

柱头位置：高

花药颜色：红

花冠直径（cm）：3.07

单果重（g）：201

果实形状：圆形

果皮底色：绿

果锈：无

果面着色：无

果梗长度（cm）：3.96

果梗粗度（mm）：3.42

萼片状态：脱落

果心大小：中

果实心室（个）：5

果肉硬度（kg/cm^2）：9.00

果肉颜色：绿白

果肉质地：中细

果肉类型：脆

汁液：中

风味：甜酸

可溶性固形物含量（%）：11.73

可滴定酸含量（%）：0.27

盛花期：3 月上中旬

果实成熟期：9 月下旬

综合评价：外观品质中等，内在品质中，丰产，抗病性较强。

宣恩秤砣梨

品种名称：宣恩秤砣梨

外文名：Xuanenchengtuoli

来源：湖北宣恩

资源类型：地方品种

系谱：自然实生

早果性：6 年

树势：强

树姿：半开张

节间长度（cm）：4.85

幼叶颜色：绿黄

叶片长（cm）：14.85

叶片宽（cm）：7.17

花瓣数（枚）：7.5

柱头位置：等高

花药颜色：紫红

花冠直径（cm）：3.37

单果重（g）：652

果实形状：纺锤形、圆形

果皮底色：黄褐

果锈：无

果面着色：无

果梗长度（cm）：2.94

果梗粗度（mm）：4.15

萼片状态：脱落、宿存

果心大小：中

果实心室（个）：5

果肉硬度（kg/cm^2）：11.20

果肉颜色：淡黄

果肉质地：中粗

果肉类型：紧密脆

汁液：中

风味：酸

可溶性固形物含量（%）：11.00

可滴定酸含量（%）：0.38

盛花期：3 月中下旬

果实成熟期：9 月上旬

综合评价：外观品质中等，内在品质中，丰产，抗病性强。

461

宣恩雪梨

品种名称：宣恩雪梨

外文名：Xuanenxueli

来源：湖北宣恩

资源类型：地方品种

系谱：自然实生

早果性：5 年

树势：强

树姿：开张

节间长度（cm）：4.81

幼叶颜色：淡绿

叶片长（cm）：9.85

叶片宽（cm）：5.74

花瓣数（枚）：5.3

柱头位置：等高

花药颜色：紫红

花冠直径（cm）：3.36

单果重（g）：214

果实形状：圆形

果皮底色：绿

果锈：无

果面着色：无

果梗长度（cm）：3.11

果梗粗度（mm）：3.59

萼片状态：脱落、宿存

果心大小：中

果实心室（个）：5

果肉硬度（kg/cm²）：＞ 15.00

果肉颜色：绿白

果肉质地：粗

果肉类型：紧密

汁液：少

风味：酸甜

可溶性固形物含量（%）：11.83

可滴定酸含量（%）：0.20

盛花期：3 月中旬

果实成熟期：9 月中旬

综合评价：外观品质中等，内在品质下，丰产性中，抗病性强。

宣恩杨洞梨

品种名称：宣恩杨洞梨

外文名：Xuanenyangdongli

来源：湖北宣恩

资源类型：地方品种

系谱：自然实生

早果性：6 年

树势：强

树姿：直立

节间长度（cm）：3.93

幼叶颜色：淡红

叶片长（cm）：11.27

叶片宽（cm）：6.40

花瓣数（枚）：5

柱头位置：等高

花药颜色：红

花冠直径（cm）：3.75

单果重（g）：180

果实形状：圆形

果皮底色：绿

果锈：多；全果

果面着色：无

果梗长度（cm）：3.73

果梗粗度（mm）：3.26

萼片状态：脱落

果心大小：中

果实心室（个）：5

果肉硬度（kg/cm^2）：12.52

果肉颜色：绿白

果肉质地：中粗

果肉类型：紧密脆

汁液：少

风味：淡甜

可溶性固形物含量（%）：9.80

可滴定酸含量（%）：0.20

盛花期：3 月下旬

果实成熟期：9 月中旬

综合评价：外观品质中等，内在品质中下，丰产，抗病性中。

段营1号

品种名称：段营1号　　　　花瓣数（枚）：5.1　　　　果心大小：中

外文名：Duanying No.1　　　柱头位置：等高　　　　果实心室（个）：5

来源：湖北枣阳　　　　　　花药颜色：紫红　　　　果肉硬度（kg/cm²）：8.83

资源类型：地方品种　　　　花冠直径（cm）：2.73　　果肉颜色：白

系谱：自然实生　　　　　　单果重（g）：388　　　果肉质地：中细

早果性：5年　　　　　　　果实形状：圆形　　　　果肉类型：脆

树势：强　　　　　　　　　果皮底色：绿　　　　　汁液：多

树姿：直立　　　　　　　　果锈：极少　　　　　　风味：淡甜

节间长度（cm）：4.12　　　果面着色：无　　　　　可溶性固形物含量（%）：10.36

幼叶颜色：淡红　　　　　　果梗长度（cm）：3.43　　可滴定酸含量（%）：0.17

叶片长（cm）：12.12　　　果梗粗度（mm）：3.31　　盛花期：3月中下旬

叶片宽（cm）：7.75　　　　萼片状态：脱落　　　　果实成熟期：8月中下旬

综合评价：外观品质较好，内在品质中，丰产，抗病性中。

伏　翠

品种名称：伏翠

外文名：Fucui

来源：湖北枣阳

资源类型：地方品种

系谱：自然实生

早果性：3 年

树势：中

树姿：半开张

节间长度（cm）：2.85

幼叶颜色：淡绿

叶片长（cm）：7.19

叶片宽（cm）：4.10

花瓣数（枚）：6.5

柱头位置：等高

花药颜色：深紫红

花冠直径（cm）：2.86

单果重（g）：205

果实形状：圆形

果皮底色：绿

果锈：无

果面着色：无

果梗长度（cm）：2.76

果梗粗度（mm）：3.52

萼片状态：脱落、宿存

果心大小：中大

果实心室（个）：5

果肉硬度（kg/cm²）：8.40

果肉颜色：白

果肉质地：细

果肉类型：脆

汁液：多

风味：甜酸

可溶性固形物含量（%）：10.40

可滴定酸含量（%）：0.37

盛花期：3 月下旬

果实成熟期：7 月下旬

综合评价：外观品质好，内在品质中上，丰产，抗病性中。

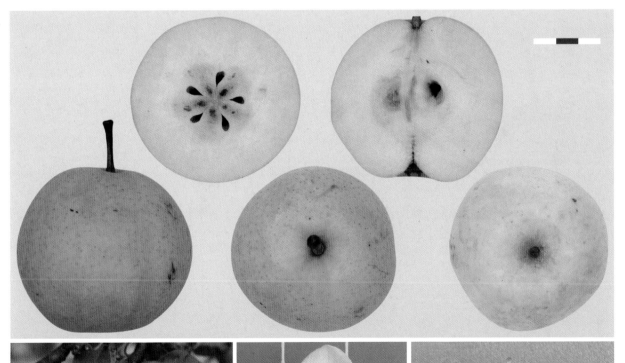

塔 湾 1 号

品种名称：塔湾1号　　　　花瓣数（枚）：5　　　　果心大小：中

外文名：Tawan No.1　　　　柱头位置：高　　　　果实心室（个）：5

来源：湖北枣阳　　　　　　花药颜色：红　　　　果肉硬度（kg/cm²）：11.73

资源类型：地方品种　　　　花冠直径（cm）：4.24　　果肉颜色：淡黄

系谱：自然实生　　　　　　单果重（g）：281　　　果肉质地：中粗

早果性：4年　　　　　　　果实形状：粗颈葫芦形　　果肉类型：紧密脆

树势：强　　　　　　　　　果皮底色：绿　　　　汁液：中

树姿：直立　　　　　　　　果锈：少；梗端　　　风味：淡甜

节间长度（cm）：4.72　　　果面着色：无　　　　可溶性固形物含量（%）：9.80

幼叶颜色：淡红　　　　　　果梗长度（cm）：4.28　可滴定酸含量（%）：0.17

叶片长（cm）：13.13　　　果梗粗度（mm）：4.11　盛花期：3月中旬

叶片宽（cm）：8.29　　　　萼片状态：脱落　　　果实成熟期：8月下旬

综合评价：外观品质中等，内在品质中，丰产，抗病性较强。

巴 东 京 梨

品种名称：巴东京梨

外文名：Badongjingli

来源：湖北巴东

资源类型：地方品种

系谱：自然实生

早果性：5 年

树势：中

树姿：开张

节间长度（cm）：4.70

幼叶颜色：淡红

叶片长（cm）：11.43

叶片宽（cm）：5.33

花瓣数（枚）：5

柱头位置：等高

花药颜色：深紫红

花冠直径（cm）：3.48

单果重（g）：263

果实形状：葫芦形

果皮底色：绿

果锈：极少

果面着色：无

果梗长度（cm）：4.31

果梗粗度（mm）：2.53

萼片状态：脱落

果心大小：中

果实心室（个）：5

果肉硬度（kg/cm²）：8.61

果肉颜色：白

果肉质地：中细

果肉类型：脆

汁液：中

风味：酸甜

可溶性固形物含量（%）：10.75

可滴定酸含量（%）：0.29

盛花期：3 月中下旬

果实成熟期：8 月中下旬

综合评价：外观品质中等，内在品质中，丰产性中，抗病性中。

巴东平头梨

品种名称：巴东平头梨

外文名：Badongpingtouli

来源：湖北巴东

资源类型：地方品种

系谱：自然实生

早果性：6 年

树势：中

树姿：半开张

节间长度（cm）：4.29

幼叶颜色：褐红

叶片长（cm）：9.82

叶片宽（cm）：6.35

花瓣数（枚）：5.6

柱头位置：高

花药颜色：红

花冠直径（cm）：3.44

单果重（g）：204

果实形状：长圆形、倒卵形

果皮底色：绿

果锈：无

果面着色：无

果梗长度（cm）：3.48

果梗粗度（mm）：3.50

萼片状态：残存、宿存

果心大小：中

果实心室（个）：4、5、6

果肉硬度（kg/cm^2）：13.47

果肉颜色：白

果肉质地：粗

果肉类型：紧密

汁液：少

风味：甜酸

可溶性固形物含量（%）：11.34

可滴定酸含量（%）：0.23

盛花期：3 月中旬

果实成熟期：9 月中下旬

综合评价：外观品质中等，内在品质下，丰产性中，抗病性较强。

建始秤砣梨

品种名称：建始秤砣梨

外文名：Jianshichengtuoli

来源：湖北建始

资源类型：地方品种

系谱：自然实生

早果性：6 年

树势：强

树姿：直立

节间长度（cm）：5.51

幼叶颜色：褐红

叶片长（cm）：9.16

叶片宽（cm）：5.06

花瓣数（枚）：5.2

柱头位置：低

花药颜色：淡紫红

花冠直径（cm）：3.63

单果重（g）：159

果实形状：长圆形、倒卵形

果皮底色：黄褐

果锈：无

果面着色：无

果梗长度（cm）：2.98

果梗粗度（mm）：2.81

萼片状态：脱落

果心大小：小

果实心室（个）：4、5

果肉硬度（kg/cm²）：13.94

果肉颜色：白

果肉质地：中粗

果肉类型：紧密脆

汁液：中

风味：淡甜

可溶性固形物含量（%）：9.70

可滴定酸含量（%）：0.16

盛花期：3 月下旬

果实成熟期：9 月上旬

综合评价：外观品质较差，内在品质中下，丰产性中，抗病性较强。

建始早谷梨

品种名称：建始早谷梨

外文名：Jianshizaoguli

来源：湖北建始

资源类型：地方品种

系谱：自然实生

早果性：5 年

树势：中

树姿：半开张

节间长度（cm）：5.39

幼叶颜色：淡红

叶片长（cm）：11.12

叶片宽（cm）：6.75

花瓣数（枚）：5.8

柱头位置：高

花药颜色：红

花冠直径（cm）：4.33

单果重（g）：141

果实形状：圆形

果皮底色：绿

果锈：极少

果面着色：无

果梗长度（cm）：4.66

果梗粗度（mm）：2.53

萼片状态：脱落

果心大小：中

果实心室（个）：5

果肉硬度（kg/cm^2）：9.03

果肉颜色：白

果肉质地：中细

果肉类型：脆

汁液：中

风味：淡甜

可溶性固形物含量（%）：11.32

可滴定酸含量（%）：0.24

盛花期：3 月中下旬

果实成熟期：9 月上旬

综合评价：外观品质较好，内在品质中，丰产，抗病性中，为三倍体。

利 川 香 水

品种名称：利川香水

外文名：Lichuanxiangshui

来源：湖北利川

资源类型：地方品种

系谱：自然实生

早果性：5 年

树势：中

树姿：直立

节间长度（cm）：5.33

幼叶颜色：褐红

叶片长（cm）：9.98

叶片宽（cm）：5.73

花瓣数（枚）：5.5

柱头位置：低

花药颜色：红

花冠直径（cm）：4.36

单果重（g）：128

果实形状：圆形

果皮底色：绿

果锈：极少；萼端

果面着色：无

果梗长度（cm）：4.69

果梗粗度（mm）：2.25

萼片状态：脱落

果心大小：中

果实心室（个）：5

果肉硬度（kg/cm^2）：11.25

果肉颜色：白

果肉质地：中粗

果肉类型：紧密脆

汁液：中

风味：淡甜

可溶性固形物含量（%）：9.53

可滴定酸含量（%）：0.16

盛花期：3 月下旬

果实成熟期：9 月上旬

综合评价：外观品质较好，内在品质中，丰产性中，抗病性较强。

利川玉川

品种名称：利川玉川　　　　花瓣数（枚）：6.2　　　　果心大小：中

外文名：Lichuanyuchuan　　柱头位置：低　　　　　　果实心室（个）：4、5、6

来源：湖北利川　　　　　　花药颜色：紫红　　　　　果肉硬度（kg/cm²）：7.96

资源类型：地方品种　　　　花冠直径（cm）：3.16　　果肉颜色：白

系谱：自然实生　　　　　　单果重（g）：194　　　　果肉质地：中细

早果性：4 年　　　　　　　果实形状：扁圆形　　　　果肉类型：脆

树势：中　　　　　　　　　果皮底色：褐　　　　　　汁液：中

树姿：半开张　　　　　　　果锈：无　　　　　　　　风味：淡甜

节间长度（cm）：4.44　　　果面着色：无　　　　　　可溶性固形物含量（%）：10.65

幼叶颜色：红色　　　　　　果梗长度（cm）：3.44　　可滴定酸含量（%）：0.20

叶片长（cm）：11.90　　　果梗粗度（mm）：3.00　　盛花期：3 月中下旬

叶片宽（cm）：7.52　　　　萼片状态：脱落、宿存　　果实成熟期：8 月上中旬

综合评价：外观品质中等，内在品质中上，丰产，抗病性较强，花具观赏性。

鹤峰雪花梨

品种名称：鹤峰雪花梨

外文名：Hefengxuehuali

来源：湖北鹤峰

资源类型：地方品种

系谱：自然实生

早果性：4 年

树势：强

树姿：直立

节间长度（cm）：3.99

幼叶颜色：绿黄

叶片长（cm）：10.43

叶片宽（cm）：7.40

花瓣数（枚）：5

柱头位置：高

花药颜色：紫红

花冠直径（cm）：3.35

单果重（g）：295

果实形状：圆形

果皮底色：黄褐

果锈：无

果面着色：无

果梗长度（cm）：3.19

果梗粗度（mm）：3.40

萼片状态：宿存

果心大小：中

果实心室（个）：5

果肉硬度（kg/cm^2）：8.64

果肉颜色：乳白

果肉质地：中

果肉类型：脆

汁液：中

风味：甜

可溶性固形物含量（%）：11.60

可滴定酸含量（%）：0.22

盛花期：3 月下旬

果实成熟期：8 月下旬

综合评价：外观品质较好，内在品质中上，丰产，抗病性中。

19 号

品种名称：19 号　　　　花瓣数（枚）：5.3　　　　果心大小：中

外文名：No.19　　　　　柱头位置：高　　　　　果实心室（个）：5

来源：湖北咸宁　　　　花药颜色：红　　　　　果肉硬度（kg/cm²）：7.96

资源类型：地方品种　　花冠直径（cm）：3.72　果肉颜色：乳白

系谱：自然实生　　　　单果重（g）：208　　　果肉质地：细

早果性：3 年　　　　　果实形状：倒卵形　　　果肉类型：脆

树势：中　　　　　　　果皮底色：绿　　　　　汁液：多

树姿：半开张　　　　　果锈：无　　　　　　　风味：酸甜适度

节间长度（cm）：3.62　果面着色：无　　　　　可溶性固形物含量（%）：11.20

幼叶颜色：绿黄　　　　果梗长度（cm）：3.96　可滴定酸含量（%）：0.13

叶片长（cm）：10.25　果梗粗度（mm）：3.69　盛花期：3 月中下旬

叶片宽（cm）：5.97　　萼片状态：脱落　　　　果实成熟期：8 月上旬

综合评价：外观品质等中等，内在品质中上，丰产性中，抗病性中。

面 包

品种名称：面包

外文名：Mianbao

来源：江苏睢宁

资源类型：地方品种

系谱：自然实生

早果性：5 年

树势：中

树姿：半开张

节间长度（cm）：4.28

幼叶颜色：红色

叶片长（cm）：8.71

叶片宽（cm）：6.95

花瓣数（枚）：5

柱头位置：等高

花药颜色：红

花冠直径（cm）：3.76

单果重（g）：261

果实形状：长圆形

果皮底色：黄绿

果锈：多；全果

果面着色：无

果梗长度（cm）：2.78

果梗粗度（mm）：3.35

萼片状态：脱落、宿存

果心大小：中

果实心室（个）：5

果肉硬度（kg/cm^2）：11.56

果肉颜色：白

果肉质地：中粗

果肉类型：脆

汁液：中

风味：淡甜

可溶性固形物含量（%）：10.60

可滴定酸含量（%）：0.24

盛花期：3 月中下旬

果实成熟期：9 月中旬

综合评价：外观品质中等，内在品质中，丰产，抗病性中。

明 江

品种名称：明江

外文名：Mingjiang

来源：江苏泗阳

资源类型：地方品种

系谱：自然实生

早果性：5 年

树势：强

树姿：半开张

节间长度（cm）：4.56

幼叶颜色：淡红

叶片长（cm）：8.94

叶片宽（cm）：6.41

花瓣数（枚）：12.2

柱头位置：等高

花药颜色：紫

花冠直径（cm）：4.05

单果重（g）：417

果实形状：倒卵形、长圆形

果皮底色：绿

果锈：少

果面着色：无

果梗长度（cm）：3.89

果梗粗度（mm）：3.66

萼片状态：脱落

果心大小：中

果实心室（个）：5、6

果肉硬度（kg/cm²）：9.95

果肉颜色：淡黄

果肉质地：中细

果肉类型：脆

汁液：少

风味：甜酸

可溶性固形物含量（%）：11.80

可滴定酸含量（%）：0.37

盛花期：3 月中下旬

果实成熟期：8 月下旬

综合评价：外观品质中等，内在品质中，丰产性中，抗病性中。

新 丰

品种名称：新丰

外文名：Xinfeng

来源：江苏新沂

资源类型：地方品种

系谱：自然实生

早果性：4 年

树势：强

树姿：半开张

节间长度（cm）：4.28

幼叶颜色：淡红

叶片长（cm）：11.74

叶片宽（cm）：7.44

花瓣数（枚）：6.18

柱头位置：低

花药颜色：红

花冠直径（cm）：3.62

单果重（g）：493

果实形状：倒卵形

果皮底色：绿

果锈：无

果面着色：无

果梗长度（cm）：3.87

果梗粗度（mm）：4.70

萼片状态：脱落、宿存

果心大小：中小

果实心室（个）：5

果肉硬度（kg/cm²）：7.71

果肉颜色：乳白

果肉质地：中细

果肉类型：脆

汁液：中

风味：甜酸

可溶性固形物含量（%）：9.55

可滴定酸含量（%）：0.26

盛花期：3 月中下旬

果实成熟期：8 月下旬

综合评价：外观品质中等，内在品质中，丰产，抗病较弱。

金 花 早

品种名称：金花早
外文名：Jinhuazao
来源：安徽歙县
资源类型：地方品种
系谱：自然实生
早果性：4 年
树势：中
树姿：直立
节间长度（cm）：3.45
幼叶颜色：红
叶片长（cm）：10.89
叶片宽（cm）：6.78

花瓣数（枚）：5.4
柱头位置：等高
花药颜色：粉红
花冠直径（cm）：3.57
单果重（g）：178
果实形状：圆形
果皮底色：绿
果锈：中；梗端
果面着色：无
果梗长度（cm）：2.69
果梗粗度（mm）：2.97
萼片状态：脱落

果心大小：小
果实心室（个）：5
果肉硬度（kg/cm^2）：7.30
果肉颜色：白
果肉质地：细
果肉类型：脆
汁液：多
风味：淡甜
可溶性固形物含量（%）：10.77
可滴定酸含量（%）：0.17
盛花期：3 月上中旬
果实成熟期：9 月上旬

综合评价：外观品质中等，内在品质中上，丰产，抗病性强。

细 皮 梨

品种名称：细皮梨

外文名：Xipili

来源：安徽歙县

资源类型：地方品种

系谱：自然实生

早果性：4 年

树势：弱

树姿：抱合

节间长度（cm）：3.78

幼叶颜色：褐红

叶片长（cm）：10.23

叶片宽（cm）：6.85

花瓣数（枚）：5

柱头位置：低

花药颜色：紫红

花冠直径（cm）：2.65

单果重（g）：194

果实形状：圆形

果皮底色：绿

果锈：极少

果面着色：无

果梗长度（cm）：3.72

果梗粗度（mm）：2.47

萼片状态：脱落

果心大小：中

果实心室（个）：5

果肉硬度（kg/cm^2）：7.81

果肉颜色：白

果肉质地：细

果肉类型：脆

汁液：中

风味：淡甜

可溶性固形物含量（%）：9.80

可滴定酸含量（%）：0.15

盛花期：3 月中下旬

果实成熟期：9 月上旬

综合评价：外观品质较好，内在品质中，丰产，抗病性强。

木 瓜 梨

品种名称：木瓜梨

外文名：Muguali

来源：安徽歙县

资源类型：地方品种

系谱：自然实生

早果性：5 年

树势：弱

树姿：直立

节间长度（cm）：4.96

幼叶颜色：褐红

叶片长（cm）：14.97

叶片宽（cm）：9.06

花瓣数（枚）：5.2

柱头位置：低

花药颜色：紫红

花冠直径（cm）：3.91

单果重（g）：548

果实形状：长圆形、倒卵形

果皮底色：绿

果锈：少；萼端

果面着色：无

果梗长度（cm）：3.90

果梗粗度（mm）：4.15

萼片状态：残存、宿存

果心大小：小

果实心室（个）：5

果肉硬度（kg/cm²）：6.86

果肉颜色：白

果肉质地：中

果肉类型：脆

汁液：多

风味：酸甜

可溶性固形物含量（%）：10.20

可滴定酸含量（%）：0.31

盛花期：3 月中下旬

果实成熟期：9 月上旬

综合评价：外观品质中等，内在品质中上，丰产性中，为三倍体。

安徽雪梨

品种名称：安徽雪梨

外文名：Anhuixueli

来源：安徽

资源类型：地方品种

系谱：自然实生

早果性：5 年

树势：弱

树姿：半开张

节间长度（cm）：3.70

幼叶颜色：淡红

叶片长（cm）：7.22

叶片宽（cm）：3.77

花瓣数（枚）：6.1

柱头位置：等高

花药颜色：红

花冠直径（cm）：3.30

单果重（g）：177

果实形状：圆形、倒卵形

果皮底色：绿

果锈：中；梗端

果面着色：无

果梗长度（cm）：3.49

果梗粗度（mm）：2.92

萼片状态：脱落

果心大小：中

果实心室（个）：5

果肉硬度（kg/cm^2）：11.05

果肉颜色：白

果肉质地：中

果肉类型：紧密脆

汁液：中

风味：淡甜

可溶性固形物含量（%）：10.58

可滴定酸含量（%）：0.13

盛花期：3 月下旬

果实成熟期：8 月下旬

综合评价：外观品质中等，内在品质中，丰产，抗病性强。

炎 帝 红

品种名称：炎帝红

外文名：Yandihong

来源：安徽六安

资源类型：地方品种

系谱：自然实生

早果性：4 年

树势：强

树姿：直立

节间长度（cm）：4.17

幼叶颜色：褐红

叶片长（cm）：7.50

叶片宽（cm）：4.81

花瓣数（枚）：5.8

柱头位置：高

花药颜色：紫红

花冠直径（cm）：2.80

单果重（g）：167

果实形状：倒卵形

果皮底色：绿

果锈：极少

果面着色：无

果梗长度（cm）：3.80

果梗粗度（mm）：3.20

萼片状态：脱落

果心大小：大

果实心室（个）：5

果肉硬度（kg/cm^2）：13.70

果肉颜色：绿白

果肉质地：中粗

果肉类型：紧密

汁液：中

风味：淡甜

可溶性固形物含量（%）：10.51

可滴定酸含量（%）：0.20

盛花期：3 月下旬

果实成熟期：8 月中下旬

综合评价：外观品质中等，内在品质中，不丰产，抗病性中。

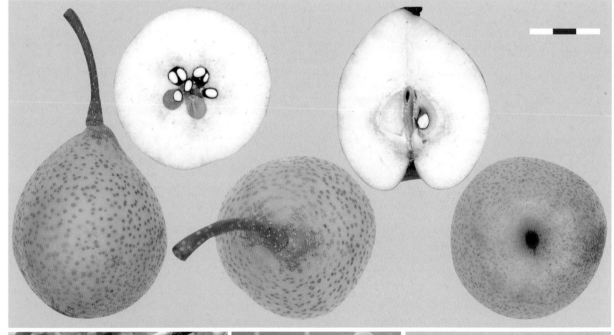

镇巴七里香

品种名称：镇巴七里香

外文名：Zhenbaqilixiang

来源：陕西镇巴

资源类型：地方品种

系谱：自然实生

早果性：5 年

树势：中

树姿：直立

节间长度（cm）：4.38

幼叶颜色：淡红

叶片长（cm）：12.27

叶片宽（cm）：6.19

花瓣数（枚）：5.3

柱头位置：等高

花药颜色：红

花冠直径（cm）：3.46

单果重（g）：237

果实形状：圆形

果皮底色：黄褐

果锈：无

果面着色：无

果梗长度（cm）：3.84

果梗粗度（mm）：2.97

萼片状态：宿存

果心大小：中

果实心室（个）：5

果肉硬度（kg/cm^2）：13.93

果肉颜色：白

果肉质地：中

果肉类型：紧密

汁液：中

风味：淡甜

可溶性固形物含量（%）：10.47

可滴定酸含量（%）：0.19

盛花期：3 月中下旬

果实成熟期：9 月下旬

综合评价：外观品质较好，内在品质下，丰产，抗病性较强。

白 面 梨

品种名称：白面梨
外文名：Baimianli
来源：陕西镇巴
资源类型：地方品种
系谱：自然实生
早果性：5 年
树势：强
树姿：半开张
节间长度（cm）：4.70
幼叶颜色：暗红
叶片长（cm）：10.90
叶片宽（cm）：6.14

花瓣数（枚）：5.1
柱头位置：低
花药颜色：红
花冠直径（cm）：3.49
单果重（g）：86
果实形状：圆形
果皮底色：黄褐
果锈：无
果面着色：无
果梗长度（cm）：4.54
果梗粗度（mm）：2.20
萼片状态：脱落

果心大小：中
果实心室（个）：5
果肉硬度（kg/cm²）：＞15.00
果肉颜色：绿白
果肉质地：中粗
果肉类型：紧密
汁液：极少
风味：淡甜
可溶性固形物含量（%）：10.38
可滴定酸含量（%）：0.17
盛花期：3 月下旬
果实成熟期：9 月上中旬

综合评价：外观品质较好，内在品质下，丰产，抗病性较强。

桂　冠

品种名称：桂冠

外文名：Guiguan

来源：浙江大学

资源类型：选育品种

系谱：雪花 × 黄花

早果性：3 年

树势：强

树姿：直立

节间长度（cm）：4.02

幼叶颜色：暗红

叶片长（cm）：12.69

叶片宽（cm）：7.20

花瓣数（枚）：5.3

柱头位置：低

花药颜色：红

花冠直径（cm）：3.05

单果重（g）：330

果实形状：纺锤形

果皮底色：绿

果锈：少；梗端

果面着色：无

果梗长度（cm）：3.20

果梗粗度（mm）：3.36

萼片状态：脱落

果心大小：中

果实心室（个）：5

果肉硬度（kg/cm^2）：7.99

果肉颜色：白

果肉质地：中细

果肉类型：脆

汁液：中

风味：淡甜

可溶性固形物含量（%）：10.40

可滴定酸含量（%）：0.14

盛花期：3 月下旬

果实成熟期：8 月上旬

综合评价：外观品质较好，内在品质中上，丰产，抗病性较强。

杭　红

品种名称：杭红

外文名：Hanghong

来源：浙江大学

资源类型：选育品种

系谱：菊水实生

早果性：4 年

树势：中

树姿：直立

节间长度（cm）：3.94

幼叶颜色：红

叶片长（cm）：11.02

叶片宽（cm）：6.18

花瓣数（枚）：8.5

柱头位置：高

花药颜色：淡紫红

花冠直径（cm）：3.50

单果重（g）：217

果实形状：圆形

果皮底色：绿

果锈：中；全果

果面着色：无

果梗长度（cm）：3.26

果梗粗度（mm）：2.86

萼片状态：脱落

果心大小：中

果实心室（个）：4、5

果肉硬度（kg/cm^2）：9.49

果肉颜色：乳白

果肉质地：中细

果肉类型：脆

汁液：中

风味：淡甜

可溶性固形物含量（%）：10.93

可滴定酸含量（%）：0.17

盛花期：3 月中下旬

果实成熟期：8 月上旬

综合评价：外观品质中等，内在品质中上，丰产，抗病性中。

杭青

品种名称：杭青

外文名：Hangqing

来源：浙江大学

资源类型：选育品种

系谱：慈梨实生

早果性：4 年

树势：强

树姿：直立

节间长度（cm）：6.11

幼叶颜色：褐红

叶片长（cm）：12.09

叶片宽（cm）：6.87

花瓣数（枚）：6.9

柱头位置：低

花药颜色：红

花冠直径（cm）：3.67

单果重（g）：249

果实形状：圆形

果皮底色：绿

果锈：少；萼端

果面着色：无

果梗长度（cm）：3.79

果梗粗度（mm）：3.83

萼片状态：宿存

果心大小：中

果实心室（个）：5

果肉硬度（kg/cm^2）：7.47

果肉颜色：白

果肉质地：中

果肉类型：脆

汁液：中

风味：酸甜

可溶性固形物含量（%）：10.71

可滴定酸含量（%）：0.15

盛花期：3 月下旬

果实成熟期：8 月中下旬

综合评价：外观品质较好，内在品质中上，丰产，抗病性强。

黄　花

品种名称：黄花

外文名：Huanghua

来源：浙江大学

资源类型：选育品种

系谱：黄蜜 × 三花

早果性：3 年

树势：中

树姿：开张

节间长度（cm）：3.83

幼叶颜色：淡红

叶片长（cm）：10.97

叶片宽（cm）：7.48

花瓣数（枚）：5.2

柱头位置：等高

花药颜色：淡紫

花冠直径（cm）：3.19

单果重（g）：217

果实形状：圆锥形

果皮底色：绿

果锈：多；全果

果面着色：无

果梗长度（cm）：2.84

果梗粗度（mm）：2.96

萼片状态：宿存

果心大小：中

果实心室（个）：5

果肉硬度（kg/cm²）：8.06

果肉颜色：乳白

果肉质地：中细

果肉类型：脆

汁液：中

风味：甜

可溶性固形物含量（%）：11.60

可滴定酸含量（%）：0.19

盛花期：3 月中下旬

果实成熟期：8 月中旬

综合评价：外观品质中等，内在品质中上，丰产，抗病性较强。

青　魁

品种名称：青魁

外文名：Qingkui

来源：浙江大学

资源类型：选育品种

系谱：雪花梨 × 新世纪

早果性：4 年

树势：强

树姿：半开张

节间长度（cm）：6.14

幼叶颜色：褐红

叶片长（cm）：11.45

叶片宽（cm）：7.00

花瓣数（枚）：5.7

柱头位置：高

花药颜色：淡紫

花冠直径（cm）：3.55

单果重（g）：355

果实形状：圆形

果皮底色：黄绿

果锈：少

果面着色：无

果梗长度（cm）：3.99

果梗粗度（mm）：4.21

萼片状态：脱落

果心大小：中

果实心室（个）：5、6

果肉硬度（kg/cm²）：5.28

果肉颜色：白

果肉质地：细

果肉类型：脆

汁液：多

风味：甜

可溶性固形物含量（%）：11.77

可滴定酸含量（%）：0.14

盛花期：3 月下旬

果实成熟期：8 月上旬

综合评价：外观品质好，内在品质上，丰产，抗病性强。

青　松

品种名称：青松
外文名：Qingsong
来源：浙江杭州
资源类型：选育品种
系谱：雪花 × 新世纪
早果性：5 年
树势：中
树姿：直立
节间长度（cm）：5.43
幼叶颜色：淡绿
叶片长（cm）：11.44
叶片宽（cm）：7.19

花瓣数（枚）：5.4
柱头位置：等高
花药颜色：粉红
花冠直径（cm）：2.54
单果重（g）：297
果实形状：圆形
果皮底色：绿
果锈：无
果面着色：无
果梗长度（cm）：3.41
果梗粗度（mm）：3.74
萼片状态：宿存

果心大小：小
果实心室（个）：5
果肉硬度（kg/cm²）：7.13
果肉颜色：白
果肉质地：细
果肉类型：脆
汁液：中
风味：甜酸
可溶性固形物含量（%）：10.65
可滴定酸含量（%）：0.40
盛花期：3 月中下旬
果实成熟期：8 月中旬

综合评价：外观品质好，内在品质中上，丰产，抗病性较强。

青 云

品种名称：青云

外文名：Qingyun

来源：浙江大学

资源类型：选育品种

系谱：八云 × 二十世纪

早果性：5 年

树势：弱

树姿：直立

节间长度（cm）：5.34

幼叶颜色：淡绿

叶片长（cm）：9.80

叶片宽（cm）：6.40

花瓣数（枚）：5.8

柱头位置：高

花药颜色：粉红

花冠直径（cm）：3.47

单果重（g）：186

果实形状：圆形

果皮底色：黄绿

果锈：中；全果

果面着色：无

果梗长度（cm）：3.30

果梗粗度（mm）：3.35

萼片状态：脱落、残存

果心大小：中

果实心室（个）：4、5

果肉硬度（kg/cm²）：8.87

果肉颜色：乳白

果肉质地：中细

果肉类型：脆

汁液：多

风味：甜

可溶性固形物含量（%）：11.07

可滴定酸含量（%）：0.14

盛花期：3 月中下旬

果实成熟期：7 月下旬

综合评价：外观品质中等，内在品质中上，丰产，抗病性中。

新　杭

品种名称：新杭　　　　花瓣数（枚）：5.8　　　　果心大小：小

外文名：Xinhang　　　　柱头位置：等高　　　　果实心室（个）：5

来源：浙江大学　　　　花药颜色：红　　　　果肉硬度（kg/cm²）：8.39

资源类型：选育品种　　　　花冠直径（cm）：3.14　　　　果肉颜色：白

系谱：新世纪 × 杭青　　　　单果重（g）：272　　　　果肉质地：细

早果性：3 年　　　　果实形状：倒卵形、圆形　　　　果肉类型：脆

树势：强　　　　果皮底色：绿　　　　汁液：多

树姿：抱合　　　　果锈：无　　　　风味：甜

节间长度（cm）：4.46　　　　果面着色：无　　　　可溶性固形物含量（%）：11.77

幼叶颜色：淡红　　　　果梗长度（cm）：2.87　　　　可滴定酸含量（%）：0.13

叶片长（cm）：10.70　　　　果梗粗度（mm）：3.40　　　　盛花期：3 月中下旬

叶片宽（cm）：7.11　　　　萼片状态：宿存　　　　果实成熟期：7 月中下旬

综合评价：外观品质好，内在品质上，丰产，抗病性较强。

新　雅

品种名称：新雅

外文名：Xinya

来源：浙江大学

资源类型：选育品种

系谱：新世纪 × 鸭梨

早果性：5 年

树势：中

树姿：抱合

节间长度（cm）：3.87

幼叶颜色：褐红

叶片长（cm）：9.43

叶片宽（cm）：7.06

花瓣数（枚）：5.8

柱头位置：低

花药颜色：红

花冠直径（cm）：2.70

单果重（g）：304

果实形状：扁圆形

果皮底色：黄绿

果锈：无

果面着色：无

果梗长度（cm）：2.64

果梗粗度（mm）：2.61

萼片状态：脱落

果心大小：中

果实心室（个）：5、6

果肉硬度（kg/cm^2）：5.26

果肉颜色：白

果肉质地：中

果肉类型：脆

汁液：多

风味：甜

可溶性固形物含量（%）：11.83

可滴定酸含量（%）：0.14

盛花期：3 月中下旬

果实成熟期：8 月上旬

综合评价：外观品质较好，内在品质上，丰产，抗病性较强。

雪　芳

品种名称：雪芳

外文名：Xuefang

来源：浙江大学

资源类型：选育品种

系谱：雪花 × 新世纪

早果性：3 年

树势：强

树姿：半开张

节间长度（cm）：3.92

幼叶颜色：红

叶片长（cm）：11.29

叶片宽（cm）：7.48

花瓣数（枚）：6.9

柱头位置：高

花药颜色：紫红

花冠直径（cm）：3.18

单果重（g）：272

果实形状：圆形

果皮底色：绿

果锈：无

果面着色：无

果梗长度（cm）：2.88

果梗粗度（mm）：3.28

萼片状态：脱落

果心大小：中

果实心室（个）：5、6

果肉硬度（kg/cm²）：8.75

果肉颜色：白

果肉质地：中

果肉类型：脆

汁液：中

风味：酸甜

可溶性固形物含量（%）：11.78

可滴定酸含量（%）：0.19

盛花期：3 月下旬

果实成熟期：7 月下旬

综合评价：外观品质好，内在品质中上，丰产，抗病性强。

雪　峰

品种名称：雪峰

外文名：Xuefeng

来源：浙江大学

资源类型：选育品种

系谱：雪花 × 新世纪

早果性：3 年

树势：强

树姿：半开张

节间长度（cm）：4.35

幼叶颜色：绿黄

叶片长（cm）：10.55

叶片宽（cm）：6.72

花瓣数（枚）：5.2

柱头位置：低

花药颜色：紫红

花冠直径（cm）：2.80

单果重（g）：252

果实形状：圆形

果皮底色：绿

果锈：无

果面着色：无

果梗长度（cm）：3.24

果梗粗度（mm）：2.87

萼片状态：脱落

果心大小：中

果实心室（个）：4、5

果肉硬度（kg/cm² ）：10.88

果肉颜色：乳白

果肉质地：中

果肉类型：脆

汁液：中

风味：甜

可溶性固形物含量（%）：11.65

可滴定酸含量（%）：0.12

盛花期：3 月下旬

果实成熟期：7 月下旬

综合评价：外观品质好，内在品质中上，丰产，抗病性强。

雪 青

品种名称：雪青 花瓣数（枚）：5.2 果心大小：中

外文名：Xueqing 柱头位置：等高 果实心室（个）：5

来源：浙江杭州 花药颜色：紫红 果肉硬度（kg/cm²）：8.06

资源类型：选育品种 花冠直径（cm）：3.47 果肉颜色：白

系谱：雪花 × 新世纪 单果重（g）：351 果肉质地：细

早果性：3 年 果实形状：扁圆形 果肉类型：脆

树势：强 果皮底色：绿 汁液：多

树姿：半开张 果锈：无 风味：甜

节间长度（cm）：4.43 果面着色：无 可溶性固形物含量（%）：11.87

幼叶颜色：黄绿 果梗长度（cm）：3.09 可滴定酸含量（%）：0.18

叶片长（cm）：10.25 果梗粗度（mm）：0.26 盛花期：3 月中旬

叶片宽（cm）：7.21 萼片状态：脱落 果实成熟期：7 月下旬

综合评价：外观品质好，内在品质上，丰产，抗病性强。

雪　新

品种名称：雪新

外文名：Xuexin

来源：浙江大学

资源类型：选育品种

系谱：雪花 × 新世纪

早果性：3 年

树势：中

树姿：直立

节间长度（cm）：3.92

幼叶颜色：绿黄

叶片长（cm）：10.78

叶片宽（cm）：6.55

花瓣数（枚）：5.7

柱头位置：等高

花药颜色：深紫红

花冠直径（cm）：3.11

单果重（g）：251

果实形状：扁圆形

果皮底色：绿

果锈：无

果面着色：无

果梗长度（cm）：2.93

果梗粗度（mm）：2.55

萼片状态：脱落

果心大小：中

果实心室（个）：5、6

果肉硬度（kg/cm^2）：9.45

果肉颜色：白

果肉质地：中

果肉类型：脆

汁液：中

风味：甜

可溶性固形物含量（%）：11.83

可滴定酸含量（%）：0.12

盛花期：3 月中下旬

果实成熟期：7 月下旬

综合评价：外观品质好，内在品质中上，丰产，抗病性较强。

雪 英

品种名称：雪英　　　　花瓣数（枚）：6.1　　　　果心大小：中

外文名：Xueying　　　柱头位置：低　　　　　果实心室（个）：5

来源：浙江大学　　　　花药颜色：红　　　　　果肉硬度（kg/cm²）：7.50

资源类型：选育品种　　花冠直径（cm）：2.59　果肉颜色：乳白

系谱：雪花 × 新世纪　　单果重（g）：294　　　果肉质地：中细

早果性：3 年　　　　　果实形状：圆形　　　　果肉类型：脆

树势：强　　　　　　　果皮底色：绿　　　　　汁液：中

树姿：半开张　　　　　果锈：无　　　　　　　风味：酸甜

节间长度（cm）：4.11　果面着色：无　　　　　可溶性固形物含量（%）：11.31

幼叶颜色：红　　　　　果梗长度（cm）：3.49　可滴定酸含量（%）：0.11

叶片长（cm）：11.06　 果梗粗度（mm）：2.90　盛花期：3 月中下旬

叶片宽（cm）：7.18　　萼片状态：脱落　　　　果实成熟期：8 月上旬

综合评价：外观品质好，内在品质中上，丰产，抗病性较强。

云　林

品种名称：云林

外文名：Yunlin

来源：浙江大学

资源类型：选育品种

系谱：八云 × 二十世纪

早果性：3 年

树势：强

树姿：开张

节间长度（cm）：5.14

幼叶颜色：淡红

叶片长（cm）：10.38

叶片宽（cm）：6.70

花瓣数（枚）：6.7

柱头位置：高

花药颜色：红

花冠直径（cm）：3.14

单果重（g）：203

果实形状：圆形

果皮底色：绿

果锈：多；全果

果面着色：无

果梗长度（cm）：2.44

果梗粗度（mm）：2.57

萼片状态：脱落

果心大小：中

果实心室（个）：5

果肉硬度（kg/cm^2）：7.78

果肉颜色：白

果肉质地：中细

果肉类型：脆

汁液：中

风味：甜酸

可溶性固形物含量（%）：11.57

可滴定酸含量（%）：0.20

盛花期：3 月中旬

果实成熟期：8 月上中旬

综合评价：外观品质中等，内在品质中上，丰产，抗病性中。

云　绿

品种名称：云绿

外文名：Yunlv

来源：浙江大学

资源类型：选育品种

系谱：八云 × 二十世纪

早果性：4 年

树势：强

树姿：直立

节间长度（cm）：6.13

幼叶颜色：暗红

叶片长（cm）：11.96

叶片宽（cm）：7.24

花瓣数（枚）：7.2

柱头位置：等高

花药颜色：红

花冠直径（cm）：3.82

单果重（g）：270

果实形状：圆形

果皮底色：绿

果锈：无

果面着色：无

果梗长度（cm）：3.77

果梗粗度（mm）：3.52

萼片状态：脱落、宿存

果心大小：中

果实心室（个）：5

果肉硬度（kg/cm^2）：7.47

果肉颜色：白

果肉质地：中细

果肉类型：脆

汁液：中

风味：甜

可溶性固形物含量（%）：11.33

可滴定酸含量（%）：0.16

盛花期：3 月下旬

果实成熟期：8 月中下旬

综合评价：外观品质好，内在品质中上，丰产，抗病性强。

翠　冠

品种名称：翠冠　　　　　　花瓣数（枚）：5　　　　　　果心大小：中小

外文名：Cuiguan　　　　　　柱头位置：等高　　　　　　果实心室（个）：5

来源：浙江园艺所　　　　　花药颜色：红　　　　　　　果肉硬度（kg/cm²）：5.00

资源类型：选育品种　　　　花冠直径（cm）：3.22　　　果肉颜色：白

系谱：幸水 ×（新世纪 × 杭青）单果重（g）：230　　　果肉质地：细

早果性：3 年　　　　　　　果实形状：圆形　　　　　　果肉类型：脆

树势：强　　　　　　　　　果皮底色：绿　　　　　　　汁液：极多

树姿：半开张　　　　　　　果锈：多；全果　　　　　　风味：甘甜

节间长度（cm）：3.90　　　果面着色：无　　　　　　　可溶性固形物含量（%）：11.88

幼叶颜色：红　　　　　　　果梗长度（cm）：2.70　　　可滴定酸含量（%）：0.13

叶片长（cm）：11.01　　　果梗粗度（mm）：3.12　　　盛花期：3 月中下旬

叶片宽（cm）：6.55　　　　萼片状态：脱落　　　　　　果实成熟期：7 月下旬

综合评价：外观品质较好，内在品质极上，丰产，抗病性较强。

翠 玉

品种名称：翠玉　　　　花瓣数（枚）：5　　　　果心大小：中小

外文名：Cuiyu　　　　柱头位置：等高　　　　果实心室（个）：5

来源：浙江园艺所　　　花药颜色：紫红　　　　果肉硬度（kg/cm²）：8.59

资源类型：选育品种　　花冠直径（cm）：3.42　果肉颜色：白

系谱：西子绿 × 翠冠　　单果重（g）：290　　　果肉质地：细

早果性：3 年　　　　　果实形状：扁圆形　　　果肉类型：脆

树势：中　　　　　　　果皮底色：绿　　　　　汁液：多

树姿：半开张　　　　　果锈：无　　　　　　　风味：淡甜

节间长度（cm）：4.02　果面着色：无　　　　　可溶性固形物含量（%）：10.50

幼叶颜色：黄绿　　　　果梗长度（cm）：2.09　可滴定酸含量（%）：0.15

叶片长（cm）：10.61　　果梗粗度（mm）：3.81　盛花期：3 月下旬

叶片宽（cm）：6.36　　萼片状态：脱落　　　　果实成熟期：7 月上中旬

综合评价：外观品质极好，内在品质上，丰产，抗病性较强 。

初 夏 绿

品种名称：初夏绿

外文名：Chuxialv

来源：浙江园艺所

资源类型：选育品种

系谱：西子绿 × 翠冠

早果性：3 年

树势：中

树姿：半开张

节间长度（cm）：3.65

幼叶颜色：黄绿

叶片长（cm）：9.70

叶片宽（cm）：5.47

花瓣数（枚）：5

柱头位置：低

花药颜色：淡紫

花冠直径（cm）：3.58

单果重（g）：289

果实形状：圆形

果皮底色：绿

果锈：无

果面着色：无

果梗长度（cm）：2.42

果梗粗度（mm）：3.20

萼片状态：脱落

果心大小：中

果实心室（个）：5

果肉硬度（kg/cm²）：6.35

果肉颜色：乳白

果肉质地：细

果肉类型：脆

汁液：多

风味：淡甜

可溶性固形物含量（%）：10.80

可滴定酸含量（%）：0.09

盛花期：3 月下旬

果实成熟期：7 月下旬

综合评价：外观品质极好，内在品质中上，丰产，抗病性较强。

清 香

品种名称：清香

外文名：Qingxiang

来源：浙江园艺所

资源类型：选育品种

系谱：新世纪 × 三花

早果性：3 年

树势：中

树姿：直立

节间长度（cm）：3.68

幼叶颜色：淡红

叶片长（cm）：10.23

叶片宽（cm）：6.29

花瓣数（枚）：6.3

柱头位置：等高

花药颜色：红

花冠直径（cm）：3.25

单果重（g）：291

果实形状：圆形

果皮底色：黄褐

果锈：无

果面着色：无

果梗长度（cm）：3.08

果梗粗度（mm）：2.52

萼片状态：宿存

果心大小：中

果实心室（个）：5

果肉硬度（kg/cm^2）：7.02

果肉颜色：乳白

果肉质地：中细

果肉类型：脆

汁液：中

风味：甜

可溶性固形物含量（%）：11.23

可滴定酸含量（%）：0.12

盛花期：3 月中旬

果实成熟期：8 月上旬

综合评价：外观品质好，内在品质中上，丰产，抗病性较强。

西 子 绿

品种名称：西子绿

外文名：Xizilv

来源：浙江园艺所

资源类型：选育品种

系谱：新世纪×（八云×杭青）

早果性：3 年

树势：中

树姿：直立

节间长度（cm）：4.29

幼叶颜色：黄绿

叶片长（cm）：10.17

叶片宽（cm）：7.01

花瓣数（枚）：5.5

柱头位置：高

花药颜色：紫红

花冠直径（cm）：3.52

单果重（g）：190

果实形状：扁圆形

果皮底色：绿

果锈：无

果面着色：无

果梗长度（cm）：2.87

果梗粗度（mm）：2.75

萼片状态：脱落

果心大小：中

果实心室（个）：5

果肉硬度（kg/cm²）：7.32

果肉颜色：白

果肉质地：中

果肉类型：脆

汁液：多

风味：甜

可溶性固形物含量（%）：11.20

可滴定酸含量（%）：0.14

盛花期：3 月下旬

果实成熟期：7 月下旬

综合评价：外观品质极好，内在品质上，丰产，抗病性中。

香　绿

品种名称：香绿

外文名：Xianglv

来源：浙江园艺所

资源类型：选育品种

系谱：新世纪 × 鸭梨

早果性：3 年

树势：中

树姿：半开张

节间长度（cm）：4.05

幼叶颜色：淡红

叶片长（cm）：10.94

叶片宽（cm）：6.10

花瓣数（枚）：5.3

柱头位置：等高

花药颜色：紫红

花冠直径（cm）：3.47

单果重（g）：197

果实形状：倒卵形

果皮底色：绿

果锈：极少

果面着色：无

果梗长度（cm）：4.06

果梗粗度（mm）：3.27

萼片状态：脱落

果心大小：中

果实心室（个）：5

果肉硬度（kg/cm²）：7.32

果肉颜色：白

果肉质地：细

果肉类型：脆

汁液：多

风味：淡甜

可溶性固形物含量（%）：10.85

可滴定酸含量（%）：0.10

盛花期：3 月下旬

果实成熟期：8 月上旬

综合评价：外观品质较好，内在品质中上，丰产，抗病性较强。

玉　冠

品种名称：玉冠

外文名：Yuguan

来源：浙江园艺所

资源类型：选育品种

系谱：筑水 × 黄花

早果性：3 年

树势：强

树姿：直立

节间长度（cm）：3.56

幼叶颜色：淡红

叶片长（cm）：9.78

叶片宽（cm）：6.41

花瓣数（枚）：5

柱头位置：等高

花药颜色：淡紫

花冠直径（cm）：3.53

单果重（g）：269

果实形状：圆形

果皮底色：褐

果锈：无

果面着色：无

果梗长度（cm）：2.07

果梗粗度（mm）：3.09

萼片状态：宿存

果心大小：中

果实心室（个）：5

果肉硬度（kg/cm²）：8.44

果肉颜色：白

果肉质地：细

果肉类型：脆

汁液：多

风味：酸甜适度

可溶性固形物含量（%）：11.50

可滴定酸含量（%）：0.23

盛花期：3 月下旬

果实成熟期：7 月下旬

综合评价：外观品质好，内在品质中上，丰产，抗病性较强。

鄂 梨 1 号

品种名称：鄂梨1号

外文名：Eli No.1

来源：湖北果茶所

资源类型：选育品种

系谱：伏梨 × 金水酥

早果性：3 年

树势：强

树姿：半开张

节间长度（cm）：4.01

幼叶颜色：绿黄

叶片长（cm）：9.59

叶片宽（cm）：5.66

花瓣数（枚）：6.8

柱头位置：低

花药颜色：淡紫

花冠直径（cm）：2.94

单果重（g）：224

果实形状：圆形

果皮底色：绿

果锈：中；全果

果面着色：无

果梗长度（cm）：3.14

果梗粗度（mm）：3.02

萼片状态：宿存

果心大小：中

果实心室（个）：5

果肉硬度（kg/cm²）：5.60

果肉颜色：绿白

果肉质地：细

果肉类型：脆

汁液：多

风味：酸甜

可溶性固形物含量（%）：10.54

可滴定酸含量（%）：0.20

盛花期：3月下旬

果实成熟期：7月中旬

综合评价：外观品质中等，内在品质中上，丰产，抗病性较强。

鄂 梨 2 号

品种名称：鄂梨2号　　　花瓣数（枚）：5　　　　果心大小：中

外文名：Eli No.2　　　　柱头位置：低　　　　　果实心室（个）：5

来源：湖北果茶所　　　　花药颜色：红　　　　　果肉硬度（kg/cm²）：4.63

资源类型：选育品种　　　花冠直径（cm）：3.00　果肉颜色：白

系谱：中香×（伏梨×启发）单果重（g）：208　　　果肉质地：细

早果性：3年　　　　　　果实形状：倒卵形　　　果肉类型：脆

树势：强　　　　　　　　果皮底色：绿　　　　　汁液：多

树姿：半开张　　　　　　果锈：少；萼端　　　　风味：酸甜

节间长度（cm）：5.08　　果面着色：无　　　　　可溶性固形物含量（%）：12.32

幼叶颜色：褐红　　　　　果梗长度（cm）：4.59　可滴定酸含量（%）：0.26

叶片长（cm）：10.55　　　果梗粗度（mm）：2.58　盛花期：3月下旬

叶片宽（cm）：6.30　　　萼片状态：脱落、宿存　果实成熟期：7月下旬

综合评价：外观品质较好，内在品质极上，丰产，抗病性强。

金 丰

品种名称：金丰

花瓣数（枚）：5.4

果心大小：中

外文名：Jinfeng

柱头位置：高

果实心室（个）：5

来源：湖北果树所

花药颜色：红

果肉硬度（kg/cm²）：9.78

资源类型：选育品种

花冠直径（cm）：3.23

果肉颜色：白

系谱：金水1号 × 丰水

单果重（g）：318

果肉质地：中

早果性：3年

果实形状：圆形

果肉类型：脆

树势：强

果皮底色：黄褐

汁液：中

树姿：半开张

果锈：无

风味：甜

节间长度（cm）：4.65

果面着色：无

可溶性固形物含量（%）：11.27

幼叶颜色：淡红

果梗长度（cm）：3.06

可滴定酸含量（%）：0.11

叶片长（cm）：12.74

果梗粗度（mm）：2.93

盛花期：3月中下旬

叶片宽（cm）：8.62

萼片状态：脱落

果实成熟期：8月中旬

综合评价：外观品质好，内在品质中上，丰产，抗病性较强。

金 晶

品种名称：金晶

外文名：Jinjing

来源：湖北果茶所

资源类型：选育品种

系谱：丰水实生

早果性：3 年

树势：强

树姿：直立

节间长度（cm）：4.63

幼叶颜色：黄绿

叶片长（cm）：11.19

叶片宽（cm）：6.24

花瓣数（枚）：5.3

柱头位置：等高

花药颜色：粉红

花冠直径（cm）：3.04

单果重（g）：271

果实形状：圆形

果皮底色：黄褐

果锈：无

果面着色：无

果梗长度（cm）：2.61

果梗粗度（mm）：3.06

萼片状态：宿存

果心大小：中

果实心室（个）：5

果肉硬度（kg/cm²）：6.44

果肉颜色：白

果肉质地：极细

果肉类型：脆

汁液：多

风味：淡甜

可溶性固形物含量（%）：10.85

可滴定酸含量（%）：0.12

盛花期：3 月中下旬

果实成熟期：7 月下旬

综合评价：外观品质好，内在品质中上，丰产，抗病性强。

金　蜜

品种名称：金蜜

外文名：Jinmi

来源：湖北果树所

资源类型：选育品种

系谱：华梨 2 号 × 二宫白

早果性：3 年

树势：中

树姿：开张

节间长度（cm）：3.98

幼叶颜色：褐红

叶片长（cm）：10.89

叶片宽（cm）：7.56

花瓣数（枚）：5.1

柱头位置：高

花药颜色：红

花冠直径（cm）：2.97

单果重（g）：234

果实形状：圆形、倒卵形

果皮底色：绿

果锈：无

果面着色：无

果梗长度（cm）：4.67

果梗粗度（mm）：2.56

萼片状态：脱落

果心大小：中小

果实心室（个）：5

果肉硬度（kg/cm²）：6.77

果肉颜色：白

果肉质地：细

果肉类型：脆

汁液：中

风味：甜

可溶性固形物含量（%）：12.13

可滴定酸含量（%）：0.22

盛花期：3 月中下旬

果实成熟期：7 月中旬

综合评价：外观品质好，内在品质中上，丰产，抗病性较强。

金 水 1 号

品种名称：金水 1 号

外文名：Jinshui No.1

来源：湖北果树所

资源类型：选育品种

系谱：长十郎 × 江岛

早果性：3 年

树势：中

树姿：半开张

节间长度（cm）：4.80

幼叶颜色：淡红

叶片长（cm）：10.79

叶片宽（cm）：7.07

花瓣数（枚）：5.4

柱头位置：等高

花药颜色：红

花冠直径（cm）：3.50

单果重（g）：352

果实形状：圆形、倒卵形

果皮底色：绿

果锈：少；梗端

果面着色：无

果梗长度（cm）：3.16

果梗粗度（mm）：3.25

萼片状态：脱落、残存

果心大小：中

果实心室（个）：5

果肉硬度（kg/cm^2）：9.64

果肉颜色：白

果肉质地：中细

果肉类型：紧密脆

汁液：中

风味：甜

可溶性固形物含量（%）：11.25

可滴定酸含量（%）：0.17

盛花期：3 月中下旬

果实成熟期：8 月下旬

综合评价：外观品质较好，内在品质中上，丰产，抗病性较强。

金水 2 号

品种名称：金水 2 号

外文名：Jinshui No.2

来源：湖北武汉

资源类型：选育品种

系谱：长十郎 × 江岛

早果性：3 年

树势：中

树姿：半开张

节间长度（cm）：4.30

幼叶颜色：淡红

叶片长（cm）：10.22

叶片宽（cm）：7.28

花瓣数（枚）：7.4

柱头位置：低

花药颜色：红

花冠直径（cm）：3.56

单果重（g）：204

果实形状：倒卵形

果皮底色：绿

果锈：中；全果

果面着色：无

果梗长度（cm）：2.61

果梗粗度（mm）：3.08

萼片状态：脱落

果心大小：中

果实心室（个）：5

果肉硬度（kg/cm^2）：5.53

果肉颜色：白

果肉质地：细

果肉类型：脆

汁液：多

风味：酸甜适度

可溶性固形物含量（%）：11.65

可滴定酸含量（%）：0.22

盛花期：3 月中下旬

果实成熟期：7 月中下旬

综合评价：外观品质中等，内在品质中等，丰产，抗病性较强。

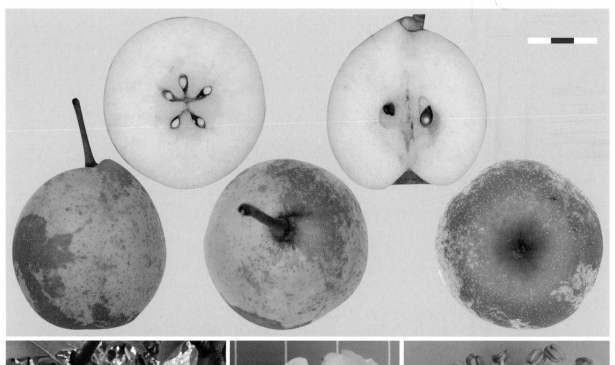

金 水 3 号

品种名称：金水 3 号

外文名：Jinshui No.3

来源：湖北果茶所

资源类型：选育品种

系谱：江岛 × 麻壳

早果性：4 年

树势：中

树姿：开张

节间长度（cm）：3.66

幼叶颜色：淡绿

叶片长（cm）：11.17

叶片宽（cm）：7.36

花瓣数（枚）：6.1

柱头位置：高

花药颜色：紫红

花冠直径（cm）：2.91

单果重（g）：279

果实形状：倒卵形

果皮底色：绿

果锈：无

果面着色：无

果梗长度（cm）：4.72

果梗粗度（mm）：4.45

萼片状态：宿存

果心大小：中

果实心室（个）：5

果肉硬度（kg/cm^2）：7.32

果肉颜色：白

果肉质地：中

果肉类型：脆

汁液：多

风味：酸甜适度

可溶性固形物含量（%）：11.65

可滴定酸含量（%）：0.22

盛花期：3 月中下旬

果实成熟期：8 月中旬

综合评价：外观品质较好，内在品质中上，丰产，抗病性较强。

金 水 酥

品种名称：金水酥

外文名：Jinshuisu

来源：湖北果茶所

资源类型：选育品种

系谱：兴隆麻梨 × 金水 1 号

早果性：3 年

树势：中

树姿：半开张

节间长度（cm）：3.80

幼叶颜色：褐红

叶片长（cm）：11.06

叶片宽（cm）：6.48

花瓣数（枚）：5

柱头位置：低

花药颜色：红

花冠直径（cm）：3.35

单果重（g）：192

果实形状：倒卵形

果皮底色：绿

果锈：少；梗端

果面着色：无

果梗长度（cm）：3.91

果梗粗度（mm）：3.07

萼片状态：脱落

果心大小：中

果实心室（个）：5

果肉硬度（kg/cm²）：5.75

果肉颜色：白

果肉质地：细

果肉类型：脆

汁液：多

风味：酸甜适度

可溶性固形物含量（%）：11.84

可滴定酸含量（%）：0.39

盛花期：3 月下旬

果实成熟期：7 月上中旬

综合评价：外观品中等，内在品质上，不丰产，抗病性弱。

金 水 秋

品种名称：金水秋

外文名：Jinshuiqiu

来源：湖北武汉

资源类型：品系

系谱：苍梨 × 晚三吉

早果性：3 年

树势：强

树姿：直立

节间长度（cm）：3.86

幼叶颜色：红色

叶片长（cm）：11.35

叶片宽（cm）：7.26

花瓣数（枚）：6.7

柱头位置：等高

花药颜色：淡紫

花冠直径（cm）：3.66

单果重（g）：311

果实形状：长圆形、圆锥形

果皮底色：绿

果锈：多；全果

果面着色：无

果梗长度（cm）：3.79

果梗粗度（mm）：3.07

萼片状态：脱落、宿存

果心大小：小

果实心室（个）：5

果肉硬度（kg/cm^2）：10.26

果肉颜色：白

果肉质地：中细

果肉类型：脆

汁液：中

风味：酸甜

可溶性固形物含量（%）：11.20

可滴定酸含量（%）：0.24

盛花期：3 月下旬

果实成熟期：9 月上旬

综合评价：外观品质中等，内在品质中等，丰产，抗病性较强。

金 昱

品种名称：金昱　　　　　花瓣数（枚）：5　　　　果心大小：中

外文名：Jinyu　　　　　柱头位置：等高　　　　果实心室（个）：5

来源：湖北果树所　　　　花药颜色：紫红　　　　果肉硬度（kg/cm²）：5.15

资源类型：品系　　　　　花冠直径（cm）：3.49　　果肉颜色：白

系谱：安农 1 号实生　　　单果重（g）：365　　　　果肉质地：细

早果性：3 年　　　　　　果实形状：圆形　　　　果肉类型：脆

树势：强　　　　　　　　果皮底色：黄绿　　　　汁液：多

树姿：直立　　　　　　　果锈：无　　　　　　　风味：甜

节间长度（cm）：4.08　　果面着色：无　　　　　可溶性固形物含量（%）：12.05

幼叶颜色：黄绿　　　　　果梗长度（cm）：2.22　　可滴定酸含量（%）：0.12

叶片长（cm）：11.05　　　果梗粗度（mm）：2.74　盛花期：3 月下旬

叶片宽（cm）：7.01　　　萼片状态：脱落、宿存　果实成熟期：8 月上旬

综合评价：外观品质较好，内在品质上，丰产，抗病性较强。

金 鑫

品种名称：金鑫

外文名：Jinxin

来源：湖北果茶所

资源类型：品系

系谱：金水 1 号 × 怀化香水

早果性：3 年

树势：强

树姿：直立

节间长度（cm）：3.99

幼叶颜色：暗红

叶片长（cm）：9.36

叶片宽（cm）：5.89

花瓣数（枚）：5.3

柱头位置：高

花药颜色：深紫红

花冠直径（cm）：2.90

单果重（g）：289

果实形状：圆形、长圆形

果皮底色：绿

果锈：少；萼端

果面着色：无

果梗长度（cm）：3.28

果梗粗度（mm）：3.97

萼片状态：宿存

果心大小：中

果实心室（个）：5

果肉硬度（kg/cm^2）：6.68

果肉颜色：乳白

果肉质地：细

果肉类型：疏松

汁液：多

风味：甜酸

可溶性固形物含量（%）：10.73

可滴定酸含量（%）：0.28

盛花期：3 月中旬

果实成熟期：8 月中旬

综合评价：外观品质中等，内在品质中上，丰产，抗病性强。

玉　绿

品种名称：玉绿　　　　花瓣数（枚）：6.2　　　　果心大小：中

外文名：Yulv　　　　　柱头位置：等高　　　　　果实心室（个）：5、6

来源：湖北果树所　　　花药颜色：紫红　　　　　果肉硬度（kg/cm²）：6.73

资源类型：选育品种　　花冠直径（cm）：3.68　果肉颜色：乳白

系谱：莱阳茌梨 × 太白　单果重（g）：330　　　果肉质地：中细

早果性：3 年　　　　　果实形状：圆形　　　　　果肉类型：脆

树势：中　　　　　　　果皮底色：绿　　　　　　汁液：多

树姿：半开张　　　　　果锈：无　　　　　　　　风味：酸甜

节间长度（cm）：3.51　果面着色：无　　　　　　可溶性固形物含量（%）：11.40

幼叶颜色：淡红　　　　果梗长度（cm）：3.41　可滴定酸含量（%）：0.24

叶片长（cm）：9.78　　果梗粗度（mm）：3.22　盛花期：3 月中下旬

叶片宽（cm）：5.86　　萼片状态：脱落、宿存　果实成熟期：7 月中下旬

综合评价：外观品质好，内在品质中上，丰产，抗病性较强。

玉　香

品种名称：玉香

外文名：Yuxiang

来源：湖北果树所

资源类型：选育品种

系谱：伏梨 × 金水酥

早果性：3 年

树势：强

树姿：半开张

节间长度（cm）：3.42

幼叶颜色：淡红

叶片长（cm）：8.53

叶片宽（cm）：5.61

花瓣数（枚）：5

柱头位置：等高

花药颜色：紫红

花冠直径（cm）：3.52

单果重（g）：212

果实形状：圆形

果皮底色：绿

果锈：中；全果

果面着色：无

果梗长度（cm）：3.73

果梗粗度（mm）：3.25

萼片状态：脱落、残存

果心大小：中

果实心室（个）：4、5

果肉硬度（kg/cm²）：5.89

果肉颜色：绿白

果肉质地：细

果肉类型：脆

汁液：多

风味：甜

可溶性固形物含量（%）：11.10

可滴定酸含量（%）：0.12

盛花期：3 月下旬

果实成熟期：7 月下旬

综合评价：外观品质中等，内在品质上，丰产，抗病性较强。

华梨1号

品种名称：华梨1号

外文名：Huali No.1

来源：华中农业大学

资源类型：选育品种

系谱：湘南 × 江岛

早果性：3 年

树势：中

树姿：半开张

节间长度（cm）：4.32

幼叶颜色：褐红

叶片长（cm）：11.44

叶片宽（cm）：7.18

花瓣数（枚）：5.7

柱头位置：等高

花药颜色：粉红

花冠直径（cm）：3.05

单果重（g）：213

果实形状：圆形

果皮底色：褐

果锈：无

果面着色：无

果梗长度（cm）：4.06

果梗粗度（mm）：2.81

萼片状态：脱落、宿存

果心大小：中

果实心室（个）：5

果肉硬度（kg/cm²）：6.82

果肉颜色：白

果肉质地：中

果肉类型：脆

汁液：多

风味：酸甜

可溶性固形物含量（%）：11.70

可滴定酸含量（%）：0.20

盛花期：3 月下旬

果实成熟期：8 月中旬

综合评价：外观品质较好，内在品质中上，丰产，抗病性较强。

华 梨 2 号

品种名称：华梨 2 号

外文名：Huali No.2

来源：华中农业大学

资源类型：选育品种

系谱：二宫白 × 菊水

早果性：3 年

树势：中

树姿：半开张

节间长度（cm）：3.65

幼叶颜色：绿黄

叶片长（cm）：12.07

叶片宽（cm）：6.60

花瓣数（枚）：5.4

柱头位置：高

花药颜色：粉红

花冠直径（cm）：3.16

单果重（g）：180

果实形状：圆形

果皮底色：绿

果锈：少

果面着色：无

果梗长度（cm）：3.03

果梗粗度（mm）：2.69

萼片状态：脱落

果心大小：中

果实心室（个）：5

果肉硬度（kg/cm²）：5.64

果肉颜色：乳白

果肉质地：细

果肉类型：脆

汁液：多

风味：酸甜

可溶性固形物含量（%）：12.50

可滴定酸含量（%）：0.17

盛花期：3 月中下旬

果实成熟期：7 月中旬

综合评价：外观品质中等，内在品质极上，丰产，抗病性中。

湘 菊

品种名称：湘菊

外文名：Xiangju

来源：华中农业大学

资源类型：选育品种

系谱：湘南 × 菊水

早果性：3 年

树势：中

树姿：开张

节间长度（cm）：3.44

幼叶颜色：暗红

叶片长（cm）：8.54

叶片宽（cm）：6.44

花瓣数（枚）：5

柱头位置：等高

花药颜色：紫红

花冠直径（cm）：2.56

单果重（g）：212

果实形状：圆形

果皮底色：黄褐

果锈：无

果面着色：无

果梗长度（cm）：3.22

果梗粗度（mm）：2.45

萼片状态：宿存

果心大小：中

果实心室（个）：5

果肉硬度（kg/cm²）：9.35

果肉颜色：淡黄

果肉质地：中

果肉类型：脆

汁液：中

风味：淡甜

可溶性固形物含量（%）：10.88

可滴定酸含量（%）：0.16

盛花期：3 月下旬

果实成熟期：8 月上旬

综合评价：外观品质中等，内在品质中上，丰产，抗病性中。

湘　　生

品种名称：湘生

外文名：Xiangsheng

来源：湖北武汉

资源类型：选育品种

系谱：湘南 × 菊水

早果性：3 年

树势：弱

树姿：半开张

节间长度（cm）：5.3

幼叶颜色：淡绿

叶片长（cm）：9.02

叶片宽（cm）：6.44

花瓣数（枚）：5.1

柱头位置：低

花药颜色：紫红

花冠直径（cm）：3.04

单果重（g）：214

果实形状：圆形

果皮底色：黄褐

果锈：无

果面着色：无

果梗长度（cm）：3.19

果梗粗度（mm）：2.29

萼片状态：脱落、残存

果心大小：中

果实心室（个）：5

果肉硬度（kg/cm^2）：6.56

果肉颜色：白

果肉质地：细

果肉类型：脆

汁液：多

风味：甜

可溶性固形物含量（%）：10.70

可滴定酸含量（%）：0.13

盛花期：3 月中下旬

果实成熟期：8 月上旬

综合评价：外观品质较好，内在品质中上，丰产，抗病性中。

中　翠

品种名称：中翠

外文名：Zhongcui

来源：湖北果茶所

资源类型：选育品种

系谱：跃进 × 二宫白

早果性：5 年

树势：中

树姿：开张

节间长度（cm）：3.53

幼叶颜色：淡绿

叶片长（cm）：9.83

叶片宽（cm）：6.70

花瓣数（枚）：5.4

柱头位置：等高

花药颜色：粉红

花冠直径（cm）：2.56

单果重（g）：208

果实形状：圆形、倒卵形

果皮底色：绿

果锈：无

果面着色：无

果梗长度（cm）：3.73

果梗粗度（mm）：2.70

萼片状态：宿存、脱落

果心大小：中

果实心室（个）：4、5、6

果肉硬度（kg/cm²）：6.81

果肉颜色：白色

果肉质地：细

果肉类型：脆

汁液：中

风味：淡甜

可溶性固形物含量（%）：10.80

可滴定酸含量（%）：0.15

盛花期：3 月下旬

果实成熟期：8 月上旬

综合评价：外观品质中等，内在品质中上，丰产，抗病性较强。

龙　花

品种名称：龙花

外文名：Longhua

来源：湖北枝江

资源类型：选育品种

系谱：黄花大果芽变

早果性：3 年

树势：中

树姿：半开张

节间长度（cm）：4.03

幼叶颜色：淡红

叶片长（cm）：9.97

叶片宽（cm）：6.55

花瓣数（枚）：5

柱头位置：低

花药颜色：粉红

花冠直径（cm）：3.34

单果重（g）：362

果实形状：圆锥形

果皮底色：绿

果锈：多；全果

果面着色：无

果梗长度（cm）：3.31

果梗粗度（mm）：3.58

萼片状态：脱落、宿存

果心大小：中

果实心室（个）：5

果肉硬度（kg/cm²）：7.37

果肉颜色：淡黄

果肉质地：中细

果肉类型：脆

汁液：中

风味：甜

可溶性固形物含量（%）：12.05

可滴定酸含量（%）：0.22

盛花期：3 月中下旬

果实成熟期：8 月中旬

综合评价：外观品质中等，内在品质上，丰产，抗病性较强。

八 月 酥

品种名称：八月酥

外文名：Bayuesu

来源：中国农科院郑州果树所

资源类型：选育品种

系谱：栖霞大香水 × 郑州鹅梨

早果性：6 年

树势：强

树姿：半开张

节间长度（cm）：5.05

幼叶颜色：褐红

叶片长（cm）：9.64

叶片宽（cm）：7.01

花瓣数（枚）：5.5

柱头位置：等高

花药颜色：紫红

花冠直径（cm）：3.66

单果重（g）：296

果实形状：圆形

果皮底色：绿

果锈：极少

果面着色：无

果梗长度（cm）：2.90

果梗粗度（mm）：3.24

萼片状态：脱落

果心大小：中

果实心室（个）：5

果肉硬度（kg/cm²）：9.39

果肉颜色：白

果肉质地：中细

果肉类型：脆

汁液：中

风味：甜

可溶性固形物含量（%）：11.13

可滴定酸含量（%）：0.17

盛花期：3 月中下旬

果实成熟期：8 月上旬

综合评价：外观品质较好，内在品质中上，丰产，抗病性较强。

红 酥 脆

品种名称：红酥脆

外文名：Hongsucui

来源：中国农科院郑州果树所

资源类型：选育品种

系谱：幸水 × 火把梨

早果性：3 年

树势：中

树姿：抱合

节间长度（cm）：4.21

幼叶颜色：绿黄

叶片长（cm）：12.41

叶片宽（cm）：6.46

花瓣数（枚）：6.5

柱头位置：高

花药颜色：紫红

花冠直径（cm）：3.77

单果重（g）：183

果实形状：圆形、倒卵形

果皮底色：绿

果锈：无

果面着色：无

果梗长度（cm）：3.69

果梗粗度（mm）：2.81

萼片状态：脱落

果心大小：中

果实心室（个）：6、7

果肉硬度（kg/cm²）：6.35

果肉颜色：绿白

果肉质地：细

果肉类型：脆

汁液：多

风味：酸甜

可溶性固形物含量（%）：11.73

可滴定酸含量（%）：0.22

盛花期：3 月下旬

果实成熟期：8 月下旬

综合评价：外观品质中等，内在品质中上，丰产，抗病性较强。

红 香 酥

品种名称：红香酥

外文名：Hongxiangsu

来源：中国农科院郑州果树所

资源类型：选育品种

系谱：库尔勒香梨 × 鹅梨

早果性：6 年

树势：强

树姿：半开张

节间长度（cm）：5.31

幼叶颜色：暗红

叶片长（cm）：9.71

叶片宽（cm）：5.12

花瓣数（枚）：5

柱头位置：等高

花药颜色：淡紫红

花冠直径（cm）：3.69

单果重（g）：219

果实形状：纺锤形、长圆形

果皮底色：绿

果锈：少；萼端

果面着色：暗红；片状

果梗长度（cm）：3.98

果梗粗度（mm）：3.40

萼片状态：脱落、残存

果心大小：中

果实心室（个）：5

果肉硬度（kg/cm^2）：7.94

果肉颜色：乳白

果肉质地：中细

果肉类型：脆

汁液：中

风味：甜

可溶性固形物含量（%）：11.17

可滴定酸含量（%）：0.15

盛花期：3 月下旬

果实成熟期：9 月上旬

综合评价：外观品质较好，内在品质中上，丰产，抗病性较强。

华　金

品种名称：华金

外文名：Huajin

来源：中国农科院郑州果树所

资源类型：选育品种

系谱：早酥 × 早白

早果性：3 年

树势：中

树姿：开张

节间长度（cm）：3.51

幼叶颜色：绿黄

叶片长（cm）：12.11

叶片宽（cm）：5.18

花瓣数（枚）：5.2

柱头位置：等高

花药颜色：紫红

花冠直径（cm）：3.55

单果重（g）：278

果实形状：长圆形

果皮底色：绿黄

果锈：无

果面着色：无

果梗长度（cm）：2.22

果梗粗度（mm）：3.32

萼片状态：脱落

果心大小：中

果实心室（个）：5

果肉硬度（kg/cm^2）：6.83

果肉颜色：乳白

果肉质地：细

果肉类型：疏松脆

汁液：中

风味：甜

可溶性固形物含量（%）：11.80

可滴定酸含量（%）：0.14

盛花期：3 月下旬

果实成熟期：7 月下旬

综合评价：外观品质较好，内在品质中上，丰产，抗病性较强。

金　星

品种名称：金星　　　　　　花瓣数（枚）：5　　　　　　果心大小：中

外文名：Jinxing　　　　　　柱头位置：低　　　　　　　　果实心室（个）：5

来源：中国农科院郑州果树所　花药颜色：紫红　　　　　　　果肉硬度（kg/cm²）：8.21

资源类型：选育品种　　　　　花冠直径（cm）：3.62　　　　果肉颜色：白

系谱：栖霞大香水 × 兴隆麻　单果重（g）：207　　　　　　果肉质地：中细

早果性：3 年　　　　　　　　果实形状：圆形　　　　　　　果肉类型：脆

树势：中　　　　　　　　　　果皮底色：黄绿　　　　　　　汁液：中

树姿：半开张　　　　　　　　果锈：无　　　　　　　　　　风味：酸甜

节间长度（cm）：4.99　　　　果面着色：无　　　　　　　　可溶性固形物含量（%）：11.70

幼叶颜色：淡红　　　　　　　果梗长度（cm）：3.10　　　　可滴定酸含量（%）：0.16

叶片长（cm）：8.59　　　　　果梗粗度（mm）：2.73　　　　盛花期：3 月中下旬

叶片宽（cm）：5.84　　　　　萼片状态：脱落　　　　　　　果实成熟期：7 月下旬

综合评价：外观品质好，内在品质中上，丰产，抗病性强。

玛　瑙

品种名称：玛瑙

外文名：Manao

来源：中国农科院郑州果树所

资源类型：选育品种

系谱：早酥 × 新世纪

早果性：5 年

树势：强

树姿：半开张

节间长度（cm）：4.35

幼叶颜色：黄绿

叶片长（cm）：10.34

叶片宽（cm）：6.72

花瓣数（枚）：6.7

柱头位置：高

花药颜色：紫红

花冠直径（cm）：3.87

单果重（g）：242

果实形状：圆形

果皮底色：绿

果锈：无

果面着色：无

果梗长度（cm）：3.34

果梗粗度（mm）：3.42

萼片状态：残存

果心大小：中

果实心室（个）：5、6、7

果肉硬度（kg/cm^2）：7.37

果肉颜色：白

果肉质地：细

果肉类型：脆

汁液：多

风味：甜酸

可溶性固形物含量（%）：10.75

可滴定酸含量（%）：0.23

盛花期：3 月下旬

果实成熟期：7 月中旬

综合评价：外观品质较好，内在品质中上，丰产性中，抗病性弱。

满 天 红

品种名称：满天红

外文名：Mantianhong

来源：中国农科院郑州果树所

资源类型：选育品种

系谱：幸水 × 火把梨

早果性：3 年

树势：强

树姿：直立

节间长度（cm）：4.17

幼叶颜色：淡红

叶片长（cm）：9.63

叶片宽（cm）：5.22

花瓣数（枚）：6.5

柱头位置：等高

花药颜色：紫红

花冠直径（cm）：3.88

单果重（g）：207

果实形状：圆形

果皮底色：绿

果锈：无

果面着色：无

果梗长度（cm）：3.93

果梗粗度（mm）：3.35

萼片状态：脱落

果心大小：中

果实心室（个）：6

果肉硬度（kg/cm^2）：6.15

果肉颜色：乳白

果肉质地：中细

果肉类型：脆

汁液：中

风味：酸甜

可溶性固形物含量（%）：11.90

可滴定酸含量（%）：0.30

盛花期：3 月中下旬

果实成熟期：8 月中旬

综合评价：外观品质好，内在品质中上，丰产，抗病性较强。

美　人　酥

品种名称：美人酥

外文名：Meirensu

来源：中国农科院郑州果树所

资源类型：选育品种

系谱：幸水 × 火把梨

早果性：3 年

树势：强

树姿：抱合

节间长度（cm）：4.54

幼叶颜色：绿黄

叶片长（cm）：11.55

叶片宽（cm）：6.26

花瓣数（枚）：5.6

柱头位置：高

花药颜色：红

花冠直径（cm）：3.75

单果重（g）：180

果实形状：倒卵形、圆形

果皮底色：绿

果锈：无

果面着色：红；片状

果梗长度（cm）：3.76

果梗粗度（mm）：2.86

萼片状态：脱落

果心大小：中

果实心室（个）：6、7

果肉硬度（kg/cm²）：8.02

果肉颜色：白

果肉质地：中细

果肉类型：脆

汁液：多

风味：酸甜

可溶性固形物含量（%）：12.33

可滴定酸含量（%）：0.20

盛花期：3 月下旬

果实成熟期：8 月上中旬

综合评价：外观品质较好，内在品质上，丰产，抗病性较强。

七 月 酥

品种名称：七月酥

外文名：Qiyuesu

来源：中国农科院郑州果树所

资源类型：选育品种

系谱：幸水 × 早酥

早果性：4 年

树势：弱

树姿：半开张

节间长度（cm）：5.12

幼叶颜色：淡绿

叶片长（cm）：10.63

叶片宽（cm）：5.78

花瓣数（枚）：6.6

柱头位置：等高

花药颜色：深紫红

花冠直径（cm）：3.63

单果重（g）：232

果实形状：圆形

果皮底色：黄绿

果锈：无

果面着色：无

果梗长度（cm）：2.52

果梗粗度（mm）：3.43

萼片状态：脱落、宿存

果心大小：小

果实心室（个）：5、6、7

果肉硬度（kg/cm²）：5.88

果肉颜色：白

果肉质地：中

果肉类型：疏松

汁液：多

风味：甜

可溶性固形物含量（%）：11.53

可滴定酸含量（%）：0.10

盛花期：3 月下旬

果实成熟期：7 月下旬

综合评价：外观品质好，内在品质中上，丰产，抗病性中。

早　美　酥

品种名称：早美酥

外文名：Zaomeisu

来源：中国农科院郑州果树所

资源类型：选育品种

系谱：早酥 × 新世纪

早果性：4 年

树势：强

树姿：半开张

节间长度（cm）：4.29

幼叶颜色：黄绿

叶片长（cm）：10.47

叶片宽（cm）：6.13

花瓣数（枚）：7.2

柱头位置：等高

花药颜色：深紫红

花冠直径（cm）：3.48

单果重（g）：249

果实形状：圆形

果皮底色：绿

果锈：无

果面着色：无

果梗长度（cm）：3.23

果梗粗度（mm）：3.16

萼片状态：宿存

果心大小：中

果实心室（个）：5、6

果肉硬度（kg/cm^2）：6.50

果肉颜色：白

果肉质地：中细

果肉类型：脆

汁液：多

风味：酸甜

可溶性固形物含量（%）：11.47

可滴定酸含量（%）：0.20

盛花期：3 月下旬

果实成熟期：7 月下旬

综合评价：外观品质好，内在品质中上，丰产，抗病性较强。

中 梨 1 号

品种名称：中梨 1 号

外文名：Zhongli No.1

来源：中国农科院郑州果树所

资源类型：选育品种

系谱：新世纪 × 早酥

早果性：4 年

树势：强

树姿：开张

节间长度（cm）：4.41

幼叶颜色：淡绿

叶片长（cm）：9.13

叶片宽（cm）：4.60

花瓣数（枚）：6.5

柱头位置：等高

花药颜色：红

花冠直径（cm）：2.57

单果重（g）：259

果实形状：扁圆形

果皮底色：绿

果锈：少

果面着色：无

果梗长度（cm）：3.01

果梗粗度（mm）：3.09

萼片状态：宿存

果心大小：中

果实心室（个）：5、6

果肉硬度（kg/cm^2）：6.50

果肉颜色：白

果肉质地：细

果肉类型：脆

汁液：多

风味：甜

可溶性固形物含量（%）：11.80

可滴定酸含量（%）：0.11

盛花期：3 月中下旬

果实成熟期：7 月下旬

综合评价：外观品质较好，内在品质上，丰产，抗病性较强。

华　酥

品种名称：华酥

外文名：Huasu

来源：中国农科院兴城果树所

资源类型：选育品种

系谱：早酥 × 八云

早果性：4 年

树势：强

树姿：开张

节间长度（cm）：3.85

幼叶颜色：黄绿

叶片长（cm）：10.65

叶片宽（cm）：6.13

花瓣数（枚）：6.7

柱头位置：等高

花药颜色：紫红

花冠直径（cm）：3.44

单果重（g）：224

果实形状：圆形

果皮底色：绿

果锈：无

果面着色：无

果梗长度（cm）：3.18

果梗粗度（mm）：2.92

萼片状态：脱落

果心大小：中

果实心室（个）：5

果肉硬度（kg/cm^2）：6.93

果肉颜色：乳白

果肉质地：中细

果肉类型：脆

汁液：多

风味：酸甜适度

可溶性固形物含量（%）：10.80

可滴定酸含量（%）：0.22

盛花期：3 月下旬

果实成熟期：7 月下旬

综合评价：外观品质好，内在品质中上，丰产，抗病性较强。

桔　蜜

品种名称：桔蜜

外文名：Jumi

来源：中科院兴城果树所

资源类型：选育品种

系谱：京白梨 × 明月

早果性：6 年

树势：强

树姿：开张

节间长度（cm）：4.68

幼叶颜色：淡红

叶片长（cm）：13.48

叶片宽（cm）：7.77

花瓣数（枚）：5

柱头位置：等高

花药颜色：红

花冠直径（cm）：3.24

单果重（g）：173

果实形状：圆形、倒卵形

果皮底色：黄绿

果锈：无

果面着色：无

果梗长度（cm）：4.97

果梗粗度（mm）：2.86

萼片状态：宿存

果心大小：中

果实心室（个）：5

果肉硬度（kg/cm^2）：11.98

果肉颜色：白

果肉质地：粗

果肉类型：紧密脆

汁液：中

风味：甜

可溶性固形物含量（%）：11.67

可滴定酸含量（%）：0.23

盛花期：3 月中旬

果实成熟期：7 月下旬

综合评价：外观品质较好，内在品质中上，丰产，抗病性较强。

柠 檬 黄

品种名称：柠檬黄

外文名：Ningmenghuang

来源：中国农科院兴城果树所

资源类型：选育品种

系谱：京白梨 × 西洋梨

早果性：3 年

树势：弱

树姿：直立

节间长度（cm）：5.13

幼叶颜色：绿黄

叶片长（cm）：10.10

叶片宽（cm）：6.91

花瓣数（枚）：5

柱头位置：低

花药颜色：淡紫

花冠直径（cm）：3.07

单果重（g）：186

果实形状：圆形

果皮底色：绿

果锈：中；全果

果面着色：无

果梗长度（cm）：3.38

果梗粗度（mm）：3.03

萼片状态：宿存

果心大小：中

果实心室（个）：5、6、7

果肉硬度（kg/cm^2）：10.10

果肉颜色：白

果肉质地：中

果肉类型：脆

汁液：多

风味：淡甜

可溶性固形物含量（%）：10.57

可滴定酸含量（%）：0.21

盛花期：3 月中下旬

果实成熟期：7 月下旬

综合评价：外观品质差，内在品质中上，丰产，抗病性中。

早　酥

品种名称：早酥　　　　　　花瓣数（枚）：5　　　　　　果心大小：中

外文名：Zaosu　　　　　　柱头位置：等高　　　　　　果实心室（个）：5、6

来源：中国农科院兴城果树所　花药颜色：紫红　　　　　　果肉硬度（kg/cm²）：5.95

资源类型：选育品种　　　　花冠直径（cm）：3.54　　　果肉颜色：白

系谱：苹果梨 × 身不知梨　　单果重（g）：289　　　　　果肉质地：细

早果性：3 年　　　　　　　果实形状：圆形　　　　　　果肉类型：疏松

树势：中　　　　　　　　　果皮底色：绿黄　　　　　　汁液：多

树姿：半开张　　　　　　　果锈：无　　　　　　　　　风味：酸甜

节间长度（cm）：4.42　　　果面着色：无　　　　　　　可溶性固形物含量（%）：11.30

幼叶颜色：绿黄　　　　　　果梗长度（cm）：3.39　　　可滴定酸含量（%）：0.22

叶片长（cm）：9.54　　　　果梗粗度（mm）：3.15　　盛花期：3 月下旬

叶片宽（cm）：5.20　　　　萼片状态：宿存　　　　　　果实成熟期：8 月上旬

综合评价：外观品质较好，内在品质中上，丰产，抗病性较强。

金　酥

品种名称：金酥

外文名：Jinsu

来源：辽宁果树所

资源类型：选育品种

系谱：早酥 × 金水酥

早果性：3 年

树势：中

树姿：直立

节间长度（cm）：3.84

幼叶颜色：淡红

叶片长（cm）：10.63

叶片宽（cm）：5.71

花瓣数（枚）：5

柱头位置：等高

花药颜色：紫红

花冠直径（cm）：3.58

单果重（g）：272

果实形状：倒卵形

果皮底色：绿

果锈：中；全果

果面着色：无

果梗长度（cm）：2.38

果梗粗度（mm）：3.40

萼片状态：脱落

果心大小：中

果实心室（个）：5

果肉硬度（kg/cm^2）：6.67

果肉颜色：乳白

果肉质地：细

果肉类型：疏松

汁液：多

风味：酸甜

可溶性固形物含量（%）：11.60

可滴定酸含量（%）：0.27

盛花期：3 月中下旬

果实成熟期：7 月下旬

综合评价：外观品质中等，内在品质中上，丰产，抗病性较强。

早 金 酥

品种名称：早金酥

外文名：Zaojinsu

来源：辽宁果树所

资源类型：选育品种

系谱：早酥 × 金水酥

早果性：3 年

树势：中

树姿：抱合

节间长度（cm）：3.71

幼叶颜色：黄绿

叶片长（cm）：11.10

叶片宽（cm）：7.07

花瓣数（枚）：5

柱头位置：高

花药颜色：红

花冠直径（cm）：3.62

单果重（g）：271

果实形状：倒卵形

果皮底色：绿

果锈：少；梗端

果面着色：无

果梗长度（cm）：3.59

果梗粗度（mm）：3.27

萼片状态：脱落、宿存

果心大小：中

果实心室（个）：5

果肉硬度（kg/cm²）：5.99

果肉颜色：白

果肉质地：细

果肉类型：脆

汁液：多

风味：甜酸

可溶性固形物含量（%）：11.85

可滴定酸含量（%）：0.19

盛花期：3 月下旬

果实成熟期：7 月中下旬

综合评价：外观品质中等，内在品质中上，丰产，抗病性中。

黄 冠

品种名称：黄冠

外文名：Huangguan

来源：石家庄果树所

资源类型：选育品种

系谱：雪花梨 × 新世纪

早果性：3 年

树势：强

树姿：抱合

节间长度（cm）：4.27

幼叶颜色：褐红

叶片长（cm）：10.63

叶片宽（cm）：6.30

花瓣数（枚）：5.4

柱头位置：低

花药颜色：红

花冠直径（cm）：2.92

单果重（g）：278

果实形状：圆形

果皮底色：黄绿

果锈：无

果面着色：无

果梗长度（cm）：3.64

果梗粗度（mm）：2.97

萼片状态：脱落

果心大小：中

果实心室（个）：5

果肉硬度（kg/cm^2）：6.33

果肉颜色：白

果肉质地：细

果肉类型：疏松脆

汁液：多

风味：甜

可溶性固形物含量（%）：11.80

可滴定酸含量（%）：0.18

盛花期：3 月下旬

果实成熟期：8 月上旬

综合评价：外观品质好，内在品质上，丰产，抗病性强。

冀　玉

品种名称：冀玉

外文名：Jiyu

来源：石家庄果树所

资源类型：选育品种

系谱：雪花 × 翠云

早果性：5 年

树势：中

树姿：半开张

节间长度（cm）：4.21

幼叶颜色：淡红

叶片长（cm）：10.04

叶片宽（cm）：5.08

花瓣数（枚）：5.3

柱头位置：高

花药颜色：紫红

花冠直径（cm）：3.39

单果重（g）：304

果实形状：圆形

果皮底色：绿

果锈：少；梗端

果面着色：无

果梗长度（cm）：5.48

果梗粗度（mm）：3.32

萼片状态：脱落

果心大小：中

果实心室（个）：5

果肉硬度（kg/cm²）：8.37

果肉颜色：淡黄

果肉质地：中

果肉类型：脆

汁液：中

风味：酸甜

可溶性固形物含量（%）：11.70

可滴定酸含量（%）：0.14

盛花期：3 月中下旬

果实成熟期：8 月中下旬

综合评价：外观品质中等，内在品质中上，丰产，抗病性强。

早　冠

品种名称：早冠

外文名：Zaoguan

来源：石家庄果树所

资源类型：选育品种

系谱：鸭梨 × 青云

早果性：3 年

树势：中

树姿：半开张

节间长度（cm）：3.72

幼叶颜色：淡红

叶片长（cm）：11.33

叶片宽（cm）：7.56

花瓣数（枚）：5.1

柱头位置：等高

花药颜色：红

花冠直径（cm）：3.25

单果重（g）：235

果实形状：圆形

果皮底色：绿

果锈：无

果面着色：无

果梗长度（cm）：2.26

果梗粗度（mm）：2.86

萼片状态：脱落

果心大小：中

果实心室（个）：5

果肉硬度（kg/cm²）：5.54

果肉颜色：乳白

果肉质地：细

果肉类型：疏松

汁液：多

风味：酸甜

可溶性固形物含量（%）：11.30

可滴定酸含量（%）：0.15

盛花期：3 月中下旬

果实成熟期：7 月下旬

综合评价：外观品质好，内在品质中上，丰产，抗病性较强。

早　魁

品种名称：早魁
外文名：Zaokui
来源：石家庄果树所
资源类型：选育品种
系谱：雪花 × 黄花
早果性：4 年
树势：强
树姿：直立
节间长度（cm）：3.47
幼叶颜色：褐红
叶片长（cm）：11.42
叶片宽（cm）：6.06

花瓣数（枚）：5
柱头位置：低
花药颜色：紫红
花冠直径（cm）：3.80
单果重（g）：293
果实形状：圆形
果皮底色：绿
果锈：少；萼端
果面着色：无
果梗长度（cm）：3.83
果梗粗度（mm）：3.35
萼片状态：脱落、残存

果心大小：中
果实心室（个）：4、5
果肉硬度（kg/cm²）：8.42
果肉颜色：白
果肉质地：中细
果肉类型：脆
汁液：多
风味：甜
可溶性固形物含量（%）：11.40
可滴定酸含量（%）：0.13
盛花期：3 月下旬
果实成熟期：7 月下旬

综合评价：外观品质较好，内在品质中上，丰产，抗病性强。

世 纪 梨

品种名称：世纪梨

外文名：Shijili

来源：昌黎果树所

资源类型：选育品种

系谱：不详

早果性：4 年

树势：强

树姿：开张

节间长度（cm）：3.30

幼叶颜色：绿黄

叶片长（cm）：8.26

叶片宽（cm）：4.34

花瓣数（枚）：5.3

柱头位置：高

花药颜色：紫红

花冠直径（cm）：3.61

单果重（g）：276

果实形状：圆形

果皮底色：绿

果锈：无

果面着色：无

果梗长度（cm）：3.83

果梗粗度（mm）：3.00

萼片状态：残存

果心大小：中

果实心室（个）：5

果肉硬度（kg/cm^2）：8.90

果肉颜色：淡黄

果肉质地：中粗

果肉类型：紧密脆

汁液：中

风味：酸甜

可溶性固形物含量（%）：11.50

可滴定酸含量（%）：0.16

盛花期：3 月下旬

果实成熟期：7 月下旬

综合评价：外观品质好，内在品质中上，丰产，抗病性较强。

七月红香梨

品种名称：七月红香梨　　花瓣数（枚）：5.4　　果心大小：中

外文名：Qiyuehongxiangli　　柱头位置：等高　　果实心室（个）：5

来源：山西太谷　　花药颜色：粉红　　果肉硬度（kg/cm²）：9.32

资源类型：选育品种　　花冠直径（cm）：2.87　　果肉颜色：白

系谱：不详　　单果重（g）：367　　果肉质地：中细

早果性：4 年　　果实形状：倒卵形　　果肉类型：脆

树势：强　　果皮底色：绿　　汁液：多

树姿：开张　　果锈：无　　风味：甜

节间长度（cm）：4.74　　果面着色：鲜红；片状　　可溶性固形物含量（%）：12.50

幼叶颜色：淡红　　果梗长度（cm）：3.06　　可滴定酸含量（%）：0.08

叶片长（cm）：8.30　　果梗粗度（mm）：3.66　　盛花期：3 月下旬

叶片宽（cm）：5.44　　萼片状态：宿存　　果实成熟期：7 月下旬

综合评价：外观品质好，内在品质中上，丰产，抗病性较强，果具观赏性。

硕　丰

品种名称：硕丰

外文名：Shuofeng

来源：山西果树所

资源类型：选育品种

系谱：苹果梨 × 砀山酥梨

早果性：4 年

树势：中

树姿：直立

节间长度（cm）：4.27

幼叶颜色：褐红

叶片长（cm）：9.76

叶片宽（cm）：6.04

花瓣数（枚）：5.4

柱头位置：等高

花药颜色：紫红

花冠直径（cm）：3.47

单果重（g）：311

果实形状：倒卵形

果皮底色：绿

果锈：少；萼端

果面着色：淡红；片状

果梗长度（cm）：4.51

果梗粗度（mm）：2.84

萼片状态：宿存

果心大小：中

果实心室（个）：5

果肉硬度（kg/cm^2）：6.79

果肉颜色：白

果肉质地：中细

果肉类型：脆

汁液：中

风味：甜

可溶性固形物含量（%）：11.60

可滴定酸含量（%）：0.16

盛花期：3 月下旬

果实成熟期：8 月下旬

综合评价：外观品质中等，内在品质中上，丰产，抗病性较强。

玉 露 香

品种名称：玉露香

外文名：Yuluxiang

来源：山西果树所

资源类型：选育品种

系谱：库尔勒香梨 × 雪花

早果性：3 年

树势：强

树姿：半开张

节间长度（cm）：4.66

幼叶颜色：红

叶片长（cm）：12.58

叶片宽（cm）：7.62

花瓣数（枚）：5

柱头位置：高

花药颜色：红

花冠直径（cm）：3.56

单果重（g）：240

果实形状：圆形

果皮底色：绿

果锈：无

果面着色：暗红；片状

果梗长度（cm）：3.24

果梗粗度（mm）：2.94

萼片状态：宿存

果心大小：中

果实心室（个）：5

果肉硬度（kg/cm^2）：6.59

果肉颜色：白

果肉质地：中细

果肉类型：脆

汁液：多

风味：甜

可溶性固形物含量（%）：12.50

可滴定酸含量（%）：0.17

盛花期：3 月中下旬

果实成熟期：8 月中旬

综合评价：外观品质好，内在品质上，丰产性不稳定，抗病性较强。

玉　酥　梨

品种名称：玉酥梨

外文名：Yusuli

来源：山西果树所

资源类型：选育品种

系谱：酥梨 × 猪嘴梨

早果性：5 年

树势：弱

树姿：直立

节间长度（cm）：4.53

幼叶颜色：黄绿

叶片长（cm）：9.85

叶片宽（cm）：6.68

花瓣数（枚）：5.5

柱头位置：等高

花药颜色：红

花冠直径（cm）：3.23

单果重（g）：286

果实形状：长圆形

果皮底色：绿

果锈：少；梗端

果面着色：无

果梗长度（cm）：3.16

果梗粗度（mm）：2.89

萼片状态：宿存

果心大小：中

果实心室（个）：4、5

果肉硬度（kg/cm^2）：7.23

果肉颜色：白

果肉质地：中细

果肉类型：疏松脆

汁液：中

风味：甜

可溶性固形物含量（%）：11.15

可滴定酸含量（%）：0.09

盛花期：3 月下旬

果实成熟期：8 月中下旬

综合评价：外观品质中等，内在品质中上，丰产性中，抗病性中。

六 月 酥

品种名称：六月酥

外文名：Liuyuesu

来源：西北农林

资源类型：选育品种

系谱：早酥变异

早果性：4 年

树势：中

树姿：直立

节间长度（cm）：3.70

幼叶颜色：绿黄

叶片长（cm）：9.35

叶片宽（cm）：5.95

花瓣数（枚）：6.8

柱头位置：高

花药颜色：紫红

花冠直径（cm）：2.96

单果重（g）：221

果实形状：圆形

果皮底色：绿

果锈：无

果面着色：无

果梗长度（cm）：3.12

果梗粗度（mm）：3.33

萼片状态：宿存

果心大小：中

果实心室（个）：5、6

果肉硬度（kg/cm²）：6.69

果肉颜色：白

果肉质地：中细

果肉类型：疏松

汁液：中

风味：甜酸

可溶性固形物含量（%）：11.50

可滴定酸含量（%）：0.22

盛花期：3 月下旬

果实成熟期：7 月中旬

综合评价：外观品质好，内在品质中上，丰产性中，抗病性中。

红 早 酥

品种名称：红早酥　　花瓣数（枚）：5　　　　果心大小：中

外文名：Hongzaosu　　柱头位置：高　　　　　果实心室（个）：5

来源：西北农林　　　花药颜色：红　　　　　果肉硬度（kg/cm²）：5.77

资源类型：选育品种　　花冠直径（cm）：3.14　果肉颜色：白

系谱：早酥芽变　　　单果重（g）：181　　　果肉质地：细

早果性：3 年　　　　果实形状：圆形、倒卵形　果肉类型：疏松

树势：弱　　　　　　果皮底色：绿　　　　　汁液：中

树姿：半开张　　　　果锈：无　　　　　　　风味：甜

节间长度（cm）：4.16　果面着色：暗红；条状　可溶性固形物含量（%）：11.10

幼叶颜色：暗红　　　果梗长度（cm）：3.30　可滴定酸含量（%）：0.15

叶片长（cm）：9.20　果梗粗度（mm）：2.94　盛花期：3 月下旬

叶片宽（cm）：5.88　萼片状态：宿存　　　　果实成熟期：8 月上中旬

综合评价：外观品质极好，内在品质中上，丰产性中，抗病性中，花具观赏性。

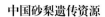
早 酥 蜜

品种名称：早酥蜜

外文名：Zaosumi

来源：西北农林

资源类型：选育品种

系谱：早酥 × 早白

早果性：4 年

树势：强

树姿：开张

节间长度（cm）：4.46

幼叶颜色：淡红

叶片长（cm）：8.61

叶片宽（cm）：5.13

花瓣数（枚）：5

柱头位置：高

花药颜色：紫红

花冠直径（cm）：3.57

单果重（g）：240

果实形状：圆形

果皮底色：绿

果锈：中；全果

果面着色：无

果梗长度（cm）：2.11

果梗粗度（mm）：3.12

萼片状态：脱落、宿存

果心大小：中

果实心室（个）：5

果肉硬度（kg/cm²）：6.12

果肉颜色：乳白

果肉质地：细

果肉类型：疏松

汁液：多

风味：甜

可溶性固形物含量（%）：11.80

可滴定酸含量（%）：0.17

盛花期：3 月下旬

果实成熟期：7 月中下旬

综合评价：外观品质好，内在品质中上，丰产性中，抗病性中。

华 丰

品种名称：华丰

外文名：Huafeng

来源：中南林大

资源类型：选育品种

系谱：新高 × 丰水

早果性：5 年

树势：中

树姿：开张

节间长度（cm）：4.42

幼叶颜色：淡绿

叶片长（cm）：9.13

叶片宽（cm）：4.59

花瓣数（枚）：5.6

柱头位置：等高

花药颜色：粉红

花冠直径（cm）：2.88

单果重（g）：243

果实形状：圆形

果皮底色：黄褐

果锈：无

果面着色：无

果梗长度（cm）：3.64

果梗粗度（mm）：2.69

萼片状态：脱落、宿存

果心大小：中

果实心室（个）：5

果肉硬度（kg/cm²）：5.96

果肉颜色：白

果肉质地：细

果肉类型：脆

汁液：中

风味：甜

可溶性固形物含量（%）：11.75

可滴定酸含量（%）：0.19

盛花期：3 月下旬

果实成熟期：8 月下旬

综合评价：外观品质较好，内在品质中上，丰产，抗病性中。

安 农 1 号

品种名称：安农1号

外文名：Annong No.1

来源：湖南安江

资源类型：选育品种

系谱：二宫白实生

早果性：3年

树势：强

树姿：半开张

节间长度（cm）：4.26

幼叶颜色：淡红

叶片长（cm）：10.39

叶片宽（cm）：6.31

花瓣数（枚）：5

柱头位置：等高

花药颜色：淡紫

花冠直径（cm）：3.72

单果重（g）：204

果实形状：圆形

果皮底色：黄褐

果锈：无

果面着色：无

果梗长度（cm）：3.60

果梗粗度（mm）：2.85

萼片状态：脱落

果心大小：中

果实心室（个）：5

果肉硬度（kg/cm²）：6.54

果肉颜色：白

果肉质地：中细

果肉类型：疏松脆

汁液：多

风味：甜

可溶性固形物含量（%）：11.20

可滴定酸含量（%）：0.14

盛花期：3月下旬

果实成熟期：8月下旬

综合评价：外观品质好，内在品质中上，丰产，抗病性较强。

金 秋 梨

品种名称：金秋梨

外文名：Jinqiuli

来源：湖南怀化

资源类型：选育品种

系谱：新高芽变

早果性：4 年

树势：强

树姿：直立

节间长度（cm）：4.03

幼叶颜色：暗红

叶片长（cm）：10.65

叶片宽（cm）：7.49

花瓣数（枚）：5

柱头位置：等高

花药颜色：粉红

花冠直径（cm）：2.84

单果重（g）：171

果实形状：圆形

果皮底色：褐

果锈：无

果面着色：无

果梗长度（cm）：2.88

果梗粗度（mm）：3.50

萼片状态：脱落、宿存

果心大小：中

果实心室（个）：5

果肉硬度（kg/cm²）：7.94

果肉颜色：白

果肉质地：细

果肉类型：疏松脆

汁液：中

风味：甜

可溶性固形物含量（%）：11.50

可滴定酸含量（%）：0.12

盛花期：3 月下旬

果实成熟期：9 月上旬

综合评价：外观品质较好，内在品质中上，丰产，抗病性较强。

早 生 新 水

品种名称：早生新水　　花瓣数（枚）：5.8　　果心大小：中

外文名：Zaoshengxinshui　　柱头位置：等高　　果实心室（个）：5

来源：上海市农科院　　花药颜色：红　　果肉硬度（kg/cm²）：7.85

资源类型：选育品种　　花冠直径（cm）：2.95　　果肉颜色：白

系谱：新水实生　　单果重（g）：227　　果肉质地：极细

早果性：3 年　　果实形状：扁圆形　　果肉类型：脆

树势：强　　果皮底色：褐　　汁液：多

树姿：直立　　果锈：无　　风味：甜

节间长度（cm）：4.18　　果面着色：无　　可溶性固形物含量（%）：11.70

幼叶颜色：绿黄　　果梗长度（cm）：2.23　　可滴定酸含量（%）：0.10

叶片长（cm）：9.36　　果梗粗度（mm）：3.25　　盛花期：3 月中下旬

叶片宽（cm）：6.88　　萼片状态：脱落、宿存　　果实成熟期：7 月中下旬

综合评价：外观品质较好，内在品质极上，丰产性中，抗病性中。

新　酥

品种名称：新酥

外文名：Xinsu

来源：上海市农科院

资源类型：选育品种

系谱：新世纪 × 早酥

早果性：4 年

树势：强

树姿：直立

节间长度（cm）：4.42

幼叶颜色：绿黄

叶片长（cm）：9.52

叶片宽（cm）：6.83

花瓣数（枚）：7.1

柱头位置：低

花药颜色：红

花冠直径（cm）：2.96

单果重（g）：314

果实形状：圆形

果皮底色：绿

果锈：少

果面着色：无

果梗长度（cm）：3.57

果梗粗度（mm）：2.99

萼片状态：残存

果心大小：中

果实心室（个）：5

果肉硬度（kg/cm^2）：6.49

果肉颜色：白

果肉质地：细

果肉类型：脆

汁液：多

风味：甜酸

可溶性固形物含量（%）：11.37

可滴定酸含量（%）：0.28

盛花期：3 月下旬

果实成熟期：7 月下旬

综合评价：外观品质好，内在品质中上，丰产，抗病性中。

甘梨早6

品种名称：甘梨早6

外文名：Ganlizao No.6

来源：甘肃林果所

资源类型：选育品种

系谱：四百目 × 早酥

早果性：3 年

树势：中

树姿：半开张

节间长度（cm）：3.33

幼叶颜色：绿黄

叶片长（cm）：11.04

叶片宽（cm）：5.90

花瓣数（枚）：5

柱头位置：高

花药颜色：紫红

花冠直径（cm）：3.16

单果重（g）：171

果实形状：卵圆形

果皮底色：黄

果锈：少

果面着色：无

果梗长度（cm）：3.28

果梗粗度（mm）：3.08

萼片状态：宿存

果心大小：中

果实心室（个）：5

果肉硬度（kg/cm²）：6.77

果肉颜色：白

果肉质地：细

果肉类型：疏松

汁液：多

风味：甜

可溶性固形物含量（%）：11.20

可滴定酸含量（%）：0.12

盛花期：3 月下旬

果实成熟期：7 月中旬

综合评价：外观品质较好，内在品质中上，丰产，抗病性较强。

甘梨早 8

品种名称：甘梨早 8

外文名：Ganlizao No.8

来源：甘肃林果所

资源类型：选育品种

系谱：四百目 × 早酥

早果性：3 年

树势：中

树姿：半开张

节间长度（cm）：4.36

幼叶颜色：淡红

叶片长（cm）：11.01

叶片宽（cm）：7.24

花瓣数（枚）：5

柱头位置：等高

花药颜色：红

花冠直径（cm）：3.30

单果重（g）：185

果实形状：倒卵形

果皮底色：绿

果锈：无

果面着色：无

果梗长度（cm）：3.44

果梗粗度（mm）：3.58

萼片状态：脱落、残存

果心大小：中

果实心室（个）：5

果肉硬度（kg/cm^2）：6.97

果肉颜色：白

果肉质地：细

果肉类型：脆

汁液：极多

风味：甜酸

可溶性固形物含量（%）：11.40

可滴定酸含量（%）：0.31

盛花期：3 月下旬

果实成熟期：7 月中旬

综合评价：外观品质较好，内在品质上，丰产，抗病性较强。

苏翠 1 号

品种名称：苏翠 1 号　　　花瓣数（枚）：6.5　　　果心大小：小

外文名：Sucui No.1　　　柱头位置：低　　　果实心室（个）：5

来源：江苏园艺所　　　花药颜色：淡紫红　　　果肉硬度（kg/cm²）：4.61

资源类型：选育品种　　　花冠直径（cm）：3.57　　　果肉颜色：白

系谱：华酥 × 翠冠　　　单果重（g）：288　　　果肉质地：极细

早果性：3 年　　　果实形状：圆形　　　果肉类型：脆

树势：强　　　果皮底色：绿　　　汁液：极多

树姿：半开张　　　果锈：少　　　风味：甜

节间长度（cm）：4.73　　　果面着色：无　　　可溶性固形物含量（%）：12.80

幼叶颜色：淡红　　　果梗长度（cm）：2.93　　　可滴定酸含量（%）：0.13

叶片长（cm）：12.40　　　果梗粗度（mm）：3.05　　　盛花期：3 月下旬

叶片宽（cm）：7.36　　　萼片状态：脱落　　　果实成熟期：7 月上旬

综合评价：外观品质好，内在品质极上，丰产，抗病性较强。

早 香 脆

品种名称：早香脆

外文名：Zaoxiangcui

来源：北京果树所

资源类型：选育品种

系谱：早酥 × 早白

早果性：4 年

树势：中

树姿：半开张

节间长度（cm）：4.70

幼叶颜色：绿黄

叶片长（cm）：12.32

叶片宽（cm）：5.99

花瓣数（枚）：5.5

柱头位置：高

花药颜色：紫红

花冠直径（cm）：3.26

单果重（g）：236

果实形状：圆形、倒卵形

果皮底色：绿

果锈：无

果面着色：无

果梗长度（cm）：3.04

果梗粗度（mm）：3.42

萼片状态：宿存

果心大小：小

果实心室（个）：5

果肉硬度（kg/cm²）：6.12

果肉颜色：乳白

果肉质地：细

果肉类型：疏松

汁液：中

风味：酸甜

可溶性固形物含量（%）：11.45

可滴定酸含量（%）：0.25

盛花期：3 月下旬

果实成熟期：8 月上旬

综合评价：外观品质较好，内在品质中上，丰产性中，抗病性中。

奥 冠 红

品种名称：奥冠红

外文名：Aoguanhong

来源：山东聊城

资源类型：选育品种

系谱：满天红芽变

早果性：4 年

树势：中

树姿：抱合

节间长度（cm）：3.67

幼叶颜色：淡红

叶片长（cm）：10.77

叶片宽（cm）：6.98

花瓣数（枚）：6.1

柱头位置：等高

花药颜色：紫红

花冠直径（cm）：3.77

单果重（g）：209

果实形状：圆形

果皮底色：绿

果锈：无

果面着色：淡红；片状

果梗长度（cm）：2.20

果梗粗度（mm）：3.08

萼片状态：脱落、宿存

果心大小：中

果实心室（个）：5

果肉硬度（kg/cm^2）：10.00

果肉颜色：白

果肉质地：中细

果肉类型：脆

汁液：中

风味：酸甜

可溶性固形物含量（%）：11.65

可滴定酸含量（%）：0.60

盛花期：3 月下旬

果实成熟期：8 月上中旬

综合评价：外观品质好，内在品质中上，丰产性中，抗病性中。

龙 泉 酥

品种名称：龙泉酥

外文名：Longquansu

来源：四川成都

资源类型：选育品种

系谱：金水 2 号 × 崇化大梨

早果性：4 年

树势：中

树姿：半开张

节间长度（cm）：4.85

幼叶颜色：黄绿

叶片长（cm）：10.53

叶片宽（cm）：6.24

花瓣数（枚）：6.7

柱头位置：高

花药颜色：紫红

花冠直径（cm）：3.22

单果重（g）：332

果实形状：倒卵形

果皮底色：绿

果锈：多；全果

果面着色：无

果梗长度（cm）：5.34

果梗粗度（mm）：3.47

萼片状态：脱落

果心大小：中

果实心室（个）：5

果肉硬度（kg/cm^2）：5.45

果肉颜色：白

果肉质地：细

果肉类型：脆

汁液：多

风味：酸甜

可溶性固形物含量（%）：11.70

可滴定酸含量（%）：0.18

盛花期：3 月下旬

果实成熟期：8 月上旬

综合评价：外观品质中等，内在品质中上，丰产，抗病性较强。

明　复

品种名称：明复
外文名：Mingfu
来源：中国台湾
资源类型：选育品种
系谱：不详
早果性：4 年
树势：中
树姿：开张
节间长度（cm）：3.46
幼叶颜色：绿黄
叶片长（cm）：9.78
叶片宽（cm）：5.50

花瓣数（枚）：5.2
柱头位置：等高
花药颜色：深紫红
花冠直径（cm）：3.87
单果重（g）：173
果实形状：扁圆形
果皮底色：黄褐
果锈：无
果面着色：无
果梗长度（cm）：3.69
果梗粗度（mm）：2.30
萼片状态：宿存

果心大小：大
果实心室（个）：5、6
果肉硬度（kg/cm^2）：9.86
果肉颜色：淡黄
果肉质地：中细
果肉类型：脆
汁液：中
风味：淡甜
可溶性固形物含量（%）：10.03
可滴定酸含量（%）：0.15
盛花期：3 月中旬
果实成熟期：8 月下旬

综合评价：外观品质较好，内在品质中，丰产，抗病性中。

26-4-2

品种名称：26-4-2

外文名：26-4-2

来源：湖北果茶所

资源类型：品系

系谱：慈梨 × 晚三吉

早果性：4 年

树势：弱

树姿：开张

节间长度（cm）：5.41

幼叶颜色：暗红

叶片长（cm）：11.55

叶片宽（cm）：7.62

花瓣数（枚）：5.3

柱头位置：高

花药颜色：粉红

花冠直径（cm）：3.85

单果重（g）：210

果实形状：长圆形、倒卵形

果皮底色：绿

果锈：多；全果

果面着色：无

果梗长度（cm）：4.11

果梗粗度（mm）：3.93

萼片状态：脱落

果心大小：中

果实心室（个）：5

果肉硬度（kg/cm²）：8.12

果肉颜色：乳白

果肉质地：细

果肉类型：脆

汁液：多

风味：酸甜适度

可溶性固形物含量（%）：10.47

可滴定酸含量（%）：0.21

盛花期：3 月中下旬

果实成熟期：9 月上中旬

综合评价：外观品质较好，内在品质中，丰产，抗病性强，为三倍体资源。

26-1-31

品种名称：26-1-31

外文名：26-1-31

来源：湖北果茶所

资源类型：品系

系谱：慈梨 × 晚三吉

早果性：4 年

树势：中

树姿：直立

节间长度（cm）：4.42

幼叶颜色：褐红

叶片长（cm）：10.29

叶片宽（cm）：5.73

花瓣数（枚）：6.1

柱头位置：等高

花药颜色：紫红

花冠直径（cm）：2.66

单果重（g）：213

果实形状：圆形

果皮底色：绿

果锈：多；全果

果面着色：无

果梗长度（cm）：2.88

果梗粗度（mm）：3.34

萼片状态：宿存

果心大小：中

果实心室（个）：5

果肉硬度（kg/cm²）：8.36

果肉颜色：白

果肉质地：中细

果肉类型：脆

汁液：中

风味：酸甜

可溶性固形物含量（%）：9.80

可滴定酸含量（%）：0.20

盛花期：3 月下旬

果实成熟期：8 月下旬

综合评价：外观品质中等，内在品质中，丰产，抗病性强。

29-3-8

品种名称：29-3-8

外文名：29-3-8

来源：湖北果茶所

资源类型：品系

系谱：慈梨 × 太白

早果性：4 年

树势：中

树姿：抱合

节间长度（cm）：4.21

幼叶颜色：暗红

叶片长（cm）：11.94

叶片宽（cm）：6.29

花瓣数（枚）：5

柱头位置：等高

花药颜色：淡粉红

花冠直径（cm）：2.99

单果重（g）：203

果实形状：圆形

果皮底色：绿

果锈：多；全果

果面着色：无

果梗长度（cm）：3.29

果梗粗度（mm）：2.66

萼片状态：宿存

果心大小：中

果实心室（个）：5

果肉硬度（kg/cm^2）：9.35

果肉颜色：白

果肉质地：中细

果肉类型：脆

汁液：中

风味：酸甜

可溶性固形物含量（%）：9.50

可滴定酸含量（%）：0.23

盛花期：3 月下旬

果实成熟期：8 月下旬

综合评价：外观品质中等，内在品质中，丰产，抗病性强。

98-1

品种名称：98-1

外文名：98-1

来源：湖北果茶所

资源类型：品系

系谱：不详

早果性：3 年

树势：强

树姿：直立

节间长度（cm）：3.99

幼叶颜色：暗红

叶片长（cm）：10.90

叶片宽（cm）：6.52

花瓣数（枚）：5.6

柱头位置：等高

花药颜色：紫

花冠直径（cm）：2.93

单果重（g）：249

果实形状：圆形、纺锤形

果皮底色：绿

果锈：中；萼端

果面着色：无

果梗长度（cm）：3.31

果梗粗度（mm）：3.55

萼片状态：宿存

果心大小：中

果实心室（个）：5

果肉硬度（kg/cm^2）：6.38

果肉颜色：乳白

果肉质地：中细

果肉类型：脆

汁液：多

风味：微酸

可溶性固形物含量（%）：10.30

可滴定酸含量（%）：0.28

盛花期：3 月中下旬

果实成熟期：8 月中旬

综合评价：外观品质较好，内在品质中，丰产，抗病性较强。

98−2

品种名称：98−2

外文名：98−2

来源：湖北果茶所

资源类型：品系

系谱：不详

早果性：3 年

树势：弱

树姿：开张

节间长度（cm）：3.82

幼叶颜色：暗红

叶片长（cm）：10.34

叶片宽（cm）：5.83

花瓣数（枚）：5.6

柱头位置：低

花药颜色：紫红

花冠直径（cm）：3.12

单果重（g）：181

果实形状：圆形、倒卵形

果皮底色：绿

果锈：少；萼端

果面着色：无

果梗长度（cm）：3.69

果梗粗度（mm）：3.55

萼片状态：宿存

果心大小：中

果实心室（个）：5

果肉硬度（kg/cm²）：8.44

果肉颜色：白

果肉质地：中细

果肉类型：脆

汁液：多

风味：甜酸

可溶性固形物含量（%）：9.73

可滴定酸含量（%）：0.24

盛花期：3 月下旬

果实成熟期：8 月下旬

综合评价：外观品质中等，内在品质中，丰产，抗病性中。

26-7-1

品种名称：26-7-1　　　　花瓣数（枚）：5　　　　果心大小：小

外文名：26-7-1　　　　　柱头位置：高　　　　　果实心室（个）：5

来源：湖北果茶所　　　　花药颜色：紫红　　　　果肉硬度（kg/cm²）：9.10

资源类型：品系　　　　　花冠直径（cm）：3.29　果肉颜色：绿白

系谱：慈梨 × 晚三吉　　　单果重（g）：269　　　果肉质地：中细

早果性：3 年　　　　　　果实形状：葫芦形　　　果肉类型：脆

树势：中　　　　　　　　果皮底色：绿　　　　　汁液：中

树姿：直立　　　　　　　果锈：多；全果　　　　风味：酸甜

节间长度（cm）：3.82　　果面着色：无　　　　　可溶性固形物含量（%）：9.90

幼叶颜色：红色　　　　　果梗长度（cm）：4.01　可滴定酸含量（%）：0.25

叶片长（cm）：9.83　　　果梗粗度（mm）：3.08　盛花期：3 月下旬

叶片宽（cm）：6.42　　　萼片状态：宿存　　　　果实成熟期：9 月上中旬

综合评价：外观品质中等，内在品质中，丰产，抗病性中。

29-12-20

品种名称：29-12-20

外文名：29-12-20

来源：湖北果茶所

资源类型：品系

系谱：慈梨 × 太白

早果性：3 年

树势：中

树姿：半开张

节间长度（cm）：4.33

幼叶颜色：红色

叶片长（cm）：11.74

叶片宽（cm）：6.91

花瓣数（枚）：5.4

柱头位置：低

花药颜色：淡紫红

花冠直径（cm）：3.54

单果重（g）：252

果实形状：圆形

果皮底色：绿

果锈：多；全果

果面着色：无

果梗长度（cm）：3.71

果梗粗度（mm）：3.01

萼片状态：宿存

果心大小：小

果实心室（个）：4、5

果肉硬度（kg/cm^2）：9.58

果肉颜色：白

果肉质地：中细

果肉类型：脆

汁液：中

风味：酸甜

可溶性固形物含量（%）：11.30

可滴定酸含量（%）：0.20

盛花期：3 月下旬

果实成熟期：9 月上旬

综合评价：外观品质中等，内在品质中上，丰产，抗病性中。

13-1

品种名称：13-1
外文名：13-1
来源：湖北果茶所
资源类型：品系
系谱：库尔勒香梨实生
早果性：3 年
树势：中
树姿：半开张
节间长度（cm）：4.21
幼叶颜色：淡红
叶片长（cm）：9.31
叶片宽（cm）：6.33

花瓣数（枚）：5.2
柱头位置：等高
花药颜色：粉红
花冠直径（cm）：3.78
单果重（g）：159
果实形状：倒卵形
果皮底色：绿
果锈：少
果面着色：无
果梗长度（cm）：3.36
果梗粗度（mm）：3.42
萼片状态：脱落

果心大小：大
果实心室（个）：5
果肉硬度（kg/cm²）：6.95
果肉颜色：白
果肉质地：中细
果肉类型：脆
汁液：中
风味：酸甜
可溶性固形物含量（%）：11.50
可滴定酸含量（%）：0.22
盛花期：3 月下旬
果实成熟期：8 月下旬

综合评价：外观品质中等，内在品质中，丰产，抗病性较强。

62-5-6

品种名称：62-5-6

外文名：62-5-6

来源：湖北果茶所

资源类型：品系

系谱：金川雪梨实生 × 库尔勒香梨实生

早果性：5 年

树势：强

树姿：半开张

节间长度（cm）：3.92

幼叶颜色：淡红

叶片长（cm）：9.87

叶片宽（cm）：7.01

花瓣数（枚）：5

柱头位置：高

花药颜色：紫红

花冠直径（cm）：3.47

单果重（g）：345

果实形状：圆形

果皮底色：绿

果锈：少；梗端

果面着色：无

果梗长度（cm）：4.23

果梗粗度（mm）：2.84

萼片状态：脱落

果心大小：中

果实心室（个）：5

果肉硬度（kg/cm²）：9.52

果肉颜色：白

果肉质地：中细

果肉类型：脆

汁液：中

风味：淡甜

可溶性固形物含量（%）：9.60

可滴定酸含量（%）：0.16

盛花期：3 月下旬

果实成熟期：8 月下旬

综合评价：外观品质较好，内在品质中，丰产，抗病性较强。

29-8-19

品种名称：29-8-19

外文名：29-8-19

来源：湖北果树所

资源类型：品系

系谱：慈梨 × 太白

早果性：4 年

树势：中

树姿：半开张

节间长度（cm）：4.10

幼叶颜色：淡红

叶片长（cm）：9.63

叶片宽（cm）：5.94

花瓣数（枚）：5.1

柱头位置：等高

花药颜色：粉红

花冠直径（cm）：3.53

单果重（g）：134

果实形状：圆形

果皮底色：绿

果锈：少

果面着色：无

果梗长度（cm）：3.69

果梗粗度（mm）：2.22

萼片状态：宿存

果心大小：小

果实心室（个）：5

果肉硬度（kg/cm²）：9.07

果肉颜色：白

果肉质地：中细

果肉类型：脆

汁液：中

风味：淡甜

可溶性固形物含量（%）：10.40

可滴定酸含量（%）：0.23

盛花期：3 月下旬

果实成熟期：9 月上旬

综合评价：外观品质较好，内在品质中，丰产，抗病性中。

静　秋

品种名称：静秋

外文名：Jingqiu

来源：华中农业大学

资源类型：品系

系谱：跃进 × 二宫白

早果性：4 年

树势：强

树姿：开张

节间长度（cm）：4.25

幼叶颜色：褐红

叶片长（cm）：10.80

叶片宽（cm）：7.87

花瓣数（枚）：5.1

柱头位置：高

花药颜色：淡粉

花冠直径（cm）：3.09

单果重（g）：298

果实形状：圆形

果皮底色：黄褐

果锈：无

果面着色：无

果梗长度（cm）：4.46

果梗粗度（mm）：3.03

萼片状态：脱落

果心大小：中

果实心室（个）：5

果肉硬度（kg/cm²）：10.24

果肉颜色：淡黄

果肉质地：中粗

果肉类型：脆

汁液：中

风味：淡甜

可溶性固形物含量（%）：10.45

可滴定酸含量（%）：0.22

盛花期：3 月中下旬

果实成熟期：9 月上旬

综合评价：外观品质较好，内在品质中，丰产，抗病性强。

青 皮 湘 南

品种名称：青皮湘南　　　花瓣数（枚）：5　　　　　果心大小：中

外文名：Qingpixiangnan　柱头位置：等高　　　　　果实心室（个）：5

来源：湖北武汉　　　　　花药颜色：粉红　　　　　果肉硬度（kg/cm²）：8.73

资源类型：品系　　　　　花冠直径（cm）：2.72　　果肉颜色：乳白

系谱：湘南芽变　　　　　单果重（g）：162　　　　果肉质地：中细

早果性：3 年　　　　　　果实形状：圆锥形　　　　果肉类型：脆

树势：中　　　　　　　　果皮底色：绿　　　　　　汁液：多

树姿：开张　　　　　　　果锈：多；全果　　　　　风味：淡甜

节间长度（cm）：3.39　　果面着色：无　　　　　　可溶性固形物含量（%）：10.12

幼叶颜色：红色　　　　　果梗长度（cm）：2.77　　可滴定酸含量（%）：0.13

叶片长（cm）：10.95　　果梗粗度（mm）：2.34　盛花期：3 月下旬

叶片宽（cm）：6.42　　　萼片状态：脱落、宿存　果实成熟期：8 月下旬

综合评价：外观品质中等，内在品质中，丰产，抗病性较强。

夏　至

品种名称：夏至

外文名：Xiazhi

来源：华中农业大学

资源类型：品系

系谱：跃进 × 二宫白

早果性：4 年

树势：中

树姿：开张

节间长度（cm）：3.69

幼叶颜色：褐红

叶片长（cm）：8.29

叶片宽（cm）：5.97

花瓣数（枚）：5

柱头位置：高

花药颜色：粉红

花冠直径（cm）：2.25

单果重（g）：96

果实形状：圆形

果皮底色：绿

果锈：极少

果面着色：无

果梗长度（cm）：3.38

果梗粗度（mm）：2.14

萼片状态：宿存、残存

果心大小：中

果实心室（个）：5

果肉硬度（kg/cm^2）：6.62

果肉颜色：绿白

果肉质地：细

果肉类型：脆

汁液：多

风味：酸甜适度

可溶性固形物含量（%）：10.23

可滴定酸含量（%）：0.37

盛花期：3 月下旬

果实成熟期：7 月上旬

综合评价：外观品质中等，内在品质中上，丰产，抗病性中。

金花优株

品种名称：金花优株

外文名：Jinhuayouzhu

来源：四川金川

资源类型：品系

系谱：金花芽变

早果性：3 年

树势：强

树姿：直立

节间长度（cm）：4.03

幼叶颜色：淡红

叶片长（cm）：13.02

叶片宽（cm）：6.86

花瓣数（枚）：5

柱头位置：高

花药颜色：紫

花冠直径（cm）：3.93

单果重（g）：468

果实形状：长圆形、纺锤形

果皮底色：绿

果锈：极少

果面着色：无

果梗长度（cm）：4.86

果梗粗度（mm）：4.38

萼片状态：宿存

果心大小：中

果实心室（个）：5

果肉硬度（kg/cm²）：8.70

果肉颜色：白

果肉质地：中细

果肉类型：脆

汁液：中

风味：酸甜

可溶性固形物含量（%）：9.20

可滴定酸含量（%）：0.22

盛花期：3 月中下旬

果实成熟期：8 月中旬

综合评价：外观品质较好，内在品质中，丰产，抗病性较强。

金花 11 号

品种名称：金花 11 号

外文名：Jinhua No.11

来源：四川金川

资源类型：品系

系谱：金花实生

早果性：5 年

树势：中

树姿：半开张

节间长度（cm）：4.31

幼叶颜色：淡红

叶片长（cm）：10.40

叶片宽（cm）：7.50

花瓣数（枚）：5

柱头位置：高

花药颜色：紫红

花冠直径（cm）：4.11

单果重（g）：262

果实形状：长圆形、纺锤形

果皮底色：绿

果锈：无

果面着色：无

果梗长度（cm）：4.46

果梗粗度（mm）：3.40

萼片状态：脱落、宿存

果心大小：小

果实心室（个）：5

果肉硬度（kg/cm²）：9.03

果肉颜色：白

果肉质地：中细

果肉类型：脆

汁液：中

风味：淡甜

可溶性固形物含量（%）：10.30

可滴定酸含量（%）：0.14

盛花期：3 月中下旬

果实成熟期：8 月下旬

综合评价：外观品质较好，内在品质中，丰产，抗病性较强。

金花 12 号

品种名称：金花 12 号

外文名：Jinhua No.12

来源：四川金川

资源类型：品系

系谱：金花实生

早果性：3 年

树势：中

树姿：半开张

节间长度（cm）：4.51

幼叶颜色：淡红

叶片长（cm）：10.11

叶片宽（cm）：7.50

花瓣数（枚）：5

柱头位置：高

花药颜色：红

花冠直径（cm）：3.82

单果重（g）：277

果实形状：长圆形、圆柱形

果皮底色：绿

果锈：少；全果

果面着色：无

果梗长度（cm）：4.75

果梗粗度（mm）：4.91

萼片状态：脱落、宿存

果心大小：小

果实心室（个）：5

果肉硬度（kg/cm^2）：9.39

果肉颜色：白

果肉质地：中细

果肉类型：脆

汁液：中

风味：淡甜

可溶性固形物含量（%）：10.35

可滴定酸含量（%）：0.14

盛花期：3 月中下旬

果实成熟期：8 月下旬

综合评价：外观品质较好，内在品质中，丰产，抗病性较强。

金花4号

品种名称：金花4号

外文名：Jinhua No.4

来源：四川金川

资源类型：品系

系谱：金花实生

早果性：3年

树势：强

树姿：直立

节间长度（cm）：4.12

幼叶颜色：淡红

叶片长（cm）：10.90

叶片宽（cm）：6.66

花瓣数（枚）：5

柱头位置：高

花药颜色：紫红

花冠直径（cm）：3.94

单果重（g）：328

果实形状：倒卵形、长圆形

果皮底色：绿

果锈：极少

果面着色：无

果梗长度（cm）：5.23

果梗粗度（mm）：3.70

萼片状态：脱落

果心大小：小

果实心室（个）：4、5

果肉硬度（kg/cm^2）：9.24

果肉颜色：白

果肉质地：中细

果肉类型：脆

汁液：中

风味：酸甜

可溶性固形物含量（%）：9.70

可滴定酸含量（%）：0.19

盛花期：3月中下旬

果实成熟期：8月下旬

综合评价：外观品质较好，内在品质中，丰产，抗病性较强。

金花 8 号

品种名称：金花 8 号

外文名：Jinhua No.8

来源：四川金川

资源类型：品系

系谱：金花实生

早果性：3 年

树势：强

树姿：直立

节间长度（cm）：4.78

幼叶颜色：黄绿

叶片长（cm）：8.77

叶片宽（cm）：6.58

花瓣数（枚）：5

柱头位置：高

花药颜色：紫红

花冠直径（cm）：4.02

单果重（g）：284

果实形状：纺锤形、长圆形

果皮底色：绿

果锈：极少

果面着色：无

果梗长度（cm）：4.75

果梗粗度（mm）：3.79

萼片状态：宿存

果心大小：小

果实心室（个）：4、5

果肉硬度（kg/cm^2）：6.18

果肉颜色：白

果肉质地：中细

果肉类型：脆

汁液：中

风味：酸甜

可溶性固形物含量（%）：9.60

可滴定酸含量（%）：0.18

盛花期：3 月中下旬

果实成熟期：8 月下旬

综合评价：外观品质较好，内在品质中，丰产，抗病性较强。

金花9号

品种名称：金花9号　　　　花瓣数（枚）：5　　　　果心大小：小

外文名：Jinhua No.9　　　柱头位置：高　　　　　果实心室（个）：5

来源：四川金川　　　　　　花药颜色：红　　　　　果肉硬度（kg/cm²）：9.24

资源类型：品系　　　　　　花冠直径（cm）：3.95　果肉颜色：白

系谱：金花实生　　　　　　单果重（g）：305　　　果肉质地：中细

早果性：3年　　　　　　　　果实形状：长圆形　　　果肉类型：脆

树势：强　　　　　　　　　　果皮底色：绿　　　　　汁液：中

树姿：直立　　　　　　　　　果锈：少；萼端　　　　风味：淡甜

节间长度（cm）：4.78　　　果面着色：无　　　　　可溶性固形物含量（%）：10.60

幼叶颜色：淡红　　　　　　　果梗长度（cm）：4.46　可滴定酸含量（%）：0.15

叶片长（cm）：12.07　　　　果梗粗度（mm）：3.42　盛花期：3月中下旬

叶片宽（cm）：8.54　　　　　萼片状态：宿存　　　　果实成熟期：8月下旬

综合评价：外观品质较好，内在品质中，丰产，抗病性较强。

龙 泉 10 号

品种名称：龙泉10号　　　花瓣数（枚）：5.2　　　　果心大小：中

外文名：Longquan No.10　柱头位置：等高　　　　果实心室（个）：5

来源：四川龙泉驿　　　　花药颜色：粉红　　　　果肉硬度（kg/cm²）：8.32

资源类型：品系　　　　　花冠直径（cm）：3.13　果肉颜色：乳白

系谱：黄蜜 × 苍溪雪梨　　单果重（g）：372　　　果肉质地：细

早果性：4年　　　　　　　果实形状：倒卵形、葫芦形　果肉类型：脆

树势：中　　　　　　　　　果皮底色：绿　　　　　汁液：多

树姿：半开张　　　　　　　果锈：多；全果　　　　风味：酸甜

节间长度（cm）：4.40　　　果面着色：无　　　　　可溶性固形物含量（%）：10.84

幼叶颜色：褐红　　　　　　果梗长度（cm）：4.38　可滴定酸含量（%）：0.16

叶片长（cm）：10.84　　　 果梗粗度（mm）：3.08　盛花期：3月中旬

叶片宽（cm）：5.91　　　　萼片状态：脱落　　　　果实成熟期：8月上旬

综合评价：外观品质中等，内在品质上，丰产，抗病性中。

龙 泉 16 号

品种名称：龙泉 16 号

外文名：Longquan No.16

来源：四川龙泉驿

资源类型：品系

系谱：二宫白 × 金花

早果性：4 年

树势：中

树姿：开张

节间长度（cm）：4.46

幼叶颜色：淡红

叶片长（cm）：11.02

叶片宽（cm）：7.29

花瓣数（枚）：5.5

柱头位置：等高

花药颜色：红

花冠直径（cm）：3.40

单果重（g）：237

果实形状：倒卵形

果皮底色：绿

果锈：中；全果

果面着色：无

果梗长度（cm）：4.24

果梗粗度（mm）：3.32

萼片状态：脱落

果心大小：中

果实心室（个）：5

果肉硬度（kg/cm^2）：7.08

果肉颜色：乳白

果肉质地：中细

果肉类型：脆

汁液：多

风味：甜酸

可溶性固形物含量（%）：10.12

可滴定酸含量（%）：0.20

盛花期：3 月中下旬

果实成熟期：7 月下旬

综合评价：外观品质较好，内在品质中，丰产，抗病性中。

龙 泉 33 号

品种名称：龙泉 33 号

外文名：Longquan No.33

来源：四川龙泉驿

资源类型：品系

系谱：二宫白 × 金花

早果性：4 年

树势：强

树姿：半开张

节间长度（cm）：4.22

幼叶颜色：褐红

叶片长（cm）：11.52

叶片宽（cm）：7.57

花瓣数（枚）：5.9

柱头位置：等高

花药颜色：红

花冠直径（cm）：3.45

单果重（g）：227

果实形状：倒卵形

果皮底色：绿

果锈：中；全果

果面着色：无

果梗长度（cm）：4.16

果梗粗度（mm）：3.65

萼片状态：脱落

果心大小：中

果实心室（个）：5

果肉硬度（kg/cm^2）：7.10

果肉颜色：乳白

果肉质地：细

果肉类型：脆

汁液：多

风味：酸甜

可溶性固形物含量（%）：10.43

可滴定酸含量（%）：0.48

盛花期：3 月中旬

果实成熟期：7 月下旬

综合评价：外观品质较好，内在品质中上，丰产，抗病性较强。

龙 泉 44 号

品种名称：龙泉 44 号

外文名：Longquan No.44

来源：四川龙泉驿

资源类型：品系

系谱：二宫白 × 金花

早果性：4 年

树势：中

树姿：半开张

节间长度（cm）：4.53

幼叶颜色：淡绿

叶片长（cm）：11.82

叶片宽（cm）：7.25

花瓣数（枚）：5.4

柱头位置：高

花药颜色：紫红

花冠直径（cm）：3.06

单果重（g）：211

果实形状：倒卵形

果皮底色：绿

果锈：中；全果

果面着色：无

果梗长度（cm）：3.89

果梗粗度（mm）：3.49

萼片状态：脱落

果心大小：中

果实心室（个）：5

果肉硬度（kg/cm²）：7.98

果肉颜色：乳白

果肉质地：中细

果肉类型：脆

汁液：多

风味：酸甜

可溶性固形物含量（%）：10.12

可滴定酸含量（%）：0.16

盛花期：3 月下旬

果实成熟期：8 月上旬

综合评价：外观品质中等，内在品质中，丰产，抗病性较强。

浙 17-6

品种名称：浙 17-6

外文名：Zhe 17-6

来源：浙江大观山种植场

资源类型：品系

系谱：不详

早果性：3 年

树势：中

树姿：半开张

节间长度（cm）：4.22

幼叶颜色：绿黄

叶片长（cm）：11.03

叶片宽（cm）：6.87

花瓣数（枚）：6.1

柱头位置：低

花药颜色：红

花冠直径（cm）：3.91

单果重（g）：150

果实形状：倒卵形

果皮底色：绿

果锈：无

果面着色：无

果梗长度（cm）：3.38

果梗粗度（mm）：2.50

萼片状态：脱落

果心大小：中

果实心室（个）：5

果肉硬度（kg/cm²）：7.38

果肉颜色：白

果肉质地：中细

果肉类型：脆

汁液：多

风味：淡甜

可溶性固形物含量（%）：10.70

可滴定酸含量（%）：0.15

盛花期：3 月中旬

果实成熟期：8 月上旬

综合评价：外观品质较好，内在品质中，丰产，抗病性较强。

浙　　18-5

品种名称：浙 18-5

外文名：Zhe 18-5

来源：浙江大观山种植场

资源类型：品系

系谱：不详

早果性：3 年

树势：中

树姿：开张

节间长度（cm）：4.68

幼叶颜色：淡红

叶片长（cm）：9.26

叶片宽（cm）：6.93

花瓣数（枚）：5.2

柱头位置：低

花药颜色：粉红

花冠直径（cm）：2.97

单果重（g）：191

果实形状：倒卵形

果皮底色：绿

果锈：少

果面着色：无

果梗长度（cm）：4.48

果梗粗度（mm）：2.68

萼片状态：脱落

果心大小：中

果实心室（个）：5

果肉硬度（kg/cm²）：7.41

果肉颜色：白

果肉质地：细

果肉类型：脆

汁液：多

风味：甜

可溶性固形物含量（%）：11.25

可滴定酸含量（%）：0.14

盛花期：3 月中下旬

果实成熟期：8 月上旬

综合评价：外观品质较好，内在品质中上，丰产，抗病性中。

浙 25-7

品种名称：浙 25-7

外文名：Zhe 25-7

来源：浙江大观山种植场

资源类型：品系

系谱：不详

早果性：4 年

树势：中

树姿：开张

节间长度（cm）：3.18

幼叶颜色：黄绿

叶片长（cm）：10.45

叶片宽（cm）：6.93

花瓣数（枚）：6.1

柱头位置：等高

花药颜色：淡粉

花冠直径（cm）：2.78

单果重（g）：217

果实形状：圆形

果皮底色：绿色

果锈：多；全果

果面着色：无

果梗长度（cm）：3.46

果梗粗度（mm）：2.79

萼片状态：宿存

果心大小：中

果实心室（个）：5

果肉硬度（kg/cm^2）：8.95

果肉颜色：乳白

果肉质地：中细

果肉类型：脆

汁液：中

风味：甜

可溶性固形物含量（%）：11.20

可滴定酸含量（%）：0.18

盛花期：3 月下旬

果实成熟期：8 月中旬

综合评价：外观品质中等，内在品质中上，丰产，抗病性强。

浙 江 22 号

品种名称：浙江 22 号

外文名：Zhejiang No.22

来源：浙江大学

资源类型：品系

系谱：杭青 × 新世纪

早果性：3 年

树势：弱

树姿：直立

节间长度（cm）：4.26

幼叶颜色：淡绿

叶片长（cm）：11.70

叶片宽（cm）：7.29

花瓣数（枚）：6.6

柱头位置：等高

花药颜色：紫红

花冠直径（cm）：3.21

单果重（g）：186

果实形状：圆形

果皮底色：绿

果锈：少；梗端

果面着色：无

果梗长度（cm）：2.71

果梗粗度（mm）：2.67

萼片状态：宿存

果心大小：中

果实心室（个）：5、6

果肉硬度（kg/cm²）：8.14

果肉颜色：白

果肉质地：细

果肉类型：脆

汁液：多

风味：甜

可溶性固形物含量（%）：11.76

可滴定酸含量（%）：0.15

盛花期：3 月下旬

果实成熟期：8 月上旬

综合评价：外观品质中等，内在品质中上，丰产，抗病性中。

浙江 25 号

品种名称：浙江 25 号

外文名：Zhejiang No.25

来源：浙江大学

资源类型：品系

系谱：杭青 × 新世纪

早果性：3 年

树势：弱

树姿：直立

节间长度（cm）：4.87

幼叶颜色：褐红

叶片长（cm）：12.71

叶片宽（cm）：7.75

花瓣数（枚）：6.4

柱头位置：等高

花药颜色：紫红

花冠直径（cm）：3.32

单果重（g）：187

果实形状：圆形

果皮底色：绿

果锈：多；全果

果面着色：无

果梗长度（cm）：2.37

果梗粗度（mm）：2.53

萼片状态：脱落

果心大小：中

果实心室（个）：5

果肉硬度（kg/cm^2）：6.27

果肉颜色：白

果肉质地：中细

果肉类型：脆

汁液：多

风味：甜

可溶性固形物含量（%）：11.90

可滴定酸含量（%）：0.27

盛花期：3 月下旬

果实成熟期：8 月中下旬

综合评价：外观品质较好，内在品质上，丰产性中，抗病性较强。

爱　宕

品种名称：爱宕

外文名：Atago

来源：日本

资源类型：国外引进

系谱：二十世纪 × 今村秋

早果性：3 年

树势：中

树姿：半开张

节间长度（cm）：3.83

幼叶颜色：淡红

叶片长（cm）：10.72

叶片宽（cm）：6.49

花瓣数（枚）：6.8

柱头位置：等高

花药颜色：紫红

花冠直径（cm）：3.10

单果重（g）：330

果实形状：圆锥形、扁圆形

果皮底色：褐

果锈：无

果面着色：无

果梗长度（cm）：2 .34

果梗粗度（mm）：2.71

萼片状态：脱落、宿存

果心大小：中

果实心室（个）：5

果肉硬度（kg/cm^2）：7.54

果肉颜色：白

果肉质地：中细

果肉类型：脆

汁液：中

风味：甜

可溶性固形物含量（%）：11.30

可滴定酸含量（%）：0.12

盛花期：3 月中下旬

果实成熟期：8 月下旬

综合评价：外观品质较好，内在品质中上，丰产，抗病性较强。

爱 甘 水

品种名称：爱甘水

外文名：Aikansui

来源：日本

资源类型：国外引进

系谱：长寿 × 多摩

早果性：3 年

树势：中

树姿：半开张

节间长度（cm）：3.69

幼叶颜色：淡红

叶片长（cm）：9.31

叶片宽（cm）：6.22

花瓣数（枚）：6.7

柱头位置：等高

花药颜色：粉红

花冠直径（cm）：2.90

单果重（g）：315

果实形状：扁圆形

果皮底色：褐

果锈：无

果面着色：无

果梗长度（cm）：3.18

果梗粗度（mm）：3.20

萼片状态：脱落

果心大小：中

果实心室（个）：5

果肉硬度（kg/cm^2）：8.81

果肉颜色：白

果肉质地：细

果肉类型：脆

汁液：中

风味：甜

可溶性固形物含量（%）：11.90

可滴定酸含量（%）：0.12

盛花期：3 月下旬

果实成熟期：7 月上旬

综合评价：外观品质较好，内在品质中上，丰产，抗病性中。

八　幸

品种名称：八幸
外文名：Hakko
来源：日本
资源类型：国外引进
系谱：八云 × 幸水
早果性：4 年
树势：中
树姿：直立
节间长度（cm）：4.10
幼叶颜色：绿黄
叶片长（cm）：11.76
叶片宽（cm）：6.82

花瓣数（枚）：5
柱头位置：高
花药颜色：紫红
花冠直径（cm）：3.18
单果重（g）：188
果实形状：圆形
果皮底色：绿
果锈：无
果面着色：无
果梗长度（cm）：3.01
果梗粗度（mm）：2.52
萼片状态：脱落

果心大小：中
果实心室（个）：5、6
果肉硬度（kg/cm^2）：5.43
果肉颜色：白
果肉质地：细
果肉类型：脆
汁液：中
风味：淡甜
可溶性固形物含量（%）：11.10
可滴定酸含量（%）：0.14
盛花期：3 月下旬
果实成熟期：7 月下旬

综合评价：外观品质较好，内在品质中上，丰产，抗病性中。

八 云

品种名称：八云

外文名：Yakumo

来源：日本

资源类型：国外引进

系谱：赤穗 × 二十世纪

早果性：3 年

树势：中

树姿：半开张

节间长度（cm）：4.63

幼叶颜色：淡红

叶片长（cm）：11.32

叶片宽（cm）：6.83

花瓣数（枚）：6.4

柱头位置：等高

花药颜色：红

花冠直径（cm）：3.50

单果重（g）：225

果实形状：扁圆形

果皮底色：绿

果锈：少

果面着色：无

果梗长度（cm）：3.77

果梗粗度（mm）：2.77

萼片状态：脱落、残存

果心大小：中

果实心室（个）：5

果肉硬度（kg/cm^2）：8.44

果肉颜色：淡黄

果肉质地：中

果肉类型：脆

汁液：中

风味：甜酸

可溶性固形物含量（%）：11.40

可滴定酸含量（%）：0.25

盛花期：3 月下旬

果实成熟期：7 月下旬

综合评价：外观品质好，内在品质中上，丰产，抗病性中。

朝　日

品种名称：朝日

外文名：Asahi

来源：日本

资源类型：国外引进

系谱：明月 × 真鍮

早果性：4 年

树势：中

树姿：抱合

节间长度（cm）：4.48

幼叶颜色：淡绿

叶片长（cm）：9.07

叶片宽（cm）：5.65

花瓣数（枚）：5.3

柱头位置：等高

花药颜色：红

花冠直径（cm）：2.82

单果重（g）：117

果实形状：扁圆形

果皮底色：绿

果锈：中；全果

果面着色：无

果梗长度（cm）：3.04

果梗粗度（mm）：3.25

萼片状态：脱落

果心大小：中

果实心室（个）：5

果肉硬度（kg/cm²）：9.50

果肉颜色：白

果肉质地：中细

果肉类型：脆

汁液：多

风味：酸甜适度

可溶性固形物含量（%）：10.78

可滴定酸含量（%）：0.18

盛花期：3 月下旬

果实成熟期：7 月中下旬

综合评价：外观品质中等，内在品质中，丰产，抗病性中。

赤　穗

品种名称：赤穗

外文名：Akaho

来源：日本

资源类型：国外引进

系谱：自然实生

早果性：3 年

树势：中

树姿：直立

节间长度（cm）：3.88

幼叶颜色：黄绿

叶片长（cm）：11.28

叶片宽（cm）：6.20

花瓣数（枚）：5.4

柱头位置：等高

花药颜色：红

花冠直径（cm）：3.26

单果重（g）：136

果实形状：扁圆形

果皮底色：红褐

果锈：无

果面着色：无

果梗长度（cm）：3.98

果梗粗度（mm）：2.62

萼片状态：脱落

果心大小：大

果实心室（个）：5

果肉硬度（kg/cm^2）：7.77

果肉颜色：淡黄

果肉质地：中细

果肉类型：脆

汁液：中

风味：甜

可溶性固形物含量（%）：11.20

可滴定酸含量（%）：0.19

盛花期：3 月下旬

果实成熟期：8 月上旬

综合评价：外观品质中等，内在品质中上，丰产，抗病性中。

翠　星

品种名称：翠星

外文名：Suisei

来源：日本

资源类型：国外引进

系谱：菊水 × 八云

早果性：4 年

树势：强

树姿：开张

节间长度（cm）：5.14

幼叶颜色：淡红

叶片长（cm）：9.82

叶片宽（cm）：7.54

花瓣数（枚）：5

柱头位置：高

花药颜色：紫红

花冠直径（cm）：3.27

单果重（g）：278

果实形状：倒卵形

果皮底色：绿

果锈：少

果面着色：无

果梗长度（cm）：3.31

果梗粗度（mm）：4.49

萼片状态：脱落、残存

果心大小：中

果实心室（个）：5

果肉硬度（kg/cm^2）：9.05

果肉颜色：白

果肉质地：中细

果肉类型：脆

汁液：中

风味：甜酸

可溶性固形物含量（%）：11.15

可滴定酸含量（%）：0.24

盛花期：3 月中下旬

果实成熟期：9 月上旬

综合评价：外观品质中等，内在品质中上，丰产，抗病性强。

独　逸

品种名称：独逸

外文名：Doitsu

来源：日本

资源类型：地方品种

系谱：自然实生

早果性：3 年

树势：中

树姿：直立

节间长度（cm）：3.98

幼叶颜色：红

叶片长（cm）：9.49

叶片宽（cm）：5.74

花瓣数（枚）：5.2

柱头位置：等高

花药颜色：粉红

花冠直径（cm）：2.85

单果重（g）：131

果实形状：圆形

果皮底色：黄褐

果锈：无

果面着色：无

果梗长度（cm）：3.59

果梗粗度（mm）：2.55

萼片状态：脱落

果心大小：中

果实心室（个）：5

果肉硬度（kg/cm2）：5.10

果肉颜色：白

果肉质地：极细

果肉类型：脆

汁液：多

风味：甜

可溶性固形物含量（%）：11.10

可滴定酸含量（%）：0.11

盛花期：3 月下旬

果实成熟期：7 月下旬

综合评价：外观品质中等，内在品质上，丰产，抗病性中。

多　　摩

品种名称：多摩

外文名：Tama

来源：日本

资源类型：国外引入

系谱：祇园 × 幸水

早果性：3 年

树势：中

树姿：直立

节间长度（cm）：4.37

幼叶颜色：淡红

叶片长（cm）：11.23

叶片宽（cm）：6.56

花瓣数（枚）：8.6

柱头位置：高

花药颜色：粉红

花冠直径（cm）：3.70

单果重（g）：150

果实形状：扁圆形

果皮底色：黄褐

果锈：无

果面着色：无

果梗长度（cm）：2.93

果梗粗度（mm）：2.91

萼片状态：脱落

果心大小：中

果实心室（个）：5、6

果肉硬度（kg/cm²）：6.43

果肉颜色：乳白

果肉质地：细

果肉类型：脆

汁液：多

风味：甜

可溶性固形物含量（%）：11.45

可滴定酸含量（%）：0.14

盛花期：3 月下旬

果实成熟期：7 月下旬

综合评价：外观品质中等，内在品质中上，丰产，抗病性中。

二 宫 白

品种名称：二宫白

外文名：Ninomiyahuri

来源：日本

资源类型：国外引进

系谱：鸭梨 × 真鍮

早果性：3 年

树势：弱

树姿：半开张

节间长度（cm）：3.90

幼叶颜色：淡红

叶片长（cm）：11.47

叶片宽（cm）：5.75

花瓣数（枚）：6.9

柱头位置：高

花药颜色：红

花冠直径（cm）：2.62

单果重（g）：135

果实形状：倒卵形

果皮底色：绿

果锈：少

果面着色：无

果梗长度（cm）：3.82

果梗粗度（mm）：2.72

萼片状态：脱落

果心大小：中

果实心室（个）：5

果肉硬度（kg/cm^2）：6.89

果肉颜色：白

果肉质地：中细

果肉类型：脆

汁液：多

风味：甜

可溶性固形物含量（%）：11.25

可滴定酸含量（%）：0.20

盛花期：3 月下旬

果实成熟期：7 月下旬

综合评价：外观品质较好，内在品质中上，丰产，抗病性较强。

二十世纪

品种名称：二十世纪

外文名：Nijisseiki

来源：日本

资源类型：国外引进

系谱：自然实生

早果性：3 年

树势：弱

树姿：半开张

节间长度（cm）：2.93

幼叶颜色：淡红

叶片长（cm）：8.99

叶片宽（cm）：5.46

花瓣数（枚）：6.3

柱头位置：等高

花药颜色：紫红

花冠直径（cm）：3.84

单果重（g）：203

果实形状：扁圆形

果皮底色：绿

果锈：无

果面着色：无

果梗长度（cm）：4.99

果梗粗度（mm）：3.37

萼片状态：脱落

果心大小：中

果实心室（个）：4、5

果肉硬度（kg/cm^2）：9.66

果肉颜色：乳白

果肉质地：中

果肉类型：脆

汁液：中

风味：酸甜

可溶性固形物含量（%）：11.30

可滴定酸含量（%）：0.45

盛花期：3 月下旬

果实成熟期：8 月上旬

综合评价：外观品质较好，内在品质中上，丰产，抗病性弱。

丰　水

品种名称：丰水　　　　　花瓣数（枚）：5　　　　　果心大小：中

外文名：Hosui　　　　　柱头位置：等高　　　　　果实心室（个）：5

来源：日本　　　　　　　花药颜色：紫红　　　　　果肉硬度（kg/cm²）：6.59

资源类型：国外引进　　　花冠直径（cm）：3.86　　果肉颜色：淡黄

系谱：幸水 ×I–33　　　　单果重（g）：257　　　　果肉质地：细

早果性：3 年　　　　　　果实形状：圆形　　　　　果肉类型：脆

树势：强　　　　　　　　果皮底色：褐　　　　　　汁液：多

树姿：半开张　　　　　　果锈：无　　　　　　　　风味：甜

节间长度（cm）：3.82　　果面着色：无　　　　　　可溶性固形物含量（%）：11.90

幼叶颜色：淡红　　　　　果梗长度（cm）：3.08　　可滴定酸含量（%）：0.16

叶片长（cm）：10.41　　　果梗粗度（mm）：2.85　盛花期：3 月下旬

叶片宽（cm）：6.57　　　萼片状态：脱落　　　　　果实成熟期：8 月中旬

综合评价：外观品质较好，内在品质上，丰产，抗病性较强。

丰 月

品种名称：丰月

外文名：Hougetu

来源：日本

资源类型：国外引进

系谱：晚三吉 ×75-23

早果性：3 年

树势：强

树姿：半开张

节间长度（cm）：4.27

幼叶颜色：暗红

叶片长（cm）：11.67

叶片宽（cm）：7.84

花瓣数（枚）：5.6

柱头位置：等高

花药颜色：紫红

花冠直径（cm）：3.50

单果重（g）：150

果实形状：圆形

果皮底色：黄褐

果锈：无

果面着色：无

果梗长度（cm）：3.72

果梗粗度（mm）：3.07

萼片状态：脱落、残存

果心大小：中

果实心室（个）：4、5

果肉硬度（kg/cm^2）：6.77

果肉颜色：乳白

果肉质地：细

果肉类型：脆

汁液：多

风味：酸甜

可溶性固形物含量（%）：11.40

可滴定酸含量（%）：0.12

盛花期：3 月下旬

果实成熟期：9 月上旬

综合评价：外观品质较好，内在品质中上，丰产，抗病性中。

高　雄

品种名称：高雄　　　　　　　花瓣数（枚）：6.8　　　　　果心大小：中

外文名：Takao　　　　　　　柱头位置：等高　　　　　　果实心室（个）：5

来源：日本　　　　　　　　　花药颜色：紫红　　　　　　果肉硬度（kg/cm²）：6.82

资源类型：国外引进　　　　　花冠直径（cm）：3.43　　　果肉颜色：白

系谱：太白 × 长十郎　　　　单果重（g）：123　　　　　果肉质地：中细

早果性：4 年　　　　　　　　果实形状：扁圆形　　　　　果肉类型：脆

树势：中　　　　　　　　　　果皮底色：绿　　　　　　　汁液：中

树姿：抱合　　　　　　　　　果锈：少；全果　　　　　　风味：淡甜

节间长度（cm）：4.23　　　　果面着色：无　　　　　　　可溶性固形物含量（%）：10.63

幼叶颜色：暗红　　　　　　　果梗长度（cm）：2.52　　　可滴定酸含量（%）：0.18

叶片长（cm）：11.32　　　　　果梗粗度（mm）：3.19　　盛花期：3 月下旬

叶片宽（cm）：6.83　　　　　萼片状态：脱落　　　　　　果实成熟期：8 月上中旬

综合评价：外观品质中等，内在品质中，丰产，抗病性中。

江　岛

品种名称：江岛

外文名：Enoshima

来源：日本

资源类型：国外引进

系谱：明月 × 真鍮

早果性：3 年

树势：弱

树姿：半开张

节间长度（cm）：5.19

幼叶颜色：淡绿

叶片长（cm）：12.17

叶片宽（cm）：7.01

花瓣数（枚）：6.5

柱头位置：高

花药颜色：紫红

花冠直径（cm）：3.32

单果重（g）：198

果实形状：倒卵形

果皮底色：绿

果锈：少

果面着色：无

果梗长度（cm）：4.70

果梗粗度（mm）：3.28

萼片状态：脱落

果心大小：中

果实心室（个）：5、6

果肉硬度（kg/cm^2）：8.08

果肉颜色：淡黄

果肉质地：中

果肉类型：脆

汁液：中

风味：甜

可溶性固形物含量（%）：12.07

可滴定酸含量（%）：0.17

盛花期：3 月下旬

果实成熟期：8 月上中旬

综合评价：外观品质较好，内在品质上，丰产，抗病性中。

今 村 秋

品种名称：今村秋　　　　花瓣数（枚）：5　　　　果心大小：中

外文名：Imamuraaki　　柱头位置：等高　　　　果实心室（个）：5

来源：日本　　　　　　　花药颜色：红　　　　　果肉硬度（kg/cm²）：9.17

资源类型：国外引进　　　花冠直径（cm）：3.20　果肉颜色：白

系谱：自然实生　　　　　单果重（g）：265　　　果肉质地：中细

早果性：3 年　　　　　　果实形状：圆形　　　　果肉类型：脆

树势：中　　　　　　　　果皮底色：黄褐　　　　汁液：中

树姿：开张　　　　　　　果锈：无　　　　　　　风味：甜

节间长度（cm）：3.30　　果面着色：无　　　　　可溶性固形物含量（%）：11.50

幼叶颜色：褐红　　　　　果梗长度（cm）：3.07　可滴定酸含量（%）：0.21

叶片长（cm）：7.66　　　果梗粗度（mm）：2.79　盛花期：3 月下旬

叶片宽（cm）：5.42　　　萼片状态：宿存　　　　果实成熟期：9 月上旬

综合评价：外观品质中等，内在品质中上，丰产，抗病性中。

金二十世纪

品种名称：金二十世纪

外文名：Gold Nijisseiki

来源：日本

资源类型：国外引进

系谱：二十世纪芽变

早果性：3 年

树势：弱

树姿：半开张

节间长度（cm）：2.91

幼叶颜色：淡红

叶片长（cm）：7.43

叶片宽（cm）：4.62

花瓣数（枚）：6.7

柱头位置：高

花药颜色：深紫红

花冠直径（cm）：3.80

单果重（g）：128

果实形状：扁圆形

果皮底色：绿

果锈：中；全果

果面着色：无

果梗长度（cm）：2.93

果梗粗度（mm）：2.35

萼片状态：脱落

果心大小：中

果实心室（个）：5、6

果肉硬度（kg/cm^2）：8.30

果肉颜色：乳白

果肉质地：细

果肉类型：脆

汁液：多

风味：淡甜

可溶性固形物含量（%）：11.10

可滴定酸含量（%）：0.17

盛花期：3 月下旬

果实成熟期：8 月上旬

综合评价：外观品质中等，内在品质中上，不丰产，抗病性弱。

驹 泽

品种名称：驹泽

外文名：Komazawa

来源：日本

资源类型：引进品种

系谱：太白 × 二十世纪

早果性：4 年

树势：弱

树姿：半开张

节间长度（cm）：3.92

幼叶颜色：褐红

叶片长（cm）：11.15

叶片宽（cm）：6.57

花瓣数（枚）：5.5

柱头位置：低

花药颜色：紫

花冠直径（cm）：3.29

单果重（g）：229

果实形状：扁圆形

果皮底色：黄褐

果锈：中；全果

果面着色：无

果梗长度（cm）：3.06

果梗粗度（mm）：2.83

萼片状态：脱落

果心大小：中

果实心室（个）：5、6

果肉硬度（kg/cm²）：7.18

果肉颜色：乳白

果肉质地：细

果肉类型：脆

汁液：中

风味：甜

可溶性固形物含量（%）：12.03

可滴定酸含量（%）：0.19

盛花期：3 月下旬

果实成熟期：8 月上中旬

综合评价：外观品质中等，内在品质上，丰产，抗病性较强。

菊　水

品种名称：菊水

外文名：Kikusui

来源：日本

资源类型：国外引进

系谱：太白 × 二十世纪

早果性：4 年

树势：弱

树姿：直立

节间长度（cm）：4.03

幼叶颜色：暗红

叶片长（cm）：11.92

叶片宽（cm）：6.40

花瓣数（枚）：6.8

柱头位置：高

花药颜色：紫红

花冠直径（cm）：3.62

单果重（g）：165

果实形状：扁圆形

果皮底色：绿

果锈：中；全果

果面着色：无

果梗长度（cm）：2.62

果梗粗度（mm）：2.85

萼片状态：脱落

果心大小：中

果实心室（个）：5

果肉硬度（kg/cm^2）：6.80

果肉颜色：乳白

果肉质地：细

果肉类型：脆

汁液：多

风味：甜

可溶性固形物含量（%）：11.60

可滴定酸含量（%）：0.15

盛花期：3 月下旬

果实成熟期：8 月上中旬

综合评价：外观品质较好，内在品质中上，丰产，抗病性中。

明　月

品种名称：明月

外文名：Meigetsu

来源：日本

资源类型：国外引进

系谱：自然实生

早果性：4 年

树势：强

树姿：开张

节间长度（cm）：5.27

幼叶颜色：淡红

叶片长（cm）：11.10

叶片宽（cm）：7.28

花瓣数（枚）：5.2

柱头位置：高

花药颜色：紫红

花冠直径（cm）：3.25

单果重（g）：197

果实形状：圆形

果皮底色：黄褐

果锈：无

果面着色：无

果梗长度（cm）：4.17

果梗粗度（mm）：3.41

萼片状态：宿存

果心大小：中

果实心室（个）：5

果肉硬度（kg/cm²）：12.28

果肉颜色：白

果肉质地：中粗

果肉类型：紧密脆

汁液：中

风味：甜

可溶性固形物含量（%）：11.20

可滴定酸含量（%）：0.22

盛花期：3 月下旬

果实成熟期：8 月下旬

综合评价：外观品质中等，内在品质中上，丰产，抗病性较强。

清　玉

品种名称：清玉

外文名：Seigyoku

来源：日本

资源类型：国外引进

系谱：二十世纪 × 长十郎

早果性：3 年

树势：强

树姿：半开张

节间长度（cm）：4.25

幼叶颜色：淡绿

叶片长（cm）：10.20

叶片宽（cm）：6.38

花瓣数（枚）：6.5

柱头位置：低

花药颜色：紫红

花冠直径（cm）：3.61

单果重（g）：214

果实形状：扁圆形

果皮底色：绿

果锈：无

果面着色：无

果梗长度（cm）：2.80

果梗粗度（mm）：2.49

萼片状态：脱落

果心大小：中

果实心室（个）：4、5

果肉硬度（kg/cm^2）：7.35

果肉颜色：绿白

果肉质地：细

果肉类型：脆

汁液：多

风味：甜

可溶性固形物含量（%）：11.70

可滴定酸含量（%）：0.15

盛花期：3 月下旬

果实成熟期：8 月上旬

综合评价：外观品质好，内在品质中上，丰产，抗病性中。

秋　光

品种名称：秋光　　　　　　　花瓣数（枚）：6.7　　　　　果心大小：中

外文名：Akihikari　　　　　　柱头位置：高　　　　　　　果实心室（个）：5

来源：日本　　　　　　　　　花药颜色：粉红　　　　　　果肉硬度（kg/cm²）：5.97

资源类型：国外引进　　　　　花冠直径（cm）：3.60　　　果肉颜色：乳白

系谱：不详　　　　　　　　　单果重（g）：180　　　　　果肉质地：细

早果性：3 年　　　　　　　　果实形状：圆形　　　　　　果肉类型：脆

树势：中　　　　　　　　　　果皮底色：黄褐　　　　　　汁液：多

树姿：直立　　　　　　　　　果锈：无　　　　　　　　　风味：甜

节间长度（cm）：4.25　　　　果面着色：无　　　　　　　可溶性固形物含量（%）：11.60

幼叶颜色：淡红　　　　　　　果梗长度（cm）：2.13　　　可滴定酸含量（%）：0.11

叶片长（cm）：12.43　　　　　果梗粗度（mm）：3.31　　　盛花期：3 月中旬

叶片宽（cm）：7.75　　　　　萼片状态：脱落　　　　　　果实成熟期：8 月上旬

综合评价：外观品质较好，内在品质中上，丰产，抗病性中。

秋 荣

品种名称：秋荣

外文名：Akibae

来源：日本

资源类型：国外引进

系谱：二十世纪 × 幸水

早果性：3 年

树势：强

树姿：半开张

节间长度（cm）：4.83

幼叶颜色：褐红

叶片长（cm）：10.03

叶片宽（cm）：6.75

花瓣数（枚）：6.5

柱头位置：等高

花药颜色：红

花冠直径（cm）：3.90

单果重（g）：181

果实形状：圆形

果皮底色：黄褐

果锈：无

果面着色：无

果梗长度（cm）：2.13

果梗粗度（mm）：3.41

萼片状态：脱落

果心大小：中

果实心室（个）：3、4、5

果肉硬度（kg/cm^2）：6.51

果肉颜色：乳白

果肉质地：细

果肉类型：脆

汁液：多

风味：甜

可溶性固形物含量（%）：12.00

可滴定酸含量（%）：0.20

盛花期：3 月下旬

果实成熟期：8 月上旬

综合评价：外观品质较好，内在品质上，丰产，抗病性中。

秋　月

品种名称：秋月

外文名：Akizuki

来源：日本

资源类型：国外引进

系谱：（新高 × 丰水）× 幸水

早果性：3 年

树势：中

树姿：半开张

节间长度（cm）：3.98

幼叶颜色：淡红

叶片长（cm）：10.35

叶片宽（cm）：6.56

花瓣数（枚）：7.9

柱头位置：等高

花药颜色：淡紫红

花冠直径（cm）：2.90

单果重（g）：266

果实形状：扁圆形

果皮底色：褐

果锈：无

果面着色：无

果梗长度（cm）：2.37

果梗粗度（mm）：2.90

萼片状态：宿存

果心大小：小

果实心室（个）：5、6

果肉硬度（kg/cm²）：6.83

果肉颜色：白

果肉质地：细

果肉类型：脆

汁液：多

风味：甜

可溶性固形物含量（%）：11.60

可滴定酸含量（%）：0.17

盛花期：3 月下旬

果实成熟期：8 月下旬

综合评价：外观品质好，内在品质上，丰产，抗病性较强。

日　光

品种名称：日光
外文名：Nikkou
来源：日本
资源类型：国外引进
系谱：新高 × 丰水
早果性：3 年
树势：中
树姿：直立
节间长度（cm）：4.34
幼叶颜色：淡红
叶片长（cm）：10.27
叶片宽（cm）：7.54

花瓣数（枚）：5.3
柱头位置：低
花药颜色：淡紫红
花冠直径（cm）：3.40
单果重（g）：243
果实形状：圆形
果皮底色：褐
果锈：无
果面着色：无
果梗长度（cm）：2.81
果梗粗度（mm）：3.04
萼片状态：宿存

果心大小：中
果实心室（个）：5
果肉硬度（kg/cm^2）：6.52
果肉颜色：乳白
果肉质地：细
果肉类型：脆
汁液：中
风味：淡甜
可溶性固形物含量（%）：10.90
可滴定酸含量（%）：0.11
盛花期：3 月下旬
果实成熟期：8 月下旬

综合评价：外观品质较好，内在品质中，丰产，抗病性中。

若　光

品种名称：若光

外文名：Wakahikari

来源：日本

资源类型：国外引进

系谱：新水 × 丰水

早果性：3 年

树势：中

树姿：半开张

节间长度（cm）：4.41

幼叶颜色：绿黄

叶片长（cm）：10.66

叶片宽（cm）：7.20

花瓣数（枚）：8.5

柱头位置：低

花药颜色：淡紫红

花冠直径（cm）：3.24

单果重（g）：356

果实形状：扁圆形

果皮底色：黄褐

果锈：无

果面着色：无

果梗长度（cm）：4.11

果梗粗度（mm）：2.65

萼片状态：脱落

果心大小：中

果实心室（个）：5、6

果肉硬度（kg/cm²）：5.28

果肉颜色：白

果肉质地：细

果肉类型：脆

汁液：多

风味：酸甜

可溶性固形物含量（%）：11.70

可滴定酸含量（%）：0.18

盛花期：3 月下旬

果实成熟期：7 月上旬

综合评价：外观品质好，内在品质中上，丰产，抗病性中。

石 井 早 生

品种名称：石井早生　　花瓣数（枚）：5.3　　果心大小：中

外文名：Ishiiwase　　柱头位置：等高　　果实心室（个）：5

来源：日本　　花药颜色：红　　果肉硬度（kg/cm²）：7.35

资源类型：国外引进　　花冠直径（cm）：3.30　　果肉颜色：白

系谱：独逸 × 二十世纪　　单果重（g）：165　　果肉质地：中细

早果性：3 年　　果实形状：扁圆形　　果肉类型：脆

树势：中　　果皮底色：黄褐　　汁液：中

树姿：抱合　　果锈：无　　风味：酸甜

节间长度（cm）：4.98　　果面着色：无　　可溶性固形物含量（%）：10.33

幼叶颜色：淡红　　果梗长度（cm）：3.91　　可滴定酸含量（%）：0.18

叶片长（cm）：11.47　　果梗粗度（mm）：2.71　　盛花期：3 月下旬

叶片宽（cm）：6.17　　萼片状态：脱落　　果实成熟期：7 月上旬

综合评价：外观品质中等，内在品质中，丰产，抗病性较强。

寿 新 水

品种名称：寿新水

外文名：Kotobuki shinsui

来源：日本

资源类型：国外引进

系谱：新水辐射变异

早果性：3 年

树势：中

树姿：半开张

节间长度（cm）：3.28

幼叶颜色：淡红

叶片长（cm）：8.25

叶片宽（cm）：5.44

花瓣数（枚）：5

柱头位置：等高

花药颜色：深紫红

花冠直径（cm）：3.85

单果重（g）：212

果实形状：圆形

果皮底色：红褐

果锈：无

果面着色：无

果梗长度（cm）：2.68

果梗粗度（mm）：2.98

萼片状态：脱落

果心大小：小

果实心室（个）：4、5

果肉硬度（kg/cm²）：5.83

果肉颜色：淡黄

果肉质地：细

果肉类型：脆

汁液：多

风味：甜

可溶性固形物含量（%）：12.70

可滴定酸含量（%）：0.18

盛花期：3 月下旬

果实成熟期：7 月下旬

综合评价：外观品质较好，内在品质上，丰产，抗病性中。

松 岛

品种名称：松岛

外文名：Matsushima

来源：日本

资源类型：国外引进

系谱：真鍮 × 今村秋

早果性：3 年

树势：中

树姿：直立

节间长度（cm）：4.53

幼叶颜色：淡红

叶片长（cm）：10.15

叶片宽（cm）：6.12

花瓣数（枚）：6.4

柱头位置：低

花药颜色：紫红

花冠直径（cm）：3.43

单果重（g）：286

果实形状：圆形

果皮底色：褐

果锈：无

果面着色：无

果梗长度（cm）：3.40

果梗粗度（mm）：3.04

萼片状态：脱落

果心大小：中

果实心室（个）：5

果肉硬度（kg/cm^2）：7.67

果肉颜色：白

果肉质地：中细

果肉类型：脆

汁液：中

风味：酸甜

可溶性固形物含量（%）：11.10

可滴定酸含量（%）：0.20

盛花期：3 月下旬

果实成熟期：8 月下旬

综合评价：外观品质较好，内在品质中上，丰产，抗病性较强。

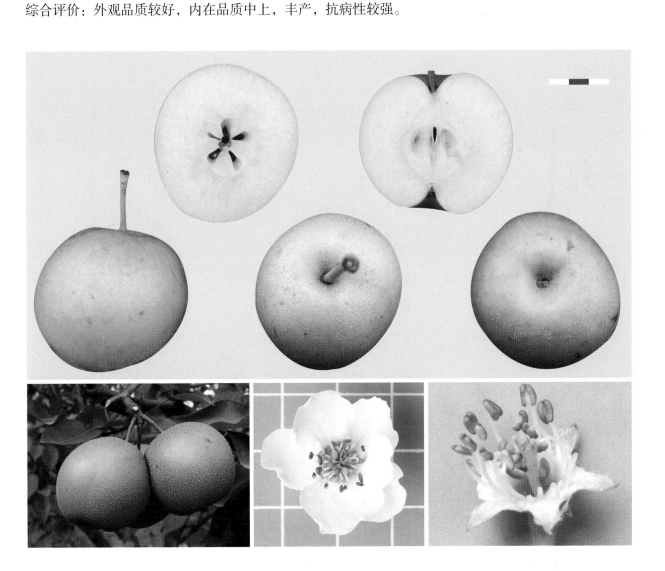

太　白

品种名称：太白
外文名：Taihaku
来源：日本
资源类型：国外引进
系谱：自然实生
早果性：3 年
树势：强
树姿：开展
节间长度（cm）：5.43
幼叶颜色：淡绿
叶片长（cm）：11.11
叶片宽（cm）：6.85

花瓣数（枚）：6.7
柱头位置：等高
花药颜色：紫红
花冠直径（cm）：2.91
单果重（g）：197
果实形状：倒卵形
果皮底色：绿
果锈：少
果面着色：无
果梗长度（cm）：4.20
果梗粗度（mm）：3.38
萼片状态：脱落、宿存

果心大小：中
果实心室（个）：5
果肉硬度（kg/cm²）：6.46
果肉颜色：白
果肉质地：中细
果肉类型：脆
汁液：多
风味：酸甜
可溶性固形物含量（%）：11.25
可滴定酸含量（%）：0.18
盛花期：3 月中下旬
果实成熟期：8 月上旬

综合评价：外观品质较好，内在品质中上，丰产，抗病性较强。

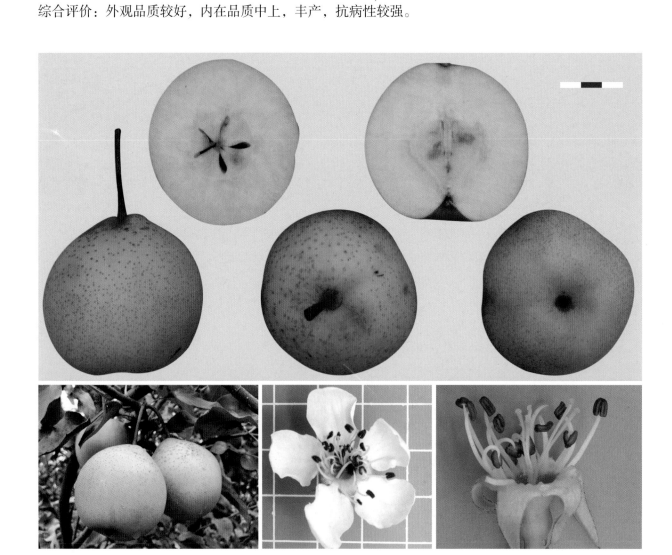

土 佐 锦

品种名称：土佐锦　　　花瓣数（枚）：5　　　果心大小：中

外文名：Tosanishiki　　柱头位置：等高　　　果实心室（个）：5

来源：日本　　　　　　花药颜色：粉红　　　果肉硬度（kg/cm²）：9.15

资源类型：国外引进　　花冠直径（cm）：3.44　果肉颜色：白

系谱：不详　　　　　　单果重（g）：283　　　果肉质地：中细

早果性：4 年　　　　　果实形状：圆形　　　　果肉类型：脆

树势：弱　　　　　　　果皮底色：黄褐　　　　汁液：中

树姿：半开张　　　　　果锈：无　　　　　　　风味：甜

节间长度（cm）：3.80　果面着色：无　　　　　可溶性固形物含量（%）：11.33

幼叶颜色：褐红　　　　果梗长度（cm）：4.15　可滴定酸含量（%）：0.19

叶片长（cm）：9.37　　果梗粗度（mm）：2.70　盛花期：3 月中下旬

叶片宽（cm）：4.31　　萼片状态：宿存　　　　果实成熟期：9 月上旬

综合评价：外观品质较好，内在品质中上，丰产，抗病性较强。

晚 三 吉

品种名称：晚三吉

外文名：Okusankichi

来源：日本

资源类型：国外引进

系谱：早生三吉实生

早果性：4 年

树势：弱

树姿：直立

节间长度（cm）：3.72

幼叶颜色：红色

叶片长（cm）：11.59

叶片宽（cm）：7.27

花瓣数（枚）：5.4

柱头位置：等高

花药颜色：深紫红

花冠直径（cm）：3.18

单果重（g）：283

果实形状：倒卵形、圆形

果皮底色：黄褐

果锈：无

果面着色：无

果梗长度（cm）：3.55

果梗粗度（mm）：3.12

萼片状态：脱落、宿存

果心大小：中

果实心室（个）：5

果肉硬度（kg/cm²）：8.04

果肉颜色：白

果肉质地：中细

果肉类型：脆

汁液：中

风味：淡甜

可溶性固形物含量（%）：10.50

可滴定酸含量（%）：0.18

盛花期：3 月下旬

果实成熟期：9 月下旬

综合评价：外观品质中等，内在品质中，丰产，抗病性较强。

王 冠

品种名称：王冠

外文名：Okan

来源：日本

资源类型：国外引进

系谱：明月 × 真鍮

早果性：4 年

树势：中

树姿：半开张

节间长度（cm）：4.64

幼叶颜色：淡绿

叶片长（cm）：9.35

叶片宽（cm）：6.81

花瓣数（枚）：5.8

柱头位置：等高

花药颜色：紫红

花冠直径（cm）：3.94

单果重（g）：142

果实形状：圆形

果皮底色：绿

果锈：少

果面着色：无

果梗长度（cm）：2.95

果梗粗度（mm）：4.23

萼片状态：宿存、脱落

果心大小：大

果实心室（个）：5、6

果肉硬度（kg/cm^2）：9.86

果肉颜色：乳白

果肉质地：细

果肉类型：脆

汁液：多

风味：甜

可溶性固形物含量（%）：11.60

可滴定酸含量（%）：0.17

盛花期：3 月下旬

果实成熟期：7 月中旬

综合评价：外观品质好，内在品质中上，丰产，抗病性弱。

吾 妻 锦

品种名称：吾妻锦

外文名：Azumanishiki

来源：日本千叶

资源类型：国外引进

系谱：自然实生

早果性：4 年

树势：弱

树姿：抱合

节间长度（cm）：4.56

幼叶颜色：淡红

叶片长（cm）：11.85

叶片宽（cm）：5.86

花瓣数（枚）：5.7

柱头位置：等高

花药颜色：淡紫

花冠直径（cm）：2.45

单果重（g）：218

果实形状：扁圆形

果皮底色：褐

果锈：无

果面着色：无

果梗长度（cm）：3.57

果梗粗度（mm）：3.15

萼片状态：脱落

果心大小：中

果实心室（个）：5

果肉硬度（kg/cm^2）：7.11

果肉颜色：白

果肉质地：中细

果肉类型：脆

汁液：多

风味：甜

可溶性固形物含量（%）：11.40

可滴定酸含量（%）：0.18

盛花期：3 月下旬

果实成熟期：8 月上旬

综合评价：外观品质中等，内在品质中上，丰产，抗病性中。

喜　水

品种名称：喜水

外文名：Kisui

来源：日本

资源类型：国外引进

系谱：丰水 × 明月

早果性：3 年

树势：中

树姿：半开张

节间长度（cm）：3.75

幼叶颜色：淡红

叶片长（cm）：8.47

叶片宽（cm）：6.48

花瓣数（枚）：5.6

柱头位置：等高

花药颜色：紫红

花冠直径（cm）：3.54

单果重（g）：165

果实形状：扁圆形

果皮底色：黄褐

果锈：无

果面着色：无

果梗长度（cm）：3.11

果梗粗度（mm）：2.64

萼片状态：脱落

果心大小：中

果实心室（个）：5

果肉硬度（kg/cm^2）：9.31

果肉颜色：乳白

果肉质地：细

果肉类型：脆

汁液：多

风味：甜

可溶性固形物含量（%）：11.10

可滴定酸含量（%）：0.15

盛花期：3 月下旬

果实成熟期：7 月中旬

综合评价：外观品质较好，内在品质中上，丰产，抗病性较强。

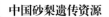

相　模

品种名称：相模

外文名：Sagmi

来源：日本

资源类型：国外引进

系谱：二十世纪 × 太白

早果性：4 年

树势：中

树姿：直立

节间长度（cm）：3.90

幼叶颜色：红色

叶片长（cm）：11.77

叶片宽（cm）：6.84

花瓣数（枚）：8.6

柱头位置：高

花药颜色：紫红

花冠直径（cm）：3.87

单果重（g）：145

果实形状：圆形

果皮底色：绿

果锈：多；全果

果面着色：无

果梗长度（cm）：3.61

果梗粗度（mm）：3.10

萼片状态：脱落、宿存

果心大小：中

果实心室（个）：5

果肉硬度（kg/cm^2）：7.28

果肉颜色：淡黄

果肉质地：中

果肉类型：脆

汁液：中

风味：淡甜

可溶性固形物含量（%）：10.70

可滴定酸含量（%）：0.14

盛花期：3 月下旬

果实成熟期：7 月下旬

综合评价：外观品质较好，内在品质中，丰产，抗病性中。

香 梨

品种名称：香梨

外文名：Kaori

来源：日本

资源类型：国外引进

系谱：新兴 × 幸水

早果性：3 年

树势：中

树姿：直立

节间长度（cm）：4.60

幼叶颜色：暗红

叶片长（cm）：11.06

叶片宽（cm）：6.12

花瓣数（枚）：5.2

柱头位置：等高

花药颜色：红

花冠直径（cm）：3.20

单果重（g）：294

果实形状：圆形

果皮底色：绿

果锈：少；萼端

果面着色：无

果梗长度（cm）：3.34

果梗粗度（mm）：3.66

萼片状态：脱落

果心大小：中

果实心室（个）：5

果肉硬度（kg/cm^2）：10.55

果肉颜色：白

果肉质地：中粗

果肉类型：脆

汁液：中

风味：甜

可溶性固形物含量（%）：11.30

可滴定酸含量（%）：0.15

盛花期：3 月下旬

果实成熟期：8 月下旬

综合评价：外观品质较好，内在品质中上，丰产，抗病性强。

湘　南

品种名称：湘南

外文名：Shounan

来源：日本

资源类型：国外引进

系谱：长十郎 × 今村秋

早果性：3 年

树势：强

树姿：半开张

节间长度（cm）：3.36

幼叶颜色：红色

叶片长（cm）：11.39

叶片宽（cm）：7.67

花瓣数（枚）：5.2

柱头位置：低

花药颜色：粉红

花冠直径（cm）：3.39

单果重（g）：316

果实形状：圆锥形

果皮底色：褐

果锈：无

果面着色：无

果梗长度（cm）：3.03

果梗粗度（mm）：3.91

萼片状态：宿存

果心大小：中

果实心室（个）：5

果肉硬度（kg/cm^2）：9.37

果肉颜色：乳白

果肉质地：中细

果肉类型：脆

汁液：多

风味：淡甜

可溶性固形物含量（%）：10.80

可滴定酸含量（%）：0.10

盛花期：3 月下旬

果实成熟期：8 月下旬

综合评价：外观品质中等，内在品质中，丰产，抗病性较强。

新　高

品种名称：新高

外文名：Niitaka

来源：日本

资源类型：国外引进

系谱：天之川 × 长十郎

早果性：3 年

树势：中

树姿：直立

节间长度（cm）：3.81

幼叶颜色：淡红

叶片长（cm）：9.33

叶片宽（cm）：6.42

花瓣数（枚）：5

柱头位置：等高

花药颜色：紫红

花冠直径（cm）：3.48

单果重（g）：246

果实形状：圆形

果皮底色：黄褐

果锈：无

果面着色：无

果梗长度（cm）：3.07

果梗粗度（mm）：3.10

萼片状态：脱落、宿存

果心大小：中

果实心室（个）：5

果肉硬度（kg/cm^2）：7.87

果肉颜色：乳白

果肉质地：中细

果肉类型：脆

汁液：中

风味：甜

可溶性固形物含量（%）：11.50

可滴定酸含量（%）：0.11

盛花期：3 月下旬

果实成熟期：8 月中下旬

综合评价：外观品质较好，内在品质中上，丰产，抗病性较强。

新 世 纪

品种名称：新世纪

外文名：Shinseiki

来源：日本

资源类型：国外引进

系谱：二十世纪 × 长十郎

早果性：3 年

树势：弱

树姿：直立

节间长度（cm）：3.40

幼叶颜色：淡绿

叶片长（cm）：10.52

叶片宽（cm）：6.80

花瓣数（枚）：5.7

柱头位置：低

花药颜色：紫红

花冠直径（cm）：3.30

单果重（g）：185

果实形状：扁圆形

果皮底色：绿

果锈：中；全果

果面着色：无

果梗长度（cm）：2.50

果梗粗度（mm）：2.86

萼片状态：脱落

果心大小：中

果实心室（个）：5

果肉硬度（kg/cm^2）：8.26

果肉颜色：白

果肉质地：中细

果肉类型：脆

汁液：中

风味：甜

可溶性固形物含量（%）：11.50

可滴定酸含量（%）：0.16

盛花期：3 月下旬

果实成熟期：7 月下旬

综合评价：外观品质较好，内在品质中上，丰产，抗病性较强。

新　水

品种名称：新水　　　　　花瓣数（枚）：7　　　　　果心大小：中

外文名：Shinsui　　　　柱头位置：高　　　　　　果实心室（个）：5

来源：日本　　　　　　　花药颜色：深紫红　　　　果肉硬度（kg/cm²）：7.12

资源类型：国外引进　　　花冠直径（cm）：2.58　　果肉颜色：淡黄

系谱：菊水 × 君塚早生　单果重（g）：127　　　　果肉质地：中细

早果性：4 年　　　　　　果实形状：扁圆形　　　　果肉类型：脆

树势：中　　　　　　　　果皮底色：褐　　　　　　汁液：多

树姿：直立　　　　　　　果锈：无　　　　　　　　风味：甜

节间长度（cm）：3.63　　果面着色：无　　　　　　可溶性固形物含量（%）：11.20

幼叶颜色：褐红　　　　　果梗长度（cm）：3.26　　可滴定酸含量（%）：0.16

叶片长（cm）：11.17　　果梗粗度（mm）：2.37　盛花期：3 月下旬

叶片宽（cm）：6.92　　　萼片状态：脱落　　　　　果实成熟期：7 月下旬

综合评价：外观品质较好，内在品质中上，丰产，抗病性中。

新　星

品种名称：新星

外文名：Shinsei

来源：日本

资源类型：国外引进

系谱：太白 × 二十世纪

早果性：3 年

树势：强

树姿：半开张

节间长度（cm）：3.87

幼叶颜色：黄绿

叶片长（cm）：9.44

叶片宽（cm）：6.51

花瓣数（枚）：5.7

柱头位置：高

花药颜色：紫红

花冠直径（cm）：3.30

单果重（g）：316

果实形状：圆形

果皮底色：黄褐

果锈：无

果面着色：无

果梗长度（cm）：2.38

果梗粗度（mm）：2.99

萼片状态：宿存

果心大小：小

果实心室（个）：5、6

果肉硬度（kg/cm^2）：7.42

果肉颜色：乳白

果肉质地：中细

果肉类型：脆

汁液：多

风味：甜

可溶性固形物含量（%）：12.30

可滴定酸含量（%）：0.11

盛花期：3 月下旬

果实成熟期：8 月下旬

综合评价：外观品质较好，内在品质上，丰产，抗病性中。

新　兴

品种名称：新兴

外文名：Shinkou

来源：日本

资源类型：国外引进

系谱：二十世纪实生

早果性：4 年

树势：弱

树姿：半开张

节间长度（cm）：3.82

幼叶颜色：褐红

叶片长（cm）：9.63

叶片宽（cm）：5.79

花瓣数（枚）：6.4

柱头位置：高

花药颜色：深紫红

花冠直径（cm）：3.78

单果重（g）：183

果实形状：扁圆形

果皮底色：黄褐

果锈：无

果面着色：无

果梗长度（cm）：3.13

果梗粗度（mm）：2.31

萼片状态：脱落、宿存

果心大小：小

果实心室（个）：5

果肉硬度（kg/cm^2）：8.45

果肉颜色：淡黄

果肉质地：中细

果肉类型：脆

汁液：中

风味：淡甜

可溶性固形物含量（%）：10.50

可滴定酸含量（%）：0.15

盛花期：3 月下旬

果实成熟期：9 月上旬

综合评价：外观品质较好，内在品质中，丰产，抗病性中。

新 雪

品种名称：新雪
外文名：Shinsetsu
来源：日本
资源类型：国外引进
系谱：今村秋 × 晚三吉
早果性：4 年
树势：中
树姿：半开张
节间长度（cm）：4.93
幼叶颜色：暗红
叶片长（cm）：10.69
叶片宽（cm）：6.28

花瓣数（枚）：5.6
柱头位置：低
花药颜色：紫红
花冠直径（cm）：2.77
单果重（g）：287
果实形状：扁圆形
果皮底色：褐
果锈：无
果面着色：无
果梗长度（cm）：3.31
果梗粗度（mm）：3.22
萼片状态：脱落

果心大小：中
果实心室（个）：5
果肉硬度（kg/cm²）：10.65
果肉颜色：白
果肉质地：细
果肉类型：紧密脆
汁液：多
风味：甜
可溶性固形物含量（%）：12.10
可滴定酸含量（%）：0.15
盛花期：3 月下旬
果实成熟期：9 月中旬

综合评价：外观品质较好，内在品质上，丰产，抗病性较强。

幸　藏

品种名称：幸藏

外文名：Kouzou

来源：日本

资源类型：国外引进

系谱：不详

早果性：4 年

树势：中

树姿：半开张

节间长度（cm）：4.00

幼叶颜色：褐红

叶片长（cm）：10.19

叶片宽（cm）：6.49

花瓣数（枚）：7.2

柱头位置：高

花药颜色：紫红

花冠直径（cm）：3.84

单果重（g）：118

果实形状：扁圆形

果皮底色：褐

果锈：无

果面着色：无

果梗长度（cm）：4.36

果梗粗度（mm）：2.42

萼片状态：脱落

果心大小：大

果实心室（个）：5

果肉硬度（kg/cm^2）：7.94

果肉颜色：淡黄

果肉质地：粗

果肉类型：紧密脆

汁液：中

风味：甜

可溶性固形物含量（%）：11.25

可滴定酸含量（%）：0.19

盛花期：3 月下旬

果实成熟期：8 月中旬

综合评价：外观品质中等，内在品质中上，丰产，抗病性中。

幸　水

品种名称：幸水

外文名：Kousui

来源：日本

资源类型：国外引进

系谱：菊水 × 早生幸藏

早果性：4 年

树势：弱

树姿：抱合

节间长度（cm）：4.63

幼叶颜色：淡红

叶片长（cm）：12.14

叶片宽（cm）：7.38

花瓣数（枚）：8.7

柱头位置：高

花药颜色：粉红

花冠直径（cm）：4.08

单果重（g）：197

果实形状：扁圆形

果皮底色：黄褐

果锈：无

果面着色：无

果梗长度（cm）：3.07

果梗粗度（mm）：2.87

萼片状态：脱落

果心大小：中

果实心室（个）：5

果肉硬度（kg/cm^2）：5.85

果肉颜色：白

果肉质地：细

果肉类型：脆

汁液：多

风味：甜

可溶性固形物含量（%）：11.70

可滴定酸含量（%）：0.14

盛花期：3 月下旬

果实成熟期：8 月上旬

综合评价：外观品质较好，内在品质上，丰产，抗病性中。

秀　玉

品种名称：秀玉

外文名：Syuugroku

来源：日本

资源类型：国外引进

系谱：菊水 × 幸水

早果性：3 年

树势：中

树姿：半开张

节间长度（cm）：3.50

幼叶颜色：红色

叶片长（cm）：11.06

叶片宽（cm）：6.19

花瓣数（枚）：7.2

柱头位置：高

花药颜色：淡紫红

花冠直径（cm）：3.81

单果重（g）：137

果实形状：圆形

果皮底色：绿

果锈：多；全果

果面着色：无

果梗长度（cm）：3.28

果梗粗度（mm）：2.72

萼片状态：脱落

果心大小：中

果实心室（个）：5、6、7

果肉硬度（kg/cm^2）：7.19

果肉颜色：乳白

果肉质地：中细

果肉类型：脆

汁液：中

风味：甜

可溶性固形物含量（%）：12.10

可滴定酸含量（%）：0.15

盛花期：3 月下旬

果实成熟期：7 月下旬

综合评价：外观品质中等，内在品质上，丰产，抗病性中。

早 生 赤

品种名称：早生赤

外文名：Waseaka

来源：日本

资源类型：国外引进

系谱：自然实生

早果性：4 年

树势：弱

树姿：抱合

节间长度（cm）：4.14

幼叶颜色：淡红

叶片长（cm）：11.852

叶片宽（cm）：7.422

花瓣数（枚）：10.3

柱头位置：等高

花药颜色：红

花冠直径（cm）：4.06

单果重（g）：181

果实形状：扁圆形

果皮底色：褐

果锈：无

果面着色：无

果梗长度（cm）：3.77

果梗粗度（mm）：2.93

萼片状态：脱落

果心大小：中

果实心室（个）：5

果肉硬度（kg/cm²）：8.26

果肉颜色：白

果肉质地：中细

果肉类型：脆

汁液：中

风味：淡甜

可溶性固形物含量（%）：10.85

可滴定酸含量（%）：0.26

盛花期：3 月下旬

果实成熟期：8 月上旬

综合评价：外观品质较好，内在品质中，丰产，抗病性较强。

早生二十世纪

品种名称：早生二十世纪

外文名：Wasenuhusseiki

来源：日本

资源类型：国外引进

系谱：二十世纪实生

早果性：3 年

树势：中

树姿：直立

节间长度（cm）：4.49

幼叶颜色：淡绿

叶片长（cm）：10.58

叶片宽（cm）：6.32

花瓣数（枚）：5.5

柱头位置：低

花药颜色：紫红

花冠直径（cm）：3.28

单果重（g）：140

果实形状：扁圆形

果皮底色：绿

果锈：少

果面着色：无

果梗长度（cm）：4.03

果梗粗度（mm）：2.73

萼片状态：脱落、宿存

果心大小：中

果实心室（个）：5

果肉硬度（kg/cm^2）：8.44

果肉颜色：乳白

果肉质地：中细

果肉类型：脆

汁液：中

风味：甜酸

可溶性固形物含量（%）：11.15

可滴定酸含量（%）：0.23

盛花期：3 月下旬

果实成熟期：8 月上旬

综合评价：外观品质较好，内在品质中上，丰产，抗病性较强。

早生长十郎

品种名称：早生长十郎

外文名：Wasechojuro

来源：日本

资源类型：国外引进

系谱：长十郎实生

早果性：3 年

树势：中

树姿：直立

节间长度（cm）：4.93

幼叶颜色：淡红

叶片长（cm）：11.47

叶片宽（cm）：6.16

花瓣数（枚）：5.3

柱头位置：等高

花药颜色：红

花冠直径（cm）：3.05

单果重（g）：235

果实形状：扁圆形

果皮底色：褐

果锈：无

果面着色：无

果梗长度（cm）：3.79

果梗粗度（mm）：2.64

萼片状态：脱落

果心大小：中

果实心室（个）：5

果肉硬度（kg/cm^2）：8.34

果肉颜色：乳白

果肉质地：细

果肉类型：脆

汁液：多

风味：甜

可溶性固形物含量（%）：11.25

可滴定酸含量（%）：0.20

盛花期：3 月下旬

果实成熟期：7 月下旬

综合评价：外观品质较好，内在品质中上，丰产，抗病性较强。

长 十 郎

品种名称：长十郎

外文名：Chojuro

来源：日本

资源类型：国外引进

系谱：自然实生

早果性：3 年

树势：中

树姿：直立

节间长度（cm）：4.16

幼叶颜色：淡红

叶片长（cm）：10.04

叶片宽（cm）：6.61

花瓣数（枚）：5

柱头位置：等高

花药颜色：红

花冠直径（cm）：2.80

单果重（g）：209

果实形状：扁圆形

果皮底色：红褐

果锈：无

果面着色：无

果梗长度（cm）：2.69

果梗粗度（mm）：3.15

萼片状态：脱落

果心大小：中

果实心室（个）：5、6

果肉硬度（kg/cm^2）：8.59

果肉颜色：乳白

果肉质地：中细

果肉类型：脆

汁液：多

风味：甜

可溶性固形物含量（%）：11.37

可滴定酸含量（%）：0.15

盛花期：3 月下旬

果实成熟期：8 月上中旬

综合评价：外观品质较好，内在品质中上，丰产，抗病性较强。

长　寿

品种名称：长寿

外文名：Choju

来源：日本

资源类型：国外引进

系谱：旭 × 君塚早生

早果性：3 年

树势：中

树姿：直立

节间长度（cm）：3.77

幼叶颜色：红色

叶片长（cm）：9.53

叶片宽（cm）：6.65

花瓣数（枚）：5.6

柱头位置：高

花药颜色：深紫红

花冠直径（cm）：3.10

单果重（g）：152

果实形状：扁圆形

果皮底色：黄褐

果锈：无

果面着色：无

果梗长度（cm）：2.93

果梗粗度（mm）：2.78

萼片状态：脱落

果心大小：大

果实心室（个）：5

果肉硬度（kg/cm^2）：7.92

果肉颜色：白

果肉质地：细

果肉类型：脆

汁液：多

风味：甜

可溶性固形物含量（%）：11.45

可滴定酸含量（%）：0.11

盛花期：3 月下旬

果实成熟期：7 月上中旬

综合评价：外观品质中等，内在品质中上，丰产，抗病性中。

真　鍮

品种名称：真鍮

外文名：Shinchuu

来源：日本

资源类型：国外引进

系谱：不详

早果性：3 年

树势：弱

树姿：半开张

节间长度（cm）：4.43

幼叶颜色：黄绿

叶片长（cm）：11.22

叶片宽（cm）：6.12

花瓣数（枚）：5.3

柱头位置：等高

花药颜色：淡紫

花冠直径（cm）：3.24

单果重（g）：131

果实形状：扁圆形

果皮底色：绿黄

果锈：多；全果

果面着色：无

果梗长度（cm）：3.84

果梗粗度（mm）：2.67

萼片状态：脱落

果心大小：中

果实心室（个）：5

果肉硬度（kg/cm²）：8.36

果肉颜色：黄

果肉质地：中细

果肉类型：脆

汁液：多

风味：酸甜

可溶性固形物含量（%）：11.25

可滴定酸含量（%）：0.30

盛花期：3 月下旬

果实成熟期：7 月下旬

综合评价：外观品质中等，内在品质中上，丰产，抗病性中。

祇 园

品种名称：祇园
外文名：Gton
来源：日本
资源类型：国外引进
系谱：长十朗 × 二十世纪
早果性：4 年
树势：弱
树姿：半开张
节间长度（cm）：3.69
幼叶颜色：淡红
叶片长（cm）：9.26
叶片宽（cm）：5.26

花瓣数（枚）：5.4
柱头位置：等高
花药颜色：淡紫
花冠直径（cm）：2.76
单果重（g）：173
果实形状：扁圆形
果皮底色：绿
果锈：中；全果
果面着色：无
果梗长度（cm）：2.97
果梗粗度（mm）：3.37
萼片状态：脱落

果心大小：中
果实心室（个）：5
果肉硬度（kg/cm^2）：7.03
果肉颜色：淡黄
果肉质地：细
果肉类型：脆
汁液：多
风味：酸甜适度
可溶性固形物含量（%）：11.87
可滴定酸含量（%）：0.19
盛花期：3 月下旬
果实成熟期：8 月上旬

综合评价：外观品质中等，内在品质中上，丰产，抗病性中。

筑 波 1 号

品种名称：筑波1号
外文名：Tsukuba No.1
来源：日本
资源类型：国外引进
系谱：不详
早果性：4年
树势：中
树姿：半开张
节间长度（cm）：4.21
幼叶颜色：淡红
叶片长（cm）：10.39
叶片宽（cm）：6.25

花瓣数（枚）：5
柱头位置：高
花药颜色：紫红
花冠直径（cm）：3.98
单果重（g）：135
果实形状：圆形
果皮底色：绿
果锈：极少
果面着色：无
果梗长度（cm）：3.56
果梗粗度（mm）：2.60
萼片状态：脱落

果心大小：中
果实心室（个）：5
果肉硬度（kg/cm^2）：10.76
果肉颜色：白
果肉质地：细
果肉类型：脆
汁液：多
风味：甜
可溶性固形物含量（%）：11.50
可滴定酸含量（%）：0.14
盛花期：3月下旬
果实成熟期：7月上旬

综合评价：外观品质中等，内在品质中上，丰产，抗病性中。

筑 波 2 号

品种名称：筑波 2 号

外文名：Tsukuba No.2

来源：日本

资源类型：国外引进

系谱：不详

早果性：4 年

树势：弱

树姿：半开张

节间长度（cm）：3.55

幼叶颜色：绿黄

叶片长（cm）：10.16

叶片宽（cm）：5.52

花瓣数（枚）：5.2

柱头位置：等高

花药颜色：粉红

花冠直径（cm）：3.58

单果重（g）：147

果实形状：扁圆形

果皮底色：绿

果锈：多；全果

果面着色：无

果梗长度（cm）：2.39

果梗粗度（mm）：2.47

萼片状态：脱落

果心大小：小

果实心室（个）：5、6

果肉硬度（kg/cm²）：5.72

果肉颜色：乳白

果肉质地：细

果肉类型：脆

汁液：多

风味：甜

可溶性固形物含量（%）：11.55

可滴定酸含量（%）：0.15

盛花期：3 月下旬

果实成熟期：7 月下旬

综合评价：外观品质中等，内在品质中上，丰产，抗病性中。

筑 波 3 号

品种名称：筑波3号

外文名：Tsukuba No.3

来源：日本

资源类型：国外引进

系谱：不详

早果性：4年

树势：中

树姿：半开张

节间长度（cm）：4.50

幼叶颜色：淡红

叶片长（cm）：9.68

叶片宽（cm）：6.45

花瓣数（枚）：6.8

柱头位置：高

花药颜色：紫红

花冠直径（cm）：4.02

单果重（g）：134

果实形状：圆形

果皮底色：绿

果锈：无

果面着色：无

果梗长度（cm）：3.06

果梗粗度（mm）：2.68

萼片状态：脱落

果心大小：小

果实心室（个）：4、5

果肉硬度（kg/cm^2）：6.73

果肉颜色：乳白

果肉质地：细

果肉类型：脆

汁液：多

风味：酸甜适度

可溶性固形物含量（%）：11.30

可滴定酸含量（%）：0.17

盛花期：3月下旬

果实成熟期：7月上旬

综合评价：外观品质中等，内在品质中上，丰产，抗病性中。

筑波 49 号

品种名称：筑波 49 号

外文名：Tsukuba No.49

来源：日本

资源类型：国外引进

系谱：不详

早果性：3 年

树势：中

树姿：开张

节间长度（cm）：4.26

幼叶颜色：淡红

叶片长（cm）：10.22

叶片宽（cm）：6.18

花瓣数（枚）：5

柱头位置：等高

花药颜色：深紫红

花冠直径（cm）：3.52

单果重（g）：201

果实形状：圆形

果皮底色：黄褐

果锈：无

果面着色：无

果梗长度（cm）：3.10

果梗粗度（mm）：2.86

萼片状态：脱落

果心大小：中

果实心室（个）：4、5

果肉硬度（kg/cm^2）：6.32

果肉颜色：乳白

果肉质地：中

果肉类型：疏松脆

汁液：中

风味：甜

可溶性固形物含量（%）：11.50

可滴定酸含量（%）：0.13

盛花期：3 月中旬

果实成熟期：9 月上旬

资源评价：外观品质中等，内在品质中上，丰产，抗病性中。

筑　水

品种名称：筑水

外文名：Chikusui

来源：日本

资源类型：国外引进

系谱：丰水 × 八幸

早果性：3 年

树势：强

树姿：半开张

节间长度（cm）：4.57

幼叶颜色：绿黄

叶片长（cm）：10.17

叶片宽（cm）：6.24

花瓣数（枚）：6.1

柱头位置：高

花药颜色：淡紫

花冠直径（cm）：3.30

单果重（g）：248

果实形状：圆形

果皮底色：黄褐

果锈：无

果面着色：无

果梗长度（cm）：2.64

果梗粗度（mm）：2.62

萼片状态：脱落

果心大小：小

果实心室（个）：5

果肉硬度（kg/cm^2）：6.53

果肉颜色：白

果肉质地：细

果肉类型：脆

汁液：多

风味：甜

可溶性固形物含量（%）：11.58

可滴定酸含量（%）：0.12

盛花期：3 月下旬

果实成熟期：7 月中旬

综合评价：外观品质较好，内在品质中上，丰产，抗病性较强。

鞍 月

品种名称：鞍月

外文名：Kuratsuki

来源：日本

资源类型：国外引进

系谱：新水 × 丰水

早果性：4 年

树势：中

树姿：半开张

节间长度（cm）：4.37

幼叶颜色：淡红

叶片长（cm）：11.00

叶片宽（cm）：6.43

花瓣数（枚）：6.1

柱头位置：低

花药颜色：淡紫

花冠直径（cm）：3.69

单果重（g）：166

果实形状：圆形

果皮底色：黄褐

果锈：无

果面着色：无

果梗长度（cm）：2.73

果梗粗度（mm）：2.88

萼片状态：脱落、宿存

果心大小：中

果实心室（个）：4、5

果肉硬度（kg/cm²）：6.83

果肉颜色：白

果肉质地：细

果肉类型：脆

汁液：多

风味：甜

可溶性固形物含量（%）：11.80

可滴定酸含量（%）：0.12

盛花期：3 月下旬

果实成熟期：7 月下旬

综合评价：外观品质中等，内在品质中上，丰产，抗病性中。

甘 川

品种名称：甘川

外文名：Kamcheonbae

来源：韩国

资源类型：国外引进

系谱：晚三吉 × 甜梨

早果性：3 年

树势：中

树姿：开张

节间长度（cm）：3.99

幼叶颜色：淡红

叶片长（cm）：11.47

叶片宽（cm）：7.60

花瓣数（枚）：5

柱头位置：高

花药颜色：淡紫红

花冠直径（cm）：3.54

单果重（g）：260

果实形状：扁圆形、圆形

果皮底色：黄褐

果锈：无

果面着色：无

果梗长度（cm）：3.53

果梗粗度（mm）：3.07

萼片状态：脱落

果心大小：中

果实心室（个）：4、5

果肉硬度（kg/cm^2）：9.73

果肉颜色：乳白

果肉质地：中细

果肉类型：脆

汁液：多

风味：甜

可溶性固形物含量（%）：11.40

可滴定酸含量（%）：0.14

盛花期：3 月下旬

果实成熟期：8 月下旬

综合评价：外观品质较好，内在品质中上，丰产，抗病性较强。

韩 丰

品种名称：韩丰

外文名：Hanareum

来源：韩国

资源类型：国外引进

系谱：新高 × 秋黄

早果性：4 年

树势：中

树姿：半开张

节间长度（cm）：3.43

幼叶颜色：绿黄

叶片长（cm）：10.69

叶片宽（cm）：6.44

花瓣数（枚）：5

柱头位置：等高

花药颜色：紫红

花冠直径（cm）：2.97

单果重（g）：308

果实形状：圆形

果皮底色：黄褐

果锈：无

果面着色：无

果梗长度（cm）：3.25

果梗粗度（mm）：2.66

萼片状态：脱落

果心大小：中

果实心室（个）：5

果肉硬度（kg/cm^2）：5.73

果肉颜色：乳白

果肉质地：细

果肉类型：脆

汁液：多

风味：甜

可溶性固形物含量（%）：11.50

可滴定酸含量（%）：0.12

盛花期：3 月下旬

果实成熟期：8 月中下旬

综合评价：外观品质好，内在品质上，丰产，抗病性较强。

华　山

品种名称：华山

外文名：Whasan

来源：韩国

资源类型：国外引进

系谱：丰水 × 晚三吉

早果性：3 年

树势：强

树姿：抱合

节间长度（cm）：4.20

幼叶颜色：绿黄

叶片长（cm）：9.05

叶片宽（cm）：6.25

花瓣数（枚）：5

柱头位置：等高

花药颜色：粉红

花冠直径（cm）：3.07

单果重（g）：258

果实形状：圆形

果皮底色：褐

果锈：无

果面着色：无

果梗长度（cm）：4.20

果梗粗度（mm）：2.82

萼片状态：脱落、宿存

果心大小：中

果实心室（个）：5

果肉硬度（kg/cm^2）：7.87

果肉颜色：乳白

果肉质地：细

果肉类型：脆

汁液：多

风味：甜

可溶性固形物含量（%）：11.52

可滴定酸含量（%）：0.16

盛花期：3 月中下旬

果实成熟期：8 月上中旬

综合评价：外观品质好，内在品质上，丰产，抗病性较强。

黄　金

品种名称：黄金

外文名：Whangkeumbae

来源：韩国

资源类型：国外引进

系谱：新高 × 二十世纪

早果性：3 年

树势：中

树姿：抱合

节间长度（cm）：3.82

幼叶颜色：淡绿

叶片长（cm）：8.49

叶片宽（cm）：6.02

花瓣数（枚）：6.1

柱头位置：等高

花药颜色：粉红

花冠直径（cm）：2.99

单果重（g）：210

果实形状：圆形

果皮底色：绿黄

果锈：极少

果面着色：无

果梗长度（cm）：2.31

果梗粗度（mm）：2.60

萼片状态：宿存

果心大小：中

果实心室（个）：6

果肉硬度（kg/cm^2）：7.05

果肉颜色：白

果肉质地：细

果肉类型：脆

汁液：多

风味：甜

可溶性固形物含量（%）：11.30

可滴定酸含量（%）：0.13

盛花期：3 月下旬

果实成熟期：8 月上旬

综合评价：外观品质中等，内在品质极上，丰产，抗病性较强。

林　金

品种名称：林金　　　　　花瓣数（枚）：5　　　　　果心大小：中

外文名：Yewang　　　　柱头位置：低　　　　　　果实心室（个）：5

来源：韩国　　　　　　　花药颜色：红　　　　　　果肉硬度（kg/cm²）：8.91

资源类型：国外引进　　　花冠直径（cm）：3.75　　果肉颜色：白

系谱：新高变异　　　　　单果重（g）：240　　　　果肉质地：中细

早果性：3 年　　　　　　果实形状：扁圆形　　　　果肉类型：脆

树势：中　　　　　　　　果皮底色：黄褐　　　　　汁液：中

树姿：直立　　　　　　　果锈：无　　　　　　　　风味：淡甜

节间长度（cm）：3.80　　果面着色：无　　　　　　可溶性固形物含量（%）：10.87

幼叶颜色：红色　　　　　果梗长度（cm）：3.27　　可滴定酸含量（%）：0.10

叶片长（cm）：8.12　　　果梗粗度（mm）：3.03　　盛花期：3 月中下旬

叶片宽（cm）：6.34　　　萼片状态：脱落　　　　　果实成熟期：8 月中下旬

综合评价：外观品质好，内在品质中上，丰产，抗病性较强。

满　丰

品种名称：满丰

外文名：Gamcheonbae

来源：韩国

资源类型：国外引进

系谱：丰水 × 晚三吉

早果性：4 年

树势：强

树姿：半开张

节间长度（cm）：5.23

幼叶颜色：绿黄

叶片长（cm）：12.40

叶片宽（cm）：7.58

花瓣数（枚）：6.1

柱头位置：高

花药颜色：紫红

花冠直径（cm）：3.72

单果重（g）：274

果实形状：扁圆形

果皮底色：黄褐

果锈：无

果面着色：无

果梗长度（cm）：4.13

果梗粗度（mm）：2.59

萼片状态：脱落

果心大小：中

果实心室（个）：6

果肉硬度（kg/cm^2）：7.97

果肉颜色：白

果肉质地：细

果肉类型：脆

汁液：多

风味：甜

可溶性固形物含量（%）：12.50

可滴定酸含量（%）：0.15

盛花期：3 月下旬

果实成熟期：8 月下旬

综合评价：外观品质好，内在品质上，丰产，抗病性较强。

美　黄

品种名称：美黄

外文名：Miwhang

原产地：韩国

资源类型：国外引进

系谱：丰水 × 晚三吉

早果性：3 年

树势：强

树姿：直立

节间长度（cm）：4.66

幼叶颜色：褐红

叶片长（cm）：9.94

叶片宽（cm）：7.36

花瓣数（枚）：5

柱头位置：高

花药颜色：淡紫红

花冠直径（cm）：3.53

单果重（g）：256

果实形状：扁圆形

果皮底色：红褐

果锈：无

果面着色：无

果梗长度（cm）：3.23

果梗粗度（mm）：3.19

萼片状态：残存

果心大小：中

果实心室（个）：4、5

果肉硬度（kg/cm^2）：8.13

果肉颜色：乳白

果肉质地：中细

果肉类型：脆

汁液：中

风味：甜

可溶性固形物含量（%）：11.30

可滴定酸含量（%）：0.13

盛花期：3 月下旬

果实成熟期：8 月中下旬

资源评价：外观品质中等，内在品质中上，丰产，抗病性中。

秋　黄

品种名称：秋黄

外文名：Chuwhangbea

来源：韩国

资源类型：国外引进

系谱：今村秋 × 二十世纪

早果性：3 年

树势：弱

树姿：直立

节间长度（cm）：3.91

幼叶颜色：淡红

叶片长（cm）：10.84

叶片宽（cm）：7.18

花瓣数（枚）：6.4

柱头位置：低

花药颜色：深紫红

花冠直径（cm）：3.75

单果重（g）：287

果实形状：扁圆形

果皮底色：褐

果锈：无

果面着色：无

果梗长度（cm）：2.83

果梗粗度（mm）：3.10

萼片状态：脱落

果心大小：中

果实心室（个）：4、5

果肉硬度（kg/cm^2）：7.74

果肉颜色：白

果肉质地：中细

果肉类型：脆

汁液：中

风味：甜

可溶性固形物含量（%）：11.70

可滴定酸含量（%）：0.17

盛花期：3 月下旬

果实成熟期：8 月中下旬

综合评价：外观品质中等，内在品质中上，丰产，抗病性较强。

荣 山

品种名称：荣山
外文名：Yeongsanhae
来源：韩国
资源类型：国外引进
系谱：新高 × 甜梨
早果性：3 年
树势：中
树姿：半开张
节间长度（cm）：5.48
幼叶颜色：淡红
叶片长（cm）：8.31
叶片宽（cm）：6.41

花瓣数（枚）：5
柱头位置：高
花药颜色：淡粉
花冠直径（cm）：3.48
单果重（g）：314
果实形状：扁圆形、圆形
果皮底色：黄褐
果锈：无
果面着色：无
果梗长度（cm）：2.78
果梗粗度（mm）：2.88
萼片状态：脱落、宿存

果心大小：小
果实心室（个）：5
果肉硬度（kg/cm^2）：12.05
果肉颜色：淡黄
果肉质地：中细
果肉类型：紧密脆
汁液：中
风味：甜
可溶性固形物含量（%）：11.30
可滴定酸含量（%）：0.15
盛花期：3 月中下旬
果实成熟期：8 月下旬

综合评价：外观品质好，内在品质中上，丰产，抗病性中。

水 晶

品种名称：水晶
外文名：Suisho
来源：韩国
资源类型：国外引进
系谱：新高芽变
早果性：4 年
树势：弱
树姿：直立
节间长度（cm）：4.82
幼叶颜色：淡红
叶片长（cm）：12.25
叶片宽（cm）：7.97

花瓣数（枚）：5
柱头位置：等高
花药颜色：粉红
花冠直径（cm）：2.87
单果重（g）：247
果实形状：圆形
果皮底色：绿
果锈：多；全果
果面着色：无
果梗长度（cm）：2.86
果梗粗度（mm）：2.60
萼片状态：脱落

果心大小：中
果实心室（个）：5
果肉硬度（kg/cm²）：9.06
果肉颜色：白
果肉质地：中细
果肉类型：脆
汁液：多
风味：甜
可溶性固形物含量（%）：11.30
可滴定酸含量（%）：0.15
盛花期：3 月中下旬
果实成熟期：8 月中旬

综合评价：外观品质中等，内在品质中上，丰产性中，抗病性中。

晚　秀

品种名称：晚秀

外文名：Mansoo

来源：韩国

资源类型：国外引进

系谱：甜梨 × 晚三吉

早果性：4 年

树势：强

树姿：开张

节间长度（cm）：4.19

幼叶颜色：淡红

叶片长（cm）：10.92

叶片宽（cm）：7.16

花瓣数（枚）：5

柱头位置：等高

花药颜色：粉红

花冠直径（cm）：3.54

单果重（g）：283

果实形状：扁圆形

果皮底色：黄褐

果锈：无

果面着色：无

果梗长度（cm）：3.57

果梗粗度（mm）：2.80

萼片状态：脱落

果心大小：中

果实心室（个）：4、5

果肉硬度（kg/cm^2）：7.92

果肉颜色：乳白

果肉质地：中细

果肉类型：脆

汁液：中

风味：甜

可溶性固形物含量（%）：11.90

可滴定酸含量（%）：0.19

盛花期：3 月下旬

果实成熟期：8 月下旬

综合评价：外观品质好，内在品质上，丰产，抗病性较强。

万　丰

品种名称：万丰

外文名：Wangfeng

来源：韩国

资源类型：国外引进

系谱：不详

早果性：3 年

树势：中

树姿：开张

节间长度（cm）：5.44

幼叶颜色：绿黄

叶片长（cm）：11.67

叶片宽（cm）：7.44

花瓣数（枚）：5.2

柱头位置：等高

花药颜色：紫红

花冠直径（cm）：3.72

单果重（g）：255

果实形状：扁圆形

果皮底色：褐

果锈：无

果面着色：无

果梗长度（cm）：3.54

果梗粗度（mm）：2.88

萼片状态：脱落

果心大小：中

果实心室（个）：5

果肉硬度（kg/cm²）：8.65

果肉颜色：乳白

果肉质地：细

果肉类型：脆

汁液：中

风味：甜

可溶性固形物含量（%）：12.00

可滴定酸含量（%）：0.12

盛花期：3 月下旬

果实成熟期：8 月下旬

综合评价：外观品质好，内在品质上，丰产，抗病性较强。

微 型 梨

品种名称：微型梨

外文名：Minibae

来源：韩国

资源类型：国外引进

系谱：甜梨 × 幸水

早果性：3 年

树势：强

树姿：半开张

节间长度（cm）：5.14

幼叶颜色：红

叶片长（cm）：9.38

叶片宽（cm）：6.79

花瓣数（枚）：5.8

柱头位置：高

花药颜色：白

花冠直径（cm）：2.65

单果重（g）：150

果实形状：扁圆形

果皮底色：黄

果锈：多；全果

果面着色：无

果梗长度（cm）：3.57

果梗粗度（mm）：2.87

萼片状态：脱落

果心大小：中

果实心室（个）：5、6

果肉硬度（kg/cm^2）：6.96

果肉颜色：淡黄

果肉质地：细

果肉类型：疏松脆

汁液：多

风味：甜酸

可溶性固形物含量（%）：10.88

可滴定酸含量（%）：0.15

盛花期：3 月下旬

果实成熟期：7 月上旬

综合评价：外观品质中等，内在品质中，丰产，抗病性中。

669

鲜　黄

品种名称：鲜黄

外文名：Sunwhang

来源：韩国

资源类型：国外引进

系谱：新高 × 晚三吉

早果性：4 年

树势：中

树姿：半开张

节间长度（cm）：4.36

幼叶颜色：淡红

叶片长（cm）：10.16

叶片宽（cm）：6.63

花瓣数（枚）：5

柱头位置：高

花药颜色：淡紫红

花冠直径（cm）：3.11

单果重（g）：310

果实形状：扁圆形

果皮底色：红褐

果锈：无

果面着色：无

果梗长度（cm）：3.24

果梗粗度（mm）：3.29

萼片状态：宿存

果心大小：小

果实心室（个）：5

果肉硬度（kg/cm²）：9.80

果肉颜色：淡黄

果肉质地：中细

果肉类型：脆

汁液：中

风味：甜

可溶性固形物含量（%）：12.78

可滴定酸含量（%）：0.14

盛花期：3 月下旬

果实成熟期：8 月上中旬

综合评价：外观品质较好，内在品质上，丰产，抗病性中。

新　黄

品种名称：新黄

外文名：Shinwhang

来源：韩国

资源类型：国外引进

系谱：不详

早果性：3 年

树势：强

树姿：直立

节间长度（cm）：4.66

幼叶颜色：淡红

叶片长（cm）：12.32

叶片宽（cm）：7.71

花瓣数（枚）：5

柱头位置：高

花药颜色：紫红

花冠直径（cm）：3.60

单果重（g）：131

果实形状：圆形

果皮底色：绿

果锈：中；全果

果面着色：无

果梗长度（cm）：2.98

果梗粗度（mm）：2.79

萼片状态：残存

果心大小：中

果实心室（个）：5

果肉硬度（kg/cm²）：9.97

果肉颜色：白

果肉质地：中细

果肉类型：脆

汁液：中

风味：淡甜

可溶性固形物含量（%）：10.80

可滴定酸含量（%）：0.10

盛花期：3 月中下旬

果实成熟期：8 月下旬

综合评价：外观品质中等，内在品质中，丰产，抗病性中。

新 千

品种名称：新千

外文名：Shincheon

来源：韩国

资源类型：国外引进

系谱：新高 × 秋黄

早果性：4 年

树势：中

树姿：半开张

节间长度（cm）：5.33

幼叶颜色：绿黄

叶片长（cm）：9.92

叶片宽（cm）：6.42

花瓣数（枚）：5

柱头位置：高

花药颜色：淡粉

花冠直径（cm）：3.57

单果重（g）：220

果实形状：圆形

果皮底色：褐

果锈：无

果面着色：无

果梗长度（cm）：2.80

果梗粗度（mm）：2.52

萼片状态：脱落

果心大小：中

果实心室（个）：5

果肉硬度（kg/cm²）：9.88

果肉颜色：白

果肉质地：细

果肉类型：脆

汁液：多

风味：淡甜

可溶性固形物含量（%）：10.80

可滴定酸含量（%）：0.12

盛花期：3 月下旬

果实成熟期：7 月下旬

综合评价：外观品质好，内在品质中上，丰产，抗病性中。

新 秀

品种名称：新秀

外文名：Shinsoo

来源：韩国

资源类型：国外引进

系谱：不详

早果性：4 年

树势：中

树姿：半开张

节间长度（cm）：4.56

幼叶颜色：淡红

叶片长（cm）：8.06

叶片宽（cm）：5.70

花瓣数（枚）：9.1

柱头位置：高

花药颜色：淡紫

花冠直径（cm）：4.18

单果重（g）：215

果实形状：扁圆形

果皮底色：黄褐

果锈：无

果面着色：无

果梗长度（cm）：3.37

果梗粗度（mm）：2.87

萼片状态：脱落

果心大小：小

果实心室（个）：5、6

果肉硬度（kg/cm²）：9.78

果肉颜色：白

果肉质地：细

果肉类型：脆

汁液：多

风味：甜

可溶性固形物含量（%）：11.40

可滴定酸含量（%）：0.13

盛花期：3 月下旬

果实成熟期：7 月下旬

综合评价：外观品质好，内在品质中上，丰产，抗病性中。

新 一

品种名称：新一

外文名：Shini

来源：韩国

资源类型：国外引进

系谱：新兴 × 丰水

早果性：3 年

树势：中

树姿：半开张

节间长度（cm）：4.13

幼叶颜色：绿黄

叶片长（cm）：9.27

叶片宽（cm）：5.96

花瓣数（枚）：6.2

柱头位置：等高

花药颜色：粉红

花冠直径（cm）：4.14

单果重（g）：171

果实形状：圆形、卵圆形

果皮底色：黄褐

果锈：无

果面着色：无

果梗长度（cm）：3.46

果梗粗度（mm）：2.89

萼片状态：脱落

果心大小：中

果实心室（个）：5

果肉硬度（kg/cm²）：7.36

果肉颜色：淡黄

果肉质地：细

果肉类型：脆

汁液：多

风味：酸甜适度

可溶性固形物含量（%）：11.07

可滴定酸含量（%）：0.16

盛花期：3 月中下旬

果实成熟期：8 月上旬

综合评价：外观品质中等，内在品质中上，丰产，抗病性中。

秀 黄

品种名称：秀黄

外文名：Suwhangbae

原产地：韩国

资源类型：国外引进

系谱：长十朗 × 君塚早生

早果性：3 年

树势：强

树姿：抱合

节间长度（cm）：4.15

幼叶颜色：黄绿

叶片长（cm）：9.97

叶片宽（cm）：6.79

花瓣数（枚）：6.7

柱头位置：等高

花药颜色：紫红

花冠直径（cm）：3.97

单果重（g）：232

果实形状：圆形

果皮底色：黄褐

果锈：无

果面着色：无

果梗长度（cm）：2.82

果梗粗度（mm）：2.61

萼片状态：脱落

果心大小：中

果实心室（个）：5

果肉硬度（kg/cm²）：8.99

果肉颜色：乳白

果肉质地：中

果肉类型：脆

汁液：多

风味：甜

可溶性固形物含量（%）：11.50

可滴定酸含量（%）：0.13

盛花期：3 月下旬

果实成熟期：8 月中旬

资源评价：外观品质好，内在品质中上，丰产，抗病性中。

圆 黄

品种名称：圆黄

外文名：Wonwhang

来源：韩国

资源类型：国外引进

系谱：早生赤 × 晚三吉

早果性：3 年

树势：强

树姿：半开张

节间长度（cm）：4.35

幼叶颜色：淡红

叶片长（cm）：11.83

叶片宽（cm）：6.88

花瓣数（枚）：5.7

柱头位置：低

花药颜色：白

花冠直径（cm）：2.70

单果重（g）：250

果实形状：圆形

果皮底色：褐

果锈：无

果面着色：无

果梗长度（cm）：3.49

果梗粗度（mm）：2.86

萼片状态：脱落、宿存

果心大小：中

果实心室（个）：5

果肉硬度（kg/cm²）：8.01

果肉颜色：白

果肉质地：中细

果肉类型：脆

汁液：中

风味：甜

可溶性固形物含量（%）：11.60

可滴定酸含量（%）：0.20

盛花期：3 月下旬

果实成熟期：8 月上中旬

综合评价：外观品质上，内在品质上，丰产，抗病性较强。

早 生 黄 金

品种名称：早生黄金

外文名：Josheng Whangeum

来源：韩国

资源类型：国外引进

系谱：新高 × 新兴

早果性：3 年

树势：中

树姿：半开张

节间长度（cm）：4.17

幼叶颜色：绿黄

叶片长（cm）：12.07

叶片宽（cm）：6.95

花瓣数（枚）：6.1

柱头位置：高

花药颜色：紫红

花冠直径（cm）：3.31

单果重（g）：191

果实形状：圆形

果皮底色：绿

果锈：中；全果

果面着色：无

果梗长度（cm）：2.43

果梗粗度（mm）：3.26

萼片状态：脱落

果心大小：中

果实心室（个）：5

果肉硬度（kg/cm^2）：8.33

果肉颜色：白

果肉质地：细

果肉类型：脆

汁液：多

风味：甜酸

可溶性固形物含量（%）：11.30

可滴定酸含量（%）：0.15

盛花期：3 月下旬

果实成熟期：8 月上旬

综合评价：外观品质中等，内在品质中上，丰产，抗病性中。

贵　妃

品种名称：贵妃

外文名：Kieffer

来源：美国

资源类型：国外引进

系谱：西洋梨 × 砂梨

早果性：5 年

树势：强

树姿：半开张

节间长度（cm）：3.85

幼叶颜色：淡红

叶片长（cm）：7.62

叶片宽（cm）：4.84

花瓣数（枚）：5.2

柱头位置：高

花药颜色：粉红

花冠直径（cm）：2.98

单果重（g）：257

果实形状：纺锤形

果皮底色：绿

果锈：中；全果

果面着色：鲜红；片状

果梗长度（cm）：2.9

果梗粗度（mm）：3.34

萼片状态：宿存

果心大小：中

果实心室（个）：5

果肉硬度（kg/cm²）：12.99

果肉颜色：白

果肉质地：中细

果肉类型：紧密脆

汁液：中

风味：淡甜

可溶性固形物含量（%）：10.83

可滴定酸含量（%）：0.27

盛花期：3 月中下旬

果实成熟期：9 月中下旬

综合评价：外观品质较好，内在品质中上，丰产性中，抗病性中。

康　　德

品种名称：康德　　　　花瓣数（枚）：5.8　　　　果心大小：中

外文名：Le Counte　　柱头位置：高　　　　　果实心室（个）：5

来源：美国　　　　　　花药颜色：淡粉　　　　果肉硬度（kg/cm²）：11.16

资源类型：国外引进　　花冠直径（cm）：3.63　果肉颜色：白

系谱：西洋梨 × 砂梨　　单果重（g）：215　　　果肉质地：中细

早果性：5 年　　　　　果实形状：倒卵形　　　果肉类型：紧密脆

树势：中　　　　　　　果皮底色：绿　　　　　汁液：少

树姿：半开张　　　　　果锈：极少　　　　　　风味：甜酸

节间长度（cm）：3.69　果面着色：无　　　　　可溶性固形物含量（%）：12.36

幼叶颜色：绿黄　　　　果梗长度（cm）：2.75　可滴定酸含量（%）：0.39

叶片长（cm）：7.81　　果梗粗度（mm）：5.35　盛花期：3 月中旬

叶片宽（cm）：4.26　　萼片状态：宿存　　　　果实成熟期：8 月下旬

综合评价：外观品质较好，内在品质中上，丰产性中，抗病性中。

跃　进

品种名称：跃进

外文名：Yuejin

来源：不详

资源类型：选育品种

系谱：不详

早果性：5 年

树势：强

树姿：半开张

节间长度（cm）：3.99

幼叶颜色：淡红

叶片长（cm）：8.01

叶片宽（cm）：5.35

花瓣数（枚）：5

柱头位置：等高

花药颜色：红

花冠直径（cm）：2.94

单果重（g）：318

果实形状：粗颈葫芦形

果皮底色：绿

果锈：多；全果

果面着色：无

果梗长度（cm）：3.31

果梗粗度（mm）：2.99

萼片状态：残存

果心大小：小

果实心室（个）：5

果肉硬度（kg/cm^2）：6.99

果肉颜色：绿白

果肉质地：细

果肉类型：疏松脆

汁液：中

风味：甜酸

可溶性固形物含量（%）：10.25

可滴定酸含量（%）：0.22

盛花期：3 月下旬

果实成熟期：8 月下旬

综合评价：外观品质差，内在品质中上，丰产性中，抗病性较强。

山 梨 子

品种名称：山梨子　　　　花瓣数（枚）：5　　　　果心大小：大

外文名：Shanlizi　　　　柱头位置：等高　　　　果实心室（个）：3

来源：贵州惠水　　　　　花药颜色：深紫红　　　果肉硬度（kg/cm²）：> 15.00

资源类型：野生资源　　　花冠直径（cm）：2.90　果肉颜色：淡黄

系谱：自然实生　　　　　单果重（g）：2　　　　果肉质地：粗

早果性：6 年　　　　　　果实形状：扁圆形　　　果肉类型：紧密

树势：强　　　　　　　　果皮底色：黄褐　　　　汁液：少

树姿：直立　　　　　　　果锈：无　　　　　　　风味：酸

节间长度（cm）：4.00　　果面着色：无　　　　　可溶性固形物含量（%）：/

幼叶颜色：绿黄　　　　　果梗长度（cm）：3.45　可滴定酸含量（%）：/

叶片长（cm）：8.65　　　果梗粗度（mm）：1.34　盛花期：3 月中旬

叶片宽（cm）：5.75　　　萼片状态：脱落　　　　果实成熟期：10 月上旬

综合评价：外观品质差，内在品质下，丰产，抗病性强。

金 珠 果 梨

品种名称：金珠果梨　　　　花瓣数（枚）：5　　　　　果心大小：中

外文名：Jinzhuguoli　　　 柱头位置：高　　　　　　果实心室（个）：3、4、5

来源：河南洛宁　　　　　　花药颜色：紫红　　　　　果肉硬度（kg/cm²）：10.67

资源类型：野生资源　　　　花冠直径（cm）：2.80　　果肉颜色：淡黄

系谱：自然实生　　　　　　单果重（g）：119　　　　果肉质地：中粗

早果性：5年　　　　　　　 果实形状：长圆形　　　　果肉类型：紧密脆

树势：强　　　　　　　　　果皮底色：褐　　　　　　汁液：中

树姿：半开张　　　　　　　果锈：无　　　　　　　　风味：甜酸

节间长度（cm）：4.27　　　果面着色：无　　　　　　可溶性固形物含量（%）：10.75

幼叶颜色：红　　　　　　　果梗长度（cm）：4.10　　可滴定酸含量（%）：0.46

叶片长（cm）：10.06　　　 果梗粗度（mm）：2.18　　盛花期：3月中下旬

叶片宽（cm）：6.02　　　　萼片状态：宿存　　　　　果实成熟期：9月中旬

综合评价：外观品质中等，内在品质中下，丰产，抗病性较强。

铜 钟 糖 梨

品种名称：铜钟糖梨

外文名：Tongzhongtangli

来源：湖北崇阳

资源类型：野生资源

系谱：自然实生

早果性：5 年

树势：强

树姿：直立

节间长度（cm）：3.87

幼叶颜色：红色

叶片长（cm）：10.20

叶片宽（cm）：6.54

花瓣数（枚）：5

柱头位置：高

花药颜色：深紫红

花冠直径（cm）：2.27

单果重（g）：16

果实形状：圆形

果皮底色：红褐

果锈：无

果面着色：无

果梗长度（cm）：3.11

果梗粗度（mm）：1.43

萼片状态：脱落

果心大小：大

果实心室（个）：3、4

果肉硬度（kg/cm^2）：11.03

果肉颜色：黄

果肉质地：粗

果肉类型：紧密

汁液：少

风味：酸

可溶性固形物含量（%）：9.80

可滴定酸含量（%）：1.90

盛花期：3 月上中旬

果实成熟期：10 月上旬

综合评价：外观品质中等，内在品质下，丰产性中，抗病性强。

白 棠 梗 子

品种名称：白棠梗子

外文名：Baitanggengzi

来源：湖北荆门

资源类型：野生资源

系谱：自然实生

早果性：6 年

树势：强

树姿：半开张

节间长度（cm）：4.14

幼叶颜色：淡绿

叶片长（cm）：9.52

叶片宽（cm）：5.85

花瓣数（枚）：5

柱头位置：高

花药颜色：红

花冠直径（cm）：2.60

单果重（g）：57

果实形状：长圆形

果皮底色：绿

果锈：多；全果

果面着色：无

果梗长度（cm）：3.40

果梗粗度（mm）：2.19

萼片状态：脱落、宿存

果心大小：中

果实心室（个）：4

果肉硬度（kg/cm^2）：13.60

果肉颜色：乳白

果肉质地：粗

果肉类型：紧密

汁液：少

风味：酸甜

可溶性固形物含量（%）：12.65

可滴定酸含量（%）：0.31

盛花期：3 月中旬

果实成熟期：9 月中下旬

综合评价：外观品质中等，内在品质中下，丰产性中，抗病性较强。

荆门棠梗子

品种名称：荆门棠梗子

外文名：Jingmentanggengzi

来源：湖北荆门

资源类型：野生资源

系谱：自然实生

早果性：6 年

树势：强

树姿：半开张

节间长度（cm）：4.44

幼叶颜色：绿黄

叶片长（cm）：10.00

叶片宽（cm）：6.15

花瓣数（枚）：5

柱头位置：高

花药颜色：红

花冠直径（cm）：3.37

单果重（g）：28

果实形状：圆形

果皮底色：绿

果锈：多；全果

果面着色：无

果梗长度（cm）：4.04

果梗粗度（mm）：1.38

萼片状态：脱落

果心大小：中

果实心室（个）：3、4、5

果肉硬度（kg/cm^2）：11.8

果肉颜色：乳白

果肉质地：中粗

果肉类型：脆

汁液：少

风味：淡甜

可溶性固形物含量（%）：11.80

可滴定酸含量（%）：0.17

盛花期：3 月中下旬

果实成熟期：9 月中旬

综合评价：外观品质差，内在品质中下，丰产，抗病性较强。

麻 棠 梗 子

品种名称：麻棠梗子

外文名：Matanggengzi

来源：湖北荆门

资源类型：野生资源

系谱：自然实生

早果性：6 年

树势：强

树姿：开张

节间长度（cm）：3.66

幼叶颜色：淡红

叶片长（cm）：9.58

叶片宽（cm）：6.15

花瓣数（枚）：5.4

柱头位置：高

花药颜色：淡紫红

花冠直径（cm）：3.30

单果重（g）：16

果实形状：圆形

果皮底色：黄褐

果锈：无

果面着色：无

果梗长度（cm）：4.08

果梗粗度（mm）：1.65

萼片状态：脱落

果心大小：中

果实心室（个）：3、4

果肉硬度（kg/cm^2）：＞15.00

果肉颜色：黄

果肉质地：粗

果肉类型：紧密

汁液：少

风味：酸

可溶性固形物含量（%）：12.30

可滴定酸含量（%）：0.36

盛花期：3 月中下旬

果实成熟期：9 月上旬

综合评价：外观品质中上，内在品质下，丰产性中，抗病性强。

甜棠梗子

品种名称：甜棠梗子

外文名：Tiantanggengzi

来源：湖北荆门

资源类型：野生资源

系谱：自然实生

早果性：6 年

树势：强

树姿：开张

节间长度（cm）：3.76

幼叶颜色：绿黄

叶片长（cm）：9.14

叶片宽（cm）：6.23

花瓣数（枚）：5

柱头位置：等高

花药颜色：淡紫红

花冠直径（cm）：2.80

单果重（g）：18

果实形状：圆形

果皮底色：黄褐

果锈：无

果面着色：无

果梗长度（cm）：4.20

果梗粗度（mm）：1.78

萼片状态：脱落

果心大小：大

果实心室（个）：3、4、5

果肉硬度（kg/cm^2）：> 15.00

果肉颜色：淡黄

果肉质地：粗

果肉类型：紧密

汁液：少

风味：甜酸

可溶性固形物含量（%）：11.50

可滴定酸含量（%）：0.31

盛花期：3 月中旬

果实成熟期：9 月上旬

综合评价：外观品质中等，内在品质下，丰产性中，抗病性强。

129

品种名称：129

外文名：129

来源：湖北武汉

资源类型：野生资源

系谱：自然实生

早果性：7 年

树势：强

树姿：半开张

节间长度（cm）：4.18

幼叶颜色：红色

叶片长（cm）：9.95

叶片宽（cm）：5.32

花瓣数（枚）：5.6

柱头位置：等高

花药颜色：红

花冠直径（cm）：2.7

单果重（g）：3

果实形状：圆形

果皮底色：黄褐

果锈：无

果面着色：无

果梗长度（cm）：3.42

果梗粗度（mm）：1.11

萼片状态：脱落

果心大小：大

果实心室（个）：2

果肉硬度（kg/cm²）：＞ 15.00

果肉颜色：黄

果肉质地：粗

果肉类型：紧密

汁液：少

风味：酸

可溶性固形物含量（%）：12.11

可滴定酸含量（%）：1.83

盛花期：3 月下旬

果实成熟期：9 月中旬

综合评价：外观品质差，内在品质下，丰产性中，抗病性较强。

兴山蜂糖梨

品种名称：兴山蜂糖梨

外文名：Xingshanfengtangli

来源：湖北兴山

资源类型：野生资源

系谱：自然实生

早果性：5 年

树势：强

树姿：半开张

节间长度（cm）：4.15

幼叶颜色：红

叶片长（cm）：9.09

叶片宽（cm）：6.20

花瓣数（枚）：5.8

柱头位置：高

花药颜色：紫红

花冠直径（cm）：3.56

单果重（g）：71

果实形状：扁圆形

果皮底色：黄褐

果锈：无

果面着色：无

果梗长度（cm）：4.41

果梗粗度（mm）：2.34

萼片状态：脱落

果心大小：中

果实心室（个）：5

果肉硬度（kg/cm^2）：13.00

果肉颜色：乳白

果肉质地：极粗

果肉类型：紧密

汁液：极少

风味：甜

可溶性固形物含量（%）：13.00

可滴定酸含量（%）：0.26

盛花期：3 月中旬

果实成熟期：9 月上旬

综合评价：外观品质中等，内在品质下，丰产，抗病性较强。

兴 山 1 号

品种名称：兴山 1 号　　花瓣数（枚）：5.2　　果心大小：大

外文名：Xingshan No.1　　柱头位置：等高　　果实心室（个）：5

来源：湖北兴山　　花药颜色：紫红　　果肉硬度（kg/cm²）：＞15.00

资源类型：野生资源　　花冠直径（cm）：3.74　　果肉颜色：绿白

系谱：自然实生　　单果重（g）：28　　果肉质地：极粗

早果性：6 年　　果实形状：圆形　　果肉类型：紧密

树势：强　　果皮底色：绿　　汁液：极少

树姿：直立　　果锈：少；萼端　　风味：酸

节间长度（cm）：3.67　　果面着色：无　　可溶性固形物含量（%）：9.60

幼叶颜色：红色　　果梗长度（cm）：2.25　　可滴定酸含量（%）：0.58

叶片长（cm）：9.96　　果梗粗度（mm）：2.43　　盛花期：3 月中下旬

叶片宽（cm）：5.95　　萼片状态：残存　　果实成熟期：8 月上旬

综合评价：外观品质中等，内在品质下，丰产，抗病性较强。

永顺实生梨 3

品种名称：永顺实生梨 3

外文名：Yongshunshishengli No.3

来源：湖南永顺

资源类型：野生资源

系谱：自然实生

早果性：5 年

树势：强

树姿：半开张

节间长度（cm）：4.47

幼叶颜色：淡红

叶片长（cm）：10.88

叶片宽（cm）：5.44

花瓣数（枚）：5

柱头位置：等高

花药颜色：紫红

花冠直径（cm）：3.73

单果重（g）：96

果实形状：圆形

果皮底色：绿

果锈：无

果面着色：无

果梗长度（cm）：4.13

果梗粗度（mm）：2.22

萼片状态：宿存

果心大小：大

果实心室（个）：5

果肉硬度（kg/cm^2）：11.6

果肉颜色：淡黄

果肉质地：粗

果肉类型：紧密

汁液：少

风味：酸

可溶性固形物含量（%）：11.15

可滴定酸含量（%）：0.76

盛花期：3 月中下旬

果实成熟期：9 月中下旬

综合评价：外观品质较好，内在品质下，丰产，抗病性较强。

大堰蜂蜜梨

品种名称：大堰蜂蜜梨

外文名：Dayanfengmili

来源：四川汉源

资源类型：野生资源

系谱：自然实生

早果性：5 年

树势：中

树姿：半开张

节间长度（cm）：3.94

幼叶颜色：绿黄

叶片长（cm）：9.91

叶片宽（cm）：5.19

花瓣数（枚）：5.6

柱头位置：高

花药颜色：白

花冠直径（cm）：3.21

单果重（g）：57

果实形状：圆形

果皮底色：黄褐

果锈：无

果面着色：无

果梗长度（cm）：4.45

果梗粗度（mm）：1.82

萼片状态：脱落

果心大小：中

果实心室（个）：5

果肉硬度（kg/cm^2）：> 15.00

果肉颜色：淡黄

果肉质地：粗

果肉类型：紧密

汁液：少

风味：甜

可溶性固形物含量（%）：13.40

可滴定酸含量（%）：0.23

盛花期：3 月中下旬

果实成熟期：9 月下旬

综合评价：外观品质较差，内在品质中，丰产性中，抗病性较强。

大堰麻子梨 2

品种名称：大堰麻子梨 2

外文名：Dayanmazili No.2

来源：四川汉源

资源类型：野生资源

系谱：自然实生

早果性：5 年

树势：中

树姿：半开张

节间长度（cm）：3.60

幼叶颜色：淡红

叶片长（cm）：9.01

叶片宽（cm）：4.93

花瓣数（枚）：5.6

柱头位置：等高

花药颜色：淡粉

花冠直径（cm）：3.50

单果重（g）：91

果实形状：圆形

果皮底色：绿

果锈：多；全果

果面着色：无

果梗长度（cm）：3.97

果梗粗度（mm）：2.34

萼片状态：脱落

果心大小：大

果实心室（个）：5

果肉硬度（kg/cm²）：13.56

果肉颜色：白

果肉质地：粗

果肉类型：紧密

汁液：少

风味：甜酸

可溶性固形物含量（%）：9.10

可滴定酸含量（%）：0.37

盛花期：3 月中下旬

果实成熟期：10 月上旬

综合评价：外观品质差，内在品质下，丰产，抗病性较强。

梨园蜂蜜梨

品种名称：梨园蜂蜜梨

外文名：Liyuanfengmili

来源：四川汉源

资源类型：野生资源

系谱：自然实生

早果性：5 年

树势：强

树姿：半开张

节间长度（cm）：3.80

幼叶颜色：淡红

叶片长（cm）：8.88

叶片宽（cm）：5.04

花瓣数（枚）：5.8

柱头位置：高

花药颜色：淡紫红

花冠直径（cm）：3.46

单果重（g）：71

果实形状：圆形

果皮底色：黄褐

果锈：无

果面着色：无

果梗长度（cm）：3.60

果梗粗度（mm）：2.27

萼片状态：脱落

果心大小：中

果实心室（个）：5

果肉硬度（kg/cm^2）：13.48

果肉颜色：白

果肉质地：粗

果肉类型：紧密

汁液：少

风味：酸甜

可溶性固形物含量（%）：11.90

可滴定酸含量（%）：0.28

盛花期：3 月中旬

果实成熟期：9 月中下旬

综合评价：外观品质较差，内在品质下，丰产性中，抗病性中。

铜梁野生梨

品种名称：铜梁野生梨

外文名：Tongliangyeshengli

来源：重庆铜梁

资源类型：野生资源

系谱：自然实生

早果性：6 年

树势：强

树姿：直立

节间长度（cm）：3.43

幼叶颜色：淡红

叶片长（cm）：7.71

叶片宽（cm）：5.37

花瓣数（枚）：6.6

柱头位置：等高

花药颜色：淡粉

花冠直径（cm）：2.89

单果重（g）：128

果实形状：圆形、倒卵形

果皮底色：黄褐

果锈：无

果面着色：无

果梗长度（cm）：3.48

果梗粗度（mm）：2.30

萼片状态：宿存

果心大小：中

果实心室（个）：5

果肉硬度（kg/cm^2）：14.60

果肉颜色：黄

果肉质地：极粗

果肉类型：紧密

汁液：少

风味：甜酸

可溶性固形物含量（%）：11.60

可滴定酸含量（%）：0.27

盛花期：3 月中旬

果实成熟期：9 月中旬

综合评价：外观品质中等，内在品质下，丰产，抗病性较强。

主要参考文献

[1] 柴明良，沈德绪. 中国梨育种的回顾和展望 [J]. 果树学报，2003，20（5）：379-383.

[2] 陈嵘. 中国树木分类学 [M]. 北京：中国农学会，1937.

[3] 范净，陈启亮，杨晓平，等. 砂梨种质资源花粉量及花粉萌发率的遗传多样性分析 [J]. 华中农业大学学报，2016，4（35）：20-24.

[4] 胡红菊，王友平，甘宗义，等. 梨种质资源对黑斑病的抗性评价 [J]. 湖北农业科学，2002（5）：113-115.

[5] 胡红菊，王友平，张靖国，等. 梨属植物等位酶遗传多样性研究 [J]. 中国农学通报，2008，24（11）：319-323.

[6] 霍月青，胡红菊，彭抒昂，等. 砂梨品种资源有机酸含量及发育期变化 [J]. 中国农业科学，2009，42（1）：216-223.

[7] 江南，谭晓风，张琳，等. 梨自交不亲和基因 cDNA 芯片制备及对部分砂梨品种 S 基因型的鉴定 [J]. 园艺学报，2015，42（12）：2341-2352.

[8] 江南，张琳，谭晓风，等. 基于 cDNA 芯片的梨品种 S 基因型鉴定及新 S-R Nase 基因进化分析 [J]. 植物遗传资源学报，2017，18（3）：520-529.

[9] 蒋爽，岳晓燕，滕元文，等. 不同砂梨果实中糖酸含量及代谢相关基因表达分析 [J]. 果树学报，2016（S1）：65-70.

[10] 李秀根. 我国梨品种选育研究进展（综述）[J]. 国外农学（果树），1991（11）：27-30.

[11] 李雪梅. 砂梨果实有机酸含量及代谢相关酶活性动态变化研究 [D]. 武汉：华中农业大学，2008.

[12] 李志英，宋林亭，蒋亲贤. ^{60}Co 射线诱发朝鲜洋梨突变初报 [J]. 核农学通报，1990，11（4）：168-170.

[13] 刘仁道，邓国涛，刘勇，等. 不同梨品种对梨黑斑病抗性差异研究 [J]. 北方园艺，2008（3）：6-8.

[14] 刘新伟，陈岩，宋福，等. 我国梨和部分国外梨果实上链格孢菌的鉴定研究 [J]. 植物检疫，2009，23（5）：1-5.

[15] 刘邮洲，常有宏，陈志谊，等. 不同梨品种对黑斑病抗性鉴定 [J]. 江苏农业科学，2009（3）：125-127.

[16] 罗桂环. 梨史源流 [J]. 古今农业，2014，3：49-58.

[17] 孟玉平，曹秋芬，杨承建，等. 梨新品种'晋巴梨'[J]. 园艺学报，2008，35（3）：461.

[18] 吕佳红，王英珍，程瑞，等. 梨蔗糖合成相关酶 SUS 和 SPS 基因家族的鉴定与表达分析 [J]. 园艺学报，2018，45（3）：421-435.

[19] 蒲富慎，王宇霖. 中国果树志第三卷·梨 [M]. 上海：上海科学技术出版社，1963.

[20] 沙守峰，张绍铃，李俊才. 梨矮化砧木的选育及其应用研究进展 [J]. 北方园艺，2009（8）：140-143.

[21] 邵开基，邵佳鸣，张忠仁，等. 梨 K 系矮化自根砧木的选育 [J]. 中国果树，1997(3)：20-21.

[23] 盛宝龙，李晓刚，蔺经，等. 不同梨品种对黑斑病的田间抗性调查 [J]. 中国南方果树，2004，33（6）：76-77.

[24] 宋伟，王彩虹，田义轲，等. 梨果实褐皮性状的 SSR 标记 [J]. 园艺学报，2010，37（8）：1325-1328.

[25] 滕元文. 梨属植物系统发育及东方梨品种起源研究进展 [J]. 果树学报，2017，34（3）：370-378.

[26] 田路明，曹玉芬，董星光. 二十世纪梨"家族"资源及其育种价值 [J].2010，39（2）：62-65.

[27] 王红宝，朱洁，王丹阳，等. 梨果肉石细胞含量分析 [J]. 江苏农业科学，2018，46（3）：173-176.

[28] 王杰. 梨历史与产业发展研究 [D]. 福州：福建农林大学，2011.

[29] 王文辉，王国平，田路明，等. 新中国果树科学研究 70 年——梨 [J]. 果树学报，2019，36（10）：1273-1282.

[30] 魏景超. 真菌鉴定手册 [M]. 上海：上海科学技术出版社，1979：56-57.

[31] 魏闻东. 世界梨树栽培历史、现状和发展 [J]. 国外农学（果树），1992，10-14.

[32] 辛树帜，伊钦恒. 中国果树史研究 [M]. 北京：农业出版社，1983.

[33] 徐宏汉，周绂. 南方梨优良品种与优质高效栽培 [M]. 北京：中国农业出版社，2001.

[34] 徐宏汉，周绂，姜正旺，等. 砂梨种质资源染色体倍数鉴定初报 [J]. 湖北农业科学，1990，29（09）：35-36.

[35] 徐宏汉，周绂，姜正旺，等. 我国的砂梨资源 [J]. 作物品种资源，1988，4：1-2.

[36] 杨护，魏岳荣，黄秉智. 航天育种研究进展及其在果树上的应用前景 [J]. 中国果菜，2005（3）：47-48.

[37] 杨健，李秀根，阎志红．日本梨新世纪及其在育种上的利用 [J]．烟台果树，2000，7（3）：30-31.

[38] 杨晓平，胡红菊，王友平，等．梨黑斑病病原菌的生物学特性及其致病性观察 [J]．华中农业大学学报，2009，28（6）：680-684.

[39] 俞德浚．中国果树分类学 [M]．北京：农业出版社，1979.

[40] 张东，滕元文．红梨资源及其果实着色机制研究进展 [J]．果树学报，2011，28（3）：485-492.

[41] 张靖国，曹玉芬，陈启亮，等．基于叶绿体 DNA 变异的湖北梨属种质系统进化及遗传多样性分析 [J]．植物遗传资源学报，2016，17（4）：766-722.

[42] 张靖国，陈启亮，杨晓平，等．沙梨品种果实成熟后乙烯释放量研究 [J]．中国南方果树，2017，46（6）：125-127.

[43] 张靖国，陈启亮，杨晓平，等．基于 CAPS 标记的沙梨果实乙烯释放量水平的快速鉴定 [J]．中国南方果树，2018，47（增刊）：58-60.

[44] 张靖国，范净，陈启亮，等．中国砂梨多倍体种质资源发掘及其花粉育性分析 [J]．果树学报．2016，33（增刊）：71-74.

[45] 张鹏．我国梨属植物种和品种分类的进展 [J]．山西果树，1991，2：2-5.

[46] 张树军，张绍铃，吴俊，等．与梨黑星病抗性基因连锁的 AFLP 标记筛选及 SCAR 标记转化 [J]．园艺学报，2010，37（7）：121-128.

[47] CAO Y F, TIAN L M, CAO Y, et al. Evaluation of genetic identity and variation in cultivars of *Pyrus pyrifolia* (Burm.f.) Nakai from China using microsatellite markers[J].The Journal of Horticultural Science & Biotechnology, 2011, 86（4）：331-336.

[48] FENG S, WANG Y, YANG S, et al. Anthocyanin biosynthesis in pears is regulated by a R2R3-MYB transcription factor *PyMYB10*.[J]. Planta, 2010, 232（1）：245-255.

[49] JIANG Z W, TANG F Y, HUANG H W, et al. Assessment of genetic diversity of Chinese sand pear landraces (*Pyrus pyrifolia* Nakai) using simple sequence repeat markers[J]. Hort Seience, 2009, 44（3）：619–626.

[50] KUMAR S, KRIK C, DENG H C, et al. Fine-mapping and validation of the genomic region underpinning pear red skin colour [J]. Horticulture Research, 2019, 6：29.

[51] LU X P, LIU Y Z, AN J C, et al. Isolation of a cinnamoyl CoA reductase gene involved in formation of stone cells in pear (*Pyrus pyrifolia*)[J]. Acta Physiologiae Plantarum, 2011b, 33（2）：585-591.

[52] LU X P, LIU Y Z, ZHOU G F, et al. Identification of organic acid-related genes and their expression profiles in two pear (*Pyrus pyrifolia*) cultivars with difference in predominant acid type at fruit ripening stage[J]. Scientia Horticulturae, 2011a, 129（4）：680-687.

[53] LUO Z R, ZHNAG Q L. The genetic resources and their utilization of *Pyrus pyrifolia* in China[J]. Acta Horticulturae, 2002, 587：201-205.

[54] MA Y, SHU S, BAI S, et al. Genome-wide survey and analysis of the TIFY, gene family and its potential role in anthocyanin synthesis in Chinese sand pear (*Pyrus pyrifolia*)[J]. Tree Genetics & Genomes, 2018, 14（2）：25.

[55] TERAKAMI S, MORIYA S, ADACHI Y, et al. Fine mapping of the gene for susceptibility to black spot disease in Japanese pear(*Pyrus pyrifolia Nakai*) [J]. Breeding Science, 2016, 66：271-280.

[56] WANG K, BOLITHOK, GRAFTON K, et al. An R2R3-MYB transcription factor associated with regulation of the anthocyanin biosynthetic pathway in Rosaceae[J]. BMC Plant Biology, 2010, 10（1）：50.

[57] WANG Y Z, DAI M S, CAI D Y, et al. A review for the molecular research of russet/semi-russet of sand pear exocarp and their genetic characters[J]. Scientia Horticulturae, 2016, 210：138-142.

[58] WANG Y Z, ZHANG S J, DAI M S, et al. Pigmentation in sand pear (*Pyrus pyrifolia*) fruit：biochemical characterization, gene discovery and expression analysis with exocarp pigmentation mutant[J]. Plant Molecular Biology, 2014, 85（1-2）：123-134.

[59] WU J, WANG Y T, XU J B, et al. Diversification and independent domestication of Asian and European pears[J]. Genome Biology，2018, 19：77.

[60] XUE C, YAO J L, QIN M F, et al. PbrmiR397a regulates lignification during stone cell development in pear fruit [J]. Plant Biotechnology Journal, 2019b, 17：103-117.

[61] XUE C, YAO J L, XUE Y S, et al. *PbrMYB169* positively regulates lignification of stone cells in pear fruit (*Pyrus bretschneideri*)[J]. Journal of Experimental Botany, 2019a, 70（6）：1801-1814.

[62] XUE H B, SHI T, WANG F F, et al. Interval mapping for red/green skin colour in Asian pears using a modified QTL-seq method [J]. Horticulture Research, 2017,4,17053：

[63]XUE H B, WANG S K, YAO J L, et al. The genetic locus underlying red foliage and fruit skin traits is mapped to the same location in the two pear bud mutants 'Red Zaosu' and 'Max Red Bartlett' [J]. Hereditas,2018, 155：25.

[64]XUE L, LIU Q W, HU H J, et al. The southwestern origin and eastward dispersal of pear (*Pyrus pyrifolia*) in East Asia revealed by comprehensive genetic structure analysis with SSR markers[J]. Tree Genetics & Genomes, 2018, 14：48.

[65]YANG X P, HU H J, YU D Z, et al. Candidate resistant genes of sand pear (*Pyrus pyrifolia* Nakai) to *Alternaria alternata* revealed by transcriptome sequencing[J]. PloS One, 2015, 10（8）：e0135046.

[66]YANG Y N, YAO G F, ZHENG D N, et al. Expression differences of anthocyanin biosynthesis genes reveal regulation patterns for red pear coloration[J]. Plant Cell Reports, 2015, 34（2）：189-198.

[67]YUE X Y, ZHENG X Y, ZONG Y, et al. Combined analyses of chloroplast DNA haplotypes and microsatellite markers reveal new insights into the origin and dissemination route of cultivated pears native to East Asia[J]. Front. Plant Sci.，2018，9：591.

[68]ZHANG D, QIAN M J, YU B, et al. Effect of fruit maturity on UV-B-induced post-harvest anthocyanin accumulation in red Chinese sand pear[J]. Acta Physiologiae Plantarum, 2013, 35（9）：2857-2866.